"十一五"国家重点图书出版规划项目

· 经 / 济 / 科 / 学 / 译 / 丛 ·

The Economics of The Environment

环境经济学

彼得·伯克（Peter Berck）
格洛丽亚·赫尔方（Gloria Helfand） 著

吴 江 贾 蕾 译

王晓霞 校

中国人民大学出版社
· 北京 ·

《经济科学译丛》总序

　　中国是一个文明古国，有着几千年的辉煌历史。近百年来，中国由盛而衰，一度成为世界上最贫穷、落后的国家之一。1949 年中国共产党领导的革命，把中国从饥饿、贫困、被欺侮、被奴役的境地中解放出来。1978 年以来的改革开放，使中国真正走上了通向繁荣富强的道路。

　　中国改革开放的目标是建立一个有效的社会主义市场经济体制，加速发展经济，提高人民生活水平。但是，要完成这一历史使命绝非易事，我们不仅需要从自己的实践中总结教训，也要从别人的实践中获取经验，还要用理论来指导我们的改革。市场经济虽然对我们这个共和国来说是全新的，但市场经济的运行在发达国家已有几百年的历史，市场经济的理论亦在不断发展完善，并形成了一个现代经济学理论体系。虽然许多经济学名著出自西方学者之手，研究的是西方国家的经济问题，但他们归纳出来的许多经济学理论反映的是人类社会的普遍行为，这些理论是全人类的共同财富。要想迅速稳定地改革和发展我国的经济，我们必须学习和借鉴世界各国包括西方国家在内的先进经济学的理论与知识。

　　本着这一目的，我们组织翻译了这套经济学教科书系列。这套译丛的特点是：第一，全面系统。除了经济学、宏观经济学、微观经济学等基本原理之外，这套译丛还包括了产业组织理论、国际经济学、发展经济学、货币金融学、公共财政、劳动经济学、计量经济学等重要领域。第二，简明通俗。与经济学的经典名著不同，这套丛书都是国外大学通用的经济学教科书，大部分都已发行了几版或十几版。作者尽可能地用简明通俗的语言来阐述深奥的经济学原理，并附有案例与习题，对于初学者来说，更容易理解与掌握。

经济学是一门社会科学，许多基本原理的应用受各种不同的社会、政治或经济体制的影响，许多经济学理论是建立在一定的假设条件上的，假设条件不同，结论也就不一定成立。因此，正确理解掌握经济分析的方法而不是生搬硬套某些不同条件下产生的结论，才是我们学习当代经济学的正确方法。

本套译丛于1995年春由中国人民大学出版社发起筹备并成立了由许多经济学专家学者组织的编辑委员会。中国留美经济学会的许多学者参与了原著的推荐工作。中国人民大学出版社向所有原著的出版社购买了翻译版权。北京大学、中国人民大学、复旦大学以及中国社会科学院的许多专家教授参与了翻译工作。前任策划编辑梁晶女士为本套译丛的出版做出了重要贡献，在此表示衷心的感谢。在中国经济体制转轨的历史时期，我们把这套译丛献给读者，希望为中国经济的深入改革与发展做出贡献。

《经济科学译丛》编辑委员会

环境经济学

2

前　言

　　大多数人听到"经济"这个词时，第一时间想到的就是钱。环境则令人联想到壮美的自然景观，与商业似乎并不相关。然而，环境与经济之间却有着不可分割的纽带，那就是稀缺性。在经济学中，物品因数量有限而拥有价值。在环境资源中，不论是清洁的空气还是鱼类资源，都会因经济开发而遭到破坏。稀缺性也因此成为经济学和环境学研究的内在主题。

　　本书介绍了市场机制和市场失灵对环境的影响。环境经济学就像一个高倍放大镜，通过它可以观察到经济和环境领域的各种问题。本书的目的是介绍环境物品价值的测度方法，以及通过使用这些方法来对比权衡经济活动所产生的收益与环境成本，进而通过政策纠正市场失灵。例如，如果在汽油定价过程中考虑驾车对环境的损害，整个社会的福利将得到提高。经济学和环境科学的学生均会在以上内容的学习过程中有所收获。

　　本书的写作目的主要是扩展已经学过经济学原理等课程的学生的视野。即便是没有相关经济学基础的学生也有可能理解前几章中的主要观点。本书中的经济学案例还可能引起农业或环境专业中具备一定经济学理论基础的同学的兴趣。

　　本书涉及经济学中用来解释微观经济学原理在环境问题中的应用的所有图表工具。例如，基于技术的排放标准是美国《清洁水法案》的一项关键要素。本书用等产量线对其进行解释，并用图形展现了这一标准和基于价格的规制手段之间的差别。"祖父原则"允许美国的排污发电企业在《清洁空气法案》通过后再运行 40 年，本书围绕这一政策对长期和短期市场均衡的影响展开讨论。我们希望读者能够通过对本书的学习，认识到经济学工具应用的深度与广度，以及市场行为对世界的影响，掌握经济学工具应用技巧，并且认识到市场机制在日常生活中应用的广度与深度。

本书特点

- 利用图形工具使环境经济学更易理解。
- 利用现实案例引导章节内容，并辅之以翔实的数据。
- 将经典的与时俱进的环境问题编入各章专栏。
- 小节末附有要点小结，章节末附有全章总结便于读者理解、记忆。
- 各章节均附带辅助教学的补充材料，以及帮助学习巩固知识点的习题。

本书的结构

本书通过经济学的核心模型介绍环境与资源经济学，从而将这两个领域完全融合在一起。本书首先介绍了需求—供给框架，随后用这一框架分析降低能源使用税的效果，并且考察了农业补贴在土地开发中的作用，所使用的分析方法是根据实际数据进行推测。第3章阐述了市场失灵对环境的影响。"消费者行为与环境"一章（第4章）讨论了需求理论和能源需求案例，为第5章"衡量消费者收益"做了铺垫。此外，第5章还分析了消费者剩余、等价与补偿变化、支付意愿，以及接受意愿等概念。第6章和第7章以上述概念为基础，就非市场价值展开论述，主要介绍了陈述偏好法和揭示偏好法的最新发展，以及经济学家处理实际数据的方法。随后，我们讨论了"从生产到污染"以及"生产、污染、产出和价格"中的生产者行为（第8章和第9章）。这两章首先用等产量线和等污染排放线描绘污染排放和成本最小化之间的关系，继而考察长期和短期中的供给问题，例如探讨污染控制成本如何转嫁给消费者的祖父原则。

第10章展示了市场均衡并不总是有效率的，并通过微观经济学概念推导出减排的边际成本函数。这一分析过程说明经济学工具可以有效地解释市场在解决环境问题中的角色，以及人们的决策对环境的影响途径。

在一些基础上，本书介绍了经济学工具在环境问题中的扩展应用。第11章从环境经济学的视角和法学与经济学的视角分别研究了科斯定理。它利用第10章中减排的边际成本曲线图解释了硫氧化物排放末端治理的法律制度成本。基于市场的政策工具和命令控制工具是第12章的主题，而第13章则研究了政治经济学和环境政策的执行问题。

为了讨论可持续发展，本书介绍了动态分析法，包括第14章中的贴现和贴现率对能源保护的影响，第15章的成本效益分析法对泰利库大坝建设问题以及核能和常规能源的选择等类似问题至关重要。第16章以成熟红杉木为例介绍了不可再生资源理论，提出了资本市场的均衡对生态系统保护非常重要。第17章考察了渔场的萧条状态和自由进入导致的市场失灵。通过研究上述自然资本的案例，本书进入到宏观

环境经济学

经济层面，讨论了自然资本如何在国家层面发挥作用，以及如何在国家层面考虑自然资本（第 18 章）。第 19 章用可持续的经济核算方法总结全书。贯穿本书始末，环境问题与经济学模型始终紧密结合在一起。

我们试图用清晰的阐述、生动的案例以及直观的图表来展现环境经济学的魅力。本书以文字与图表为主，辅之以简单代数，偶尔也会使用几何图形。尽管偶尔会用到更加高深的数学来研究某些问题，但基本不要求额外的数学知识。

☐ 真实的案例

本书特点是基于实际的数据，在每一章节以一个核心案例为开端，并对其进行不断延伸。每章以简短的介绍开头，紧接着便是案例描述。例如，第 4 章提到的有关消费者在电和其他物品之间进行权衡与选择的数据，开始于蒙大拿州对电价的一个研究调查，目的是考察无差异曲线、预算约束线以及需求曲线。第 8 章利用等产量曲线研究了水肥灌溉的莴苣产量数据。第 16 章对不可再生资源管理的论述，则是以可耗竭的原始红杉林为基础的。第 17 章通过对北海鲱鱼捕捞进行探索研究，考察了渔业管理问题。这些并不抽象的话题从实践中来，到实践中去，已超出了纯理论推导的范畴。

书中案例涉及农业、能源、空气和水质、野生动物保护、土地管理和气候变化，引导学生积极地进行环境经济学研究。它们解释了经济学家为环境物品"标价"的方法以及交易方式，同时也展现了环境经济学家如何开展工作。通过本书，学生学习到的不仅仅是学术案例，更有环境政策的成果。

☐ 多样化的案例

每章只引入单一的案例可能难以进一步开拓学生的视野。例如，他们可能认识了无差异曲线的概念，但仅了解其在蒙大拿州电力案例中的应用。为了说明无差异曲线也可用于濒危物种保护与经济开发之间的取舍，以及决定是否购买私家车时所考虑的各种因素，各章节设计了一些专栏内容，将同样的概念应用于新的情况中。这些多样化的事例既可以加深学生对概念的理解，也能体现这些概念的应用的广泛性。

每一章结尾都采用了一个不同于开头的例子，它们通常更具建议性而非总结性，目的是让学生思考如何将该章中讲授的知识应用在不同的情况中。

☐ 重点突出

为帮助学生掌握章节的知识重点，每一章开始处都列出了学习要点，可以使学生尽快抓住主要知识点进行学习。每章的结尾都对学习要点进行了总结。

☐ 练习与附录

每一章都附带一些练习题，学生可以就相关理论进行练习。这包括了大量的定量案例和定性问题，目的是让同学们在不同的案例中应用这些理论。

章节末尾练习的结论和有参考意见的在线指导手册可以在指导手册资源中心《环境经济学》一书的目录页下载（www. pearsonhighered. com/irc）。这本书的参考网站为 www. pearsonhighered. com/berck _ helfand，此站点链接了很多补充阅读材料和经济数据。

目　录

环境经济学

目
录

环境经济学

目
录

环境经济学

第1章

经济学与环境

公众关注环境和资源问题，物种灭绝、有毒物质泄漏、热带雨林消失和气候变化等问题经常见诸报纸头版。人类活动正在破坏自然界的各种功能，耕种与房屋建造正破坏着森林；发电、机动车等现代化生活中种种商品的生产活动污染着空气。同时，人们也正在致力于保护大自然，净化空气与水源，并寻求更加清洁的能源。经济学是一门研究市场条件下人类行为的社会科学，为我们理解环境问题的本质和如何解决环境问题提供了大量的视角。本章就以下内容展开讨论：

- 环境和资源经济学的定义；
- 为什么理解环境问题需要认识市场的力量；
- 为什么理解经济问题需要认识市场失灵。

气候变化

由顶尖科学家组成的政府间气候变化专门委员会已经明确指出，人类活动正在改变地球的气候。汽车和电力的使用，各种商品的生产和消费，以及其他日常活动都会产生可在大气中积累并且阻止热量散失的"温室气体"（GHG）。随着温室气体在大气中含量的不断增加，海平面将不断升高，洪水会席卷沿海地区，而其他地区则会遭遇干旱。气候的变化会催生大量移民，并改变农业生产带的分布，从而使热带地区的病虫害会扩展到许多从未发生过的地方。生态系统将因此面临多种新的压力，许多物种会因此走向灭绝。

既然气候变化的潜在影响如此可怕,那人们为何还要排放温室气体?人类将如何应对气候变化?我们如何才能通过改变自身的行为来降低气候变化的损害?

解决气候变化问题需要巨大的社会和技术变革。为了减少排放,我们需要大量投资提高能源效率,改变个人行为,研究和开发能够阻止温室气体进入大气的方法。类似地,适应气候变化的办法包括改变作物的种植地点,培育新的作物品种,为以前不易受到洪水侵袭的地区提供防洪设施,搬迁一些主要的城市等。人类社会能够奋起迎接这些挑战吗?

事实上,人类已经开始采取上述行动,并为未来做准备。电力企业开始投资建设零排放的风力发电场,研究太阳能发电技术。当汽油价格上涨时,人们购买更多的节能汽车并尝试住在工作地点附近。农民寻找新的抗旱物种,改变种植品种以应对气候的长期变化。这些行为变化的部分原因是人们预期温室气体排放对商品,尤其是农产品价格可能产生的影响。

同时,人们不愿采取更加极端的办法来减少温室气体排放。需要工作、上学、购物或参加社会活动的人难以减少汽车使用来降低汽油消费。家里和工作地点冬冷夏热更会影响到人的健康、舒适感和创造力。发展中国家的人们希望提高生活标准,必定需要增加能源消费,促进经济发展,改善人民生活。而改变行为,减少与气候变化相关的活动则需要人们付出高昂的代价。自然地,人们希望避免这些代价。

环境经济学能够解释人们面对环境问题时的行为。市场释放出的强有力信号影响着人们生产和消费商品的各种决策。但是对于清洁空气和水这些公共资源呢?通常,人们无法在市场上购买和出售这些环境物品。因此,市场信号的缺失导致人们对这些物品的过度使用。本书的主题正是环境产品市场的重要性和环境产品市场缺失之间的关系。

环境和资源经济学

环境和资源经济学(environmental and resource economics)将经济学工具应用在环境和资源问题领域。下面,我们来看两个术语。

经济学(economics)的定义通常是研究稀缺资源的配置。如果某物的数量不足以满足所有人的需求,如住房、食物、能源和森林等,就需要开发一些程序决定每个人能够获得的数量。这些程序包括轮候、政府法令、战争或者市场。正如我们将发现的:经济学关注市场,将市场作为分配商品的一种手段。市场通常比轮候节约时间,没有政府法令那么官僚,也没有战争那么血腥。

环境和资源问题(environmental and resource issues)涉及人与自然界之间的相互作用。人们从自然界获取了巨大的效益:清洁的空气、水、森林、矿藏和金属以及各种动植物资源。我们也强烈地影响着自然世界的生态健康:人类活动影响了空气和水的质量，矿石、金属和各种动物栖息地的数量和品质。当人们的行为导致污染、栖息地破坏、物种灭绝和气候变化等自然环境退化时，就出现了环境问题引发的各种冲突。通过精打细算的资源管理，我们可以在不危及后代对这些资源获得性的同时，合理利用这些资源，避免过度伤害自然。

环境和资源经济学在利用和滥用资源方面考察人们的行为。我们无法得到无限的清洁空气、水、石油，或者动植物种类，这些资源都会由于过度使用而消耗殆尽。经济学工具能够帮助我们理解为什么人们倾向于消耗资源，以及为什么资源耗竭不符合我们的利益。

小结

● 经济学研究稀缺资源的配置，特别是但不仅仅是通过市场机制进行的资源配置。

● 环境和资源问题源于人类和自然界的相互作用。

● 环境和资源经济学是利用经济学工具分析环境和资源问题的学科。

市场的力量

市场使我们可以观察人们如何做出选择：住什么地方，上什么学校，做什么工作，买什么商品都需要人们就价格做出选择。农民如何决定种植什么作物？人们上班会选择开车、公共交通，还是住的足够近呢？冬天，人们会选择提高房间的温度还是穿毛衣？所有这些决定都需要人们考虑各种选择的成本和收益。一旦价格变化，人们的选择也会相应变化。比如，假定汽油价格上涨，人们可能会立刻减少不必要的出行，顺便办几件事或者拼车出行。经过一段时间，如果汽油价格一直保持高位，人们会采取进一步行动，譬如选择替代交通方式，购买节能型汽车，或者住的更近一些。尽管人们总是按习惯做事，但也会通过改变行为来适应变化。价格变化就是导致人们行为改变的一个原因。

许多市场活动都会影响环境。譬如，油价比较便宜会增加汽油消费量，使用汽油又可以导致气候变化和健康问题。燃烧汽油会排放出温室气体，包括二氧化碳和一氧化氮；同时会产生能够影响健康的污染物，如氮氧化物、一氧化碳、碳氢化合物和颗粒物质。此外，油价便宜使人们住得远离工作地点变得相对容易。人们为了得到便宜的住房，愿意在往返交通费用上多付出一些，从而导致住宅或者其他土地开发从中心城市转移到原先的乡村，干扰了野生动物的生活环境，并且使路面硬化，破坏了土地的雨水吸纳功能。如果油价上涨，那么就会减少因使用汽油带来的大气污染、气候变化以及土地利用方式变化带来的环境影响。

价格可以成为改变人类行为的一个非常有效的手段。此外，还有其他可以改变人类行为的方法。环境心理学家已经发现了一些方法，包括要求人们做出书面和口头承诺可以诱导行为的改变等。类似地，沟通研究人员强调唤起目标受众已有的价值观念的重要性，认为这样可以使他们对新信息做出回应。利用市场来影响人类行为是一个附加性的手段，即便是那些对环境保护主义者价值观不感兴趣的人也会对商品价格的变化做出回应。

市场的力量能够使环境受益或受损。汽油价格低会导致其大量使用，对环境造成很大损害；汽油价格升高则会减少这些损害。人们用某些稀缺生物资源可以制造特殊商品，如虎骨可以成为一味中药，对这类商品的旺盛需求会使某个物种濒临灭绝。一些组织和个人已经购买了一些生态脆弱的土地，使其免于开发。上述例子的共同特征正是市场影响着自然环境的质量。因此，理解市场力量对于解决环境问题是至关重要的。

小结

- 市场使人们有机会根据价格进行选择。价格变化导致选择变化。
- 市场选择对自然环境产生正面和负面的影响。正是由于存在这种影响，人们才能够用价格来改变与环境有关的行为。

与市场有关的问题

市场是消费者获取商品和服务的非常有效的工具，市场价格能够反映出有关商品和服务的非常重要的信息。高价格反映某商品不易获得，因此，消费者在使用该商品时会更加谨慎。同时，高价格激励生产者生产更多的此类商品。产量增加使得消费者比较容易得到该商品，价格就可能随之下降。因此，价格向消费者和生产者传递了关于商品可得性的信号。

然而，许多环境产品无法进行市场交易。个人无法买卖呼吸的空气或者周围的湖泊、河流和海洋中水的质量。与此同时，每个个体的行为都影响着所有人的空气和水的质量。一个人开车会让所有人的空气质量略有下降。农场和每个花园中使用的化肥和农药最后常常被冲入附近的河流和湖泊中。污浊的空气和水损害了人们的健康，伤害了区域内的动植物群，并且降低了当地的宜居性，从而切实增加了人们的生活成本。当然，如果人们造成了损害却不需要付出任何代价，那么就不会依据市场信号来减少这些危害环境的行为。

虽然市场非常强大，但是其运行并非总是有效的，环境产品就是典型的市场失灵案例。如果没有人的生活因为市场配置资源而得到改善，那么我们就说出现了市场失灵，它甚至使某些人的生活状况变得比应该的情况更糟。当环境产品无法在市场中交易时，生产者与消费者无法根据市场价格信号改变自身决策，从而使生产和消费一同陷入混乱，人们为了各自的利益制订不同的计划，譬如，工厂希望将污染物排放到空气和水体里，而居民希望呼吸干净的空气和饮用清洁的水，任何一方都声称自己有权利使用资源。因此，对于环境产品而言，市场缺失将会导致矛盾和资源滥用。

除环境产品外，其他产品也存在市场失灵现象。譬如，垄断（生产者可以操纵物价）将大量成本强加在消费者身上；新技术和新设备的研发也通常受到市场失灵的巨大影响。试想一下，如果任何人都可以无条件生产他人研发出的新产品，谁还会在研发环节大量投入？市场失灵也并不局限在某个特定的经济部门，而是具有传导性。汽油市场的问题会影响到住房和汽车市场，因为汽油的价格会左右人们住在什么地方以及开什么样的车的决定。各种商品市场复杂地联系在一起，多数市场都会受到其他市场缺陷的影响。

尽管市场在我们的社会里具有如此强大而有组织的影响力，但这并不意味着市场能够独立处理自身的问题。大量的政府政策影响着市场，例如所得税法、农产品计划、工人健康和安全规章等。其中一些政策旨在解决市场失灵，而另一些政策却会扭曲原本有效的市场，以损害一部分人的利益为代价使另一部分人受益。完全不受政策干预，且没有市场失灵的完全竞争市场是很罕见的，其中一个原因就是各个市场是紧密联系在一起的。如果某个市场会对整个经济带来麻烦，政策制定者会对该市场进行规制，进而影响其他市场。市场的运行不可能一直有效，并且这些本来应该很有效的市场中会不断出现市场失灵的问题，理解这一特性对解决环境问题是必要的。

小结

● 环境产品常常不存在市场，市场失灵可能是导致环境产品使用矛盾的基础。
● 对于其他产品和状况，市场可能也难以有效运作。某个市场中的问题经常会造成其他相关市场的问题。这是因为市场间是高度相关的，环境资源的供给问题会影响很多相关市场，反之亦然。

■ 总结

● 环境和资源经济学将经济学工具用于环境和资源问题中。经济学研究的是稀缺商品的配置。对环境产品的使用之所以会产生矛盾，是因为环境产品数量有限，人们的生产活动既不能完全保持其原始状态，也不能肆意滥用。正因为环境产品是稀缺的，经济学为人们管理环境产品和避免滥用提供了重要的视角。

● 市场是配置产品的有力途径。市场信号（通常是价格）影响了人们生产和购买商品的行为，也影响了这些商品的生产方式。市场对于环境有很强的影响力，这些影响力有积极的也有消极的。理解市场是如何运行的对于理解环境问题方面的争论有很大的帮助。

- 市场作为配置产品的途径，拥有令人满意的特性，但是经常运行不畅。市场在配置环境商品和其他商品时经常失灵。理解市场失灵有助于理解经济分析在公共政策中的作用，而理解市场为什么失灵则有助于对环境问题的更深远的领悟。

关键词

经济学　　　　　　环境和资源经济学　　　　环境和资源问题

练习

1. 思考下面的环境问题。针对每一个问题，描述环境保护的成本和收益，以及环境保护中的受益群体和承担环境保护成本的群体。

(a) 减少畜产品养殖造成的水污染。

(b) 保护因栖息地受到人类定居影响而濒危的物种。

(c) 在湖中过量捕鱼，导致鱼群数量可能减少。

(d) 采煤破坏了覆盖其上的森林和土壤，导致植被破坏和水体污染。

(e) 世界石油枯竭。

2. 人们对市场信号有反应吗？考虑以下政策，你认为人们对这些政策会做出什么反应，继而会产生哪些环境影响？

(a) 许多地方规定重新使用"褐地"（也译为"棕地"）之前需要消除土壤污染。"褐地"常见于城市地区，是指以前遭受过污染的土地，污染通常是由于工业造成的。城郊和农村的土地因为污染少，经常被视为"绿色土地"。该政策会导致新商业在哪里选址呢？

(b) 美国西部的大量土地归联邦政府所有，尽管不向地方政府支付财产税，但联邦政府会将土地上生产的木制品销售收益的一部分分给地方政府，支持其开展学校建设等工作。地方政府对减少木材采伐量的野生动物保护行动会持何种观点？

(c) 许多发展中国家寻求开发海外市场，因为相比之下，更富裕国家的居民具有更高的购买能力。由于劳动力成本低廉以及生产过程中通常环境标准更低，发展中国家的产品价格更为便宜。企业考虑生产地点时，可能会考虑哪些因素？发展中国家考虑是否提高环境保护强度时可能会考虑哪些因素？

(d) 汽油价格在 2008 年夏天触及历史高点，一些美国总统候选人提议设立"无汽油税日"，以通过减少联邦汽油税缓解油价上涨。同样还是这些总统候选人，他们也关注与汽油等化石燃料的使用有关的气候变化问题的后果。那么，"无汽油税日"对于气候变化会产生什么影响？

第 2 章　供给与需求——市场力量与环境

尽管开车会产生污染，但人们仍然驾驶小汽车。由于削减污染会增加成本，所以制造商将污染物排放到土壤、空气和水体中。价格对以上两个决策有很大的影响：当汽油的价格很高时，人们会选择公共交通，拼车出行或者较少出游；当污染成本很高时，生产者则会选择低污染的方式去制造商品。供给与需求的市场力量对环境有巨大的影响。市场通过确定生产和消费的商品和服务的数量来决定产生多少污染以及消耗多少资源。本章将会介绍如下内容：

- 供给与产量的决定；
- 消费者需求；
- 市场均衡；
- 如何通过供求关系理解电力市场；
- 如何利用供求关系研究政府政策对农业用地的影响。

能源危机

政府曾经习惯于严格地管制电力公司。然而近几年，美国和欧洲的趋势是让市场代替政府来决定消费者的用电价格。1998 年，加利福尼亚州采取了一项解除管制的政策，该政策允许形成竞争性的电力市场。《纽约时报》（*New York Times*）下面这篇文章描述了政策的效果：

然而近几周，加利福尼亚州管理州电力网络的非营利组织——加州独立系统运营商（California Independent System Operator，ISO）被迫每天争夺差不多等于公用事业公司每天所需电量的 1/3 来保证州公用灯的需要。用电高峰时的电价已经涨到每兆瓦时 1 400 美元，自去年以来增加了 20 多倍。ISO 每天还要为电力额外花费 5 000 万～1 亿美元，这一成本将传递到设备公司以及终端消费者。（*New York Times*，December 16，2000）

解除管制的本意是选择最廉价的供电商以降低电价，但电价却不降反涨。在加利福尼亚州能源危机爆发后，大量研究关注于危机是如何发生的。一种观点认为炎热天气和经济增长等因素增加了人们对电的需求量却未考虑是否有人建造更多的发电厂来发电。另一种完全不同的观点指出，电的生产者和销售者倾向于让他们的发电厂闲置，这样电的产量就会大幅下降，从而电价上涨。这一章将使用供给和需求的概念解释这些争论并评估电的生产和消费对环境的影响。

供给

发电对环境有巨大的影响。在美国，绝大多数能源生产来源于燃烧化石能源，比如煤炭和天然气。燃烧这些燃料导致温室气体的产生。温室气体积聚在大气中，就像在地球表面裹的一层厚毛毯把热量聚集于大气层内部。结果，地球的气候不断变暖。这种变暖对农业（通过气候变化）、海岸线（冰山融化，海平面上升，引起海水超过海岸线）、天气（由于生态系统被破坏）以及整个生态系统（由于以上所有因素）有极大的影响。因此，理解电力市场是应用经济学对待气候变化问题的第一步。

首先，让我们考虑电价。本书关注**竞争性市场**（competitive market）中的价格。竞争性市场是一个生产者和消费者都是**价格接受者**（price taker）的市场。价格接受者无法控制市场价格，他们仅仅能够对价格作出反应。比如，杂货铺中的消费者虽能够决定购买多少种不同的物品，但他们是按照卖家标明的价格购买的，他们扮演的就是价格接受者。电力改革的初衷是想使电的生产者扮演价格接受者的角色。作为价格接受者，他们被期望销售尽可能多的电来增加收益而不用考虑其行为会如何改变价格。下面，让我们看看事情应该如何发生。

供给和需求的基础是：**生产者**（producer）生产和销售产品供**消费者**（consumer）购买。销售量被称为**供给量**（quantity supplied），而购买量被称为**需求量**（quantity demanded）。由于价格变化，生产者改变了他们的生产数量：价格增加导致生产者提供更多的产品，而如果价格下降，生产者提供较少的产品，其他的产品也都是一样的。供给量和价格之间的这一关系被称为**供给曲线**（supply curve），或简称为**供给**（supply）。供给曲线能够回答大量的"假设"问题。例如，如果电价是每兆瓦时 20 美元，那么厂商应该供应多少电？（1 兆瓦时＝100 万瓦特每小时。）更一般地来讲，如果电的价格是 P 美元/兆瓦时，厂商应该供应多少电？相似地，需求量和价格之间的对应关系被称为**需求曲线**（demand curve），或**需求**（demand）。随着价格变化，消费者购买量随之变化。一般说来，价格下降时消费者会购买更多产品，而价格增加时消费者则会购买更少的产品。总之，供给和需求之间的交点决定市场价格和成交数量。下面让我们依次分析供给、需求及二者间的交点。

□ 加利福尼亚州的电力供给曲线

如大多数供给曲线一样，加利福尼亚电力供给曲线是向上倾斜的，因为当价格更高的时候，供给者愿意提供更多的电。更高的价格给予生产者一种激励，使其为增加利润而生产更多的商品。如图 2.1 中的 S_0，这条向上倾斜的曲线是加利福尼亚州火电的供给曲线，纵坐标轴是价格（在这个案例中，单位是美元/兆瓦时），水平坐标轴表示用电量（1GWH＝1 000 兆瓦时）。

让我们来看这条供给曲线是如何发挥作用的：选择纵轴上的一个价格，例如 30 美元/兆瓦时，从那个价格处画一条水平线至供给曲线，然后向水平坐标轴画一条垂直线，结果显示当价格为 30 美元/兆瓦时时，发电机预计每小时生产 13GWH（13 000 兆瓦时）的电。

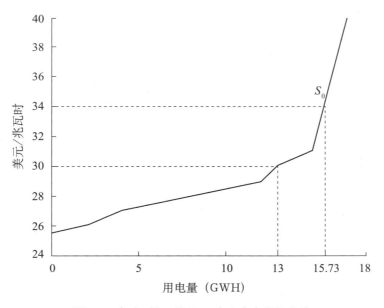

图 2.1　每小时加利福尼亚火力发电供给曲线

当价格为 30 美元/兆瓦时时，供给曲线得到的供给量为 13GWH＝13 000 兆瓦时。

图 2.1 中供给曲线是以加州电力供应为基础的。研究人员利用了火力发电厂的一份清单，其中包括每个发电厂每瓦时的发电成本。燃烧燃料效率较高的发电厂比燃烧效率较低的发电厂生产成本更低。他们从每单位的燃料投入中获得更多的电力

产出。当电价较低时，仅仅那些生产成本最低的公司有利可图。因此，在价格较低时，电仅来自于有效率的发电厂；价格较高时，低效率的发电厂发电同样有利可图，从而加入供电行列。供给曲线则反映了生产这些产品的成本。在价格很高时，更多的发电厂以更高的成本进行运营，使更多的电生产出来。所以，图2.1中的供给曲线向上倾斜。需要注意，它是一个市场供给曲线，反映了在不同的价格下，所有的电厂生产的总电量。尽管供给曲线描绘了产量是如何对价格做出反应的，而标准图则以相反的方式描绘：用价格对数量做出回应，即价格是纵轴而数量是横轴。

价格的变化引起供给量的变化。例如，图2.1显示电价增加到34美元/兆瓦时将引起供给量上升至15.734GWH。价格和数量的新组合形成了同一条曲线上的另外一个点。由价格变化导致的供给量变化被称为**沿供给曲线移动**（movement along the supply curve）。

□ 供给曲线的移动

图2.1显示的是供给量作为**自身价格**（own price），也就是电本身价格的函数。与自身价格一样，其他要素共同决定了生产者可以生产的电量。自身价格决定了在供给曲线上选择哪一点，而其他要素决定供给曲线在图中的位置。生产成本的变化就是供给曲线移动的一个例子。**供给曲线的移动**（supply shifters）就是除了自身价格以外的其他因素影响供给曲线的结果。与沿着供给曲线移动不同的是，它们改变了供给曲线在图上的位置。

例如，加州绝大多数电是通过燃烧天然气生产出来的，天然气就因此成为电力产品的一种投入。当天然气的价格上涨，尽管电价本身被看作是常量，但每一个燃烧天然气的电厂将发现它的成本增加了。那些过去仅仅能勉强维持运转的电厂现在一旦发电就会亏损。在这种条件下，它们不会选择运营。在这一情况下，电的供给曲线会向左移动。向左的移动意味着在任一给定的市场电价下，将会有较少的电被生产。类似地，天然气价格的下降将引起电的供给曲线向右移动，因此，在任一价格下厂商会生产更多的电。

在图2.2中，S_1 显示供给曲线向左移动。在原供给曲线 S_0 上，当价格为30美元/兆瓦时时，13GWH的电将被生产。而在新供给曲线 S_1 上，当价格为30美元/兆瓦时时，仅生产4GWH的电。

若干因素均能引起供给曲线的移动。在刚才的例子中，首先，商品原料投入端的价格变化将会使供给曲线移动。其次，技术的变化也可以使供给曲线移动——开发更有效的天然气发电厂能够使供给曲线向右移动，于是更多的电将会在既定的价格下生产。第三，生产者数量的改变也能改变供给曲线。建立更多发电厂可以使供给曲线向右移动，这样更多的电将会在既定价格下生产。最后，市场系统以外的环境，比如天气、自然灾难或者人为灾害都能使供给曲线移动。例如，一场地震可以中断一个发电厂供电，这将降低任一价格下的供电量，从而使供给曲线向左移动。

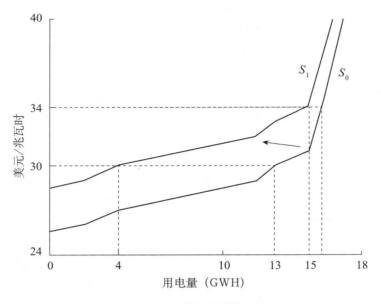

图 2.2　火电供给曲线的移动

　　曲线 S_0 是初始供给曲线。曲线 S_1 是一条左移后的供给曲线。在任一给定价格下，S_1 的供给量小于 S_0。例如，当价格为 30 美元/兆瓦时时，S_0 曲线每小时生产 13GWH，而 S_1 曲线每小时仅生产 4GHW 的电。

小结

　　● 接受市场价格的供给者以现有的市场价格为基础来决定生产多少商品。他相信自己的供给不会改变市场价格。

　　● 供给曲线反映了产量和价格之间的关系，表示一个商品制造者生产的商品量是价格的函数。

　　● 供给曲线以商品的生产成本为基础，是向上倾斜的。这意味着如果价格更高，生产者将供给更多的产品。价格的改变导致均衡点沿着供给曲线的移动，即供给者产量的变化。

　　● 投入原料价格的改变、技术的改变、生产者数量的改变或者如天气和灾难等事件的发生会导致供给曲线向左或向右移动。

　　● 供给曲线的移动意味着生产者在任一既定价格下供给数量的增加或减少。

▎**需求**

　　供给是市场的一个方面，需求则是另一方面。消费者购买的电量就是需求量。需求曲线或需求是指电价和需求量之间的关系。对于每一个价格 P（譬如 30 美元/兆瓦时），需求曲线可以回答的问题是"如果价格为 P，人们将会购买多少电？"

一个消费者对于使用多少电有很多选择。他应该使用白炽灯还是更高效的节能型荧光灯？他离开卧室时是否关灯？室内空调设为 82 华氏度还是 78 华氏度？价格是上述决策的一个决定因素。通常，较高的电价导致消费者调低空调、关灯，并且更换电灯泡。这些活动因为较高的电价节约了大量的电。因此，随着电价升高，消费者将使用较少的电，大多数人的用电需求曲线向下倾斜。由于个人需求曲线向下倾斜，市场需求曲线也是向下倾斜的。

□ 加州的电力需求

在图 2.3 中标为 D_0 的向下倾斜的曲线是对加州电力市场需求曲线的估测，用电量在水平坐标轴，价格在纵坐标轴。需求曲线与供给曲线的观察方式相同：先看价格，从纵轴画一条直线到需求曲线，然后在交点处向横轴作垂线，与横轴的交点决定消费者在这个价格水平下的购买量。当价格为 30 美元/兆瓦时时，消费者将购买 15.3GWH 电；当价格为 34 美元/兆瓦时时，消费者将购买仅 15.1GWH 的电。当电价改变时，需求量也随之变化。需求量的这种改变就是**沿需求曲线移动**（movement along the demand）。如果电价上涨，消费者对电的需求量就会下降。由于这个原因，电的需求曲线如大多数需求曲线一样向下倾斜。

需求曲线的陡度反映了当价格发生变化时有多少人改变他们的消费量。就电力而言，至少在短时期内，人们对价格变化不会反应强烈，需求曲线相对较陡峭。对于其他产品，由于很小比例的价格变化都会引起需求量大的变动，其需求曲线相对平缓。专栏 2.1 讨论了描述价格变化是如何引起产量变化的另外一种方式。

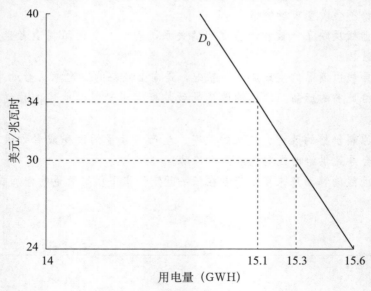

图 2.3 加州每小时电力需求

需求曲线 D_0 是加州火力发电需求量。当价格为 30 美元/兆瓦时时，曲线显示消费者将需要 15.3GWH。当价格为 34 美元/兆瓦时时，消费者将购买 15.1GWH。

弹性

需求或者供给对价格的反应时常以百分比的形式表现。**需求的价格弹性**（price elasticity of demand）是价格每变化 1 个百分点引起的需求量的百分比变化。利用图 2.3 中显示的需求曲线上的两个点，我们能够计算出需求的价格弹性。当电价从 30 美元/兆瓦时增加到 34 美元/兆瓦时时，它增加了（34－30）/30＝13.33%。因此，需求量就从 15.3GWH 下降到 15.1GWH，即（15.1－15.3）/15.3＝－1.31%。数量变化的百分比除以价格变化的百分比就是－1.31/13.33＝－0.098。因此，由需求曲线上两点之间计算出的需求的弹性是－0.098。随着大多数计算的百分比变化，新价格（34）或者两个价格的平均数（32）同样可以作为分母，尽管它们会使计算结果出现微小的不同。同样，可以计算某一点的弹性，而不仅仅是两点之间的弹性。

尽管需求弹性是－0.098，经济学家时常假设他们的读者知道这个符号是负的，当他们的意思是－0.098 时，经济学家仅仅说 0.098。因此，当需求弹性显示为 0.098 时，其默认符号为负。

需求的移动

像供给曲线一样，需求曲线也能移动。如果某些因素导致消费者在任一价格下需要更多的电，电的需求曲线就会向右移动。同理，如果消费者在任一价格下需要更少量的电，需求曲线便会向左移动。图 2.4 中曲线 D_1 表示，初始需求曲线 D_0 向右移动反映在给定价格下需要更多的电量。

大量的因素能使电的需求曲线移动。首先，消费者的收入能够作用于需求曲线。更富裕的人比较贫穷的人可能拥有更大的冰箱、房屋以及更多的游泳池，它们导致人们在收入增加时在任意给定价格下使用更多电。

电是一种正常商品。**正常商品**（normal goods）就是指那些随着收入增加需求曲线向右移动的商品。在正常商品的任意给定价格下，当人们收入增加时，他们会需要更多数量的商品。因此，收入的增加使电的需求曲线向右移动。这一现象发生在 20 世纪的加州，也发生在 21 世纪的中国。

相关产品价格的变化也能移动电的需求曲线。下面让我们考虑产品之间的两种关系：电的替代品和互补品。

两种商品互为**替代品**（substitutes）是指一种商品的价格增加会导致另一种商品需求曲线向右移动。例如，火力发电和太阳能板互为替代品，当火力发电的价格升高时，太阳能板的需求会向右移动。

相反，如果空调的价格下降，将会导致电力需求向右移动。这是因为人们将需要更多的电去运转更多的空调，空调和电就是互补品。**互补品**（complements）是指一种

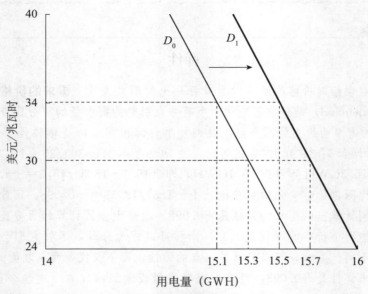

图 2.4　火电需求曲线的移动

　　本图显示了原始的市场需求曲线 D_0，和一个向右上方移动的市场需求曲线 D_1，在给定的价格下，D_1 比 D_0 的需求量更大，在价格为 30 美元/兆瓦时下，需求曲线 D_0 的需求量为 15.3GWH，而需求曲线 D_1 的需求量为 15.7GWH。在价格为 34 美元/兆瓦时下，需求曲线 D_0 的需求量为 15.1GWH，而需求曲线 D_1 的需求量为 15.5GWH。

商品的价格下降导致另外一种商品在任何给定价格下的需求量的增加，换句话说，第二种商品的需求曲线会向右移动。共同消费的商品，例如便携式电脑和电是互补品。

　　第三个改变电的需求曲线的要素是消费者个性特征的变化，即经济学家通常所指的**爱好和偏好**（taste and preference）。例如，一些家庭挂上巨大的圣诞灯装饰消耗了大量的电，但其他拥有同样收入并面对同样电价的家庭却没有装饰。这些家庭便表现出了不同的偏好。如果一些家庭因考虑到气候变化降低了他们灯饰的用电量，那么电的需求曲线将会由于偏好的改变而向左移动。

专栏2.2

什么时候越少越好

　　与正常商品相反的是**劣等商品**（inferior good）。当收入增加时，劣等商品的需求曲线会向左移动。在欠发达国家，室内空气污染是一个严重的问题。污染的一个主要来源就是烹饪和加热。随着人们变得富裕，室内空气污染问题会逐渐缓解。收入增加使得对于脏（污染大）的燃料如木柴等的需求曲线向左移动，对清洁能源如瓶装天然气的需求向右移动。因此，木柴就是一种劣等商品，而瓶装天然气就是正常商品。脏的燃料通过中间能源如煤油转变到清洁能源如瓶装天然气的这个过程被称为燃料阶梯。降低室内空气污染疾病发生的一种对策是购买炉灶并使高污染燃料

环境经济学

加快转变为清洁能源。

超小型、非运动型轿车过去在长期内是劣等商品。而较大的汽车则是正常商品。随着人们收入增加，他们购买更多大车和更少的超小型车。这一经验规律使汽车公司认为：让人们购买较小的汽车对他们的名誉是一种损害，因为这会让他们看上去比实际情况要穷。其他人认为，汽车的需求受到广告的影响很大。如果广告中不再宣称大卡车有多么坚固，而是说大卡车对环境影响有多么严重，超小型、非运动型汽车可能将不再是劣等商品了。

影响电的需求的第四种因素是经济系统之外的事件。正如一场自然灾害一样，自然或人类活动也能改变需求曲线。空调与电的需求曲线在炎热的天气里能够向右移动，因为在任意给定的电价之下有更多的电被消费了。

影响需求曲线的最后一个因素是市场中人的总数即人口数量。这并不奇怪，因为市场需求就是个人需求之和，当存在更多的个体时，市场的需求曲线将会向右移动。

与电不同，对于能够储存的商品，未来价格的预期可能移动需求曲线。例如，当人们关注未来几个月中东石油的购买渠道时，进口商会尽可能地购买他们能够买到的石油，石油的需求可能会立即增加。

截至目前，我们的例子已经探讨了需求曲线向右移动的原因。需求曲线左移的原理与之相同。对于正常商品，收入下降、人口下降、替代品的价格下降或者互补品的价格上升均会使需求曲线向左移动。同理，偏好的改变以及如自然灾害事件的发生也能使需求曲线向左移动。

在加州电力市场，最重要的需求变化是人口数量和收入的增加。这两类因素使加州电的需求曲线向右移动。这些难道不足以引起 2000 年的电价高涨吗？

小结

● 需求曲线表示不同价格水平对应的某种商品的购买量。单个需求曲线就是一个消费者的需求曲线。市场需求曲线就是单个需求曲线之和，即全部消费者的总需求。
● 需求曲线向下倾斜意味着当价格上升时，商品购买量会降低。
● 需求曲线的移动指在任何给定价格下消费者需求数量的增加或减少。需求曲线向左或向右移动是因为消费者收入的变化、替代品或者互补品价格的变化、偏好的变化，或非经济因素以及人口数量的变化等。

市场均衡

对应于某一价格的生产者和消费者决策共同地决定生产和消费的电量。现在，让我们来看看电价和电量是如何形成的。

□ 加州电力市场的均衡

在一个竞争性市场中，消费者和生产者对市场价格都会做出反应。然而目前，我们还没有考虑市场价格来自哪里。为了解决这个问题，让我们来看位于同一张图中的供给曲线和需求曲线，如图2.5所示。在一个给定价格下，当供给量等于这一价格的需求量时，**市场均衡**（market equilibrium）就会发生。均衡产生于需求曲线 D_0 和供给曲线 S_0 的交点处。需求曲线 D_0 包含了消费者全部的必要信息而没有任何生产者的信息；相似地，供给曲线包含了生产者全部的必要信息而没有任何消费者的信息。只有当它们放在一起时才能够找到均衡点，这个点是由价格和数量的一个组合构成的。在价格为32美元/兆瓦时，生产者生产15.2GWH的电，并且这一数量完全由消费者购买。生产者和消费者对于生产或消费多少电量做出独立的决策。在均衡价格处，他们独立的决策使之生产或消费同样的数量。**均衡价格**（equilibrium price）也叫**市场价格**（market price），指的是使供给量等于需求量的价格。在这个例子中，均衡价格就是32美元/兆瓦时。换句话说就是，市场在价格为32美元/兆瓦时时**出清**（clears）。

当一些事物改变供给曲线时，均衡是如何变化的呢？可能需要用来发电的化石燃料价格增长了，因此在任何价格下生产的电会减少。换句话说，电的供给曲线会向左移动。图2.6显示的是当供给曲线从 S_0 向左移动至 S_1 时价格和用电量如何变化。原有的均衡价格为32美元/兆瓦时，均衡数量为15.2GWH。新的均衡价格为34.4美元/兆瓦时，均衡数量为15.1GWH。这个新的均衡价格和均衡数量是由移动后的供给曲线 S_1 和需求曲线 D_0 相交产生的。值得注意的是，当供给曲线移动时，需求曲线并没有移动。价格的变化导致原均衡点沿着需求曲线移动到了一个新的均衡点。

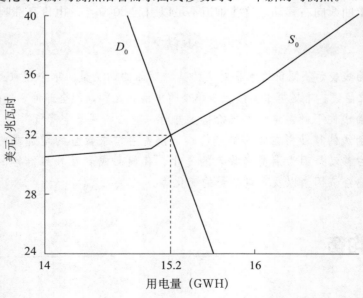

图2.5 均衡

在价格为32美元/兆瓦时时，电的供给量和需求量是相等的，每小时电的供给量与需求量都是15.2GWH。

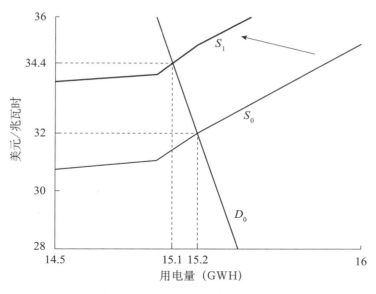

图 2.6　均衡与供给的移动

　　原有的均衡价格是 32 美元/兆瓦时，均衡量为每小时 15.2GWH。当供给向曲线左移动至 S_1 时，新的均衡价格是 34.4 美元/兆瓦时，均衡数量为 15.1GWH。

□ 非均衡

　　图 2.7 显示了一个非均衡的市场。假设一个管制者设定了电价上限为 30 美元/兆瓦时——**价格上限**（price ceiling）就是一种商品能够被出售的最高价格。此时，供给曲线意味着在价格为 30 美元/兆瓦时时，电厂将生产 13GWH，需求曲线意味着在价格为 30 美元/兆瓦时时，消费者需要 15.3GWH。那么，在价格为 30 美元/兆瓦时，消费者需要比生产者生产出的更多的电时，就出现了供给不足或者需求过剩。当消费者在一个给定价格下想要消费的电量高于生产者生产的电量时，电的**过剩需求**（excess demand）随之产生。

　　图 2.7 同样显示了如果价格设定在 38 美元/兆瓦时时会发生什么。在这个价格下，供给量为 16.6GWH，但需求量仅有 14.9GWH，生产者生产了比消费者愿意购买的还要多的电，供大于求的现象产生。在一个给定价格下，当生产者供给了比消费者想要购买的数量还要多的量时，电的**过剩供给**（excess supply）产生。

　　在以上的情形中，电的市场是失衡的，或者说是非均衡的。**非均衡**（disequilibrium）这一名词是指供给量与需求量不相等的市场结果。

□ 市场力量趋向于均衡状态

　　当一个市场位于非均衡状态时，经济力量会促进市场价格趋向于均衡值以恢复均衡状态。当价格位于均衡价格之下时，需求量超过供给量。此时，一些消费者将在当前价格下想要购买更多的商品但无法买到，他们将愿意提高这一商品的价格，

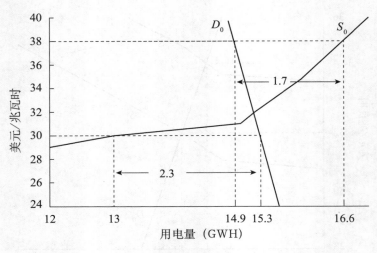

图 2.7　非均衡

　　如果电价被设定在 30 美元/兆瓦时时，需求量为 15.3GWH，超过供给量 13GWH，过剩量为 2.3GWH。如果价格设定在 38 美元/兆瓦时时，供给量为 16.6GWH，超过需求量 14.9GWH，过剩量为 1.7GWH。

或者鼓励生产者生产更多的商品，或者从其他不是很渴望拥有这一商品的消费者那里购买一些。因此，提高市场价格就会使厂商有动力增加供给量，同时减少消费者的需求量从而使得市场走向均衡。

　　政府经常会被迫以较低的价格提供人们想要的商品。结果，由政府提供商品的市场经常处于不均衡状态。相比于普通许可证而言，热门领域的开发许可证更受人们的追捧。如果许可证价格很高，许可证市场将趋向于均衡。更极端的是，苏联将肥皂的定价低于均衡价格，导致当地经常没有肥皂供应，但定价却很便宜。

　　反之，相似的过程也会发生。当价格高于均衡价格时，需求量小于供给量，一些生产者根本无法出售他们的产品。结果，他们可能减缓或者停止生产这些产品。他们可能还会以一个较低的价格提供他们的过剩产品。较低的价格使不愿意支付高价格的消费者进入市场，市场力量再次推动消费者和生产者趋向于均衡。时装行业为市场的这种矫正趋势提供了一个很好的例子：在一个服装季节的季末，价格会极大地下降。提前为下一年购买的消费者可以买到很划算的衣服，只是这些衣服在来年他们穿的时候将会过时，而生产者则能够清空他们的货架。

　　当消费者和生产者能够及时进行调整以适应供给曲线和需求曲线的移动时，新的市场均衡会很快形成。那样，加州的电力危机就不会发生。下面，让我们看看市场不均衡是如何发生的。

能源危机再现

　　图 2.5 显示了 1999 年 8 月加州的一个很好的近似市场均衡。然而，截至 2001 年初，电力市场明显偏离均衡。消费者需要的电量高于生产者能够生产的数量。由于需求量超过了供给量，最终导致了停电。在一个竞争性市场中，电价在此情况下应

该上涨。更高的价格将会使消费者节约用电，例如通过关掉不用的电器，较少使用某些电器，或者购买更节能的电器。更高的价格同样将促进更多的电由低效率的发电厂生产。然而，为什么这一切没有发生呢？答案仍然是不完全清楚的，并且备受怀疑。以下是一些解释。

首先，消费者没有及时得到正确的价格信号。电费是按月支付账单的，并且反映了那个月供电设备的成本。然而，非常高的价格和停电仅仅在每个月温度非常高的时候发生几天。按月征收的电价是大量正常价格与很少数高价的平均数。结果，在高温的数天的高峰时段，消费者仍仅支付略有升高的价格。而另一方面，输电给消费者的电力公司却支付了几百倍高的成本。例如，在 3 月，电的平均成本为 32 美元/兆瓦时，而在 3 月 20 日发电的成本接近 200 美元/兆瓦时。由于电价在每个月平均计算，消费者在 3 月 20 日关掉空调节约的 1 兆瓦时将仅表现为他们的账单减少了 32 美元，而电力公司则节约了 200 美元。正因为消费者从未直接接触非常高的价格，所以他们从不会对其做出反应。

其次，主要生产者每人拥有不止一个发电厂。由于天气的炎热，当需求量很高（需求向右移动）时，一些生产者选择不启动它们的全部产能去发电。当只有一些发电厂在任意价格下发电时，供给曲线向左移动（如图 2.6 所示）。因此，供给量下降而价格上升。有人说那些没有利用的发电厂停工是为了设备维护，其他人则认为发电厂的拥有者停产是为了抬高价格以增加他们的利润。有一点很清楚，那就是尽管价格大幅上涨，但仍然没有足够的电来满足需求量。

小结

● 在一个竞争性市场中，当需求量等于供给量时，均衡产生，此时需求曲线和供给曲线相交。均衡点的价格是市场出清价格。

● 当供给曲线或者需求曲线移动时，均衡会发生变化。供给曲线的变动引起均衡点沿着需求曲线的移动，即需求量的变化。需求曲线的移动引起均衡点沿着供给曲线的移动，即供给量的变化。

● 当供给量不等于需求量时产生不均衡。

● 市场力量趋向于调整价格至均衡价格。

将供给和需求应用于能源政策

燃烧化石燃料不可避免地产生温室气体的排放以及它们的有害影响，因此降低化石燃料的使用对社会有利。人们是如何降低温室气体排放的呢？为避免一些最恶劣气候变化的影响人们能够做什么呢？供给和需求的经济学家提出了大量的见解来解决此类环境问题，并解释两种不同的政策在减少化石燃料使用和温室气体排放上的作用：配额和税收。配额和税收代表两种基本管制工具：**命令控制手段**（command and control，CAC）和**市场激励手段**（market-based incentives，MBI）。

在命令控制手段中，监管机构规定一项行动或者是一个结果。**配额**（quota）就是命令控制手段的一个例子。一个配额就是一种限制，比如限制产出（生产的商品）、限制投入（用于生产的原材料），或者是限制排放（排放废弃物）。一项配额同样是一个以一种特定的方式生产一种产品的行政命令。在这个例子中，配额是对产出的一种限制———一种并非要生产的更多的而是生产特定数量电的要求。

相比之下，税收则是市场激励手段的一个例子。**从量税**（specific tax）是政府对每一单位销售物品征收一定量的费用。例如，对每加仑汽油征税，对飞机的每段飞行航线征税，对销售的每兆瓦时电征税等都属于从量税。税可以针对废物排放、投入原料或者产出端征收。征税是一种市场激励手段，因为它通过市场运作对削减废气排放提供了激励，而不仅仅是禁止某些行为。

命令控制手段和市场激励手段都被用来控制污染至一个水平，这一水平低于无管制市场条件下能产生的污染水平。在简化形式中，以下案例展现了配额和征税之间的主要差别。

☐ 配额

让我们来验证**生产配额**（output quota）在电力市场的作用，即对公司生产商品的数量限制。在这一情况下，政府将不允许市场来决定电的生产量，而是要求公司生产少于均衡产量的电量。因为电的生产使用化石燃料，所以政府可能将限制电的生产作为削减温室气体排放的一种途径。

图 2.8 显示的是与本章一直使用的与加州火力发电相同的供给和需求曲线。电力消费的需求曲线很陡，表示：当价格变化时，消费者基本不能改变他们的电力消费。这对于分析一个相对较短的时期（如几个月）是一个很好的假设。当时间期限较长时，电的需求就被极大地高估了。因为在一个较长的时期，消费者可以通过购买更多节能的设备进行调整；在短期内，所有人能够做的就是较少地使用他们的电器。

在图 2.8 中，火力发电的供给曲线起初很平缓，反映了存在很多低成本的化石燃料电力发电机。一旦这些低成本发电机全部投入生产，供给曲线就会变得更加陡峭，反映了让旧的、低效率的、运行费用更昂贵的发电厂投入生产的必要性。

正如在图 2.5 中，市场均衡位于产量为 15.2GWH，价格为 32 美元/兆瓦时处。现在假设加州政府想要降低来自火力发电厂的温室气体排放量，它决定对电力生产设定配额。

图 2.8 中的垂线显示了 14.9GWH 的配额。在确定的数量下，生产者对价格反应较为迟钝。它是由横轴上 14.9GWH 开始的一条垂线。这源于一个原则：生产者不能提供多于这一数量的电。为了知道什么价格将引导消费者消费刚好这一数量的电，也就是说为了让需求量为 14.9GWH，从横轴沿着垂线向上直到需求曲线然后再

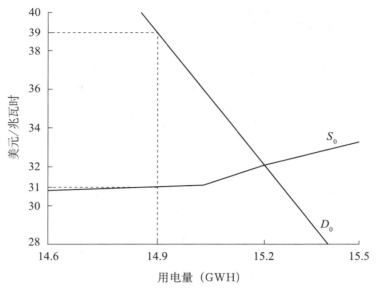

图 2.8　一个电力的生产配额

　　如果政府约束生产者不能生产超过 14.9GWH 的电，将引导消费者购买这一数量的价格为 39 美元/兆瓦时。供给者将愿意以 31 美元/兆瓦时的价格生产 14.9GWH 的电，但他们将接受 39 美元/兆瓦时的价格。在 39 美元/兆瓦时这一价格下，他们将愿意扩大产量或者供给更多数量，但政府不允许他们这么做。

到纵轴。当消费者面对的价格为 39 美元/兆瓦时时，他们恰好购买 14.9GWH 的电。

　　面对价格为 39 美元/兆瓦时时，生产者将愿意供给远大于 14.9GWH 的电。事实上，他们愿意生产更多的而并不符合图 2.8 的电量。在图 2.1 中，基于同样的数据，按照供给曲线为 39 美元/兆瓦时的价格向横轴做垂线可知，生产者愿意在那个价格水平下生产 17GWH 的电。然而在存在配额的情况下，政府会阻止他们这么做，而仅仅允许其生产配额量 14.9GWH。

　　如果价格定为 31 美元/兆瓦时，这一价格会使生产者生产 14.9GWH 的电，而消费者则想使用 15.15GWH 的电，大于生产者在这个价格下愿意供给的量。如曾发生在加州的能源危机那样，停电可能发生。因此，配额在成功地减少产量以及温室气体排放量的同时，却给消费者带来了高于市场均衡价格的电价。

□ 征税

　　消费税既可以提高价格也可以成功地降低产出。让我们考虑从量税为 8 美元/兆瓦时的情况。这种税的作用是在消费者支付价格与生产者获得价格之间产生出一个 8 美元/兆瓦时的差额，而这 8 美元/兆瓦时的税交给了政府。例如在图 2.9 中，消费为 14.9GWH，需求曲线的价格为 39 美元/兆瓦时。如果消费者支付了 39 美元/兆瓦时，政府拿走了 8 美元/兆瓦时，仅有 31 美元/兆瓦时留给电的生产者。从生产者的视角看，征税使需求曲线上每一个价格降低了 8 美元/兆瓦时。换句话说，对于生产者而言，这看起来就像需求曲线向下移动了税收的数量，因为生产者得到的价格等于消费者支付的价格减去 8 美元/兆瓦时的税。

对于从量税，**征税后的需求曲线**（after-tax demand curve）是关于税后的市场数量的函数，显示了生产者生产每单位商品可以从消费者那里得到的钱。它是将需求曲线垂直向下移动征税的数额后形成的。这就是图 2.9 中的曲线 $D-t$。

税后的均衡发生在税后的需求曲线和供给曲线的交点处，就是在生产者的价格为 31 美元/兆瓦时，数量为 14.9GWH 处。消费者支付给生产者的价格是 31 美元/兆瓦时加上税 8 美元/兆瓦时，总计 39 美元/兆瓦时，其中生产者得到了 31 美元/兆瓦时，政府得到了 8 美元/兆瓦时。

至于是消费者还是生产者将这笔钱交给政府是没有差别的。如果由消费者交税，他每单位给政府 8 美元，给生产者 31 美元。如果由生产者交税，则它从消费者那里拿到 39 美元后将 8 美元/兆瓦时给政府，自己留下剩下的 31 美元。经济结果是相同的：31 美元给生产者，8 美元给政府，消费者花费 39 美元。

在通常情况下，当需求曲线向下倾斜，供给曲线向上倾斜时，与不征税相比，征收一项税会导致消费者支付的价格增加和生产者得到的收入减少。

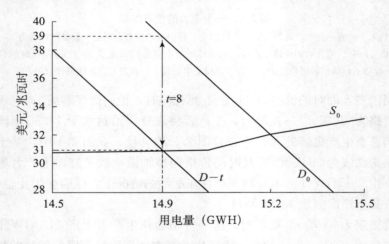

图 2.9 对电征税

本图显示征税 8 美元/兆瓦时后的结果。当消费者在一小时内购买 14.9GWH 数量的电时，他们支付的价格是 39 美元/兆瓦时。他们支付的价格减去税就是曲线 $D-t$。它是需求量的函数，显示了生产者得到的收入，也就是消费者支付的钱扣去税收。供给曲线和 $D-t$ 曲线的交点给出了征税后的均衡。价格为 31 美元/兆瓦时，数量为 14.9GWH。

<hr />

专栏2.3

征税的代数视角

让我们按照画下的图写出需求曲线的方程式。在纵轴上的价格是横轴上数量的函数。它给出了消费者支付的价格是 P^d，函数为 DP，市场数量为 Q。方程为 $P^d = DP\ (Q)$。

现在看供给方，将生产者得到的价格写成产出的函数。同样，这就是图中所画的供给曲线的方程式。设 P^s 为生产者真正得到的价格，供给曲线的方程为 $P^s = SP(Q)$，该方程表示消费者为使生产者生产产量 Q 而为每单位产品支付的价格。

如果消费者支付 P^d，政府征税为 t/兆瓦时（案例中 $t = 8$ 美元），那么生产者就得到 $(P^d - t)$/兆瓦时。因此，支付给生产者的价格作为市场商品数量的函数就是 $P^s = DP(Q) - t$，它是消费者愿意支付的价格减去税收。图 2.9 中是向左移动的需求曲线，移动距离为 t。生产者得到的是消费者支付的资金减去税收后的余额。

税后均衡为供给曲线和税后需求曲线之间的交点，即 $SP(Q) = DP(Q) - t$。税后需求曲线和供给曲线的交点处的数量就是税后均衡数量。我们称那个数量为 Q_t。供给曲线上在数量 Q_t 处的价格是生产者接受的价格。需求曲线上在数量 Q_t 处的价格是消费者支付的价格。这两个价格之差就是税收。

方程 $SP(Q) = DP(Q) - t$ 是用来解决征税问题的另一方法。在方程的两侧都加 t，得到 $SP(Q) + t = DP(Q)$。这个方程即供给曲线增加 t 后与需求曲线相交。它得到了和前面一样的 Q_t，因为求解的是同一个方程。消费者支付的是生产者的所得再加上税。对数量或价格征税与是消费者还是生产者支付税金没有关系。

对比配额和征税

无论对于配额还是征税，电的生产是一样的，都是 14.9GWH。消费者的价格也是一样的，39 美元/兆瓦时。存在差别的是生产者的价格。在有配额的情况下，生产者得到的消费者所支付的价格是 39 美元/兆瓦时。在征税的情况下，生产者得到的是消费者支付的价格减去税，即 31 美元/兆瓦时。图 2.10 与图 2.9 有同样的曲线并增加了一个长方形阴影。这个长方形阴影显示了政府得到的税收收入。它的高度是税收（8 美元/兆瓦时），宽度是产出（14.9GWH），面积（t 美元/兆瓦时×兆瓦时）就是政府得到的税金总数：14.9GWH×1 000 兆瓦时/GWH×8 美元/兆瓦时 = 119 200美元。

面对在征税或配额之间的选择均能获得同样水平的产出，生产者总倾向于配额。因为在有配额时，生产者可以得到更高的利润。在这个例子中，生产者能多收入 119 200美元。如果用征税代替，119 200 美元将归政府所有，政府利用它提供更多的服务或降低人们支付的其他赋税。

然而，很多环境法规是依赖于配额的，也许部分原因是生产者倾向于更高的价格而不必缴税。正如我们在这本书接下来要探索的更多工具一样，更多复杂的配额和税收类型将会出现。在很多例子中，市场激励手段控制污染要比命令控制手段有着更低的成本。税收和配额能实现同样的环境目标，却对生产者的利益产生截然不同的影响，理解这一问题对洞悉环境政策是有价值的。虽然经济分析对环境项目的法令和成功起了很大作用，但政策对于各种生产者和消费者的效果会对这些努力产生政治影响。

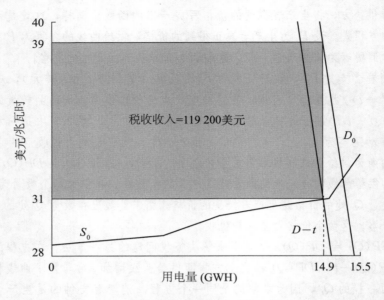

图 2.10　电的税收收入

当政府对电的使用征税时，它能获得的税收收入就是阴影的长方形部分。长方形的高度是税收（8美元/兆瓦时），它的宽度是产出（14.9GWH＝14 900兆瓦时）。政府得到的是 14 900 兆瓦时×8 美元/兆瓦时＝119 200美元（高度乘以宽度就是面积）。需要注意，面积是用美元来衡量的。这是由于纵轴衡量的是每单位商品的美元价格，而横轴衡量的是商品的单位数量：单位衡量抵消了，剩下就是美元价格。

小结

● 市场激励手段包括对污水、投入或产出征税。而命令控制手段包括对污水、投入和产出设定配额。

● 通过限制生产来降低污染活动是有可能的。一个生产配额表示一个生产者的产出上限。在配额约束下，价格增长使得消费者的需求数量降低至配额水平。

● 通过征税减少污染活动也是可能的。税收增加了消费者支付的总量，但生产者赚到的是价格减去政府的税收的余额，因此生产者赚到的钱将少于他们在配额情况下的所得。

● 征税和配额都可以实现同样的环境目标，但对生产者而言，它们将产生大不相同的价格。

利用供给和需求理解土地利用

供给和需求能被用来探索很多其他的环境问题。栖息地保护就是这样的一个问题，它或许是物种乃至整个生态系统保护中最重要的因素。

环境经济学

美国中西部曾经是草原，覆盖着高矮不一的草本植物。野牛、草原鸡、鹿以及麋鹿数量很多，草原狗和黑足鼬也很常见。现在，游客在东部草原主要看到的是大豆、谷物和猪，而在西部草原看到的则是小麦和牛。经济刺激在这一巨大的生态变化过程中扮演了主要的角色，并且持续发挥作用，而这种刺激是政府一手促成的。因此，了解是否是政府导致了本不应该有的草原生态系统的更加恶化，或者政策是否已经对保护草原等问题产生了效果都是有用的。

纵观美国历史，美国政府一直积极鼓励人们去美国西部定居。在其重要政策中，有《宅地法》（Homestead Act）、铁路补助，还有土地银行。1862 年的《宅地法》将美国通过征服或购买得到的 160 英亩公共土地分配给愿意支付 18 美元并在那片土地上居住和工作 5 年的任何人。铁路补助给予铁路大量的土地，包括铁路两侧的土地。铁路公司将土地卖入私人土地市场的同时也促进当地适宜生长的谷物通过铁路运输。土地银行是一个政府投资的银行，给当时商业银行不愿贷款的农户提供贷款。上述以及其他政府项目加速了人们在美国西部的定居。换句话说，这些政府项目通过草原向农田的转化加速破坏了草原的生态环境。

☐ 农田计划

农业政策和环境保护政策的相互作用源远流长。在美国，现代农业政策始于 1933 年的《农业调整法案》（Agricultural Adjustment Act，AAA），该法案是对大萧条的应对手段之一。在大萧条时期，农产品的价格急剧下降，农田的低价格和萧条遍布全球。《农业调整法案》的目的是提高农产品的价格，但该法案被美国联邦最高法院宣布违宪，因为法院不允许美国制定旨在控制价格的法律。为了使 1933 年《农业调整法案》中的条款失效，议会修正了 1935 年的《水土保持和国内分配法案》（Soil Conservation and Domestic Allotment Act），将其作为《农业调整法案》的延续，目标在于减少水土流失。水土流失是导致农民在大萧条中遭遇损失的主要因素。为了得到该法案提供的补助，农民不得不采取措施保持和恢复土壤质量。

经济上支持农民和保护农民土地的双重目标在今天仍然有待实现。经济上支持农民导致草原生态系统被破坏，但土壤保护计划已经产生了积极的环境效应。判断过去 75 年农业政策的主要作用究竟是生物栖息地的丧失还是水土保持，需要衡量农民是如何应对由这些政策而产生的经济激励的。

本节检验了一种提供给农民的经济支持政策，被称为**价格支持**（price support）计划。这一政策的目的在于为农民提高农产品价格。这种特殊的价格支持被称为**商业贷款**（marketing loan），这种贷款用谷物作为担保，并且可以用现金或者担保物偿还。商业贷款计划的实施形成了 20 世纪 50 年代小麦、谷物和大豆的大量盈余。同时，该计划还结合了土地休耕这一要求。

☐ 提高价格与保持水土

根据供给和需求的框架，我们可以估测商业贷款计划在 1960 年能够让多少额外的农业用地投产。投产的土地数量能够与保护计划保护的土地数量进行对比。

　　在 1960 年，美国政府通过农业部（Department of Agriculture，USDA）提供农户每蒲式耳小麦 1.78 美元贷款，用小麦作为贷款的担保抵押。在这一协议下，即使小麦的市场价格少于每蒲式耳 1.78 美元，农户也可以选择向美国农业部上缴他们的小麦以完全偿还贷款。如果小麦的价格增加到贷款利率之上，农户能够拿回他们的小麦然后以市场价格销售。1960 年，小麦市场价格比贷款利率低，并且已持续了若干年。农户按照协议将他们的小麦上缴美国农业部以偿还他们的贷款。由于农户选择以每蒲式耳小麦 1.78 美元的价钱偿还他们的贷款，而不是卖给消费者，他们实际面对的小麦价格为每蒲式耳 1.78 美元。

　　图 2.11 显示了 1960 年小麦供给和需求的估计图。这幅图显示了小麦在没有任何政府干预时的均衡量。小麦将会以 1.70 美元/蒲式耳的价格生产 13.08 亿蒲式耳。

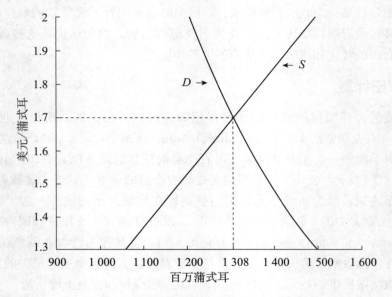

图 2.11　小麦的供给与需求

　　这幅图粗略估计了 1960 年小麦的供给与需求。在没有任何政府干预时，均衡数量将为 13.08 亿蒲式耳，均衡价格为 1.7 美元/蒲式耳。

　　图 2.12 加入了政府贷款计划。供给者看到的价格是 1.78 美元/蒲式耳的贷款利率。在贷款价格为 1.78 美元/蒲式耳时，沿着水平虚线至与供给曲线的交点形成了供给量，为 13.57 亿蒲式耳小麦。因为农户没有理由按照低于这一水平的价格供给小麦，联邦政府将尽可能多地获得农户愿意生产的小麦。消费者同样面临这一价格。

　　将虚线从贷款价格为 1.78 美元/蒲式耳与需求曲线相交形成了消费者需求，需求量为 12.76 亿蒲式耳。在 13.57 亿蒲式耳供给中，消费者仅仅愿意购买 12.76 亿蒲式耳。美国农业部以 1.78 美元/蒲式耳的价格实际购买了 8 100 万蒲式耳超额供给的小麦，总成本为 1.44 亿美元。

　　在经济术语中，贷款利率是一种**最低限价**（price floor），在这一价格以下政府将不允许产品销售。美国农业部通过购买超额小麦进行储存或分发，强制实施了最低限价。在 1960 年，粮食总储备已经经过多年积累达到 13 亿蒲式耳，大致相当于一年的产量。

　　为了看到贷款计划对于土地利用的效果，让我们来对比将用于小麦生产却没有参加贷款计划的土地量与实际参与计划的土地量。没有这个计划，小麦供给的均衡数量将为 13.08 亿蒲式耳。参与计划后，农户供给 13.57 亿蒲式耳。因此，4 900 万蒲式耳额外的小麦被生产出来。如果每一英亩粗略生产相同数量的小麦，那么占一国小麦种植土地总量的 49/1 357 的土地被用来生产额外 4 900 万蒲式耳。在 1960 年，美国共有 5 490 万英亩土地被用来种小麦。因此，额外种植面积的百分比乘以总英亩数就是额外英亩的数量，即 49/1 357×5 490 万英亩＝198 万英亩。换句话说，大约 198 万英亩的额外土地由于商业贷款计划而生产小麦，这几乎等同于黄石国家公园的面积（220 万英亩）。

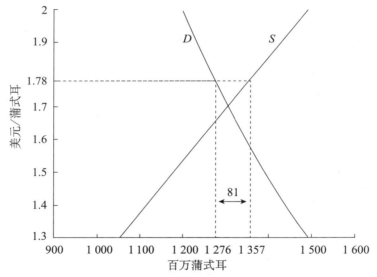

图 2.12　小麦的政府贷款计划

这幅图显示了商业贷款计划的结果。农户面对的价格为 1.78 美元/蒲式耳，贷款率高于自由市场中接受的价格，1.7 美元/蒲式耳。由 1.78 美元/蒲式耳价格处引出直线与供给曲线相交，该交点形成了生产数量，为 13.57 亿蒲式耳。由 1.78 美元/蒲式耳价格引出直线与需求曲线相交，该交点则为需求量，为 12.76 亿蒲式耳。在 13.57 亿蒲式耳供给量中，消费者将愿意购买仅 12.76 亿蒲式耳。剩余的 8 100 万蒲式耳则由政府购买。

　　自 1933 年至今，尽管农田计划已经有很多的改进，这一计划仍然存在，并且仍可以增加农田的价格。对农田支持计划和相似的农业补贴计划主要有三种反对声音。在 20 世纪 60 年代，反对之声的增加是由于政府需要处理过剩的小麦。尽管一些过剩小麦通过食物换和平计划被分发至贫穷的国家，但到 1960 年政府仍拥有一年的小麦储备。"当美国及国外的人民遭遇饥荒时，政府的粮食储备行为顿时陷入尴尬境地，当然，这也为进一步的改革提供了动力。"第二种反对声音是该计划给联邦政府以及税收支付者带来了成本。而当政府采取一项新的农田补贴计划以降低上一个计划产生的成本时，所产生的新成本却使总成本有增无减。当前，灾难赔偿和沉重的谷物风险补贴更增加了纳税人的负担。

最后的反对声音是该计划的环境成本。当该计划抬高了农产品价格进而鼓励更多土地和水被开发利用时，便很难有益于这片土地上的生态系统。美国当前的农业计划就是一个水土保持与生产促进相结合的计划。例如，1986年美国首次提出了环保休耕计划。通过这一计划，美国从农户手中租用土地10~15年。作为租赁的条件，农户必须种植能保持水土的地表植被，例如青草等，这样就可以减少水土流失和化肥使用，使这些土壤能够让野生动物栖息。截至2008年11月，全美水土保护留存地共3 400万英亩，这大约相当于伊利诺伊州的面积。今天，每个州都有此类留存地，这可能是美国最为重要的水土保持计划了。

尽管最初的农业政策极大地偏重于提高农民收入，但随着时间的推移，水土保持的目标便会逐渐融入政策目标体系。总体而言，农业计划对环境究竟是福是祸，一时间难以测算。

小结

● 政府干预会导致市场失衡，使得供给量和需求量不相等。
● 美国政府对于农业的深度干预由来已久。这些政策包括最低限价，刻意增加农民收入，采用多种措施防止由于耕种导致的土地退化或者其他不可逆转的负面影响。

■ 能源和农业

能源和农业通过两个重要的途径联系在一起。首先，我们所需要的能源中的大部分由化石能源提供，化石能源同时也是农业生产的重要投入。石油提炼出的柴油可以作为抽水、犁地和收割庄稼的动力。石油还可以用来制作化肥。如果石油的价格如同2008年那样上涨，农业生产投入就会变得更加昂贵，使粮食的供给曲线向左移动。

第二，当石油价格和粮食价格相比足够高时，粮食作物会被转化成能源。最近，甘蔗和玉米通过蒸馏生成了酒精，并且作为一种添加物被添加进汽油中。尽管人们对于这一技术的环境效益还存在质疑，美国代表农场的立法者已经把生物乙醇和其他生物质燃料作为环境友好型的能源加以推广来替代化石燃料。然而，有一点是清楚的，生物乙醇使粮食的需求曲线向右移动了。由于粮食可以用作能源，人们对于粮食的需求自然就提高了。

2008年，包括石油价格上涨和生物乙醇产量增加在内的多种因素共同推高了几种主要粮食作物，譬如玉米价格的上涨。玉米在每蒲式耳2~3美元的价格上徘徊了

10 年后，于 2008 年 4 月达到了每蒲式耳 6 美元。由于无法支付如此高的粮价，墨西哥和其他发展中国家的穷人对此表示抗议。

关于生物乙醇的争论仍在持续。人们质疑，当全球尚未解决温饱问题之时，生物乙醇产生的环境效益是否值得。供求模型给我们提供了有力的工具用来分析如何在满足人们需要的同时保护环境。

■ 总结

- 供给曲线描绘了生产者在某个市场价位上愿意生产的商品数量。供给曲线通常向上倾斜，这意味着价格越高，生产者生产的商品越多。生产商品的原料价格、技术、生产者的数量等内生变量的变化以及包括天气在内的外部因素的影响，都会导致供给曲线移动。
- 需求曲线描绘了消费者在面临既定市场价格时愿意购买的商品数量。需求曲线在绝大多数情况下是向下倾斜的，这意味着商品价格提高时，消费者会减少他们的消费量。由于消费者的收入、替代品和互补品、爱好和偏好等因素的变化以及包括天气和人口变化在内的外部因素的影响，都会导致需求曲线移动。
- 市场均衡是指市场上的某一商品价格使得生产者生产该商品的数量和消费者需求该商品的数量相等。在一个竞争性市场上，

当价格导致需求或者供给过剩时，价格有向均衡价格回归的趋势。如果供给曲线移动导致市场均衡点沿着需求曲线移动或需求曲线移动导致市场均衡点沿着供给曲线移动，那么市场均衡价格和市场均衡数量都会发生变化。

- 政府计划会改变市场均衡并且也会影响环境。政府可以通过配额或征税两种手段来限制商品生产。虽然这两种手段都会达到生产同样商品数量的（或环境）目标，但是会对生产者的利润和政府财政收入产生不同的影响。
- 在农业上，政府通常为生产者设定一个最低限价，这会导致生产者供给过剩。与此同时，政府通过出台政策降低因为农业导致的土地退化或其他损害。这些政策对于环境究竟产生多少净效益是一个需要继续研究的领域。

■ 关键词

征税后的需求曲线	需求曲线	出清
非均衡	命令控制手段（CAC）	均衡价格
竞争性市场	过剩需求	互补品
过剩供给	消费者	劣等商品
需求	市场均衡	市场价格
价格支持	市场激励手段（MBI）	价格接受者

商业贷款	生产者	沿需求曲线移动
需求量	供给量	沿供给曲线移动
配额	正常商品	从量税
生产配额	替代品	自身价格
供给	价格上限	供给曲线
需求的价格弹性	供给曲线的移动	最低限价
爱好和偏好		

说明

加利福尼亚州电力危机的案例选自 Laura M. Holson, "Government Acts to Calm California's Energy Market," *New York Times* [Late Edition (East Coast)], December 16, 2000, sec. A. 14。

电力供给曲线的案例选自 Severin Borenstein, James Bushnell, and Frank Wolak, "Measuring Market Inefficiencies in California's Restructured Wholesale Electricity Market" (Center for the Study of Energy Markets, Berkeley, California, June 2002)。本案例没有考虑到从其他州购电，或者从核电站或水电站购电。因此，尽管这是一个供给和需求的真实案例，却并没有完整地反映加州的电力生产情况。

美国最高法院 1936 年宣布《农业调整法案》违宪，United States v. Butler, 297 United States Supreme Court Reports 1 (1936) ("Hoosac Mill" 案例)。

农业案例是作者自己设计的，使用了 1960 年真实的价格和商品数量以及 Bruce Gardner 的估计 ("North American Agricultural Policies and Effects on Western Hemisphere Markets Since 1995, with a Focus on Grains and Oilseeds" (WP 02-12, Department of Agricultural and Resource Economics, University of Maryland, College Park, Maryland))。Gardner 检验政策的效果时作了许多假设，包括一年期限内的需求弹性假设为 −0.5 等。价格补贴对小麦生产的影响基于 Mark A. Krause, Jung-Hee Lee, and Woo W. Koo, "Program and Nonprogram Wheat Acreage Responses to Prices and Risk," *Journal of Agricultural and Resource Economics* 20 (1995)：96—107。

练习

1. 以小汽车市场为例：

(a) 影响对小汽车需求的因素有哪些？也就是说，无论对于个体还是总体，什么因素会导致需求量沿着需求曲线运动或者需求曲线本身的移动？请指出至少四个因素。

(b) 如果你要画一条小汽车的需求曲线，那么你如何标记坐标轴呢？沿每条坐标轴进行测量的单位是什么？需求曲线是向上倾斜的，还是向下倾斜的，还是垂直的，或者水平的？为什么？

环境经济学

（c）影响小汽车供给的因素有哪些？请指出至少四个因素。

（d）如果你要绘制小汽车的供给曲线图，那么曲线是向上倾斜的还是向下倾斜的，是垂直还是水平的？为什么？

（e）如果钢铁价格上涨，哪条曲线（如果有）会受影响？如何影响？小汽车的均衡价格和均衡数量会发生什么变化？为什么？

（f）如果停车费上涨，哪条曲线（如果有）会受影响？如何影响？小汽车的均衡价格和均衡数量会发生什么变化？为什么？

（g）美国的环境保护署要求新生产的轻型卡车和越野车安装新的污染控制装置，这将会增加轻型卡车和越野车的生产成本。由于从联邦条例的角度来看，这些都不是小汽车，尽管人们把它们当作小汽车使用。请问小汽车市场的供给曲线和需求曲线中哪条（如果有）曲线会被影响？如何影响？为什么？小汽车的均衡价格和均衡数量会如何变化？

（h）考虑几天或数周的短时期与几个月或数年的长时期的区别。假设汽油价格上涨。哪条（如果有）曲线会在短期内受影响？如何影响？为什么？小汽车的均衡价格和均衡数量将会如何变化？为什么？

（i）如果考虑长期，你认为在上一问的基础上还有什么变化会发生？如果有变化发生，是什么变化？为什么？

2. 重新看一下图 2.2，在一张纸上将它描出。现在在图上画两条需求曲线，在 $P=32$ 美元/兆瓦时的位置画一条水平的需求曲线，在 $Q=15GWH$ 的位置画一条垂直的需求曲线。

（a）如果供给曲线从 S_0 移动到 S_1，均衡价格会出现什么变化？

（b）水平的需求曲线意味着消费者在 32 美元/兆瓦时或更低的价位上会购买所有生产出来的商品，一旦价格高于 32 美元/兆瓦时，他们将不会购买任何商品。垂直的需求曲线意味着消费者对于价格没有任何反应，无论价格为多少，他们会购买同样数量的商品。你认为消费者在购买电时更加接近哪一种需求曲线？也就是说，消费者会非常重视价格（就如同水平需求曲线）还是忽视价格（就如同垂直需求曲线）？

（c）将你对（b）的回答和图 2.2 中的真实需求曲线进行对比。如果价格变化，需求量的变化大还是小？

3. 本章诠释了钱被转移至农户手中的两种主要方法之一，另一种方法叫作目标价格缺失补偿计划。我们也用图 2.12 来解释这个计划，尽管实际的计划运行了十多年并且有更高的价格。在目标价格计划中，政府会设定一个价格来对农户形成保护，如案例中 1.78 美元/蒲式耳。而在目标价格缺失补偿计划中，政府不设最低限价，而是允许普通消费者购买所有小麦。

（a）假设根据供给曲线，生产者找到了供给量，决定了生产多少小麦。如果消费者将购买这么多小麦，现在使用这一数量和需求曲线去寻找消费者将支付的价格。

（b）政府支付给农户不同于目标价格和消费者支付的价格。从目标价格中减去消费者的价格，算算政府每蒲式耳支付的钱。现在将政府每蒲式耳支付的钱乘以需要支付的总小麦量来计算政府将不得不支付的总额。

（c）将（b）中得到的答案与政府在贷款计划下的成本进行对比。你的对比应当揭示为什么在没有其他计划限制生产时，政府从不使用目标价格计划。

（d）将目标价格缺失支付计划与在能源领域征税进行对比。两种情况下，政府在消费者支付的价格和生产者得到的价格之间都形成了一个差额。在这些计划下，供给量和需求量相等吗？

（e）为了解决环境问题，政府可能对污染征税，或者对削减污染进行补贴。基于所看到的征税和目标价格缺失支付计划的对比，你认为生产者更希望实施哪个计划？对于政府而言，哪个更昂贵，为什么？

4. 由于对泄漏点进行维修要比少量有毒物质泄漏带来的损害所耗费的成本高，化学工厂因此宁愿将有毒物质排入土壤。一旦发现这些物质污染了当地水源，工厂同意修理泄漏点。

(a) 画出在污染物被发现前，工厂化学物产生的供给曲线和需求曲线。

(b) 这些曲线中哪一条将受到修理泄漏点这一决定的影响？在图中反映这一变化。那么，均衡价格和均衡数量将也发生什么变化？

(c) 从这个工厂购买化学物的购买者（居住地远离污染物）将会受到修理泄漏点这一决定的什么影响？为什么他们会感受到这种影响？你认为这种影响合适吗？为什么？

第3章 市场和市场失灵——环境退化的原因之一

清洁空气是免费的还是无法对其价值进行衡量？呼吸清洁的空气不必花一分钱，却是人类维持生命必不可少的。由于不存在交易清洁空气的市场，人们视之为免费、可无限获取的资源。即使被污染的和呼吸消耗的清洁空气一样多，但二者带来的环境后果迥异。

市场运行顺畅时，它们是促进各种物品（包括自然资源）生产和分配的有效工具。市场运行不畅时，则会对人类和环境同时造成伤害。理解市场机制有效或失灵时的威力和危害性对于保护环境是至关重要的。本章将考察以下几个问题：

● 市场如何保护稀缺资源；

● 环境物品如何成为经济物品；

● 市场的优势；

● 市场不能有效运转的五个原因：市场失灵。

▇ 利用市场保护灰狼

长久以来，很多人害怕甚至厌恶狼。在欧洲移民时期，大约有 40 万只灰狼在如今的美国境内活动。北美的欧洲殖民者将灰狼视为野蛮美洲的象征，必须以文明的名义征服。殖民者发动了美国的西进运动，随后猎杀了大量的野牛、麋鹿和驼鹿，导致灰狼的食物来源减少。于是，灰狼开始袭击农场主的绵羊、牛以及家畜。

大农场主们和政府部门为了解决家畜和个人安全面临的威胁，实行了旨在消灭狼群的激进计划。18 世纪开始施行的赏金计划规定，猎杀一只灰狼可以得到 20～50 美元。该计划一直持续到 1965 年。而到 1925 年，美国本土 48 个州的灰狼已经非常稀少。

1966 年的《濒危物种保护法案》(Endangered Species Preservation Act，其后在 1973 年修订为《濒危物种法案》，Endangered Species Act)，在 1967 年将灰狼纳入保护范围。尽管如此，因为繁殖种群的数量太少，人们很怀疑灰狼能在没有外界帮助的情况下在美国本土的 48 个州形成新的种群。不断增加的对于狼的生态和行为的科学研究、公众对狼的认知的改变、环境运动以及其他社会、经济和人口因素使得狼群恢复成为一项政治议题。20 世纪 80 年代后期，若干灰狼引进法案被提交给国会，但是遭到了牧场主们和州政府的强烈反对。

尽管一直存在反对意见，但是经过数年的研究和有组织的公共投入，美国内政部长批准了北落基山灰狼种群恢复计划。计划的一部分包括 1995 年黄石国家公园从加拿大引进两批共 14 只灰狼。

"野生动物卫士"(Defenders of Wildlife，一个非营利野生动物保护组织) 的一个创新计划也许是促成黄石公园引进狼的另一个因素。1987 年，该组织创建了"贝利野生动物基金会狼补偿信托基金"，用于向牧场主们赔付狼咬死牲畜带来的损失。2008 年，该基金共向狼咬死的 429 只动物的所有人赔付了 16.1 万美元。

恢复狼群产生的经济负担从牲畜所有者转移到了狼引入计划的支持者，减小了牧场主们反对狼引入计划的经济激励。尽管经济补偿并不能解决一切，譬如牧场主们仍必须保护好儿童和宠物，避免他们遭受狼的袭击，绵羊为了躲避狼群袭击必须消耗自己的体能，但是当地居民已经开始支持狼引入计划并且期待得到补偿。

现在，14 群共计 170 余只狼在黄石公园安家落户，这使得该地区的生态系统变得更加平衡。狼的猎杀使曾经数目庞大的麋鹿数量开始减少，曾经被麋鹿过度食用的山杨树、柳树和三叶杨的幼苗得以生长。此外，依赖这些幼苗的海狸数量开始增加。海狸修建的坝减缓了河流的流速，草本植物得以发挥固堤作用；而茂密的草丛吸引了小型哺乳动物和候鸟。西部地区的狼群数量增加，不再需要《濒危物种法案》规定的一些保护措施。但怀俄明州的一些人始终将狼看作捕食者，认为应该射杀狼。

私人物品和公共物品

为什么有些物品可以在市场上交易而另外一些物品不可以？在历史上，大多数环境物品一直处于市场的范围之外，不是人们交易的对象。事实上，对于大多数人来说，交易荒地保护权、濒危物种或清洁空气看上去是古怪的主意。下面，我们来探究影响市场形成或缺位的因素。

经济学家使用**效用** (utility) 描述人的福利。经济**物品** (good) 是可以直接或间接改变某人效用水平的物品。譬如，巧克力可以增加多数人的效用，被污染的水则会减少人们的效用。

物品并非必须是物质形态的。经济学家的"物品"既包括了有形的东西也包含了无形的东西。无形的物品也被称为**服务**（service）。服务包括所有种类的劳动服务，譬如会计、工厂的工作、法律服务等。

物品也可以间接地增加人们的效用。比如煤炭可以用来发电，电可以增加效用。因此，煤炭也是一种商品。总而言之，物品可以是有形或无形的，能够直接或间接改变人们的效用。

巧克力和电都是很常见的物品，很容易计算其数量。生产者根据其提供的数量获得收入，消费者根据其购买的数量支付相应的费用。在这些商品市场上，供给、需求以及与部分政府规定之间的相互影响形成了我们所看到的市场价格和市场数量。

巧克力和电都是私人物品，**私人物品**（private good）具有竞争性和排他性。**竞争性**（rival）是指私人物品消费环节被某人使用后，就无法被另外一个人使用。如果一个人吃了一块巧克力，别人就吃不到了。当一个消费者打开空调，其消耗的电将无法被别人使用。同样，消费者不能无条件地用电，至少不能合法地无条件用电。人们必须为自己的消费支付费用，不付费的消费者无法使用物品。**排他性**（excludable）是指可将别的消费者排除在物品使用之外。

尽管如此，并非所有的物品都是私人物品。例如，任何人都可以去远海捕鱼，因此远海捕鱼不具备排他性。然而，由于同一条鱼仅可以被捕获一次，即一个渔民捞起了一条鱼，其他渔民就不可能再捕获该鱼了，所以说鱼是具有竞争性的。因此，渔场和私人物品具有相同的特征，即竞争性，但是渔场不具备另外一个特征，排他性。具有竞争性和非排他性的物品是具有**开放获取**（open access）属性的物品。

俱乐部物品（club good）指的是具有排他性和非竞争性的物品。团体决定其会员。一旦成为会员，就可以享受该团体提供的服务。收费电视就是一种俱乐部物品。某人收看收费电视并不会妨碍他人的收看，但是收费电视只提供给那些缴费的人们。

最后，还有一些物品可以被所有人使用或享受，并且任何人对该种物品的使用都不会阻止别人对它的使用。任何人都可以享受欣赏月亮的过程，而且观看月亮并不会让月亮少一块。像月亮这样具备非竞争性和非排他性的物品被称为**公共物品**（public good）。

竞争性和排他性都是指一定程度上的竞争性和排他性，并非一个绝对的概念。物品亦可以具有部分竞争性。譬如，图书馆有可能限制顾客借书的数量。物品也可以具有部分的竞争性。譬如，图书馆可以对生活在社区内的所有人免费，而对社区外的人收费。可见许多物品介于纯公共物品和纯私人物品之间。

□ 环境服务和环境物品

环境经济学家对环境提供的服务功能兴趣浓厚。大气提供的服务包括吸收工厂排放的废气、阻挡紫外线、提供氧气和二氧化碳。清洁的水体可以维持水生生命，吸收水中的污染物。清洁的空气和水提供的每一项无形的服务都是一种物品。这类由环境提供的服务称为**环境服务**（environmental services）。因为服务是物品的一种形式，并且环境质量影响着人们的效用，所以环境服务是一种经济物品。

"狼的存在"影响了很多人的效用，具备了"物品"的属性。有些消费者，比如环境学家，会因为世界上存在狼而高兴。其他消费者，尤其是牧场主，可能因为狼而担忧。从这个角度来看，"狼的存在"就是一种物品。"野生动物卫士"组织促进灰狼保护的努力增加了"狼的存在"这项服务。

对于环境学家来说，"狼的存在"这项服务是存在性服务的一例。**存在性服务**（existence service）指的是人们从此物品中获得好处，即便人们没有直接地体验或接触过这类物品，仅仅是物品存在的这个事实就能提高人们的效用。经济学家约翰·克鲁梯拉（John Krutilla）首次发现了这类物品。1967年，他注意到"仅仅得知北美的部分荒野得到保留，就让很多人感到满足，尽管他们对荒野景象不过是一种'叶公好龙'式的热爱"。在这句话里，他发明了"安逸的环境主义者"一词，指不直接接触自然却享受自然者。

有些物品，譬如氮氧化物（NO_x）之类的空气污染，会减少所有人的效用。对于那些总是降低人们效用的物品而言，将此类物品的减少定义为能增加人们效用的一种新物品会更容易让人们接受。在这个案例里，减少氮氧化物增加了效用。"氮氧化物的减少"等价于"更清洁的空气"。术语**削减**（abatement）是指污染减少。无论物品是削减氮氧化物还是增加清洁空气，都可以视为增加人们效用的一种物品。该定义意味着此语境下的物品具有增加效用的特征。

大多数的环境物品具有公共物品的一个或者全部两个特征。比如清洁空气提供的大多数服务都是具有非竞争性和非排他性的。一个人呼吸时不会减少空气的总量，并且没有人会因此不能呼吸。渔场是公有资源，没有人可以阻止他人去捕鱼，但是任何人的捕鱼行为都会减少渔场中的资源量，也会减少其他人的捕获量。

□ 稀缺物品

经济学尤其关注稀缺物品。所谓**稀缺**（scarce）是指价格为零时，人们对于某种物品的需求超过了供给。换句话说，稀缺是指在免费的情况下，物品供不应求。图3.1再次描绘了电的供给和需求的情况。请注意，当价格为零时，电的需求量为16.8GWH（1GWH＝1 000兆瓦时），但是此时供给量为零。需求量远超过供给量的事实告诉我们电是一种稀缺物品。

辨识某物品是否稀缺的一个办法是观察该物品的价格是否高于零。如果它是稀缺的，当价格为零时，需求量会超过供给量。当价格上升时，供给量增加，需求量下降。当价格足够高时，供给量和需求量平衡时的价格大于零。譬如，18世纪，纽约港口中的牡蛎数量非常多，所有人可以想吃多少就免费捕多少，而且无论怎样捕捞，牡蛎的总量不见减少，因此牡蛎也成了穷人的食物。和大海那近乎无穷尽的供给量相比，牡蛎的需求量要小很多。因此，当时的牡蛎并不是一种稀缺物品。现在，牡蛎却是一种昂贵的美味食物。如果一个餐馆提供免费牡蛎，那么它最终必然客满

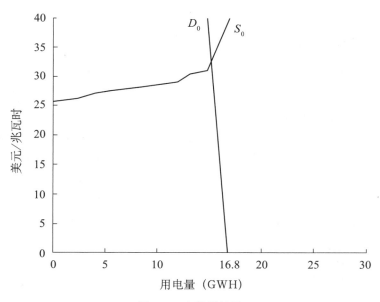

图 3.1 电的稀缺性

当价格为零时，没有人生产电，需求量却达到了 16.8GWH。

为患。因此，牡蛎现在是稀缺物品，价格为零时的需求量会超过供给量。牡蛎的昂贵价格反映了牡蛎的稀缺性。

如果一种物品是稀缺的，一些人的需求就会得不到完全满足。此时，必须采用一些办法对有限的物品数量进行配置。价格是市场配置稀缺物品的方法之一。下一节将会介绍其他配置稀缺物品的方法。

对于那些我们观察不到的具有明显市场价格的环境物品又如何呢？市场价格的缺失并没有改变该物品是否稀缺的客观事实。例如，当价格为零时，清洁空气的需求会大于供给。没有人喜欢呼吸污浊的空气。如果可以不用为净化空气付费的话，人们当然是希望空气变得更加清洁。因此，清洁空气是一种稀缺物品。但是，清洁空气无法在市场上买卖。除了本书后面会讲的基于市场的一些环境政策外，清洁空气没有明显的价格。尽管如此，清洁空气服务以及其他环境物品，都是稀缺物品。

□ 机会成本

如果一个人帮助他父母打理生意或者在家附近工作却没有得到报酬，那么他的劳动是不是一文不值？答案是否定的。因为存在机会成本，物品的**机会成本**（opportunity cost）是指该物品在最优使用时能产生的价值。刚才提到的替父母打理生意或在家附近工作的机会成本是这个人从事他能够找到的最好的工作可得到的报酬。基于同样的理由，学生用来学习的时间并不是没有经济价值的。学习的机会成本是如果学生去工作而不是学习可能挣到的钱。劳动力是一种稀缺物品，它的机会成本远大于零。如果劳动力的价格为零，对劳动力的需求将会远大于供给。物品具有稀缺性的另外一个标志是具有一个大于零的机会成本。为了得到某样物品，人们愿意放弃一些东西，而机会成本就是这些被放弃的东西。

□ "狼的存在" 是一种物品

让我们将刚才所说的这些概念运用到狼的案例之中。那些捐钱给"野生动物卫士"或"狼补偿信托基金"的安逸的环境主义者是"狼的存在"这一物品的购买者。过去，牧场主们不赞成保护灰狼，从而减少了该物品的供给。现在，由于得到了牲畜死亡的补偿，牧场主们不再那么敌视保护狼的政策了，允许或提供"狼的存在"。在某种意义上，牧场主们将"狼的存在"卖给了环境主义者这群消费者。"狼的存在"的价格大于零这一事实意味着"狼的存在"是一种稀缺物品。

20 世纪 60 年代，"狼的存在"这一市场并不存在，因为没有人付钱给牧场主们来保证狼的生存，"狼的存在"价格为零。当价格为零时，安逸的环境主义者希望一定数量的狼存活，需求量超过了牧场主们愿意在零价位时供给的数量，"狼的存在"成为稀缺物品。但牧场主们不接受灰狼，相反，他们通过游说来反对允许引进狼的法律。随后"野生动物卫士"对狼造成的损失提供补偿，事实上，此举为"狼的存在"建立了一个市场。今天，这种稀缺物品有了一个高于零的价格，因此，狼才可以在怀俄明州的原野上自由奔跑。

小结

- 任何能够直接或者间接影响人的福利或效用的东西都是物品。
- 服务是无形的物品，环境服务也是物品。
- 私人物品具有竞争性和排他性。竞争性意味着某人对物品的消费阻止了他人消费该物品。排他性意味着将一些人排除在消费某物品之外。
- 公共物品具有非竞争性和非排他性，开放获取的物品具有竞争性和非排他性，俱乐部物品具有排他性和非竞争性。大多数环境物品都是公共物品或者开放获取物品。
- 当物品价格为零，对物品的需求超过供给，该物品就是稀缺的。价格大于零是物品稀缺性的一个标志。
- 某物品没有市场价格，那么它的价值可以通过该物品可能的最佳利用方式能够得到的回报进行衡量。这个价值称为机会成本。

市场的优势

市场（market）为两个或更多的自愿参与者之间的交易提供了机会。市场交易包括买卖双方。譬如，当地的咖啡馆乐意在早上八点半考试之前提供一杯 1.5 美元的咖啡，很多学生愿意买这杯咖啡。货币在市场里面并不是必需的。学生在大学的食品服务部门工作，而他的部分报酬也许就是免费的饭和咖啡。用货币进行交易的主要优点是人们不必特意为提供食物或恰好有双方需要交换的物品的人工作。相反，人们可以在任何岗位上取得收入，并且用钱去买他们需要的物品和服务。

□ 帕累托改进

参与者在市场上自愿交换各自的物品。如果对于某人而言，一杯咖啡不值 1.5 美元，那么这个人会离开咖啡馆。结果，只有当每一方都得到改善，或者和以前相比至少没有人的情况变得更差，市场交换才会发生。所以，市场不会以一方的利益为代价来使另一方的情况得到改善。物品的价格就是如此实现了消费者之间的配置。

如果一方的情况相比交换前得到改善，那么他的效用就增加了。这样共赢的市场交换就被称为帕累托改进。帕累托改进是以 19 世纪经济学家维尔弗雷多·帕累托（Vilfredo Pareto）的名字命名的。当没有任何人利益受损时，一个行动使至少一方的情况得到改善时，就发生了**帕累托改进**（Pareto improvement）。在市场条件下，双方都获益，世界上的其他所有人都没有受损时，就是帕累托改进。经过自愿交易后的物品分配结果与交易前的结果相比，前者是**帕累托偏好**（Pareto preferred）的。如果交易仅对市场的参与者造成影响，那么市场交易是帕累托改进，因为只有条件得到改善人们才会进行交易。

图 3.2 展示了更加详尽的电力供需情况。均衡价格和均衡数量分别为 $P=32$ 美元/兆瓦时和 $Q=15.2$GWH。假设只生产 15GWH 的电。为了让人们只购买 15GWH 的电，电价将上涨为大约 36 美元/兆瓦时。那么是否能够让消费者和生产者的情况都变好呢？假设生产者以 32 美元/兆瓦时的价格额外卖给消费者 200 兆瓦时（0.2GWH）的电。需求曲线表明消费者将以 32 美元/兆瓦时的价格自愿购买 15.2GWH 的电。因为只有自身福利能得到改善，人们才会自愿去做一些事。所以消费者购买额外的 200 兆瓦时的电并且提高了自身福利。对于生产者，他们愿意以 32 美元/兆瓦时的价格销售 15.2GWH 的电，所以他们自愿额外销售 200 兆瓦时的电，并且改善自身的福利。由于双方的福利都得到了改善，现在的市场均衡与假设的 15GWH 的产量相比，是帕累托偏好的。

将 15GWH 作为起点并没有任何特殊之处，在市场均衡之下的任何一点都可能得到同样的结论。那么如果起点在市场均衡之上呢，比如 15.4GWH？如果生产商生产了 15.4GWH 的电，那么他将会要求电价为 32.75 美元/兆瓦时，但是消费者在这个价位上只会购买大约 15.15GWH 的电。那么是否能够让消费者和生产者的状况都得到好转呢？生产者可能会更愿意减少电的产量而不是生产出过多的电卖不掉。产量的减少降低了生产者的成本，降低了价格。当价格下降时，消费者愿意增加一些消费，直到回到市场均衡，此时产量 $Q=15.2$GWH，价格 $P=32$ 美元/兆瓦时。因此，消费者和生产者的福利都增加了。将市场均衡之上的任何一点作为起点也可以得到相同的结果。因为与任何其他的非市场均衡结果相比，总有办法改善消费者和生产者的状况，市场均衡和其他结果相比是帕累托偏好的。

在达到均衡价格和均衡产量时，购买者在已购买的数量基础上不愿意多买，同

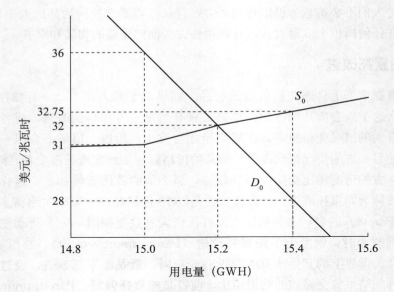

图 3.2　帕累托改进的机会

市场均衡时的价格 32 美元/兆瓦时和 15.2GWH 是帕累托最优的，因为不存在帕累托改进的可能。在其他的价格—数量组合里，都可以通过自愿交换增加福利。

样地，销售者除了已经卖掉的之外不愿意再多卖。对于交易中的双方，不存在在不损害任意一方的前提下让至少一方获益的可能性。此时，一方福利增加的唯一办法就是减少另一方的福利。在没有人福利受损时，如果不存在使至少一方的福利提高的可能，这样的结果被称为**帕累托最优**（Pareto optimum），也称**帕累托优化**（Pareto optimal）。图 3.2 中的市场均衡就是帕累托最优。如果市场允许自愿交易，参与者会进行所有能够实现帕累托改进的交易。因此，本章中在没有任何干预的市场系统下实现的市场均衡是帕累托最优。

专栏 3.1

配额与黑市

在战争时期，很多在和平时期容易获得的物品变得稀缺。不论是因为物品来源于敌对国家还是由于国际航线易受袭击，一些进口的物品因此变得更加珍贵。国内生产的物品可能会增加军队的配给量而减少民用的供给数量。此时，如果由市场来自由调控，所有物品的价格都会上升，有时候甚至会急剧增长。然而，无论战时政府或是居民都不愿意支付高昂的价格。对于大多数国家来说，用于解决战时物资分配的一个办法就是配额制度。

在配额的情况下，向消费者以低于市场出清价格的价格提供数量有限的物品。在第二次世界大战时，除了其他物品，美国还限量供给汽油、尼龙袜、糖和汽车轮胎。英国也对很多物品实行配额制度。物品的分配是根据需求、人均消费量或政治需要，重要的政府官员有时可以得到更多的配额。

不管怎样分配，人们通常无法得到足够数量的物品来满足自身需求。有人想做一个生日蛋糕，但他可能没有足够的黄油、糖或者鸡蛋。而如果价格足够高，别的人也许愿意出售这些物品。

配额通常导致黑市（非法的）的发展。在黑市上，消费者以高于配额价格的价格互相转售物品。让我们关注消费者之间的交易：将多余的糖以高于配额价格的价格卖给过生日的家庭是否是错的？事实上，只有交易能够提高福利，人们才会参与交易，因此买卖双方参与的都是自愿交易。只要交易外的所有人都没有受到伤害，这些黑市交易就是帕累托改进的。

☐ 物品的分配

如果一种物品是稀缺的，那么人们就不能免费地想要多少就得到多少。应该如何在那些想得到它的人之间分配物品呢？分配物品有很多种方法。一种方法是排队。在美国的很多荒野区域，宿营许可证按照先到先得的方式免费发放，来得晚的人就得不到许可证。另外一种方法就是配额。譬如在第二次世界大战时期，美国政府对市民的汽油、糖和其他物品实施配额供应。2008年奥运会期间，北京市为了减少空气污染，仅允许汽车驾驶者隔天使用汽车。类似地，墨西哥城的汽车驾驶者在一周中有一天禁止使用其汽车。"强者为王"也是一种分配制度：经常通过斗争和战争来获得物品。然而，在以市场为基础的经济体内，物品通常通过价格进行分配。伦敦、奥斯陆和斯德哥尔摩对于进城的汽车收费，不久的将来，纽约也许也会这么做。人们愿意并且能以市场价格购买物品。在上述案例里，人们购买的物品是驾车进城的权利。

市场在分配物品上非常高效。市场决定谁将会生产物品和谁将会得到物品。均衡价格确保了消费者希望购买的数量等于生产者愿意销售的数量。如果供需的数量不等，价格可以上下调整使得供需平衡，从而使市场出清。

再回到黄石公园的狼那里。设立"野生动物卫士"的信托资金之前，考虑到因为狼而损失家畜，几乎不会有任何的激励能使大牧场主放弃将狼挡在黄石公园外的游说活动。当环境保护者提供损失补偿后，大牧场主对狼引进计划的反对程度降低。"野生动物卫士"对被狼咬死的家畜进行补偿这一举动创建了一个市场。这个市场的出现对于保护黄石公园的狼群具有很大的贡献。自20世纪早期来，因为这一市场的存在，狼群第一次成为了重获自行繁殖的群体。这个补偿计划将"狼的存在"这一稀缺物品以帕累托改进的方式进行了分配：环境保护者的福利增加，大牧场主的福利也没有降低。

在没有补偿计划情况下，美国内政部不顾大牧场主的反对，将狼引进黄石公园。和以前相比，环境保护者的福利因为有狼的存在增加，而大牧场主的福利下降。狼吃掉家畜和大牧场主们需要仔细保护自己的宠物和孩子等事件，都降低了大牧场主的效用。既然降低了某些人的福利，这项政策就不是帕累托改进。大牧场主很可能继续向内政部施加压力促使他们改变决定，内政部可能不会引进狼，或者只允许引进更少数量的狼。在政府无法实现帕累托改进的情况下，市场机制产生一个帕累托改进的结果。

市场并非一定能够对物品进行公平合理的分配。现实中，市场也许能够按照帕累托改进的方式分配物品，却往往在富人和穷人之间产生了更大的不公平。譬如一个人没有什么财产，并且由于缺乏技能，他的劳动力价值也不大，此时，自由交换无法让这个人变得富有。事实上，这个人的谋生能力不足以得到足够的钱来付租金和食物，更不用说支撑一个家庭了。然而，因为已经使用了市场上所有的多边交换机会，在帕累托最优的物品分配中，极端贫困是可能存在的。因此，我们需要明白的是市场并不是被用来解决财富分配问题的机制。

小结

● 帕累托改进的交换使得至少一方的福利增加，并且没有人的福利减少。当没有交易能再实现帕累托改进时，物品的分配方式是帕累托最优。当结果为帕累托最优时，任何能够使一个人的福利增加的交易都会使另外一个人福利降低。

● 市场是分配物品的一个方式。其他方法包括先到先得、配额和暴力。

● 市场交易只会在增加参与者福利时才会发生。只要没有人在交易中受到影响，市场中的帕累托改进式的交易就会自动发生。和其他分配方法相比，这是市场的一个关键优势。

● 帕累托最优并不保证公平。

市场失灵

许多环境和资源经济学家感兴趣的物品，并非是在功能完备的、能够实现帕累托改进的市场中进行分配。市场没有按照帕累托最优的方式对物品进行分配就会导致**市场失灵**（market failure）。市场失灵时，潜在的帕累托改进交易不会或无法发生。没有此类交易，市场就无法按描述的那样有效运作。由于物品特性或制度因素，交易也许会受到限制。环境物品的市场失灵通常被分成以下几类。类别之间并不互相排斥，一种物品可以同时属于多个类别。下列名词在经济学和环境研究中十分常见。

1. **产权缺失或无法交易**。如果没有人对一种物品拥有产权或者对物品非法拥有，那么进行交易就变得非常困难。自然资源没有产权意味着不可以拒绝任何人使用自然资源。

2. **开放获取资源**。开放获取资源指的是物品具有竞争性但是不具备排他性。

3. **外部性**。市场交易对非参与者造成了影响却没有反映在价格中，这种影响就是外部性，因为它对于市场来说是外在的。

4. **公共物品**。因为公共物品是非竞争性的和非排他性的，某人使用公共物品不会影响他人的使用。

5. **为未来提供支持**。如果人们对当前活动的未来影响重视不足，那么未来可能会因为没有足够的资源而毁灭。

6. **政府失灵**。政府活动可能降低市场的效率。

市场，包括自然资源市场，也会因为一些原因失灵，包括不完全竞争和信息不对称等。如果生产者能够将价格定为高于完全竞争市场下的价格，说明竞争是不完全的。信息不对称是指交易的一方掌握的商品信息多于其他人。例如，二手汽车的销售商知道某辆汽车的瑕疵，而购买者只知道这一类汽车的通病。这些话题留给其他课程讨论，这里我们的注意力仅集中在六个环境导向的市场失灵。

□ 产权缺失和无法交易

市场交易的最低要求是拥有产权和产权可交易。也就是说，只有当物品的所有权清晰，并且所有权可以转移给他人的时候，交易才能发生。拥有一种物品意味着物品必须具有排他性，非排他性的物品从严格意义上是无法拥有的，因为任何人只要愿意都可以使用该物品。

早上8:30考试前的那杯咖啡就是可以被拥有和转让的物品。咖啡是存在市场的，在该市场上，人们可以在任何时候销售咖啡。尽管如此，对于一些其他物品，建立可以交换的产权在事实上和法律上可能是困难的。

一些难以分割为可交易份额的物品，即使存在交易的可能，也难以被拥有或交易。例如，人们无法轻而易举地将清洁空气、世界的生物多样性和自然风光等公共物品分割为可交易的单元。本书在接下来的讨论中将详细阐述市场本身无法为此类物品的帕累托最优数量提供激励。

水是一类物品的典型代表，其产权和交易行为在法律上经常是有限的。美国西部常见的**专属水权**（appropriative water rights）具有三个特征：（1）政府允许使用者从河道中取一定数量的水。（2）使用者从河道取水并且必须将其用于有益的目的，通常是灌溉农田。否则，他将丧失取水权。（3）如果水量无法满足所有人的需求，那么水将按照先到先得的方式来分配。直到最近，专属水权的买卖依然是不可以独立于水所在的土地之外的，因为专属水权指定了水必须被用于所在的土地上。城市用水量增加促使以加利福尼亚州和科罗拉多州为代表的立法者开始修改法律，允许水权转让，从而使以前只可以用于农田的水可以用于城市。现在美国西部已经有了一些水权市场，法律修改后，水权的交易也进一步合法化了。

然而，专属权利并不是安全稳定的产权。只有通过法定程序和可预测的原因才可以剥夺所有权，在这种情况下，所有权才是安全的。例如，除非某人负有债务，否则不可以划走其银行账户中的资金。即使此人有债务，也必须经特定的法律程序才可以从其账户中划走资金。当所有权可以被剥夺或者减弱时，其安全性是不够的。譬如，法律和政策可以改变专属水权。美国联邦法院要求政府维持俄勒冈州克拉马斯河的最低流量以保护大马哈鱼,即便这会导致克拉马斯河流域农民的灌溉用水减少。法令削弱了农民水权的安全性。因此,水权提供了不可交易物品的案例,即便其可以交易,也是不安全的。

缺乏产权的安全性和可转让性是导致贫困地区经济发展缓慢的主要原因。埃塞俄比亚的土地不可以买卖,只能租赁有限的时间。结果,那些擅长农业的人不能购买农田,而那些拥有土地却更愿意在其他领域工作的人不能卖掉农田获取收益来启动自己的生意或进行专业培训。不完整的产权对经济发展过程产生的破坏性难以估计。

☐ 开放获取

所有权的一个关键属性是具有排他性。对于草地、森林和海洋等很多自然资源,我们难以限制人们获取这些资源,这些都属于开放获取资源。开放获取资源属于每个人,又不属于任何人。世界上大多数渔业资源,尤其是公海的渔业资源都是开放获取资源,不限制这些区域捕捞者的数量。因此,如果从渔民个体的角度来看,为保证未来鱼类的供应而保护当前的鱼群数量是没有任何意义的。渔民的推论是,如果自己放弃捕鱼并且开船回家,那么其他渔民会捞走剩余的鱼。大多数渔民的推论都是如此,所以不限制自己的捕鱼行为。结果是只要现行的捕鱼技术可以使渔民在耗竭渔业资源时有利可图,渔业资源必然耗尽。尽管限制渔民的捕鱼行为会使所有渔民的福利都会增加,但是市场无法提供这样的限制。

一般而言,缺乏产权并且不具备排他性将会导致资源的过度利用。因为投资者不能将其他人排除在他们投资的项目之外,从而无法获利,这也会减少维持和改善资源的投资。缺乏产权的可交易性也会将资源利用限制在并非生产力最佳的用途上。出于以上这些原因,缺乏所有权和可交易性将导致市场失灵。

专栏3.2

两国渔业的故事

由于渔业资源的开放获取属性,美国的龙虾捕捞者面临着逐渐减少的龙虾渔获量和激烈的竞争。"现在,我唯一的动力就是出海并且尽可能多地捕捞",《纽约时报》引用一位新英格兰的龙虾捕捞者的话,"我没有任何动力去保护渔业资源,因为我留下的任何鱼都会立刻被下一个家伙捞走。"

相反,澳大利亚和新西兰已经对龙虾笼的总量进行了限制。两国政府对龙虾捕捞者签发捕捞许可。"从那时候开始",根据《纽约时报》的报道,"所有想在受限制的水中安置龙虾笼的新来者必须从已经从事这项工作的人手里购买许可证"。控制龙虾笼数量意味着更多的龙虾可以在海洋里进行繁殖,资源存量也会增加。龙虾的高存量水平使得每一个龙虾笼可以捕捞的龙虾数量更多,使捕捞者得到更多的收益。因此为了保证他们手里许可证的价值,澳大利亚和新西兰的龙虾捕捞者变成了自然资源保护者。1984年,在澳大利亚购买一个龙虾笼的许可证需要2 000美元。到2000年,市场价格攀升到了 3 500 美元。"龙虾笼许可证是我的退休基金"，一个龙虾捕捞者说，"如果这里没有龙虾了，就没有人花 3 500 美元购买一个龙虾笼的许可证。"

□ 外部性

人们之间自愿发生的交易使每一方受益。但是如果交易具有副作用的话，假设早上的那杯咖啡的咖啡豆来自砍伐森林和毁坏保护物种的栖息地，结果会如何呢？现在，那些并没有参与咖啡交易的人因为其他人的咖啡需求而受损，咖啡的交易不再是帕累托改进。所有的交易都会产生**经济影响**（pecuniary effect），影响到购买的商品价格。例如，欧洲的咖啡需求曲线向右移动会使全球的咖啡价格上涨，各地喝咖啡的人因咖啡价格提高遭受损失。另一方面，种植咖啡导致热带雨林的破坏，与一些人的保护意愿背道而驰，从而产生了外部性。**外部性**（externality）是对于第三方的一种非经济影响。更高的咖啡价格并非是一种外部性，但栖息地破坏则是另一种外部性。

环境经济学经常研究外部性。尽管电力供应通过市场进行配置，但是发电经常造成空气污染，导致人们的呼吸困难，即使是那些不使用电的人也会因此受到影响；造纸厂向河流和湖泊排放漂白剂造成损害，纸张的交易过程中，无论购买者还是销售者都没有对这一外部损害进行赔偿。外部性很常见，却不太可能通过私人市场得到恰当的解决。因为即使第三方在交易中受损，交易双方在做出市场决定时也不会考虑其活动对第三方造成的影响。

外部性可以是消极的，也可以是积极的。包括污染在内的消极外部性会给第三方带来损害。由于这一问题对市场参与者没有任何影响，所以他们没有任何动力去减少这些损害，从而过剩供给消极的外部性。反过来，当某人的行为无意识地给第三方带来好处时，就发生了积极的外部性。例如，某人拥有一个美丽的花园，他的邻居便可以不付出任何劳动就得到极大的享受。消极外部性的供给量高于他人愿意承受的数量，与消极外部性不同，积极外部性的供给量则少于他人愿意接受的数量。例如，花园主人在花园中投入的工作可能不会如其邻居希望的那样多。

□ 公共物品

公共物品是非竞争性和非排他性的。存在性服务非常符合这一描述。一个人对于"狼的存在"的享受并没有影响到其他人对于这项服务的享受，也没有人会被排除在享受"狼的存在"之外。清洁空气是一项公共物品，太阳和气候是公共物品，公共电视台和电台以及国防也是公共物品。公共物品的供给是很多环境问题的核心。

市场不会提供足够的公共物品。假设有两户邻居，他们住在联排别墅中，共享一个玫瑰园。对于他们而言，玫瑰园是公共物品，因为无论谁都无法阻止邻居享受花园，并且对玫瑰园的景色和香气的享受并不会减少邻居享受玫瑰园的能力。这时候一个当地的花匠愿意向他们提供修剪服务，费用是 20 美元一周。两户邻居都希望园中的玫瑰得到修剪，但是每一户愿意为该服务支付的费用不超过 10 美元。两户邻居都希望对方能支付全额服务费。但由于没有一户愿意全额支付花匠的服务费，市场交易的结果是玫瑰园无人修剪。表 3.1 对这一情况做了总结。

表 3.1　　　　　　　　　　　花园修剪服务的供需情况

	修剪的费用	
	20 美元	10 美元
花匠是否工作？	会	不会
邻居支付费用？	不会	会

现在假设两户邻居同意每户贡献 10 美元共享花匠提供的服务。此时，两户邻居的福利都得到了增加，每个人都以 10 美元得到了一个修剪过的花园。花匠的福利也增加了，因为他愿意以 20 美元交易他的劳动。由于他们都是自愿进行交易的，因此他们的福利都得到了增加，这便是一项帕累托改进的交易。然而，交易并不是通过市场机制完成的，而是需要市场之外的共同行动。市场无法提供本可以实现的帕累托改进。

由于不能将任何一人排除在公共物品的使用之外，人们可以不支付任何费用也可以享受该物品，得到好处却没有支付费用的人被称为**搭便车者**（free rider）。假设住在一起的邻居变成了三户，每一户都不愿意向花匠支付多于 10 美元的费用。如果其中的两户联合向花匠支付了 20 美元，那么剩下的那户享受花园却没有支付费用的人就是搭便车者。

准公共物品（imperfect public good）是指使用该物品会导致其部分效用而非全部效用减少，有些准公共物品具有排他性，有些则没有。艺术品就是一种准公共物品，一个人独自欣赏《蒙娜丽莎的微笑》的效用要比与其他 50 个人共同欣赏得到的效用更高。但是其他 50 个人并没有直接损害画本身或别人欣赏这幅画的可能性。类似地，一本书既可以被私人所有，具有排他性，也可以由很多人共享。

很多环境物品都是准公共物品。例如，尽管荒野的存在价值完全具有非排他性和非竞争性，但是另一方面，从游览自然景区中得到的效用也取决于该景区的拥挤度。大多数人不希望与成群的游览者一起观赏自然景观。

对黄石公园的狼进行保护是一种公共物品。并非所有关注黄石公园灰狼保护工作的人都是"野生动物卫士"中的成员或为"狼补偿信托基金"做过贡献。那些没有做出贡献的人都是搭便车者，从那些为了狼的重新引进而筹措资金的人的努力中受益。如果所有关注狼保护的人都为"狼补偿信托基金"做出贡献，那么或许不仅仅黄石公园引入狼，那些狼曾经活动过的其他区域也可能引入狼。然而，由于缺乏机制使搭便车者付费，从而使狼群保护服务的数量小于其应有的规模。

专栏 3.3

阻止搭便车者

加利福尼亚州容易受到洪水的袭击，那些拥有房产的人非常关注维护堤坝以阻挡洪水。一旦堤坝被冲毁，洪水会淹没所有低洼地段的住房。如果那些最担心溃堤的人出资维护堤坝，他们就给那些没有出资维护堤坝的人带来了益处。

加利福尼亚的法律为解决搭便车问题提供了一个办法。地方居民可以投票成立一个征税区，收集该地区的房产税并专门用于解决当地某一特别的问题，譬如堤坝维护等。少数不支持成立征税区的人在投票通过后也必须支付税收，从而避免了搭便车者的存在。通过这个办法，堤坝得到了维护，所有人因此受益，同时所有人都必须为此付费。

□ 为未来提供支持

很多个人或组织的活动，例如建立发电厂、保护荒野、导致物种灭绝和增加国债等，都会对后代产生重要影响。几乎没有人完全不顾及未来。毕竟，投资的成本和收益随着时间不断产生，当前开展活动的人希望在其有生之年可以受益。他们也考虑为后代做一些事情，比如父母为孩子未来的大学教育储蓄，或政府为那些还未出生的孩子建造学校和公园。但是，当代人做出这些决定的时候，会产生如下两个主要的问题。

首先，人们的决定建立在他们对下一代需求的认知基础上。公正地说，现在的人希望改变前人所做的决定，而前人的行为已经导致了不可逆转的变化，限制了现在可以做的选择。如果按照现代人的认识，20 世纪初就不应该将清除美国境内的狼作为一项优先考虑的事情。当代人有可能会为了发展农业而彻底清除美国大草原上的生态系统吗？在土地休耕计划中，美国政府向农民付钱让他们在大小差不多等于伊利诺伊州的耕地上种植半永久的保护性植物，从而提供保护性覆盖的生态功能。如果 18 世纪后期的政策制定者知道后代对保护大草原感兴趣的话，也许他们就会在大草原留出大片荒原，保留荒原上原始的动植物。如果真的这样，那么当代人可能将会面临另一个选择：究竟是开发最后一片大草原用于农业还是保护草原。每一代人所作的决定都会对后代产生影响。因为没有时间机器，现在的人无法了解未来人的需求，这个困难无法完全克服。尽管如此，我们还是建议现在的决策者将一些选择留给未来，而不是在现在就做出一些不可逆转的决定。

其次，当人们面临对现在和未来进行权衡的时候，未来所占的比重有多大？仔细思考一下，比如当代人希望减少消耗化石燃料以缓解气候变化，一些人认为当代人有责任减少取暖、驾驶和用电以帮助避免未来的气候灾害，另外一些人则看到了现在世界上一些人的生活条件很差，并且希望提高这些人的福利，而相对便宜的化石能源有助于此。究竟减少多少化石燃料使用量以缓解温室气体的伤害，选择在很大程度取决于人们衡量现在和未来的福利水平的权重。

有一点是很清楚的，那就是人们并没有在日常的活动中忽略未来。但是，人们是否给予未来足够的重视，以及未来在决策中应该占多大的分量，这些都是尚存争议的问题。

□ 政府失灵

政府通过很多途径干预我们的生活：税收政策、排污法规、土地所有制、国际关系、农业政策等其他很多方式。政府决策者试图使我们相信，他们的出发点是公共利益最大化。决策者坚称他们是努力工作的人民公仆，而不是残酷的独裁者、堕落的政府官员或者只会处理文件的懒惰办事员。然而，公平地说，在公共利益之外，政治家和官僚还有自己的如意算盘，不管是为了重新当选、增加部门预算、更大的政治权力、对于公共物品的个人视角，还是为了增加自己的私人利益。

政府在经济学理论中有一个经典的角色，那就是纠正市场失灵的诸多表现，譬如消极外部性、公地悲剧、公共物品的供给不足等。如果政府不干预市场并调整这些问题，消极外部性就会过剩供给，公共资源会被滥用，而公共物品会供给不足。但是，政府干预市场是否会提高公众的福利呢？这个问题仁者见仁，智者见智。第 2 章中提到的农业计划有助于增加农民收入，提高农业产出，但计划的效益和成本相比是值得的吗？还是说农业计划为了有限部门的利益给普通民众增加了负担，因而是不公平的？国际公约能否减少温室气体排放，减缓气候变化，减少地球升温、干旱、更强的风暴活动以及社会动乱，或者国际公约减少了就业机会和社会福利，限制了人们的活动，导致了严重的社会动乱？尽管经济学家一般会建议政府应该如何干预市场，但是政府决策者通常不理会这些建议。事实上，政府决策者很少完全接受这些建议。在此情况下，如果政府干预，那么与政府不干预相比结果会变好还是变差呢？

当政府干预导致社会福利的下降而不是上升时，就发生了**政府失灵**（government-caused failure）。因为政府不是典型的市场参与者，所以政府失灵并非典型的市场失灵。然而，在公共政策领域，政府失灵是很常见的。政府能够显著改善人们的生活，也能让人们的生活变得悲惨。有时，同样的公共政策能够对不同人群产生不同的影响，同时出现两种可能结果。例如，增加烟草税可以保护年轻人避免吸烟带来的严重健康风险，但是税收也同时给烟草销售者和消费者带来困难。

小结

● 如果出现市场失灵，就不会发生一些帕累托改进的交易。

● 缺乏产权和可交易性、开放获取、外部性、公共物品的供给以及未能充分重视对未来的影响等是环境物品市场失灵的常见形式。

● 政府干预有可能通过减少市场失灵而提高社会福利，也可能制造新问题而减少社会福利。人们应该考虑到公共政策中政府失灵的可能性。

跨区域污染

大气与所有人有关，大气为交通、农业和工业部门产生的废气提供了容纳服务。

有些废气在空中扩散的距离惊人。于厚斌（Hogbin Yu）和他的同事测量了泛太平洋飘移的污染物量，数量以万亿克计。万亿克是测量悬浮污染物的重量单位（1 万亿克约等于 22 亿磅）。在研究期内，卫星数据证实了每年从东亚向西北太平洋排放了 18 万亿克的悬浮污染物，其中 4.5 万亿克悬浮污染物飘移到了北美。

因为大气是全球性的公共物品，有大量潜在的污染物，所以保持清洁的空气需要在很多使用者之间达成协议。这些协议在国家间采取公约的形式达成。例如，《京都议定书》旨在限制温室气体排放，《蒙特利尔议定书》的目的是控制造成臭氧空洞的含氯氟烃的排放。

国际协议面临着和保护开放获取资源同样的困难。所有国家都希望其他国家控制污染，但是没有国家愿意本国的污染排放受到限制。个体污染者和国家一样，但是两者的一个显著区别在于个体污染者受到所在国法律的约束，而国家都是独立自主的，只有国家批准了公约，其排污限制才有约束力。国际社会无法迫使一国签署协议，除非通过战争。因此，只有当签署协议能增加福利时，一国才有可能接受协议。因为一国在别国签署协议而自己置身事外时通常能受益，所以签署了如此多的国际协议真是令人惊奇。

总结

以下是本章的重点：

- 经济物品是任何能够影响某人福利或效用的东西。
- 如果当价格为零时，某种物品的需求量大于供给量，则该物品为稀缺物品。价格大于零是物品存在稀缺性的一个信号。稀缺物品可以通过价格和其他方法进行配置。
- 环境物品既是经济物品又是稀缺物品。
- 帕累托改进的交易可以使所有人增加福利或者没有人减少福利。帕累托最优意味着不存在在不使其他人的福利降低的情况下，使任

一人的福利增加的交易。在这种情况下，让某人福利增加的唯一办法就是让至少另一人的福利减少。
- 市场失灵是指市场无法按照帕累托最优的方式配置物品。
- 市场失灵主要是由于缺乏产权和可交易性、公地悲剧、外部性、公共物品、无法预测未来和政府失灵引起的。环境物品存在典型的市场失灵。
- 政府对市场的干预会导致社会福利的增加或减少，因此要谨慎看待政府干预。

关键词

削减　　　　　　　开放获取　　　　　　专属水权

机会成本	俱乐部物品	环境服务
排他性	存在性服务	外部性
搭便车者	物品	政府失灵
准公共物品	市场	市场失灵
帕累托改进	帕累托优化	帕累托最优
帕累托偏好	经济影响	私人物品
公共物品	竞争性	稀缺
服务	效用	

说明

本章中有关狼的素材来源于以下几个网站和文章，分别是："Wolves of North America," http://www.defenders.org/wildlife/wolf/regions/new.html, last visited September 30, 2004; "Gray Wolf," http://www.fws.gov/endangered/i/A03.html, U.S. Fish and Wildlife Service, last visited January 30, 2008; Steven H. Fritts et al., "Planning and Implementing a Reintroduction of Wolves to Yellowstone National Park and Central Idaho," *Restoration Ecology* 5 (1997): 7 - 27; Lisa Naughton-Treves, Rebecca Grossberg, and Adrian Treves, "Paying for Tolerance: Rural Citizens' Attitudes toward Wolf Depredation and Compensation," *Conservation Bilogy* 17 (2003): 1500 - 1511; and Ken Kostel, "A Top Predator Roars Back," *On Earth* 26 (2004): 6 - 7。

关于安逸的环境主义者的讨论来自于 John Krutilla, "Conservation Reconsidered," *American Economic Review* 57 (1967): 777 - 786。

用于对比的渔场案例来自于 John Tierney, "A Tale of Two Fisheries," *New York Times Magazine*, August 27, 2000。

关于污染的大范围移动的案例来自于 Hogbin Yu et al., "A Satellite-Based Assessment of Transpacific Transport of Pollution Aerosol," *Journal of Geophysical Research* 113 (2008): D14S12 et seq。

练习

1. 请根据以下情形讨论，不受干预的自由市场能否实现物品的帕累托最优，市场失灵是否会扭曲市场。

(a) 尽管餐馆为吸烟的顾客设立了单独的吸烟就餐区，但烟还是飘到了无烟就餐区。这导致一些不吸烟的顾客在吃完饭之前就离开了。

(b) 餐馆老板决定安装通风系统，彻底隔离餐馆的吸烟区和无烟区。吸烟者和非吸烟者都欢迎这一方案。

(c) 氡气是一种自然界中存在的气体。在某些地质条件特殊的地区，通风不佳的地下室中的氡气增加了癌症的患病风险。假设氡气只会影响到住在屋中的房主，并且房主很容易获知房中氡气的浓度。去除屋中的氡气需要花费 1 000 美元。

(d) 如果房主去除屋中的氡气，那么他也可能降低邻居家里的氡气水平。

2. 描述以下几个情形中机会成本的作用，特别是说明机会成本如何赋予物品价值。

(a) 某学生放弃周末工作赚取 100 元的机会去爬山。

(b) 一个学生决定缴纳每年 2.5 万美元的学费去一个私立大学上学，尽管他也同时被一所年学费 6 500 美元的州立大学录取了。

(c) 另外一个学生面对私立大学和州立大学的选择时，决定去州立大学就读。

(d) 这两个学生中的第一个学生在一家咖啡馆中打工，每小时赚 8 美元，结果用了 5 年而不是 4 年从私立大学毕业。第二个学生和前一个学生一样。

3. 以下的决定是帕累托改进吗？是帕累托最优吗？为什么？

(a) 在第 1 题（b）中提到的餐馆老板花费 1 万美元安装了独立的通风系统，但是他觉得这是值得的，因为顾客的满意度提高了并且吃饭的人增加了。

(b) 在第 1 题（b）中的餐馆里除了顾客还有服务员。老板要求服务员不论是否喜欢雪茄味，都需要同时在吸烟区和无烟区工作。

(c) 第 1 题（d）中的房主不愿意支付超过 500 美元（他认为氡气给他带来的额外风险为 500 美元），放弃安装氡气排风系统。

(d) 第 1 题（d）中，因为房主安装氡气排风系统，降低氡气浓度可以给 10 位邻居分别带来价值 100 美元的健康收益，邻居组建的业主协会要求该房主安装排风系统。

4. 举出符合以下条件的例子：

(a) 分别指出（i）私有物品，（ii）公共物品，（iii）具有非排他性和竞争性的物品，（iv）排他性和非竞争性的物品。

(b) 寻找政府造成人们部分财产损失却未得到补偿的案例。建议寻找财产损失的比重大的例子。

(c) 寻找外部性不仅影响产生外部性的市场，而且影响其他市场的案例。

(d) 找出由（i）政府，（ii）私人提供公共物品的案例。

5. 有一组学生共享一个无人看管的浴室。有些学生更喜欢一个干净的浴室，其他学生对这种混乱的状况有很高的容忍度。

(a) 用本章介绍的概念解释一下，为什么存在机会使浴室变得整洁。

(b) 混乱的浴室环境是否属于帕累托最优？这种混乱是否属于市场失灵？

(c) 思考下面几种解决的办法：

（i）学生制定内部值日表。所有学生承诺执行值日表，但是没有人检查。

（ii）学生制定内部值日表。每一个值日的学生都知道前一天是谁值日，并且为他的表现打分。

（iii）大楼管理员向所有大楼的住户征收费用雇用一位保洁员。

以上三个方案，最容易实施的是哪一个？你认为这三个方案的最终结果是什么？哪一个方案可以让同学之间的关系更加和谐？

第 4 章

消费者行为与环境

对一些人而言，购物是显示他们环境偏好的一种方式。他们选择可以回收利用、含有有机成分、更高效节能的商品，很少购买甚至不购买不具备以上条件的商品。购买哪些商品以及花多少钱购买某种商品等消费者决策以各种方式影响着环境。本章研究了价格、收入和消费者偏好之间的关系。三者的关系共同决定消费者对某商品的需求，而需求又对环境产生影响。本章将讨论：

- 面对各种可能购买的商品，消费者如何做出购买决定；
- 哪些因素影响消费者的选择；
- 个人需求如何形成市场总需求。

电对温室气体的影响

每当打开灯或电脑时，人们就开始消耗电能。电力生产是温室气体的主要来源之一，导致了气候变化以及其他污染。2003 年，美国的电力公司生产了 320 万兆瓦时电，排放 24 亿吨温室气体二氧化碳，以及 1 060 万吨二氧化硫，其中二氧化硫是酸雨的来源。

美国有很多种能源可以发电，其中煤炭占 51%，核能占 20%，天然气占 17%，水力发电占 7%，其余的发电能源为石油和其他。这些能源都与环境问题相关。燃烧煤炭除了排放出大气污染物二氧化硫和氮氧化物，还释放有毒物质，例如能导致神经损伤的汞。煤炭也能引起水污染，而且开采煤矿会极大地改变自然景观。燃烧天

52

然气和石油也能产生大气污染物，尽管比煤炭少。煤炭、石油、天然气等化石燃料在燃烧时都会产生二氧化碳。修筑大坝进行水力发电，是以牺牲水体的自由流动及渔业为代价的，尤其是对大马哈鱼等造成严重影响。核能发电则带来发生重大意外的风险。例如1986年，发生在乌克兰切尔诺贝利的灾难，造成了大量的放射性物质扩散到全世界并在核反应堆周围产生了高危险地带。此外，至今还没有令人满意的核废料处理方法，这些废料在很长时间里都具有危害性。反应堆产生的物质还可以被用于制造核武器。总之，在现在大规模使用的发电方式中，没有一种方式是对环境无害的。

美国1970年《清洁空气法案》（修订案）（Clean Air Act Amendments）中已经规定了空气中二氧化硫和氮氧化物的含量。然而，控制温室气体排放这一政治设想则是最近才出现的。除美国外，大多数发达国家都签署了1997年《京都议定书》，该协议的目的在于削减温室气体排放。欧盟15国同意在2008—2012年间，将二氧化碳排放量在1990年排放水平上削减8%。

这些国家为了实现《京都议定书》中设定的目标，采取的一种方式是征税。因为对于一种商品征税可以降低其销售量，对产生温室气体的能源征税可以降低能源销售量和温室气体排放量。7个欧洲国家的电力部门现在通过碳税来削减二氧化碳排放。据报道，丹麦家庭用电碳税最高是97欧元（约合115美元）/兆瓦时，德国征收21欧元（约合25美元）/兆瓦时。相反地，2009年美国居民电价平均为115美元/兆瓦时。以欧洲消费者的角度来看，碳税就是提高商品价格，并影响消费者对电的需求量。

尽管美国没有签署《京都议定书》，但如果美国对电征收重税，其结果是可以预测的。因为大多数消费者没有意识到电价在不同时段的变化，所以他们的用电情况没有做出相应改变。但是从年度数据来看，消费者对电价的变化还是做出了反应。蒙大拿州通过征收电税调节电力市场，本章将利用该州的电力需求数据来研究重税对于需求和排放的影响。

消费者购买商品的原因

需求理论认为，消费者会考虑市场上商品的价格，结合他们的收入水平，购买最能满足其需求的商品组合。这些商品给消费者带来效用，经济学术语称为幸福或者福利。本节讨论福利的几个方面，包括对不同商品的选择、预算的作用，以及如何描述个人偏好。

□ 商品及商品束

消费者不会孤立地购买各种私人物品，相反，她是用收入购买很多商品。消费者购买的任意一种商品的数量会受到她购买的其他商品数量的影响。一个消费束

（bundle）表示的就是一份购买的所有物品及数量的清单。因为现代消费者购买数以千计的不同商品是很普遍的现象，所以消费者不会一一估测每种商品的需求曲线，而仅关注其目前所需要的商品。例如，研究温室气体的管制成本时，需要了解如果消费者减少购买的汽油量，那么他们又会购买什么？出于这一目的，我们需要将能够影响汽油需求量的五种商品定义成商品束，这一商品束包括：汽油、居所（某人生活的地方）、食物、公共交通及其他。当仅关注一种商品时，例如电，就可以在分析需求时，将分析对象分成两类：电以及所有其他商品。

□ 预算约束

"如果世界足够大，时间足够多"，一个人可能消费的物品束就会非常大，也就是说会购买尽可能多的她想要的各种物品，直到她满意为止。然而，支付能力将阻碍人们购买渴望得到的很多物品，这迫使人们在其选择的物品中做出取舍和折中。在很多情况下，这些约束带来了很多难题：例如，贫困家庭可能不得不在医药和食物之间做出选择。但对地球而言幸运的是，人们能够消费的电和汽油的数量都受到预算限制。**预算约束**（budget constraint）就是消费者用全部收入可以购买的各种物品束的集合。

假设一个消费者的收入为 Y，并将其花费在两种物品上。一种物品是电（E），而另外一种物品为其他物品的组合，称为其他物品（S），它包括除了电以外的全部物品。为方便起见，本例关注的是一个消费者在一年内做出的决策。她在这一年的开始就得到自己的收入，然后她决定多少钱用在购电上，多少用来购买其他物品。因为她所关注的仅仅是这一年，没有节约的必要，因此她的全部收入要么花费在电上，要么花在其他物品上。

在这个由两种物品构成的经济中，一个物品束包括其他物品 S 和以兆瓦时为单位的电 E。她认为这两类物品的价格，即 P_S 和 P_E，都是固定不变且不受她控制的。收入为 Y 时，预算约束是一个等式，表示消费者的收入必须等于她所购买的物品束所需费用之和。在本案例里，预算约束就是消费者购电的费用（电价乘以购电数量）加上她购买其他物品的费用（其他物品的价格乘以物品的数量单位）必须等于她的收入：

$$Y = P_S S + P_E E$$

预算约束是指费用恰好等于 Y 的各种可能的 S 和 E 的物品束，每一种物品束都是一些数量的 E 与 S 的组合。消费者没有足够的钱去购买总费用超过 Y 的物品束。她能承受的 S 和 E 的任何组合的总费用要么小于收入 Y，要么刚好等于 Y。但她没有理由让自己的花费少于 Y，所以她将会用光她全部的货币来购买电或其他物品。因此，她购买的物品束将刚好花费 Y。

图 4.1 展示了预算约束线，垂直坐标轴为 S，水平坐标轴为 E。垂直轴上的任一点是消费者可能购买 S 的数量，水平轴上的任一点是消费者可能购买 E 的数量。给定收入时，消费者能承受的每一对（S，E）就是预算约束线上的一个点。这幅图是以美国蒙大拿州人均数据为基础的。

环境经济学

画这幅图需要一个等式。这个等式表明当给定 E 的购买数量时，她还能购买 S 的数量。我们可以通过解预算约束方程中的 S 得到这个公式，按以下步骤对方程变形：

$$Y = P_S S + P_E E$$

可以被写作

$$P_S S = Y - P_E E$$

两边同时除以 P_S，然后得到

$$S = Y/P_S - (P_E/P_S) \times E$$

公式显示了消费者可以购买的 S 是 E 的函数。换句话说，公式告诉我们，消费者购买数量为 E 的电时，还能购买多少其他物品 S。

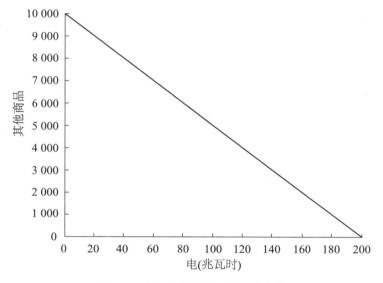

图 4.1　电和其他商品的预算约束线

　　此预算约束每年收入为 10 000 美元。其他商品的价格为 1 美元，1 兆瓦时电价格为 50 美元。垂直截距指消费者如果不购买电，她能购买的其他商品的数量为 10 000/1。水平截距指消费者如果不购买任何其他商品，她每年能购买的电量为 10 000/50=200 兆瓦时。预算约束的斜率为 $-10\,000/200 = -P_E/P_S = -50$。

　　在一条直线上只要找任意两个点并连接起来，就可以画出这条直线。最简单的两个点就是消费者将她的全部收入购买某一种物品，两点分别是预算约束线与每个坐标轴的截距。

　　如果消费者将全部收入花费于其他物品，没有用于电，即 $Y = P_S \times S$。对此方程变形，使 S 位于方程左侧，结果显示消费者能购买其他物品 $S = Y/P_S$。如果消费者不购买任何电，她能够用于购买其他物品的货币量就等于她的收入 Y 除以其他物品的价格 P_S。在这个例子中，如果她的收入为 10 000 美元，每单位其他物品价格为 1 美元，当消费者不购买任何电时，她就能购买 10 000 单位的其他物品。点（0，Y/P_S）就是图 4.1 左上角的点：电的消费量为 0，而其他物品的消费量为 10 000 单位。

　　如果消费者将全部收入用来购电，同样的步骤得到 $E = Y/P_E$。如果消费者不购买其他物品，她能购买的电 E 的数量等于她的收入除以电价。连接这两个点就形成了预算约束线，这条线位于点（0，Y/P_S）和点（Y/P_E，0）之间。在这两点之间的所有点就是消费者在她的预算限制内可以购买的电和其他物品的可能组合。

预算约束线另外一个很有用的数就是它的斜率。斜率表示消费者每增加 1 单位电的购买量时，她必须放弃的其他物品的数量。计算一条直线的斜率首先要选择直线上的两个点。正如画预算约束线一样，垂直坐标轴和水平坐标轴的两个截距是方便使用的点。用垂直距离的变化（其他物品）$-Y/P_S$，除以水平距离的变化（电）Y/P_E，得到斜率为 $-(P_E/P_S)$。负号表明当 E 的消费量增加时，S 的消费量下降。

方程 $S=Y/P_S-(P_E/P_S)\times E$ 同样也给出了斜率。在标准的斜率—截距方程中，方程右手边第一项就是垂直坐标轴截距的高度，而与 E 相乘的项即为斜率 $-(P_E/P_S)$。

图 4.1 的预算约束线是在收入 Y 为 10 000 美元，电价为 50 美元/兆瓦时，其他物品价格为每单位 1 美元的基础上得到的。因此，如果全部货币都用来购买其他物品，消费者就可以购买 $Y/P_S=$ 10 000 个单位，在预算约束线上为点（兆瓦时＝0，其他物品数量＝10 000）。相反，如果消费者将全部货币来购买电，她就能得到 $Y/P_E=$ 200 兆瓦时，在预算约束上是另外一个点为（兆瓦时＝200，其他物品数量＝0）。连接这两个点就得到了预算约束线。

预算约束线的斜率是将这两个点之间的垂直距离（$-10\ 000$）除以水平距离（200）：斜率即为 -50。如果斜率计算公式为 $-P_E/P_S$，并且 $P_S=1$，$P_E=50$，那么 $-P_E/P_S=-50$。为了得到额外的一单位电，消费者不得不放弃 50 单位的其他物品。换句话说，消费者不得不放弃价值 50 美元的其他物品去购买价值 50 美元的电。需注意，负号的意义是指在预算约束线上不存在在其他物品消费数量不变的情况下，再多买一单位物品的可能。

石油换食品

当消费者给油箱加满油需要花更多钱时，为不超过预算，他们就不得不减少在其他商品上的花费。研究人员发现，当汽油价格上涨时，消费者会改变他们在食物上的支出。2000—2005 年，美国汽油价格从每加仑 1.5 美元上涨到每加仑 3 美元。尽管价格翻了一番，但汽油消费量的变化很小，因为人们并未改变上班的出行方式和度假的目的地。事实上，汽油价格的增加减少了用于购买其他商品的支出。例如，当汽油价格增加 100% 时，家庭的食物支出则下降了大约 50%。人们减少外出吃饭的次数，将省下的钱用于多购买 15%～19% 的食品杂货。人们在杂货店中的购物习惯也受到了影响。从超市扫描器得到的数据可以看出，当汽油价格升高时，消费者与平时相比更多地选择打折的谷物类、果汁或酸奶。他们也会大量购买打折的鸡肉，这可能是因为鸡肉比牛肉要便宜。这些影响在那些低收入地区营业的商店中更为明显。通过这种方式，消费者能抵消汽油价格翻番对其消费预算影响的约 70%。

□ 偏好

预算约束线表示可能购买的各种商品束的集合，但并没有明确消费者在这些商品束中会选择哪一个。在各种可能的商品束中选择哪一个商品束是由个人偏好决定的。

经济学家假设每个人对商品束的消费都有偏好。偏好是一个人在各种商品中进行选择的依据。偏好描述了消费者从消费商品中获得的幸福感，而不仅是他们用来购买那些商品所支付的货币成本。任意两种商品束可以按照下面三种方法之一进行排序：

选择者偏好商品束 A 胜过商品束 B。

选择者偏好商品束 B 胜过商品束 A。

选择者在商品束 A 和商品束 B 之间是无差异的，也就是说，商品束 A 和商品束 B 给消费者带来的幸福感是相同的。

每个人的偏好都是不同的。例如，一个消费者可能偏好由 7 500 单位其他商品和 50 兆瓦时电构成的商品束，而不喜欢 2 500 单位其他商品和 150 兆瓦时电组成的商品束；另一个消费者可能更偏好第二个商品束胜于第一个。然而，其他消费者可能觉得这两种商品束是无差异的。每个人都有自己的偏好。

关于消费者偏好，经济学家提出了一些假设。首先，每个消费者的偏好是一致的。也就是说，如果一个消费者偏好商品束 A 胜过商品束 B，那么她对商品束 B 的偏好就不会胜过商品束 A。其次，偏好具有可传递性。如果消费者对商品束 A 的偏好胜过商品束 B，对商品束 B 的偏好胜过商品束 C，那么她对商品束 A 的偏好就胜过商品束 C。第三，多就是好。如果消费者得到的各种商品数量没有减少，而至少一种商品的数量增加，她的幸福感会增加。图 4.2 说明了这个原理。商品束 A 为 5 兆瓦时电和 9 700 单位的其他商品。预期每位消费者都会更偏好的商品束是这样的：拥有和商品束 A 至少一样多的电并且有比 A 更多的其他商品。同理，每位消费者偏好与商品束 A 有一样数量的其他商品并且有比 A 更多的电。

看图 4.2 中点 A 右上方的区域。这一区域是图中两条虚线右侧及上方的区域。图中的每一点代表的商品束都有至少一种商品多于商品束 A 并且其他商品的数量不少于商品束 A。每位消费者应该偏好此区域中的各点胜于商品束 A。两个区域中类似的点为 B 和 C。每个人应该更偏好商品束 C 胜过商品束 A，商品束 C 有 9 733 单位其他商品和 8 兆瓦时电，而商品束 A 有 9 700 单位其他商品和 5 兆瓦时的电。相似地，各消费者更偏好商品束 B（5 兆瓦时，9 800 单位其他商品）胜于商品束 A。需要注意商品束 B 与商品束 A 相比，有相同数量的电但更多的其他商品。

第四，也是最后一点，经济学家假设人们会选择他们更偏好的商品束。如果一个消费者偏好商品束 A 胜过 B，并且她能支付起任何一种商品束，那么她将会选择商品束 A。这就是经济学家的个人行为理性假设。

经济学家的理性行为假设连接起可见的选择与不可见的偏好。如果一个经济学家观察到一个消费者能够承受商品束 B 和 C，但购买了商品束 C，那么经济学家将会

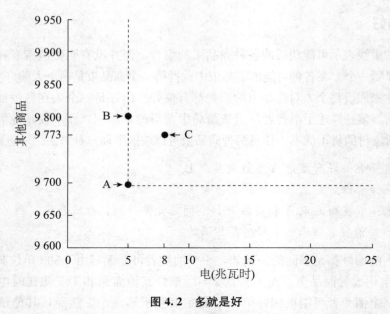

图 4.2　多就是好

　　与点 A 相比，每个消费者更偏好点 A 右上方区域中商品束的点。这些商品束落到或者落进虚线围成的区域，如点 B 和 C。

认为消费者偏好商品束 C，不喜欢商品束 B。因此经济学家通过观察购买行为，可以了解原本不可见的潜在偏好。

□ 无差异曲线

　　讨论消费者选择的偏好可能很抽象，但利用无差异曲线的思想，可以推导出描绘消费者选择时的偏好的可操作性方法。一条**无差异曲线**（indifference curve）上的每一点代表了能产生同样效用的各种商品束的集合，这些商品束带来了同样的满足感或幸福感。无差异曲线用图形描绘偏好。图 4.3 中，两条无差异曲线阐释了预算约束，垂直坐标轴表示其他商品的数量，水平轴为用电量。过 A 点的无差异曲线表明曲线代表的各种商品束与 A 点的商品束是无差异的。也就是说，A 点与其所在的无差异曲线上其他各点例如 D，给人们带来的幸福感是相同的。某人在无差异曲线上任一点得到同等的效用水平。

　　现在来看点 C 所在的无差异曲线。点 B 和点 E 都落在点 C 所在的无差异曲线上，意味着消费者从商品束 B、E 和 C 中能得到同样的效用。消费者在更高或更低的无差异曲线中获得了更多的效用吗？更高的无差异曲线如点 C 所在的曲线与较低的无差异曲线如点 A 所在的曲线相比，拥有更多的电和其他商品。在多就是好的假设下，消费者偏好商品束 C 胜过 A，所以商品束 C 代表了更高的效用。又因为更高的曲线上的每个点的效用是相同的，与较低曲线上的每一商品束（例如 A 或 D）相比，消费者更偏好较高曲线上的商品束（例如 B 或者 E）。因此，较高的无差异曲线上的效用更高。

　　无差异曲线的其他两个特性源于偏好的特性。首先，无差异曲线是向下倾斜的。

考虑商品束 A，如果在商品束 A 中加入一点儿其他商品，将会产生一个新的商品束 B，因为多就是好，人们更偏好商品束 B。如果要比 A 拥有更多的其他商品，但效用无差异，那就必须要减少一些电。否则，消费者则将更偏好新商品束，而两种商品束之间是有差异的。D 这个新的商品束就是增加了其他商品并减少电后形成的，且与 A 无差异。因此，任何新的商品束如果与给定的商品束（A）有相同的效用水平，那么新的商品束就必须有一种商品多于原商品束（例如，其他商品），而另外一种商品则较少（这里指电）。为了保持商品束的无差异，当增加其他商品时，必须减少电的使用。曲线向下倾斜表示增加一种商品的消费，为了保持效用水平不发生改变，就要减少对另外一种商品的消费。

第二种特性是无差异曲线不会相交。如果它们相交，那么在交点处，同一商品束将位于两条无差异曲线上。在交点的右侧，这两条曲线中的一条将高于另外一条。因此，单个的商品束将会同时位于较高和较低的无差异曲线上，并且将会有两种不同的效用水平。因为一个商品束不可能有不同的效用水平，因此无差异曲线不能相交。

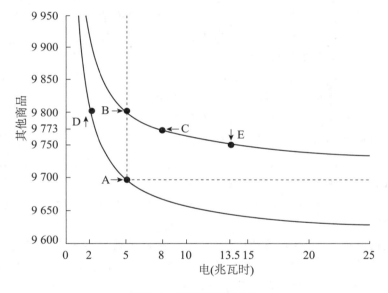

图 4.3　两条无差异曲线

对于同一个消费者，有两条无差异曲线。点 A 和点 D 位于较低的无差异曲线上，点 B 和点 C、点 E 位于较高的无差异曲线上。因为消费者相对于消费束 D 更偏好消费束 C（因为多的总是更好），以及消费者对于消费束 A 和 D 无差异（因为它们位于同一条无差异曲线上），因此消费者一定相对于消费束 D 更偏好消费束 C。

无差异曲线的最后一个特性是：它们通常呈现月牙形，如图 4.3。与这个形状相关的因素是为保持效用水平不变，消费者为了多得到一单位的电而必须放弃的其他商品的数量。假设消费者有大量的其他商品而仅有很少的电，例如图 4.3 中的商品束 D。在这一点上，她可能厌倦了其他商品，但是她可能确实希望得到更多的电，就会愿意放弃大量的其他商品以得到更多的电。这就意味着需求曲线会急剧下降。这种陡度意味着消费者愿意放弃大量的一种商品来增加另外一种商品。而在商品束

A 处，消费者拥有的电比商品束 D 更多，因此得到更多的电就不重要了。结果，A 点与 D 点相比，她不会放弃很多其他商品以换取更多的电。因此，无差异曲线在点 A 后趋缓。随着消费者得到更多的电，她为了得到电而愿意放弃其他商品的数量变少了。无差异曲线的月牙形就是商品束的相对偏好发生改变后的结果。换句话说，无差异曲线上更靠右侧的点的斜率通常比较平缓。

决策：购买一辆汽车

因为电只有一种，所以我们比较容易描绘电力市场。通常人们需要做出的选择就是使用多少电。对于其他商品而言，决策更为复杂。以汽车市场为例，就不像电力市场一样，汽车的购买涉及大量的决策过程。首先，一辆汽车就是消费者可能购买的商品束中一个至关重要的组成要素。此外，消费者不得不在各种不同的汽车性能中进行选择，包括它的型号、款式、加速能力，以及安全特性。然而，不可能将以上全部特性都放在一张二维图中。因而，偏好的这些不同特性需要用多维的无差异曲线展现，允许多重交易同时进行。

戈德堡（Pinelopi Goldberg）采用劳工统计局对 32 000 名美国消费者支出的调查数据，研究了消费者如何选择汽车。数据中涉及约 200 种不同类型的汽车。研究人员为此建立了数学模型，模型中包括 200 种不同的汽车。对于每一种汽车，研究员搜集了价格和性能等相关信息。人们购买汽车时，会对这些特性进行选择，例如排量、动力转向，以及燃油效率。搜集这些数据时，燃料的价格较低，戈德堡想知道有多少人重视燃油效率。研究发现，选择小型汽车的人很重视燃油效率：人们更可能购买更节能的小汽车。然而，燃油效率对选择大型车的人没有影响，他们更重视汽车的排量。

戈德堡的研究在 1995 年发表。到了 2008 年，汽油价格变得非常高，越来越多的公众关注气候变化，这一关注同时也影响了消费者的偏好。运动休闲款汽车（SUV）的销售量下降，而小型节能型汽车的销量增加。这还导致丰田汽车（Toyota）在 2008 年发表声明：将整个工厂的生产由丰田 SUV 汉兰达（Highlander）转向丰田普锐斯混合动力汽车（Prius hybrid）。

美国 17% 的温室气体来自于汽车排放的尾气。在加利福尼亚州，40% 的温室气体都来自于汽车。因为汽车在温室气体排放中扮演了主要的角色，所以在制定气候变化政策时，了解影响人们购买汽车的各种因素就是一个必须引起重视的事情。

小结

● 消费者的购买选择不是相互独立的。一个商品束就是一位消费者购买的各种商品数量的集合。

- 预算约束指的是如果消费者将全部收入用于购买商品，能够购买到的各种商品束。预算约束是一条直线，它的斜率表示消费者为了额外购买一单位某商品必须放弃的其他商品的数量。

- 消费者对各种商品束存在偏好。某消费者偏好商品束 A 胜过 B，或者偏好商品束 B 胜过 A，或者对这两个商品束的偏好无差异。经济学家给出如下假设：（1）人们会坚持他们的偏好，而不会偏好商品束 A 胜过 B，同时又偏好商品束 B 胜过 A。（2）如果消费者偏好商品束 A 胜过 B，偏好商品束 B 胜过 C，那么他们偏好商品束 A 胜过 C。（3）人们认为商品多就是好。（4）人是理性的，他们将选择他们偏好的商品束。

- 无差异曲线是效用水平相同的各种商品束的集合。无差异曲线向下倾斜，要保持商品束效用水平无差异，人们得到一单位商品的同时必须减少另一种商品的数量。较高无差异曲线上的点要比较低曲线上的点拥有的各种商品都要多，商品总是多多益善的，所以人们更喜欢较高的无差异曲线。无差异曲线不会相交，否则人们的偏好就会出现矛盾。无差异曲线是典型的月牙形，因为当一个消费者大量拥有一种商品时，再得到此类商品所产生的效用就不如她仅有很少的商品时得到同样数量商品产生的效用大。

决定消费的数量

选择理论的潜在假设是人们在选择商品束时，在不超出预算承受能力的范围内，选择能带来幸福感最强的商品束。预算约束线表明消费者可承受的商品束，而无差异曲线则表明人们偏好哪些商品束。本节将无差异曲线和预算约束放在一张图中，用来直观地描述消费者的选择。图 4.4 显示了一条预算约束线、三条无差异曲线和四种商品束。预算约束线是粗体并向下倾斜的直线，它代表了消费者能承受的商品束。曲线是无差异曲线。

商品束 G 是一个特殊点。商品束 G 位于无差异曲线与预算约束线相切的切点。我们假设一个消费者偏好商品束 G。商品束 F 在较高的无差异曲线上。消费者偏好商品束 F 胜过 G，但她没有能力购买 F。因为 F 位于她的预算约束线之上，她无法选择。商品束 G 位于无差异曲线之上，消费者可以承受价格。

现在我们来考察消费者能够承受的其他商品束。H 是可承受的，在预算约束线下。但 G 位于更高的无差异曲线上，所以消费者在预算约束下会选择偏好程度更高的 G。预算约束线内的 E 又如何呢？它也位于比 G 较低的无差异曲线上。尽管消费者更偏爱 F，但支付不起 F。而她能承担的 E 和 H 与 G 相比，E 和 H 没有 G 的偏好程度高。因此，G 是消费者能承担的商品束中效用最大的。

值得注意的是，无差异曲线与预算约束线相切于点 G，这一无差异曲线上的其他点高于预算约束线。预算约束线和无差异曲线之间的切点或接触点，就是消费者

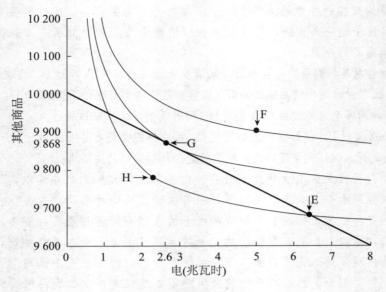

图 4.4　选择的商品束

图中显示了三条无差异曲线和一条预算约束线（加粗向下倾斜的直线）。消费者将选择商品束 G，因为相对于其他能负担的商品束 E 和 H，她更偏好 G。需要注意，商品束 F 在她的承受范围之外。

用她可支配的收入能购买的最高效用水平的商品束。

　　关于切点所代表的商品束，需要注意下面几点。第一，通过明确这个点的坐标得知，它精确地显示了消费者将购买的每种商品的数量。水平坐标轴是电量而垂直坐标轴代表的是其他商品的数量。该点的坐标指出，在可承受范围内，消费者获得最高的效用水平，能购买多少电和多少其他商品。换句话说，切点明确了电和其他商品的需求量。G 点由 2.64 兆瓦时电和价值 9 868 单位的其他商品构成。因为预算约束与图 4.1 是一样的，电价仍然是 50 美元，其他商品的价格也是 1 美元。因此，收入为 10 000 美元的消费者将选择购买电价为 50 美元/兆瓦时的电 2.64 兆瓦时。

　　第二，决定预算约束线和无差异曲线的任何要素如果发生改变，那么商品束的选择也会随之改变。能改变商品束选择的要素包括电价、收入、其他商品的价格或消费者偏好。下面我们来展示这些要素如何改变商品束的选择，进而影响消费者的电力需求。

☐ 电价变化

　　图 4.5 显示预算约束随电价增加的变化。右侧粗直线是电价为 50 美元/兆瓦时时的预算约束。左侧直线是电价为 100 美元/兆瓦时时的新预算约束。新预算约束下电价上涨。截距之比 Y/P_E 为电价，两条预算约束线的电价不同。如果消费者用全部收入购电，仅能购买 100 兆瓦时，而不再是过去能买到的 200 兆瓦时。另一商品的截距 Y/P_S，表示在不同预算约束线的情况下，消费者用全部收入购买另一商品的数量，这个点没有变化。需注意，原有预算约束线高于新的预算约束线。那么，电价增加，如果消费者不购买其他商品，而是全部收入 10 000 美元用于购电，她买不到

与过去一样多的电。

我们也可以用这幅图观察电价的涨幅。回忆一下，预算约束线的斜率是预算约束线与坐标轴相交的两点，用垂直截距除以水平截距。新预算约束线的垂直截距为$-10\,000$，水平截距为100，斜率为$-10\,000/100=-100$。同样地，预算约束线的斜率公式是$-P_E/P_S$，因为$P_S=1$，而新预算约束线的斜率为-100，那么$-P_E=-100$，即$P_E=100$。新预算约束的电价是原来预算约束电价的两倍。

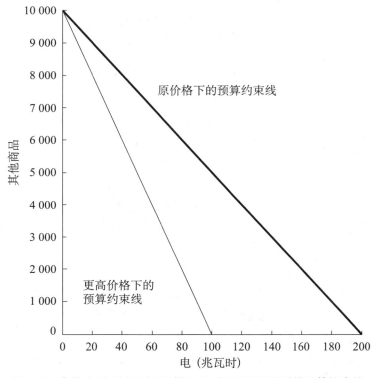

图4.5　电价为50美元/兆瓦时与100美元/兆瓦时时的预算约束线

图中显示了两条预算约束线，一条是电价未改变，为原有50美元/兆瓦时，另一条的电价是100美元/兆瓦时。

图4.6是图4.5左上角部分的放大图，另外，增加了代表典型消费者的两条无差异曲线。放大后，我们可以更清晰地看到切点。预算约束线和无差异曲线间的切点显示的是预算约束范围内能提供最高效用水平的商品束。新预算约束线的切点处，P_E为100美元/兆瓦时，消费者在该点的无差异曲线上购买的商品组合为1.81兆瓦时的电和9 819单位的其他商品。将这点与位置较高的旧预算约束线上的商品束比较，当电价为50美元/兆瓦时时，原有预算约束线与无差异曲线相切，切点处消费者购买2.64兆瓦时电和9 868单位其他商品。

我们有必要考虑不同的预算约束下，消费者购买各种商品的支出比例。在原有价格下，消费者对电的支出为50美元/兆瓦时×2.64兆瓦时＝132美元；价格更高时，支出变为100美元/兆瓦时×1.81兆瓦时＝181美元；电价翻倍，支出增加了三分之一。价格增加，使用减少，因此支出增加幅度小于价格增长幅度。不论价格如何，电的支出都在总收入的 1‰～2‰之间。尽管电费支出只是消费者预算的很小一部分，但电价上涨仍然会影响消费者对电的需求量。

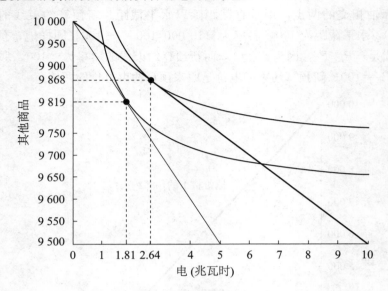

图 4.6　两种价格下商品束的选择

本图显示了图 4.5 中电价 50 美元/兆瓦时和 100 美元/兆瓦时时的预算约束线（两条向下倾斜的直线），增加了两条无差异曲线以及切点。圆点显示的是选择的商品束。预算约束线的斜率是价格的负数（因为 P_S 为 1），图中只显示了选择的商品束的邻近区域。

让我们概括一下根据给定信息，确定与价格成函数关系的购买量的步骤：

1. 画出预算约束线。截距就是消费者用全部收入购买某种商品的最大数量，斜率就是商品价格的比率。

2. 找出无差异曲线和预算约束线的切点。切点是不超出预算约束所能选择的提供最高效用水平的商品束。

3. 找出切点处购买的每种商品的数量，这就是消费者选择购买的商品束。

根据这些信息可以画出一条需求曲线。需求曲线显示的是消费者在不同的价格下购买的商品数量。上例在两种不同价格下产生了不同的电力需求：价格为 100 美元/兆瓦时时，需求量为 1.81 兆瓦时，而价格为 50 美元/兆瓦时时，需求量为 2.64 兆瓦时。图 4.7 的需求曲线中显示了这两点，并按照同样的方法，延伸绘制出其他点的位置。

需求沿着需求曲线的变动就是电价导致电的消费量的变化。比较图 4.6 和图 4.7，消费量沿着需求曲线的移动，相当于从较高预算约束线的切点向较低预算约束线的切点移动。

我们假设电价增长是因为征税，税额为 50 美元/兆瓦时，该水平低于丹麦但高于德国。在这种情况下，每户家庭可以节约用电 0.84 兆瓦时，占家庭用电量的 32%。尽管征税可以降低电力需求并减少二氧化碳排放，但家庭用户会抱怨电费上涨约 1/3。

值得注意的是，电价的改变不仅导致了需求量的变化，而且还导致其他商品需求量的变化。在图 4.6 中，其他商品的数量从 9 868 下降至 9 819。在这里，其他商品数量的改变并不是由其价格变化引起的，而是电价的变化改变了其他商品的需求曲线，使得其他商品数量相应发生了改变。

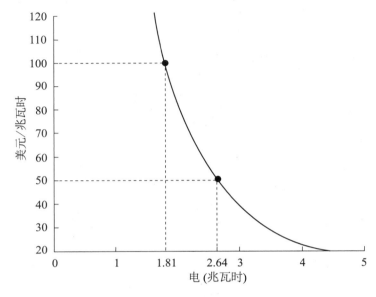

图 4.7　电力需求曲线

曲线上标记的两点来自图 4.6 中的切点和预算约束线的斜率。作者按同样方法计算得出整条曲线。

收入变化

　　收入变化改变了预算约束线，所以也能改变需求曲线。图 4.8 显示预算约束上调 20%，即收入增加 2 000 美元后的情况。收入（Y）增长时，预算约束线与纵轴交于 Y/P_S，与横轴交于 Y/P_E，新交点位于原交点之上。需注意，新的预算约束线与旧的预算约束线平行；二者的斜率相同，均为 $-P_E/P_S$。因为两种商品的价格不变，所以斜率不变。

　　图 4.9 显示了两条预算约束线和无差异曲线。为了使切点更清晰，图 4.9 仅显示了左上角部分。收入增加前，电的消费量为 2.64 兆瓦时，收入增加后新的消费量为 2.91 兆瓦时。收入增加之后电的需求量也随之增加了。收入增加导致需求增加，说明电是一种普通商品，电的需求曲线会随着收入的增加向右移动。

　　人们通常会随着时间的变化而变得越来越富有。在美国，自 1998—2004 年间，实际平均收入（去除通货膨胀因素后）增加了超过 20%。根据电的需求曲线可以预测，收入增长 20% 后，用电量将增长 10%。中国和印度等快速发展的国家，经济增长将带来用电量的增加，发展的进程中也产生了巨大的污染。尽管用电量不如经济整体增长速度快，但它确实随着时间的推移而大幅度地增加。因此，如果不进行管制，碳排放和其他污染物必然会逐渐增加。

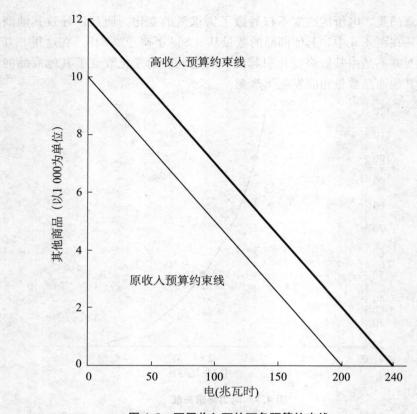

图 4.8　不同收入下的两条预算约束线

该图表示原预算约束线和新预算约束线，新预算约束线收入增加 2 000 美元，以粗线表示。因为价格保持不变，两条约束线的斜率相同。

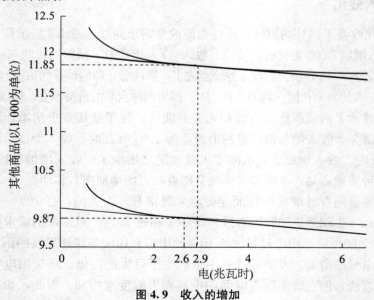

图 4.9　收入的增加

这幅图是对切点放大后的特写。图中显示的是收入分别为过去的 1 万美元和增长后的 1.2 万美元时的结果。加粗的预算线在 2.91 兆瓦时处的切点就是收入增长后的切点。

□ 偏好不同

偏好不同的人会有不同的无差异曲线。例如，电可以用于供热取暖。与蒙大拿州相比，加利福尼亚州的北部冬天比较温暖，而夏天比较凉快。一个伯克利的消费者与一个蒙大拿州消费者，在面临同样的价格和收入时，伯克利的消费者将会选择购买较少的电。加利福尼亚州北部消费者的无差异曲线与预算约束线的切点与蒙大拿州消费者相比，更靠近纵轴。类似的案例还有很多。即使商品价格和收入水平相同，消费者在不同偏好的驱使下，也会选择购买不同数量的商品。

小结

● 消费者会选择在承受范围内最符合个人偏好的商品束。无差异曲线和预算约束线相切处的商品束，代表了消费者可承担的商品束中最高的效用水平。

● 切点处的商品束说明消费者对每种商品的需求量。如果纵轴代表的商品价格为 1 美元，需求曲线的斜率即为横轴所表示的商品价格的负数。在需求曲线上，需求量和价格共同决定了某个点的位置。

● 商品价格的改变导致预算约束发生转动，形成新的切点。价格发生变动的商品在新切点处的新数量与新价格，形成了消费者需求曲线上的第二个点。

● 收入增加导致预算约束线平行向上移动。因为价格不变，预算约束线上新切点处的用电量和价格构成移动后的需求曲线。

● 偏好不同的人将选择不同的商品束。

所有消费者需求之和

我们之前的分析都针对每个消费者的需求曲线，然而对很多重要问题的分析需要了解所有消费者的总体反应。例如，削减温室气体的政策对电力需求的影响涉及的人很多。一群人的需求曲线被称为**累计需求**（aggregate demand），或称为**总需求曲线**（total demand curve）。下面，我们考虑两个人的需求曲线，过程与考虑多人需求是一样的。

用代数方法，如果第一个消费者的需求曲线是 $Q_1(P)$，第二个消费者的需求曲线是 $Q_2(P)$，那么，两个消费者的总需求曲线 $Q_T(P) = Q_1(P) + Q_2(P)$。假设每个消费者有一条相同的非加粗的需求曲线，图 4.10 表示两个消费者的需求情况。价格为 50 美元/兆瓦时时，每个消费者购电量为 2.64 兆瓦时，价格达到 100 美元/兆瓦时时，每个消费者购买的电量为 1.81 兆瓦时，总消费量为 $2 \times 1.81 = 3.62$ 兆瓦时。图 4.10 显示了这个叠加过程。对应既定的价格，总需求量为每个消费者需求量的加总。这个过程是**水平叠加**（horizontal addition），因为需求量是在既定的垂直高度即价格上进行的水平加总。

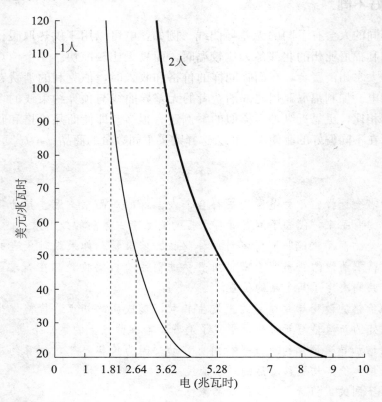

图 4.10 需求曲线之和

如图所示，每个消费者的需求曲线是靠近纵坐标轴的曲线；总需求曲线为拥有相同需求曲线的两个消费者需求曲线的叠加，是每条消费曲线的两倍，在图中加粗显示。价格为 50 美元/兆瓦时时，每个消费者的需求量为 2.64 兆瓦时。因此，在同一价格下，两个人的需求量为 5.28 兆瓦时。

消费者需求曲线不同时，需求叠加的过程是相同的：找到每个消费者在每个特定价格的需求量，然后加总需求量。例如，一个消费者收入为 10 000 美元，电价为 50 美元/兆瓦时，她的购电量是 2.64 兆瓦时。另一个消费者收入为 12 000 美元，同样的电价，消费量为 2.91 兆瓦时。因此价格为 50 美元/兆瓦时时，总需求量为 2.64＋2.91＝5.55 兆瓦时。于是，50 美元/兆瓦时和 5.55 兆瓦时的组合就确定了总需求曲线上的一个点。曲线上的其他点对应不同价格下需求量的叠加。

消费者多于两个时的叠加过程也是一样的。特定的价格水平下，需求量的总和为总需求曲线上的一个点。总需求曲线通常比单一需求曲线更有意义。总需求曲线上可以体现价格、收入或偏好的变化对需求量的普遍影响。例如，蒙大拿州的人口大约为 95 万。因为图 4.10 中每个消费者的需求曲线体现的是蒙大拿州人的普遍行为，所以，价格为 50 美元/兆瓦时时，蒙大拿州每年总电力消费量为 95 万×2.64 兆瓦时＝250.8 万兆瓦时。价格为 100 美元/兆瓦时时，电的使用将会降到 95 万×1.81＝171.95 万兆瓦时，削减的消费量 78.85 万兆瓦时大约达到一个普通核电站 1/10 的发电规模。以此类推，蒙大拿州电价的增加将会削减（建设）新发电厂的需求。

小结

● 累计需求曲线或总需求曲线指所有消费者对一种商品在各个价格的购买量之和。它是这样形成的：将每个消费者在一个特定价格下的购买量加总，然后在其他价格水平下重复此过程。

● 总需求曲线可以用于估计影响，即决定消费者需求的要素发生变化带来的总体影响。

电力需求与温室气体

对家庭和工业已经征碳税或者已经采取其他措施削减能源消费的欧洲国家，温室气体排放已经下降。例如在丹麦，1990（温室气体减排基准年）—2004 年间能源行业的温室气体排放下降了 1.7％。仅 2003—2004 年间，能源行业的温室气体排放就减少了 18.9％。由于采取了碳税和其他能源税，丹麦的居民用电和商业用电的排放自基准年以来下降了 19.1％。这些税提高了电价，但减少了人们的电力消费。

然而从图上看更复杂。能源行业的温室气体排放在 1990—1996 年间不停波动，直到 1997 年才开始下降。联合国研究人员研究这些数据后做出解释，丹麦用化石燃料发电并将电出口到邻近国家，这些邻国自身则用水力发电。当缺乏足够的水电可用时，邻国就从丹麦进口更多的电。所以，当其他国家水力发电不足时，丹麦出口的火力发电需求曲线就会上移，其发电导致的碳排放就会上升。需求的变动随之会对气候变化产生影响。

总结

以下是本章重点：

● 人对商品的消费影响环境。消费者对商品束的选择是基于消费者的收入、商品的价格以及偏好。一旦消费者知道收入和商品的价格，就能确定可承担的商品束。她在可以承担的商品束中进行选择，选择基础是她的个性特征、口味和偏好。

● 消费者选择某种商品的需求数量，将之作

为一个商品束的一部分。商品的需求曲线不仅依赖于商品自身的价格，还受到其他商品的价格和消费者收入水平的影响。预算约束线概括了收入和价格之间的关系。消费者对不同商品的口味和偏好决定了消费者的需求量，无差异曲线显示了消费者的个人偏好。

● 商品价格的变化会引起需求量沿着需求曲线

的移动，而其他变化，包括相关商品的价格、收入、口味和偏好则会引起需求曲线本身的移动。

● 总需求曲线衡量了面对价格变化或影响需求的其他要素的变化时，消费者的总体反应。它是个人需求曲线的水平叠加。

关键词

累计需求	水平叠加	预算约束
无差异曲线	束	总需求曲线

说明

"如果世界足够大，时间足够多"是安德鲁·马维尔（Andrew Marvell）的诗《致羞涩的情人》的第一行，见 Marvel, Andrew (ed.), *Complete Poetry* (London: J. M. Dent & Sons Ltd., 1984)。马维尔的诗也可以在下面网址找到：http://www.luminarium.org/sevenlit/marvell/coy.htm。

本章中电力需求案例来源于杰弗里·拉弗朗斯 (Jeffrey Lafrance) 教授 1986 年对蒙大拿州电力需求进行的待发表的研究。我们已经就收入和价格之间的关系进行了一些研究。

对汽油价格和食品支出的研究来自 Dora Gicheva, Justine Hastings, and Sofia Villas-Boas, "Revisiting the Income Effect: Gasoline Prices and Grocery Purchases," *National Bureau of Economic Research*, Working Paper 13614 (November 2007)。可在以下网址找到 http://www.nber.org/papers/w13614。

购买汽车的选择研究来源于 Pinelopi Koujianou Goldberg, "Product Differentiation and Oligopoly in International Markets: The Case of the U. S. Automobile Industry," *Econometri-*

ca 63 (1995): 891-951。

想知道更多关于美国能源使用情况，请访问美国能源信息管理网：http://www.eia.doe.gov/fuelelectric.html。

丹麦能源产品温室气体排放的信息来源于气候变化的联合国框架公约，"Report of the Centralized In-Depth Review of the Fourth National Communication of Denmark" (February 1, 2007), Table 2, Greenhouse Gas Emissions by Sector for Denmark, 1990—2004, p. 5; paragraph 12, p. 5; and paragraph 23, p. 8. http://unfccc.int/resource/docs/2007/idr/dnk04.pdf。

所谓的广义能源部门中，1990—2004 年，温室气体实际上增加 2.7%。然而，能源部门包括建筑制造业、交通运输业和能源行业以及其他活动。其他活动包括居住和商业能源使用。1990—2004 年，能源行业和其他领域的温室气体排放削减。能源部门排放增加很大部分是来自于交通运输，而电力出口的需求波动也是能源部门温室气体排放增加的原因之一。

1. 复制图 4.6 的坐标轴、更高的价格预算约束线和无差异曲线。当其他商品价格从 1 上涨到 100/99（大约 1.1），但电价维持在 100 美元/兆瓦时时，会发生什么情况？新的预算约束线与坐标轴在何处相交？（这个问题需要花一些工夫。因为垂直坐标轴的最小值为 9 500 单位，所以你需要计算出消费者购买 9 500 单位其他物品时的购电量，从而计算出水平交点。）画出新的预算约束线和与其相切的无差异曲线。将信息标注在旁边，你画的任何符合规则（向下倾斜，不交叉，月牙形状）的无差异曲线都是可接受的答案。现在用你画的图找出其他物品的需求曲线上的两个点。

2. 假设汽油的需求曲线 $Q_D = 10 \times I \times P_E / P$，其中 Q_D 是汽油的需求量（单位：加仑），I 是人均收入（单位：千美元），P_E 是乙醇价格，P 是汽油价格。下面的问题都是根据这个需求曲线公式提出。

   (a) 在其他条件保持不变时，价格提高将增加还是降低汽油的消费量，为什么？（提示：P 尝试取不同的值。）

   (b) 从需求曲线来看，汽油是正常物品还是劣等品？换句话说，当人们收入水平提高时，汽油的消费量增加还是减少？为什么？（提示：尝试将 I 取不同的值。）

   (c) 乙醇是汽油的替代品还是互补品？也就是说，乙醇价格提高会导致汽油的消费量增加还是减少？为什么？（提示：尝试不同的 P_E 值。）

   (d) 如果题中的需求曲线反映了一个社区中 20 个收入和偏好都一样的人的总需求，那么其中每个人的需求曲线是什么样的？

   (e) 如果汽油和乙醇的价格都是 2.4 美元/加仑，人均收入 10 000 美元（注意单位！），汽油的消费量是多少？人均消费量是多少？

   (f) 使用（e）中的价格和收入。如果政府对汽油征收 0.6 美元/加仑的税，那么汽油的消费量将变成多少？政府将会得到多少税收？

   (g) 某记者认为政府的税收等于 0.6 美元/加仑乘以（e）中的汽油消费量。她这么说对吗？或者她是否还需要重新学习一下经济学？为什么？

   (h) 政府考虑对乙醇提供补贴，取代对汽油征税。每加仑乙醇的补贴为多少，可以让汽油消费水平与征税时保持一样？如果消费者减少的汽油消费量恰好等于增加的乙醇消费量，那么政府的乙醇补贴是多少？

   (i) 汽油税和乙醇补贴相比，消费者可能更喜欢哪项政策（假设消费者不考虑政府的收入增加影响）？为提炼乙醇生产原材料的农民会更喜欢哪项政策？汽油生产者更喜欢哪项政策？为什么？

   (j) 采取补贴政策的机会成本是什么？采取税收政策的机会成本是什么？

3. 排放量是以下几个数的乘积：单位能源消耗的排放量、单位产值的能源消耗量、人均产值、人口数量。美国这类国家单位产值的能源消耗量一直在下降。你估计在长时间内，这些数据会如何变化？最后，你认为长期的排放量会出现什么变化，为什么？快速发展的国家，譬如中国和印度，会有不同吗？

4. 环保教育活动的目标是即使价格和收入水平保持不变，消费者行为变得对环境更加友好。环保教育者尝试改变的是消费者需求曲线中的哪个变量？（提示：环保教育改变了预算约束线吗？）假设环保教育者鼓励人们为了减少温室气体排放而减少电的消费量。如果这些鼓励发挥了作用，请画一张消费者选择的商品束发生变化后的示意图。

5. 环境物品是否有需求曲线？以世界各地的饮水情况为例，供给的水给饮用者同时带来了天然和人为（人类导致的）风险。通过过滤、煮沸和使用化学净化剂处理的水更加安全。

(a) 你认为收入会影响水的干净程度吗？你认为饮用水是正常商品还是劣等品？为什么？

(b) 你认为净化剂的价格会影响饮用水的干净程度吗？例如，你认为燃料的价格和可得性（用于加热处理饮用水）是否会影响净水的饮用人数？

(c) 干净的饮用水是否有替代品或互补品？如果有，请分别举出一个例子，如果没有，请说明原因。

(d) 存在能够影响人们对干净饮用水偏好的因素吗？如果有，是哪些因素？请分别举出一个例子。如果不存在，请说明原因。

第5章

衡量消费者收益

当政府考虑采取行动干预私人市场时，如监管杀虫剂的使用或者提高空气质量，通常会权衡政策实施的收益是否大于成本，因此需要估算相关活动可能带来的收益。由于人们通常用货币计算成本，所以收益也需要货币化。衡量收益的方法是消费者偏好。通过需求曲线，我们可以知道消费者在某一市场价格下会购买多少商品，但是如果想知道消费者认为这些商品值多少钱还需要其他办法。本章利用消费者偏好和需求曲线之间的关系来估算商品给消费者带来的收益。

重要的环境资源往往无法在市场上交易，但政策制定者需要知道他们为什么要保护环境，所以对环境的收益估算就显得尤为重要。如果人们重视环境资源的价值，那么政府就能理直气壮地实施环境保护政策。如果保护环境的收益大于实施环境保护的成本，那么实施环境保护政策得到的支持就会更加有力。本章将主要讨论以下几个问题：

- 如何根据商品的需求曲线估算商品的货币价值，也就是消费者的总支付意愿；
- 如何加总计算公共物品和私人物品对一群人的收益；
- 补偿变换和等价变换是另外两种估值的方法。这两种办法可以估算与收入变化等价的无差异曲线变化量。

■ 印度的电力行业

印度农民广泛使用电动抽水机抽取地下水。印度对发电有大量补贴，大约达到发电成本的 89%。随着印度经济市场化程度加深，政府试图停止发电补贴。但如果取消补贴，消费者的用电价格势必要增加。

印度安德拉邦的农业生产主要依赖抽水机抽取地下水。一项针对 449 户农民的调研发现，每个农户一年工作 273 天，平均每天要用 2 台抽水机各 7 小时。这里的农户保护水资源的激励与其他地方的农户不同。在安德拉邦以及印度很多地区，农户需要支付的费用与所用的抽水机功率有关。使用功率为 5 马力的抽水机是一个价格，使用 10 马力的抽水机就要付更高的价格。这笔费用与农户如何使用抽水机没有任何关系，以至于只要有电，抽水机就会在运转。这片区域的供电部门一般每天向农民供应两次电，一次 6 小时，一次 3 小时。供电的时间和抽水机的功率共同决定了每台抽水机总的能源消耗量。在农户看来，每台抽水机要支付的钱只和抽水机的规格有关。因此电价不会影响抽水机的使用方式，但会影响农户拥有抽水机的数量。

按照美元计算，农户支付的电价介于 3.86 美元/兆瓦时和 9.32 美元/兆瓦时之间。使用小型抽水机的农户支付的电价较低，这部分人很可能是最穷的农户。使用大马力抽水机的人通常是收入最高的农户，支付的电价也高。让最穷的农户支付最低的价格是目前国际上常用的政策。

根据这样的电价补贴政策，使用最小功率抽水机的农户可以获得 93% 的用电补贴，而使用最大功率的农户得到的补贴也高达 84%。为电价提供大量补贴的政策的实施成本非常高。政府面临选择，需想方设法提供补贴或削减补贴。

市场对于这个问题的解决办法就是测量用电量并按单位电价向用户收费。利用市场分配电力资源可以实现帕累托优化，并且避免市场失灵。然而，并非所有的农户都能够承受高电价。很多农户每天的生活费只有 2 美元，政府当局不愿意对这些农户提高电价。政府如何做才能从电力销售中得到更多的收入，同时避免对这些最穷的消费者造成伤害？

一个实际的解决办法就是仅对用电量最高的农户提高电价。对一种商品按照不同的使用量设定不同的价格被称为**价格歧视**（price discrimination）。价格歧视是一种切实有效的增加收益的办法，除此之外，它还可以用来衡量人们到底愿意为某种商品支付多少钱，而不是人们实际为该商品付了多少钱。

■ 总支付意愿和消费者剩余

消费者根据价格变化而改变自己选择的商品束。这种变化反映了他们对其所购买商品的价值判断。商品的价值与消费者实际为其支付的费用之间存在差异。本节讨论了这种差异，并且讨论如何利用需求曲线来估算商品的价值。

□ 总支付意愿

消费者愿意为额外消费的一度电支付多少钱？消费者愿意放弃什么来获取该商

品反映出该商品对他的价值。

设想一个消费者和一种商品——电。假设电价为 55 美元/兆瓦时，该消费者每年消费 2.5 兆瓦时的电。这些数字是否表示消费者对电的支付意愿为 2.5 兆瓦时×55 美元/兆瓦时＝137.5 美元？换句话说，消费者支付的钱是否就代表了他的支付意愿？

答案是否定的。如果支付的钱可以衡量消费者对电的支付意愿，那么对于消费者而言，以 55 美元的单价购买 2.5 兆瓦时的电和以 2.5 美元的单价购买 55 兆瓦时的电是没有差异的，因为消费者为这两种选择付出的都是 137.5 美元。但是，如果一个现实中的消费者进行选择时，本着"越多越好"的原则，他会更加青睐以 2.5 美元的单价购买 55 兆瓦时电这一组合。同样的费用支出并不代表同样的效用水平，因此费用支出也不是衡量消费者支付意愿的充分条件。

现在考虑选择用电或蜡烛进行照明的情况。一个 100 瓦的灯泡每天开 8 小时，一年消耗 0.29 兆瓦时的电，电价为 55 美元/兆瓦时，加上购买灯泡的 1 美元，消费者一年的总费用为 15.95 美元。这是否是消费者对电的支付意愿呢？假设消费者得不到电，只有两种选择：点蜡烛或者黑暗。蜡烛提供的光比灯泡更昏暗，有烟雾，且更加昂贵，一年的蜡烛费用为 294 美元。然而消费者很可能愿意支付这笔费用而不是在黑暗中度过夜晚。因为消费者愿意每年支付 294 美元获得照明，甚至可能愿意多支付一些改用电灯照明而不是蜡烛，至少消费者愿意每年用 294 美元去购买 0.29 兆瓦时的电。所以，商品价格并不是一个衡量消费者支付意愿的好办法。

如果支出费用和商品价格都不是好办法，那么还有其他选择吗？消费者的需求曲线是根据预算限制下的消费者所做的商品选择绘制而成的。因此，需求曲线可以告诉我们消费者愿意为额外得到一单位商品而放弃什么。

让我们用需求曲线来检验家庭用电的消费情况。图 5.1 中的曲线（灰色长方形以上）就是需求曲线。假设消费者购电的单位是 0.5 兆瓦时。0.5 兆瓦时的电大概可以支持一台冰箱和一个灯泡使用一年。如果电价高达 470 美元/兆瓦时，那么消费者一年只会用 0.5 兆瓦时的电。但是，如果价格下降到 294 美元/兆瓦时，消费者会再购买一单位的电。第二个单位的电将会用于一些不那么重要的东西，譬如电脑。如果价格继续下降，那么用电量将继续增加。与第一个单位的电相比，这些电会被消费者用于不那么有价值的地方。

因此，通过需求曲线可以知道某个消费者对于一单位电愿意支付的最高费用。消费者对第 Q 单位的商品的**边际支付意愿**（marginal willingness to pay）是该消费者在购买了 $Q-1$ 单位的商品后，愿意为额外购买的一单位商品支付的价格（在经济学里，"边际"的意思是某人对于一单位变化量的反应。在数学里，"边际"指的是一阶导数或者曲线在该点的斜率）。在需求曲线上，第 Q 单位商品的边际支付意愿与所处位置相关。例如，在图 5.1 中，消费者对第一个单位电的支付意愿是 470 美元。因此，需求曲线可以告诉我们每一单位商品的边际支付意愿。

Q 单位商品的**总支付意愿**（total willingness to pay，TWTP）是一个消费者为了购买 Q 单位商品愿意支付的总价格。将每一单位商品的边际支付意愿加起来就得

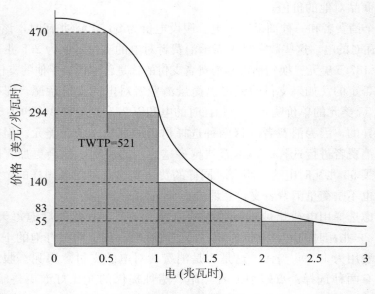

图 5.1 电力需求

阴影部分是消费者对 2.5 兆瓦时电的总支付意愿。总支付意愿大约等于 521 美元。

到消费者购买的商品的全部价值，这就是总支付意愿。于是，在图 5.1 中，每一单位电是 0.5 兆瓦时，第一个单位电的边际支付意愿为 0.5 兆瓦时×470 美元/兆瓦时＝235美元，即图 5.1 中最左侧长方形的面积。第二个单位电的边际支付意愿就是左数第二个长方形的面积，0.5 兆瓦时×294 美元/兆瓦时＝147 美元。因此，1.0 兆瓦时电的总支付意愿是 235 美元＋147 美元＝382 美元。

按照 0.5 兆瓦时一单位来计算用电量是很主观的。假设实际用电量的计算单位要更小。在图 5.2 中，购电的计量单位仅为 0.2 兆瓦时。在这个案例里面，1.0 兆瓦时用电量的总支付意愿大致等于图中从 0 到 1.0 之间的方块面积之和，即 0.2×498＋0.2×483＋0.2×454＋0.2×412＋0.2×294＝428 美元。继续这个计算，可以得出 2.6 兆瓦时电的总支付意愿为 600 美元。如果计量单位更小，方块的面积会更加接近需求曲线之下的总面积。因此，精确的总支付意愿就是需求曲线以下购买的商品数量的总面积。

☐ 消费者剩余

消费者购买商品，是因为商品具有价值。计算商品价值的办法就是计算总支付意愿。然而，总支付意愿并非消费者为了购买商品而实际支付的费用。**消费者剩余**（consumer surplus）是消费者从购买商品中得到的净利益——剩余。消费者剩余是总支付意愿，即商品具有的价值减去支付的费用。图 5.3 是电的需求曲线。浅色阴影部分加上需求曲线之下的高于 50 美元的深色阴影部分就是总支付意愿，即需求曲线之下 0 至 2.6 兆瓦时（价格为 50 美元/WMH 的用电量）之间的面积。在图 5.3 中，0～2.6 兆瓦时之间的长方形加起来就是总支付意愿，大概为 600 美元。

环境经济学

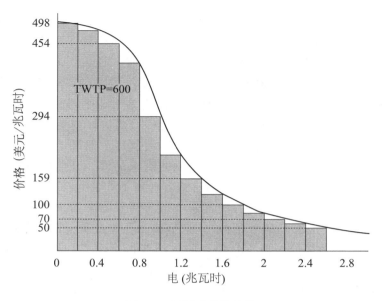

图 5.2　更精确的估计值

　　这里用 0.2 兆瓦时作为计量单位来估算总支付意愿。将本图中累积到 1.0 兆瓦时的长方形面积与前一张图进行比较。在本图里，长方形的面积更加接近需求曲线之下的总面积。1 兆瓦时电的总支付意愿为 428 美元，2.6 兆瓦时电的总支付意愿为 600 美元。

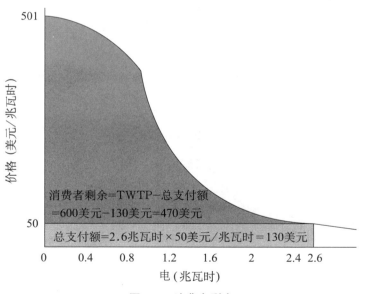

图 5.3　消费者剩余

　　2.6 兆瓦时的总支付意愿是图中阴影区域之和，总支付额（价格×数量）是浅色长方形区域，消费者剩余（TWTP−总支付额）是需求曲线以下消费者支付的价格以上的深色阴影区域。

　　消费者剩余就是在需求曲线之下，高于消费者支付的价格的那部分面积。为了得到消费者剩余，需要从总支付意愿中扣除支付电价的部分。浅色的矩形阴影部分代表了消费者支付的费用，为 2.6 兆瓦时×50 美元/兆瓦时＝130 美元。从总支付意愿（整个阴影部分）中扣除支付的费用（矩形阴影）就得到了消费者剩余，即深色阴影部分。这部分面积即消费者剩余为 470 美元。换句话说，消费了 2.6 兆瓦时的电使消费者得到 470 美元的净利益。净利益是总支付意愿和实际支付的费用之间的差额。电的价值显然要高于消费者支付的费用，消费者剩余接近对电的价值的估算。

价格增加会降低消费者的福利，因为当价格升高时，消费者会减少商品的购买量。但是，福利究竟会降低多少呢？消费者剩余是一把尺子，可以衡量出价格升高使消费者损失的金钱数量。图 5.4 是电的需求曲线。开始的电价为 50 美元/兆瓦时，人们消费 2.6 兆瓦时的电。当价格上升到 100 美元/兆瓦时时，人们的用电量下降到 1.8 兆瓦时。开始的消费者剩余是两部分阴影面积之和（阴影部分未能完全在图中显示，应继续向上延伸）。当价格为 100 美元/兆瓦时时，消费者剩余是图中的浅色阴影部分，即 100 美元的价格线以上需求线以下的部分。因此，消费者剩余的变化就是被两条价格线、纵坐标轴和需求曲线围起来的深色阴影部分。利用不规则四边形可以近似计算出这部分面积，也就是消费者剩余的变化量：1/2×（100－50）×（1.8＋2.6）＝110 美元。

简要地概括一下，消费者以前支付的电价为 50 美元/兆瓦时，而现在必须支付 100 美元/兆瓦时。以前消费者需要为自己消费的电支付 130 美元，现在需要支付 180 美元，额外多花了 50 美元。但是 50 美元并非是消费者的全部损失，消费者总共损失了 107.80 美元的消费者剩余。所以说消费者的损失不完全等于消费者额外增加的费用支出。

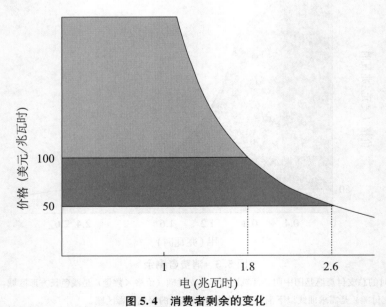

图 5.4 消费者剩余的变化

当价格提高到 100 美元/兆瓦时时，消费者剩余减少了深色阴影部分。在初始价格为 50 美元/兆瓦时时，消费者剩余为浅色和深色两部分阴影部分之和。浅色阴影部分延伸出了图的顶部。

小结

● 对于消费者而言，商品的价值不同于消费者购买该商品所需支付的费用。否则，以 10 美元的单价购买一单位商品与以 1 美元的单价购买 10 单位商品所得到的效用就是一样的。购买商品的费用无法衡量商品的价值。

● 商品的需求曲线就是消费者对该商品的边际支付意愿。边际支付意愿是消费者愿意为额外得到一单位商品做出的放弃。边际支付意愿之和（或者更加实际一点，计算所购买商品数在需求曲线以下部分的面积）是所购买商品的总支付意愿。

● 总支付意愿是一个人为了得到一定数量的商品而付出的金钱。总支付意愿考虑了人们购买的第一个单位商品要比之后购买的同样商品具有更高的价值。

● 消费者剩余是总支付意愿与实际支出费用之差，接近消费者从商品的购买中得到的净利益。

● 在一张价格—数量图上，消费者剩余是需求曲线以下商品的价格线以上的那部分区域面积。

● 商品价格变化时，消费者剩余的变化用货币单位表示了消费者因为价格变化而导致的福利增加或减少。

消费者剩余之和

至今，我们对消费者剩余的分析还只局限于单一的消费者身上。然而，在多数情况下，政策制定者希望了解价格、商品数量以及其他市场因素发生变化后，社会总福利将受到什么影响。这项工作其实非常简单，因为可以将消费者的个人福利加起来得到社会总福利，或者利用总需求来估算社会总福利。

专栏5.1

突尼斯的水资源困境

在世界范围内，1980—1994 年，能够得到可靠的水资源供给的农村人口比例从只有 30% 上升到 70%。向偏僻的农村地区供水需要投入大量的基础设施和高昂的运营成本。当政府投资建设供水设备并且提供运营服务时，水价和供水量就不是由市场决定的。相反，政府设定的水价和供水量是力图保证人们能够付得起水费，并且销售收入能够覆盖供水成本。

突尼斯的农村地区，每立方米水的费用为 0.18 第纳尔（约合 0.13 美元），一个消费者年用水量约为 66 立方米。人每天需要从食物或者通过直接饮用获取 4 升水（0.004 立方米）以保证生存。研究人员 Zekri 和 Dinar 推导出了突尼斯农村的水需求曲线。他们发现，如果水价达到 0.38 第纳尔/立方米时，一个家庭一年只能消费得起 6 立方米的水，也就是每天 16 升，这个用水量仅能维持生存。在这个价位上，人们就只能买水满足必需的生理需要，而不能用做其他用途。如果价格下降，人们就能买得起更多的水。当水价为 0.36 第纳尔/立方米时，人们就会再买一些水用于一些很重要但并非绝对必要的事情，譬如洗澡或者降温。如果价格继续下降，人们会继续增加用水量。新增加的水会被用于干一些重要性更小的事情，譬如洗衣服或者冲刷地板。

研究人员通过研究发现，如果水资源的分布更加广泛，人们的总支付意愿与成本之差，即消费者剩余将会增加。

☐ 市场物品总和

保罗·萨缪尔森是一位诺贝尔经济学奖得主。他喜欢提醒他的学生消费者剩余是消费者们的剩余。顾名思义，消费者剩余往往涉及一群人，而并不仅是某一个体。将个人需求曲线累加起来就得到了市场总需求曲线，同理，将个人消费剩余累加起来就得到了总的消费者剩余。

另一个办法就是直接通过市场需求曲线计算消费者剩余。与计算单个消费者剩余一样，消费者总剩余是市场总需求曲线下方的面积。

对消费者总剩余求和隐含了一个重要假设。因为这项工作涉及的是所有单个消费者剩余之和，就如同一美元对于张三和李四而言都一样，没有个体差别。换句话说，这里假设额外的钱给了穷人或富人都会得到同样的社会合意度。这两个方案都是将单个消费者剩余进行简单求和，无法得到加权的消费者剩余之和，也无法对不同类别消费者的剩余分别加总。首先，权重是多少并未达成共识。穷人和富人相比，同样的一美元具有的价值是一样呢，还是大一些或者小一些？因为无法就不同消费者的权重达成一致，那就只有考虑弱势群体了。一般来说，这个过程被称为分配分析。在环境分析中，考虑一项工程对穷人或者少数群体影响的分析被称为环境公平性分析。尽管没有考虑消费者剩余的去向，但公平性分析可以有效地解决将所有人的消费者剩余等同对待并简单加总而产生的不合意问题。

☐ 公共物品总和

因为市场上的每个人在一个特定价格时对商品有一定需求，所以可以将这些需求相加得到市场交易商品的总需求曲线，从而得到该价格的市场总需求。通过这个过程的不断重复，就可以得到市场总需求曲线上的每一个点。然而，公共物品却无法采用这个办法。这是因为所有人都可以使用公共物品，而且任何人对公共物品的使用都不会损害其他人使用公共物品的能力。换句话说，每个人都不用购买公共物品就能从公共物品中获益。

不过，人们对环境物品的需求曲线确实存在。下面两章会讨论估算环境物品的需求曲线的办法。现在，本章研究如何估算消费者从环境物品中获得的收益。因为公共物品经济学的关键是无论是否购买公共物品，每个人对公共物品的占有度相同。

图 5.5 假设两个人对黄石公园中"狼的存在"的需求曲线。将两个人各自的需求曲线纵坐标相加就得到了总需求曲线。当狼的数量为 10 时，第一个人愿意为引进第 10 只狼支付 10 美元，而另外一个人愿意支付 20 美元。由于每个人都因为狼的存在获得了收益，所以将每个人的支付意愿相加就得到了总支付意愿。于是，将两人愿意为第 10 只狼支付的钱相加就得到了第 10 只狼的边际支付意愿，即 30 美元。当狼的数量上升到 20 只后，边际支付意愿就变成了 5 美元 + 15 美元 = 20 美元。当狼的数量增加到 30 只后，第一个人不愿意为增加的狼支付任何费用了，第二个人的边际支付意愿就是总边际支付意愿。

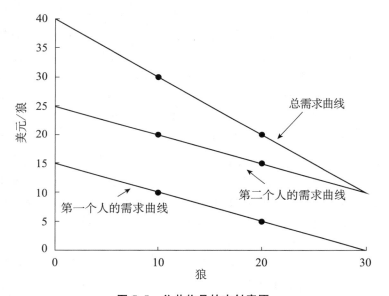

图 5.5 公共物品的支付意愿

公共物品总的边际支付意愿是通过计算每一个消费者的边际支付意愿的纵坐标之和得到的。

换言之，因为许多人从同样的公共物品中获益，所以将每个人的边际支付意愿曲线的纵坐标而不是横坐标相加，就得到公共物品的总需求曲线。公共物品需求曲线的计算过程和市场交易商品不同，市场交易商品需求曲线是通过计算特定价格的商品需求量得到的，而公共物品的需求曲线则是计算特定数量物品的边际支付意愿。总的支付意愿是公共物品的总边际支付意愿曲线下方区域的面积。

小结

● 可以通过计算每个消费者支付意愿之和或者通过衡量总的边际支付意愿曲线下方的区域面积得到总支付意愿。类似地，我们可以把每个消费者的消费者剩余加起来或者计算市场需求曲线下方面积与总支出的差得到总消费者剩余。

● 将消费者剩余作为社会利益的衡量工具隐含了一个假定，即利益对于任何人而言都一样，也就是说一美元对于一个富人和一个穷人而言都具有同样的价值。

● 与计算市场交易商品的个人需求曲线之和的方式不同，计算公共物品的总需求曲线是求出每个消费者的需求数量不变的情况下，边际支付意愿的纵坐标值之和。

精确的货币化测算

消费者剩余看起来似乎是对消费者从商品中获得收益的近似的货币测算，然而事实上，它也仅是一种粗略估算。本节将揭示该方法不精确的原因，并且提供两种精确的衡量消费者从商品中获益的方法。对于市场上交易的大多数商品来说，消费者剩余方法是很接近于精确测算的近似估计。然而，对于包括环境物品在内的公共物品而言，各种精确的测算方法与消费者剩余方法相比都有很大的不同。

许多公共物品，包括很多环境物品在内，都具有另外一个特征：这些物品都是由社会提供的。这些**社会提供的物品**（publicly provided goods）指的是那些消费者不能选择得到的物品数量的物品。公共教育就是社会提供的。在公共教育体系中，每个家庭都无法决定孩子所在班级的规模，只能接受学校的安排。并非由社会提供的所有物品都是公共物品。当社会提供公共教育时，公共教育是一个准公共物品。每一个新来的学生都使班级规模进一步扩大，减少了老师花在每一个孩子身上的时间。于是，公共教育变得至少具有部分竞争性和部分排他性。环境物品通常是由社会提供的，并且没有竞争性。没有人能够决定空气的清洁程度，也无法决定任何人的呼吸行为对其他人呼吸行为的影响。

消费者可以从社会提供的物品中获得收益，却无法根据物品的价格选择期望的消费量，因为物品的总量取决于其他人提供的数量。再譬如，消费者无法各自去购买和饲养狼。相反，某个消费者或某个组织提供"狼的存在"这项服务，所有人都可以从中获益且不需要支付费用。再譬如，野生动物卫士提供了"狼的存在"这项服务。所有喜欢狼的人，无论其是否向野生动物卫士捐款，都可从该项服务中得到收益。

消费者对私人物品消费量的控制能力有助于增加消费者剩余，从而近似算出消费者的福利。因为如果消费者对某物品有更大的需求量，他就可以多购买一些。但是，消费者无法控制公共物品的供给量，这对衡量该供给量对消费者的价值产生了显著的影响。因为他无法购买额外的数量，所以他对因为物品数量缺乏而导致的损失估计可能会非常高。

□ 消费者剩余是近似值

在总支付意愿中，消费者愿意为得到第一单位的商品付出很高的费用，而随着得到的商品数量逐渐增加，消费者愿意支付的价格也越来越低。假设某一商品的出售就是这样的方式。图 5.6 展示了这一过程，实线就是前几张图中的同一条需求曲线。消费者购买 0.5 兆瓦时的电，他愿意支付的电价是 470 美元/兆瓦时。一旦他这样做了，他就为此支付了 235 美元。现在他能够支配的钱和交易前相比变少了，所以他的需求曲线会向原点方向移动。换句话说，因为电是正常商品，所以当收入下降时，不管在何种价格水平，消费者都会减少购买该商品。图 5.6 中的虚线表示当消费者做了第一次交易后可能的需求曲线。通过虚线可以知道，现在他为第二个单位的 0.5 兆瓦时电的边际支付意愿为 214 美元/兆瓦时，小于原曲线下的 294 美元/兆瓦时。所以，当消费者每次购买 1 单位电时，他愿意支付的费用都小于初始需求曲线下方区域的面积。需求曲线会随着每一单位的购买发生移动，所以初始的需求曲线无法精确衡量总支付意愿，所计算出来的消费者剩余只是对商品价值的近似估算，而不是精确的商品价值。计算效用改变量的理想状态是只有一个因素发生变化，然而消费者剩余包括价格和收入两个变量。

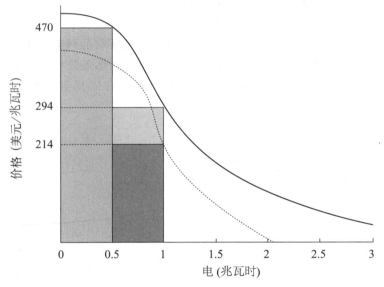

图 5.6　需求曲线的移动

　　消费者以 470 美元/兆瓦时的价格购买了 0.5 兆瓦时的电后，他的钱变少，相当于收入减少。因为电是正常商品，所以需求曲线会向原点方向移动，成为新的需求曲线，即图中的虚线。在新的需求曲线上，第二个 0.5 兆瓦时电的支付意愿仅为 214 美元/兆瓦时。按照常规方法计算 1 兆瓦时电的总需求曲线是浅色和深色区域面积之和。但是因为需求曲线在第一次购买 0.5 兆瓦时后向原点方向移动了，所以真实的支付意愿仅为左数第一块浅色阴影区域面积与左数第二块深色阴影区域面积之和。

　　使用精确的货币衡量方法，首先需要通过需求曲线得到相应的无差异曲线和预算约束线。让我们考虑某个引发电价升高的政策。政策抬高了电价，导致人们的效用下降。政策制定者想知道政策导致人们效用下降的货币值。为了衡量人们的效用变化，可以采用两种办法。下一节将讨论为什么会有两种不同的办法，后续的部分会通过电力需求市场的案例应用这两种办法。最后一节会告诉我们将这些分析应用在环境物品上。

□ 效用发生了变化吗?

人们对电的需求量是检验电价变化的理想方法。上一章中，消费者可以在电（E）和其他商品（S）之间进行选择。图 5.7 和图 4.6 相比，除了增加一条线以外，其他部分都一样。简要回顾一下需求曲线：电的初始价格为 50 美元/兆瓦时，一单位的其他物品价格为 1 美元。图 5.7 中有两条无差异曲线（ⅰ 和 ⅱ）和三条预算约束线（Ⅰ、Ⅱ和Ⅲ）。我们从预算约束线Ⅰ和Ⅱ开始分析。最上方的那条预算约束线是预算约束线Ⅰ，它和初始 50 美元/兆瓦时的电价相关，并且和最上方的那条无差异曲线Ⅰ相切于点（E＝2.64，S＝9 868）。该点表示消费者将会购买的电量和其他物品的数量。

假设电价翻倍，达到 100 美元/兆瓦时，这时我们得到了预算约束线Ⅱ。它和预算约束线Ⅰ一样，与纵坐标轴相交于 10 000 美元这点。这是因为收入并没有改变，如果消费者把所有的钱都用来购买其他物品，那么他将会得到价值 10 000 美元的其他物品。然而，当电价从 50 美元/兆瓦时上升到 100 美元/兆瓦时时，新的预算约束线将会向坐标轴内侧旋转，也就是说，如果消费者用所有的钱来买电，他只能购买从前一半的电。在这条预算约束线下，消费者只能达到那条较低的无差异曲线Ⅱ的效用水平。此时，他将购买 1.8 兆瓦时的电和 9 819 单位的其他物品。

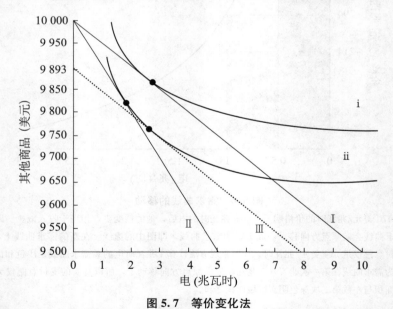

图 5.7　等价变化法

预算约束线Ⅰ和无差异曲线 ⅰ 的切点是初始均衡点。电价翻番后，预算约束线Ⅱ和无差异曲线 ⅱ 相切的点表示新的且较低的效用水平。预算约束线Ⅲ和预算约束线Ⅰ一样，拥有相同的初始电价，但是Ⅲ的收入水平低于Ⅰ，只有 9 892.94 美元。预算约束线Ⅲ和预算约束线Ⅱ一样，与无差异曲线 ⅱ 相切，所以预算约束线Ⅲ也代表较低的效用水平。等价变化是用收入水平的下降来代替价格水平的上升，从而得到新的较低的效用水平。效用的减少量为 10 000 美元－9 892.94 美元＝107.06 美元。

到目前为止，该分析和需求曲线的推导完全相同。然而，与其关注购电量的变化，不如关注效用水平的变化。电价升高之前，消费者的效用位于无差异曲线 i 上；电价翻倍之后，效用落在较低的无差异曲线 ii 上。那么，是否可以用货币来表示无差异曲线 i 和无差异曲线 ii 之间的效用差？

事实上，用货币来衡量这种效用差异的方法有两种。这两种方法都是思考实验的结果，可以通过追问消费者收入变化后的结果而得到。第一种办法是等价变化，即计算初始价格水平下，使消费者效用水平从无差异曲线 i 到无差异曲线 ii 需要减少的收入量。另外一种方法是补偿变化，即计算消费者需要得到多少钱才能够从因价格上升而导致的效用下降的无差异曲线 ii 上回到无差异曲线 i。两种方法的区别在于消费者最后增加钱还是减少钱，是在新的无差异曲线还是在旧的无差异曲线上。第一种方法关注消费者效用变化的情景，第二种方法关注消费者效用水平不变的情景。

我们先考虑效用发生变化的情景。此时，消费者的效用水平因为价格的上升而下降。当价格上升时，消费者幸福感降低并且效用水平下降到较低的无差异曲线 ii 上。但是，让消费者效用水平从无差异曲线 i 下降到无差异曲线 ii 上共有两种方法。一种方法是实际发生过的，即价格上升。在图 5.7 中，价格上升使效用水平点从预算约束线 I 与无差异曲线 i 的切点转移到预算约束线 II 与无差异曲线 ii 的切点上。

另外一个让消费者效用水平从无差异曲线 i 降低到无差异曲线 ii 上的方法是把消费者的钱拿走，或者减少消费者的收入。再从无差异曲线 i 和预算约束线 I 的切点开始。假设存在预算约束线 III，它与预算约束线 I 平行，却与无差异曲线 ii 相切。因为预算约束线 III 与 I 平行，所以它所对应的价格为初始价格。而预算约束线 III 与垂直坐标轴相交的点较低，所以它代表了较低的收入水平。

因此，消费者的效用水平从无差异曲线 i 移动到 ii，要么提高价格（正是实际发生的），要么拿走一部分钱（思考实验）。价格的变化导致了消费者的效用水平从无差异曲线 i 移动到 ii，**等价变化**（equivalent variation，EV）是从消费者那里拿走一定数量的钱，恰好使消费者的效用水平变化与价格变化导致的效用变化相同，也就是说，拿走的钱可以让消费者的效用水平从无差异曲线 i 移动到 ii。价格变化和拿走消费者的钱都会让消费者的效用水平降低到新的较低的无差异曲线 ii 上。

计算消费者效用变化的第二种办法是**补偿变化**（compensating variation，CV）。正如图 5.8 所示，价格的变化使消费者的效用水平降低到了无差异曲线 ii 上。现在，假设我们给消费者钱让其效用水平回到无差异曲线 i 上。那么消费者既因为价格上升而效用减少，又因为得到一笔钱而增加了效用。这笔钱弥补了价格变化导致的消费者的效用变化，从而使消费者回到初始的效用水平，即无差异曲线 i 上。价格的变化导致了消费者效用从无差异曲线 i 移动到 ii。补偿变化是给予消费者一定数量的钱，可以使消费者的效用水平回到无差异曲线 i。换句话说，CV 法是改变消费者的收入以恰好弥补价格变动造成的效用变化。在这个思考实验中，由于消费者得到一定数量的钱抵消了价格提高产生的影响，所以消费者的效用水平没有发生变化。

等价变化（EV）和补偿变化（CV）的区别在于，等价变化假设消费者有一个

衡量消费者收益

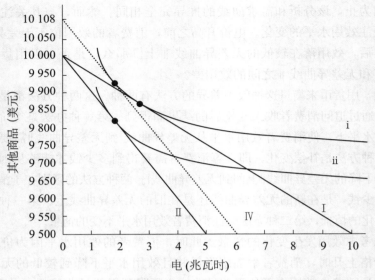

图 5.8 补偿变化法

价格翻倍使得消费者的效用水平从无差异曲线 i 降到 ii 上。在这个新的双倍价位上，消费者得到多少钱才能让自己的效用水平回到初始的无差异曲线上？预算约束线 IV 是在双倍价格时，让消费者效用水平回到初始无差异曲线的预算约束线，此时消费者的收入为 10 107.69 美元。补偿变化法让消费者效用水平回到初始无差异曲线上所需的补偿量是 10 107.69 美元－10 000 美元＝107.69 美元。

新的效用水平，补偿变化假设维持消费者的初始效用水平。两者都用货币衡量了价格变化对于消费者福利带来的影响，也都可以用货币来精确衡量社会提供的物品数量变化的价值量。

对于环境物品等公共提供的物品而言，不存在市场和价格。但是，都可以用等价变化和补偿变化计算这类物品的价值。正如价格上升导致消费者减少商品的购买量，公共提供的物品数量减少也就意味着消费者消费的数量减少。不过减少的公共提供的物品数量用货币来衡量究竟价值多少？

让我们思考一下黄石公园狼的数量增加这件事，并且思考公共物品与私人物品的分析过程有什么不同。我们先采用等价变化，假设人们的效用水平改变。此时如果狼的数量增加，即使安逸的环境主义者的市场行为一点都没改变，其效用水平均会提高。这时，我们要计算出安逸的环境主义者的效用提高了多少，并且找出究竟多少钱可以给安逸的环境主义者增加同样的效用。对于安逸的环境主义者而言，钱和狼是等价物，都可以提高他们的效用水平。

相反地，补偿变化计算了安逸的环境主义者愿意为了提高狼的数量而放弃的收入，它假设人们的初始效用水平没有变化。狼提高了安逸的环境主义者的效用水平，而收入的减少使他们的效用水平回到初始状态。收入减少量就是补偿变化中的补偿量，这部分减少的收入抵消了因为狼的增加而导致的人们效用的变化。

此外，还可以从权利这个角度来区分等价变化和补偿变化。假设环境主义者有权利增加狼的数量，要阻止他使用增加狼的数量这个权利就必须给予等价补偿。如果给予的补偿所产生的效用比增加狼的数量产生的效用小，那么他就会不愿意放弃使用所拥有的权利。相反地，假设环境主义者不拥有这种权利，如果他想增加狼的数量就必须支付一定费用。所以，等价变化和补偿变化的区别在于，前者意味着环境主义者拥有增加狼的数量的权利，如果权利无法使用就必须得到等价补偿，后者意味着环境主义者必须支付一定费用来改变狼的数量。

专栏5.2

濒危物种是否有权利存在？

1973年的《濒危物种法案》目的在于保护动植物物种，防止它们灭绝。法案的本质是给这些物种存在的机会。由于这些动植物离开栖息地很难生存，为了防止任何人伤害濒危物种，法案对其栖息地进行保护。保护栖息地的要求导致譬如住宅或大坝的建设等经济发展活动和物种保护之间发生了许多冲突。法律保护毕绮玄参花和赤额䴓鹪等濒危物种的条款限制了人们的经济活动，影响了人们的就业机会。由于人们对各种限制不满，仅要求人们承担保护濒危物种的责任可能是不切实际的。

那些丢了工作或者失去了发展机会的人应该因此得到补偿吗？如果物种确实有权存在的话，那么环境主义者的初始效用中就应该包括物种保护。此时，如果有人想开发物种的栖息地，那么他就应该提供补偿（譬如，提供另外一个栖息地）。支付费用这一方式属于补偿变化：环境主义者可以选择阻止开发栖息地，也可以选择接受开发补偿，允许开发栖息地。钱或者其他方式的补偿（比如另外的栖息地）从开发者手里转移到环境主义者手里，结果使环境主义者的效用回到初始的高水平。

然而，在西北部的斑点猫头鹰的案例中，却是林业工人得到了补偿。西北太平洋地区的原始森林是斑点猫头鹰的栖息地。由于栖息地保护的需要，政府大大减少了伐木活动。伐木工强烈反对栖息地保护，他们认为自己的生存比这些猫头鹰重要得多。透过现象看本质，这些伐木工事实上认为，他们有权利通过继续伐木来维持他们的效用水平，而赋予环境主义者的效用只与采伐过的森林有关。

假设这些环境主义者的效用仅与采伐后的森林有关，那么他们有两个选择。一是接受森林砍伐，二是付钱维持森林的原始状态。环境主义者必须支付等价变化量，因此无论哪个选择都会降低环境主义者的效用。

保护北部的斑点猫头鹰及其栖息地的折中办法是由美国政府出资（就是公众的钱），为伐木工建立再就业培训基金。因为猫头鹰保护是一项公共物品，所以由公众出钱也就近似等于从猫头鹰保护的受益者那里征收资金。

《濒危物种法案》表明斑点猫头鹰有权存在，因而这些伐木工无权伐木，但是为什么环境主义者愿意给伐木工支付费用？因为环境主义者无法确定《濒危物种法案》的政治可行性，所以向伐木工提供少于等价变化量的钱以确保栖息地的保护是一个更加明智的决定。

等价变化和补偿变化两个概念定义明确，每一个经济学人都可以明白这两个术语的意思。此外，人们也常使用另外两个经济术语，尤其是在讨论非市场化物品（类似黄石公园的狼）时。第一个概念**支付意愿**（willingness to pay，WTP）指的是向消费者提供他们想要的东西譬如增加狼的数量，与此同时，询问消费者"愿意为此支付多少钱"。另外一个**接受意愿**（willingness to accept，WTA）指的是消费者必须放弃一些东西，譬如黄石公园中的一些狼，并且询问消费者得到多少钱就愿意接受这一损失。

究竟是询问支付意愿还是接受意愿，得出补偿变化还是等价变化，取决于如何提出问题。关键在于，消费者最后是保持效用不变还是改变了效用水平。让我们思考以下几个常见的案例：

1. "如果黄石公园中增加一些狼，你最多愿意为此支付多少钱？"这是一个支付意愿问题，得出的是补偿变化。因为狼的增加需要支付一些费用，最后消费者的效用水平没有变化。

2. "如果牧场主不再猎杀黄石公园的狼，你愿意为此支付多少钱？"这时，无论猎杀狼还是支付费用，消费者的效用水平都会下降。这个支付意愿问题得出了等价变化。

3. "如果不增加黄石公园狼的数量，你愿意接受的最少数量的钱是多少？"这个接受意愿问题意味着狼数量增加或得到更多的钱，无论哪一个都会让消费者的效用水平提高，即等价变化。

4. "你最少愿意接受多少钱就可以同意大农场主猎杀黄石公园的狼？"这个接受意愿问题意味着补偿变化。尽管猎杀了狼，但消费者得到了足够的钱使自己的效用水平回到初始的效用水平上。

到目前为止，调查支付意愿中最常见的是问题1中的提问方式，含义是补偿变化。调查者最容易理解此类问题。但此类支付意愿问题隐含了一个假设：消费者没有从环境中获益的权利，如果想从环境中获益就必须支付费用。

小结

- 计算消费者剩余的方法不能精确衡量价格变动给消费者效用带来的影响，原因是价格变动隐含了消费者的购买力即收入的同步变动。等价变化和补偿变化是替代消费者剩余，用货币精确测算价格或数量变动带来的消费者效用变化，特别是估算环境质量带来的消费者效用变化的两个方法。

- 等价变化是消费者愿意为抵消物品价格提高或者数量减少而愿意支付的最高费用。等价变化的假设是消费者效用水平发生变化。补偿变化是指消费者最少接受多少钱使物品价格增加或数量减少。消费者因得到的钱而增加的效用和因价格或数量变化而减少的效用抵消，从而使消费者的效用水平恢复。在这一过程中，没有发生消费者的效用水平变化。

- 如何选择适当的衡量办法取决于我们对变化趋势的把握。如果变化是不可避免的，除非采取行动阻止变化发生，那么在这种情况下，等价变化就是正确的选择。如果我们认为除非采取行动使变化发生的话，变化不会发生，那么选择补偿变化则更加合适。

● 在寻找环境物品等非市场化物品的价值评估方法的相关研究中，经济学家通常使用"支付意愿"和"接受意愿"两个术语。它们的意思分别是消费者愿意为从环境中获益而支付费用和消费者愿意接受补偿而允许环境退化。根据所提问题的不同，答案可能是等价变化或补偿变化。

☐ 电力需求的等价变化

等价变化和补偿变化都可以通过无差异曲线进行计算。我们继续利用蒙大拿州电力需求案例中的无差异曲线，研究等价变化和补偿变化之间的差异。

上一节用图 5.7 显示了电价从 50 美元/兆瓦时上涨到 100 美元/兆瓦时的结果。我们先用等价变化来分析价格翻倍导致的消费者效用损失。首先，在图 5.7 中，预算约束线Ⅲ低于预算约束线Ⅰ且二者平行。它与无差异曲线ⅱ相切，因此达到了无差异曲线ⅱ所代表的效用水平。

我们注意到预算约束线Ⅲ与Ⅰ是平行的。回想一下，预算约束线Ⅰ基于初始电价为 50 美元/兆瓦时，其他物品价格为 1 美元/单位。既然这两条预算约束线平行，那么它们的斜率也必然相同。预算约束线的斜率是电价与其他物品价格的比例，而其他物品的价格没有变化，一直都是每单位 1 美元。如果预算约束线的斜率相同，则两种商品价格的比例也相同。既然两种商品价格相同，且其他物品的价格一直保持不变，那么另外一种商品，也就是电，它的价格也必然保持不变。因此，预算约束线Ⅲ拥有和与预算约束线Ⅰ一样的价格：电价 50 美元/兆瓦时，其他物品价格是 1 美元/单位。

我们可以通过预算约束线与纵坐标的交点找到收入水平。预算约束线与纵坐标轴的交点意味着消费者不消费任何电，并且将所有的收入都用于消费其他物品。交点的值为 Y/P_s，其中 Y 是收入，P_s 是其他物品的价格。换句话说，预算约束线与纵坐标轴相交于用电量为 0，其他物品消费量等于总收入的那一点。知道交点的纵坐标和其他物品的价格 P_s（每单位 1 美元）后，我们就可以计算消费者收入。预算约束线Ⅲ与Ⅰ相比，收入水平较低，因为预算约束线Ⅲ离原点更近，纵坐标更小。从图上可以直观地看出，Ⅲ与纵轴交点的纵坐标略小于 9 893 美元，而用其他办法可以更加精确地计算出纵坐标为 9 892.94 美元。

由于电价升高和收入水平降低，消费者的效用水平移动到这条新的较低的无差异曲线上。在图上，预算约束线Ⅰ和Ⅲ与纵坐标轴的交点相差 107.06 美元。因为其他物品的价格为每单位 1 美元，因此两条平行的预算约束线各自所代表的收入水平相差了 107.06 美元。对于消费者来说，收入减少 107.06 美元和电价翻番之间是没有差异的。不管怎样，他的效用水平都会比价格上升前要低，效用的减少量就是等价变化量。

□ 电力需求的补偿变化

现在让我们转向补偿变化。如图 5.8 所示，电价也是从 50 美元/兆瓦时上涨到 100 美元/兆瓦时。预算约束线 I 和 II 与图 5.7 中的一样，并且更高的电价导致消费者需要在效用更低的无差异曲线 ii 上寻找产品组合。

然而，我们应用补偿变化的目标是衡量能够让消费者回到初始的更高效用水平的无差异曲线 i 上所需的收入。要牢记，当消费者效用没有发生改变时，补偿变化是最合适的办法。换句话说，消费者最后将回到初始的无差异曲线上。

图 5.8 中，预算约束线 IV 平行于 II。类似地，如果两条预算约束线是平行的，并且如果其中一种商品（案例中为其他物品）的价格没有变化，那么另外一种商品的价格也不会变。预算约束线 IV 与 II 一样，代表 100 美元/兆瓦时的新电价，且预算约束线 IV 与无差异曲线 i 相切。此时，消费者效用水平将会回到初始状态。预算约束线 IV 与纵坐标轴的交点高于预算约束线 II，这意味着预算约束线 IV 有更高的收入，但消费者回到了初始的无差异曲线 i 上，效用水平没有变化，变化的是收入水平和价格。

下一步是计算补偿变化量，以保证消费者的效用水平和价格变化前一样。预算约束线 IV 与纵坐标轴的交点表示消费者将所有的钱全部用来购买每单位 1 美元的其他物品而不买任何的电。我们从该点还可以推出消费者的总收入需要得到多少补偿才能弥补因为电价升高导致的效用损失。换句话说，基于消费者新的收入的新预算约束线需要和初始的无差异曲线 i 相切。从图中可以看出预算约束线 IV 与纵坐标轴的交点即消费者总收入略多于 10 100 美元。同样的办法可以更加精确地算出收入为 10 107.69 美元。收入在预算约束线 II 和 IV 之间的变化是补偿变化量，为 107.69 美元。

电价提高导致消费者效用降低。为了使消费者回到提价之前的效用水平，要么价格回到初始水平，要么消费者获得更高的收入。在新价格条件下，补偿变化方法测算了将消费者带回初始无差异曲线所需的补偿，衡量了消费者需要得到多少收入补偿才能使自己的效用水平与提价之前一样。

□ 比较市场物品的补偿变化、等价变化和消费者剩余

在电力需求案例中，补偿变化与等价变化之间的差异十分微小。等价变化量为 107.06 美元，而补偿变化量为 107.69 美元，差别不到 1%。对于市场物品而言，这是一个常见的结果。如同前面讨论的，差异来自于补偿变化和等价变化的含义不同。在这个案例中，采用等价变化法时，效用变化从较低的无差异曲线开始衡量；采用补偿变化法时，效用变化从初始那条较高的无差异曲线开始衡量。只有高收入才能得到较高的无差异曲线，所以等价变化和补偿变化的区别在于不同的收入水平，即不同的购买力。因为不同收入水平的消费者将选择不同的商品束，效用水平不同，补偿变化量和等价变化量自然也就不同。

对于电在内的大多数生活用品，实际上价格变化产生的效用水平差异并不显著。由于价格变化导致的购买力变化占个人收入的比例通常很小。举个例子，如果所有比萨的价格都上涨 2 美元，这会给一个即便预算很紧的学生的整个购买力构成较大的影响吗？即便比萨是学生日常饮食中的重要食物，这对于学生的整体消费却不会构成重大影响，因为他可以减少比萨的消费量，并通过购买其他食物来适应比萨价格的上涨。

经济学家罗伯特·威利格（Robert Willig）研究了消费者剩余、补偿变化和等价变化之间的近似关系。他发现，当某商品消费支出在收入中的占比不大，且这种商品的需求受收入的影响不大时，使用消费者剩余替代补偿变化和等价变化而产生的误差小到可以忽略。换言之，对于大多数商品，消费者剩余可以很好地近似替代其他两种方法。那么对于市场物品而言，消费者剩余即便不能精确衡量消费者福利，却通常可以非常接近真实的消费者福利。

□ 比较公共物品的补偿变化和等价变化

非市场的环境物品和市场物品都拥有一个共性，即人们对物品的需求取决于人们需要支付的费用。增加环境物品的供给通常非常昂贵。例如，如果人们想提高空气质量，就需要在汽车和电力设备上安装新的污染控制设备；允许狼群扩张就意味着更多的家畜会因此被咬死，从而需要向牧场主支付更多的补偿。人们究竟希望怎样的环境质量呢？大多数迹象表明，人们愿意为比较容易的环境质量改善付钱，反之，如果代价很高却只能换取十分有限的环境质量的改善，人们就不愿意为此付钱。如果改善空气质量意味着更高的电价和更贵的汽车，我们中的一些人可能会接受小改变但拒绝大变化。有些人不愿意付钱去保护狼，甚至很多环境主义者也不愿意让狼多到出现在自家后院的程度。因此，尽管人们不习惯于思考环境物品的需求曲线，但事实上，这条曲线的确存在。

然而，市场在提供大多数环境物品上是不成功的。如果物品不能通过市场来供给，那么惯用的市场机制将无法发挥作用。也就是说，消费者无法根据市场上的物品价格决定购买的数量。消费者常常不需要支付任何费用就可以使用环境物品。由于其他人的活动（譬如野生动物卫士或者国家公园）改变了环境物品的数量，他们自己可能不需要付出任何直接费用。因此环境物品是由社会提供的物品，环境物品的可得数量不由消费者决定。

为了评估环境物品的价值，考察环境物品的数量变化比考察价格变化更加有用。如果空气质量改善了，所有人的效用都会得到提高，但是效用的改变和价格变化没有关系——事实上环境物品并没有市场价格。因此，对于环境物品来说，讨论环境物品的数量变化而不是价格变化对效用的影响更有意义。

此外，环境物品与市场物品之间不太明显的本质差别是环境物品具有舒适性。如果不考虑舒适性，人们就可以随意用环境物品和市场物品互相替代了，就像人造黄油和黄油可以互相替代一样。没有人能完全离开空气，在必需的情况下，人们不得不呼吸肮脏的空气。此时得到再多的其他物品也无法补偿污浊空气给人们造成的效用损失。20世纪的很多事实表明，黄石公园的生态系统中，狼的作用是无法替代的。那些关注狼的人不会同意用更多的其他物品（比如雪地车）来交换狼。如果环境资源等物品不存在有效的替代品，那么就意味着补偿变化和等价变化有很大的不同。

为了研究这个问题，我们假设一个具有极端偏好的消费者，他的消费组合完全无弹性。他喜欢两种物品，狼和其他物品。图 5.9 是该消费者的无差异曲线。"L"形的无差异曲线表示两种商品是**完全互补品**（perfect complements，或者非替代品）。互补品指的是需要共同消费的物品，比如鞋子和袜子就是互补品。完全互补品指的是总是按照一定比例共同消费的物品。鞋的左脚和右脚就是完全互补品。如果图 5.9 中的两种物品是鞋的左右脚，几乎所有人都会希望购买同样数量的两种物品。拥有 12 只右脚的鞋却只有 10 只左脚的鞋，这与左右脚各有 10 只（相配对的）相比并不会带来任何福利增加。在这种情况下，"多即是好"的假定仅仅对成双的鞋子有用，对于单只鞋子并不成立，这是因为鞋子只有成双才有用处，没有其他替代的可能。

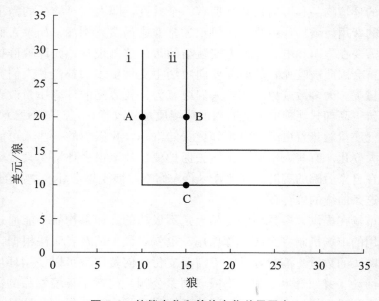

图 5.9 补偿变化和等价变化差异巨大

从 A 点出发，补偿变化法计算增加 5 只狼的过程如下。增加了 5 只狼之后，消费者的效用水平在无差异曲线 ii 的 B 点。从 B 点到无差异曲线 i 的 C 点，消费者需要放弃价值 10 美元的其他物品，补偿变化量是 10 美元。根据等价变化法，问题是如何能在不增加狼的数量的情况下，使消费者的效用水平从 A 到达无差异曲线 ii？增加其他物品的数量会使消费者的效用在无差异曲线 i 上垂直运动，却无法到达无差异曲线 ii。如果狼的数量保持不变，即便消费者得到的其他物品的数量无限多，消费者的效用水平也无法到达无差异曲线 ii。所以，等价变化量无穷大。

对于图 5.9 中的消费者来说，其他物品与狼就像鞋的左右脚一样，再多的其他物品都不会提高消费者的效用水平，除非狼的数量也增加。该消费者对于生物多样性具有很强的偏好，因此狼和其他物品是完全互补品。野外的狼就像他呼吸的空气一样重要，如果他不能呼吸，其他物品的数量再多也无济于事。也就是说，世界如果没有狼，其他物品无济于事。

不过，该消费者无法选择黄石公园中狼的数量，同样不会为狼付费。相反地，决定狼数量的是野生动物卫士（该消费者不是野生动物卫士的成员）。

在图5.9中，消费者的效用处于无差异曲线 i 的 A 点上，拥有 20 单位的其他物品和 10 只狼。因为他的偏好是完全没有弹性的，所以如果黄石公园的狼的数量没有增加，再多的其他物品都无法提高他的效用水平。也就是说，因为狼的数量没有增加，所以他不会因为其他物品数量的增加而更高兴。结果是，即使其他物品的数量增加，消费者的效用水平依然停留在无差异曲线 i 上。另一方面，如果黄石公园狼的数量增加了，他的效用水平就会提高，移动到无差异曲线 ii 上。

假设黄石公园狼的数量增加了 5 只。此时，因为消费者不需要为狼支付任何费用，他就可以将所有的钱用于购买其他物品，所以他的消费束从初始的 A 水平移动到了 B，效用水平到达了更高的无差异曲线 ii 上。

当狼的数量发生改变时，我们重新比较一下补偿变化和等价变化。补偿变化法需要知道消费者为了新增加的狼能够留在黄石公园而必须放弃的其他物品的数量，且他的效用水平同时需要回到初始的无差异曲线 i 上。如果消费者放弃了价值 10 美元的其他物品，他选择的商品束就是 C 点所代表的物品组合，和 A 相比，多了 5 只狼，少了一些其他物品。因为商品束 A 和 C 处于同样的无差异曲线 i 上，他的效用水平就和初始时一样。消费者放弃的其他物品价值 10 美元，所以狼数量增加的补偿变化量就是 10 美元。

而等价变化法认为消费者有权让自己的效用水平处于较高的无差异曲线 ii 上。等价变化量就是如果狼数量没有增加时，消费者可以得到的一笔钱，这笔钱和增加狼的数量都可以增加同样的消费者效用。换句话说，等价变化量就是能够在狼的数量保持在无差异曲线 i 的 A 点的水平不变的前提下，提高消费者效用水平到无差异曲线 ii 的一笔钱。那么，是否有这么一笔钱能够在狼的数量保持在初始水平不变的同时，将消费者的效用水平从无差异曲线 i 提高到无差异曲线 ii？答案是否。事实上，唯一让消费者到达更高的无差异曲线的办法就是增加黄石公园中狼的数量。而增加其他物品的数量仅能够让消费者效用水平沿着无差异曲线 i 运动。因此，在这种情况下，等价变化量是无穷大的。

为什么在这个案例中等价变化法与补偿变化法有如此大的不同？有两个关键的因素：（1）环境主义者无法影响狼的数量，只能接受社会提供的结果；（2）环境主义者不愿意用狼来交换任何其他物品。

这个极端的案例也反映了用等价变化法和补偿变化法衡量非市场物品价值时的一个不同点。补偿变化法关心的是消费者愿意放弃多少收入来换取想要的物品，因此受到消费者收入的限制。等价变化法关注消费者愿意得到多少钱从而放弃要求环境质量改善的权利。由于不受收入的限制，因此等价变化法得到的结果可能是一个非常大的数字!

对于那些环境质量完全不具弹性的消费者而言,前面得出的这些结论任何时候都有效。如果一个消费者的偏好与上述案例中的消费者相比更加有弹性的话,结果就不会那么极端。不过,随着用其他物品代替环境质量的意愿不断下降,补偿变化法和等价变化法之间的差异会越来越大。

对于市场物品来说,即使消费者对于两种商品的偏好是完全无弹性的,等价变化量也不会无穷大。这是因为消费者可以利用有限的钱购买某种商品使自己的效用水平达到更高的无差异曲线上。而政府供给物品的一个基本问题是,在这个极端的案例中,无论消费者拥有多少钱,他都无法自己去额外购买一只狼。狼的数量不增加,消费者的效用水平是不会得到提升的。

□ 补偿变化量与等价变化量之和

补偿和等价变化都是针对消费者个体的研究方法。计算一群消费者的补偿变化量和等价变化量就需要将每个消费者的补偿变化量和等价变化量相加。现实中,我们通常没有每个消费者的信息,但是有整个市场的相关数据,这该如何处理?以电力市场的数据为例,首先将市场数据除以消费者总数得到每一个普通消费者或者代表性消费者数据。接着,用这个虚拟的代表性消费者来计算补偿变化量和等价变化量。最后,将代表性消费者的补偿变化量和等价变化量乘以消费者人数得到市场总的补偿变化量和等价变化量。因此,市场的补偿变化量和等价变化量就是市场中每一个消费者的补偿变化量和等价变化量之和。

小结

● 等价变化法是用另外一种办法使消费者的效用水平到达一个新的无差异曲线上。如果环境质量下降或者价格上升降低了消费者效用水平,那么等价变化就是用收入的变化来代替其他变化,收入变化和其所替代的变化导致消费者效用下降同样水平。相反地,如果环境质量上升或者价格下降提高了消费者的效用水平,那么等价变化就是能够带来同样的消费者效用水平提升的收入变化。

● 等价变化法衡量了在原有的价格与新的无差异曲线下的收入水平变化,并据此来计算等价变化量。初始预算约束线和与之平行的新预算约束线之间的收入差就是等价变化量。

● 补偿变化法是用收入的变化来抵消价格或者环境质量的变化,从而使消费者的效用水平停留在初始的无差异曲线上。在消费者效用降低的案例中,补偿变化法衡量了消费者需要得到多少补偿才愿意接受损失。而如果是效用增加的案例,补偿变化法估算了消费者愿意支付多少钱以促使某种变化的发生。

● 补偿变化法是在新的价格和初始无差异曲线下,用收入水平的变化来计算补偿变化量。新的预算约束线和原有的无差异曲线上对应的预算约束线在收入上的差就是补偿变化量。

● 因为收入水平对于大多数市场物品需求曲线的影响很小，所以对于私人物品而言，等价变化法和补偿变化法非常类似。因此，消费者剩余近似等于市场物品价格变化导致的效用变化的货币价值。

● 包括大多数环境物品在内的由社会供给的物品与市场物品不同。消费者对于社会供给的物品数量几乎没有任何控制力。因此，关注环境物品数量变化的影响要比关注价格变化重要得多。

● 当消费者不愿意接受补偿而减少环境物品供给量时，等价变化法和补偿变化法有很大的不同。消费者的补偿变化法衡量的是消费者愿意为环境改善支付多少钱，这会受到消费者收入的影响。另一方面，等价变化法衡量的是如果不提供或剥夺环境物品，消费者可以得到的补偿。因此，等价变化法不受收入的限制。如果消费者不愿意用市场物品来代替环境物品，那么等价变化量将无穷大。

● 随着消费者愿意用市场物品替代环境质量的意愿越来越低，补偿变化量和等价变化量之间的差异越来越大。

● 一组消费者的补偿变化量和等价变化量等于这组消费者中每一个消费者的补偿变化量和等价变化量之和。

◼ 电价

安德拉邦并不是唯一一个采取歧视性电价之地。放眼世界，歧视性的能源定价方案很常见。加利福尼亚的太平洋电气公司是受政府管制的公用事业单位，它有 85 种不同的收费标准，其中的居民住宅电价从 115 美元/兆瓦时到 410 美元/兆瓦时不等。该收费标准根据气候等因素给每户居民分配一个基本电量，在基本用电范围内收取最低的费用，在基本用电量的 $101\% \sim 130\%$ 范围内，收取倒数第二低的费用。以此类推，当用电量达到基本电量的 300% 时，电价为 410 美元/兆瓦时。这被称为阶梯式递增电价。根据这个收费体系，消费者支付的平均电价低于支付的最高电价。从消费者支付的最高电价与他的需求曲线的交点可以知道其实际消费的电量。而如果消费者用电量超过基本电量的 300%，最高 410 美元/兆瓦时的电价将决定消费者最终的用电量。事实上，该消费者在阶梯电价之下消费的电量和在单一电价 410 美元/兆瓦时时的消费量一样。但阶梯电价的存在使消费者支付的总费用比单一电价 410 美元/兆瓦时时支付的总费用要少。

为什么公共事业按照这种方式定价？公共事业需要实现以下两个目的：（1）对用电量较少并且可能是比较贫穷的消费者收取较少的费用；（2）减少过度使用。相对于现行的定价体系，一个帕累托最优的解决办法是对所有人征收 200 美元/兆瓦时的电价，然后所有人都会有相同的节约用电的激励。在现有的电价体系下，处于 410 美元/兆瓦时价位的消费者尽管愿意向处于 155 美元/兆瓦时价位的消费者买电，却无法实现，所以这个价格体系不是高效的。另一方面，这个价格体系激励消费者剩余从用电大户转向较少的用电户。因此，虽然没有发生一些帕累托改进的交易，但是实现了转移支付的政治目标。

该定价系统会导致什么结果呢？处于 410 美元/兆瓦时价位的用户发现使用太阳能系统很有吸引力。当前，太阳能系统在加利福尼亚具有经济上的可行性，原因完全是因为太阳能发电的电价高于常规电价，并且光伏发电产业得到了大量补贴。因此，太阳能发电系统本身并不是市场经济的产物。

专栏5.3

支付意愿与接受意愿的差别有多大？

本章探讨的理论展示了补偿变化法和等价变化法的差异。一方面是来源于消费者的收入效应——当消费者花钱购买一件物品后钱就变少了，而放弃一件物品后钱就变多了；另一方面则源于缺乏商品的替代品。但是，补偿变化法和等价变化法是否永远有差异呢？

人们的支付意愿或接受意愿是否会因为不熟悉被研究的物品或者用于估算补偿变化量和等价变化量的方法而受到影响呢？科尔什和他的合作者对此很感兴趣。为了研究这个问题，他们招募了怀俄明州大学中还未毕业的商学院学生开展了一项试验，要求学生们品尝八醋酸蔗糖酯（SOA）20秒。八醋酸蔗糖酯是一种有点苦味、令人不愉快的、无毒的物质。在补偿变化实验组中的学生不需要品尝SOA，也就是说，他们停留在初始的无差异曲线上。如果他们愿意品尝SOA就可以得到钱（补偿）。在等价变化实验组的学生需要品尝SOA，也就是说，他们的效用水平将位于一条新的较低的无差异曲线上。如果他们不想品尝SOA就需要支付费用（来自实验提供的信用额）。

实验分三个步骤开展。首先，询问补偿变化实验组的学生，得到多少钱（接受意愿）会愿意品尝SOA；询问等价变化实验组的学生，他们愿意支付多少钱（支付意愿）而不品尝SOA。随后，组织者向每位学生提供了几滴八醋酸蔗糖酯，以便让他们可以熟悉这种物质，然后再询问这些学生的支付意愿和接受意愿。最后，8位学生的支付意愿或接受意愿需要分组参加竞价。接受意愿最低的4位学生和支付意愿最高的4位学生必须品尝SOA。拍卖过程会至少重复4次，以保证每位学生都能够熟悉这个过程，直到最后一轮决定谁会品尝SOA。

起初，接受意愿明显高于支付意愿。但是，随着竞价过程的不断重复，接受意愿不断下降，直到与支付意愿没有明显差别为止。在整个实验过程中，支付意愿远比接受意愿稳定。从实验的结果中可以看出，了解物品和物品的价格会减少支付意愿和接受意愿之间的差异。

总结

以下是本章重点：

● 需求曲线描述的是消费者对一种商品的边际支付意愿。将需求曲线之下从原点到消费者购买数量之间区域中的边际支付意愿相加，就得到了消费者总支付意愿之和的估计值。

● 消费者剩余是指消费者从商品中得到的超过他支付费用的价值，等于总支付意愿减去消费者支出（商品价格乘以数量）。

● 消费者剩余仅仅是消费者对商品价值的估算。用货币精确衡量商品对消费者的价值共有两种方法，分别是补偿变化法和等价变化法。两种方法都用货币来衡量价格或者数量变化导致的效用水平的变化，但两种方法的隐含出发点不相同：等价变化法的出发点是新的效用水平，而补偿变化法的出发点是初始效用水平不变。

● 对于市场物品而言，补偿变化法、等价变化法和消费者剩余几乎是相同的。在实际中，它们之间的差别与商品价格（数量）变化对购买力（也就是收入）的影响效应有关。因为影响通常很小，所以三种方法之间不会有明显的区别。

● 环境物品净收益的分析与市场物品有几点不同。首先，环境物品是典型的公共物品，通常针对此类物品的数量变化而不是价格变化展开分析。其次，消费者无法像购买一单位市场物品那样购买公共物品，即使消费者不对公共物品的供应做出任何贡献，也可以从公共物品中获益，不过消费者通常对于公共物品的供给数量几乎没有控制力。最后，如果消费者不愿意用环境物品供给量的减少换取更多市场物品，补偿变化量和等价变化量之间的差异可能会非常大。

● 在环境经济学中，支付意愿和接受意愿被用来描述人们愿意支付多少钱来改善环境质量或者愿意接受多少钱而允许环境质量退化。无论支付意愿问题还是接受意愿问题，我们都可以用补偿变化或者等价变化来回答，这取决于描述问题的方式。

● 计算所有消费者剩余、补偿变化量或等价变化量之和就可以知道任何变化对于消费者效用水平的总体影响。所有消费者的消费者剩余是市场需求曲线下方的区域，公共物品的支付意愿是个人边际支付意愿垂直求和所得曲线下方的区域，两个方法任选其一。

关键词

补偿变化	消费者剩余	等价变化
边际支付意愿	完全互补品	价格歧视
社会提供的物品	总支付意愿	接受意愿
支付意愿		

说明

关于印度电力能源案例的讨论来源于 Rafiq Dossani and V. Ranganathan, "Farmers' Willingness to Pay for Power in India: Conceptual Issues, Survey Results, and Implications for Pricing," *Energy Economics* 26 (2004): 359 – 369.

关于消费者剩余，等价变化法和补偿变化法的讨论来源于 Robert D. Willig, "Consumer's Surplus without Apology," *American Economic Review* 66 (4) (September 1976): 589 –597.

突尼斯供水的案例研究来自于 Slim Zekri and Ariel Dinar, "Welfare Consequences of Water Supply Alternatives in Rural Tunisia," *Agricultural Economics* 28 (2003): 1 – 12.

图 5.9 中的 L 形曲线被称为 "里昂惕夫偏好"，以纪念瓦西里·里昂惕夫（Wassily Leontief），他是第一个使用这种函数形式的人。

对于偏好完全无弹性的消费者的等价变化和补偿变化的差别的分析来自于 W. Michael Hanemann, "Willingness to Pay and Willingness to Accept: How Much Can They Differ?" *American Economic Review* 81 (3) (June 1991): 635 –647.

练习

1. 尽管价格是用来分配物品的有效办法，但是政府有时为了政治目的而人为降低某些物品的价格。图 5.1 中，假设公用事业部门决定销售 1 兆瓦时的电，不过仅按照 83 美元/兆瓦时的电价收费。

(a) 请问消费者的总支付意愿是多少？

(b) 题目中的消费者剩余是多少？提示：消费者剩余是需求曲线下方，支付价格上方，介于纵坐标轴和消费数量之间的区域。

(c) 如果公用事业部门按照市场价格 294 美元/兆瓦时售电，消费者剩余是多少？

(d) 上述两种情况的消费者剩余是否存在差异？有何不同？

2. 那些希望从环境中获益的人是否应该为环境收益付费，或者如果他们没有获益，是否应该为此得到补偿？上述问题和如何看待人们对物品的权利紧密相关。密歇根大学在密歇根州的德克斯特市有一所历史悠久的房子，距离大学校园几英里。密歇根大学决定拍卖这所房子，将房子卖给出价最高的人，因为它认为没有任何理由保留这所房子，而出售该房产还可以将资金用于其他方面。德克斯特市的一些居民却希望这所房子维持原状，而不是眼睁睁地看着它被拆毁。究竟是学校有权将房子卖给出价最高的人，居民必须出钱购买老房子以保证它可以保持原状（等价变化，因为房屋被拆毁导致居民的效用水平下降），还是居民有权期望大学维持老房子的原状，如果学校出售该处房产就必须补偿当地居民（补偿变化）？

这个问题的答案取决于法律是如何规定的。在这个案例中，居民提供了足够的资金购买了大学的财产。既然大学有权出售自己的资产，居民提供的等价补偿又足够高，那么双方都会对交易满意。请问法律如何规定就可以使居民在产权受到影响时得到补偿？法律何时应该将"否决权"授予受影响的居民，何时应该将此权利授予产权所有者？

3. 对于购买一种物品的消费者来说，他所花费的钱是否是用来衡量他从这种物品中所得收益的好办法？首先，尝试找出一个案例来说明消费者支付的费用精确地衡量了消费者的总支付意愿。（提示：推导消费者剩余的需求曲线斜率是什么？）其次，如果总花费等于总支付意愿，那么消费者剩余是什么？支出可以衡量收益吗？

4. 如果消费者不把政府供给物品看作完全互补品，补偿变化法和等价变化法是什么情况？为了研究这个问题，请在坐标系中画出一条无差异曲线，纵坐标轴是其他物品，横坐标轴是狼的数量。如果狼的数量是 5 只，消费者的效用就是无差异曲线上对应着狼的数量等于 5 的那一点。消费者的收入水平就是该点的横坐标数值，因为其他物品的价格为每单位 1 美元。假设野生动物卫士额外引入 5 只狼。此时，消费者的收入水平没有改变，但是狼的数量发生了变化。在坐标系中找出这一点，并且画出该点所属的无差异曲线。请问，这时候消费者效用水平是提高了还是降低了？你是如何知道的？

现在，分别计算等价变化量和补偿变化量。按照等价变化法，消费者有权让自己的效用水平到达新的无差异曲线。增加 5 只狼是到达新无差异曲线的一个方法；另一个办法是保持狼的数量不变，但是提高收入水平。根据你画的图计算出等价变化量。

按照补偿变化法，消费者须停留在初始的无差异曲线上。如果已经有了 10 只狼，消费者的收入需要减少多少才能够让自己的效用水平回到初始的无差异曲线？根据你的图计算出补偿变化量。

5. 在这些福利衡量过程中隐含的一个主要假设是每一个消费者都很清楚什么是自己需要的东西。此外，从消费者的行为中可以看出他们的偏好。因此，如果消费者面对同样价位的非再生纸和再生纸时，他选择购买了非再生纸，这就说明这个消费者偏好非再生纸；另外，当他无法购买非再生纸时，他的效用水平会下降。

(a) 假设再生纸的价格比非再生纸的价格高，一个消费者购买了非再生纸。如果规定所有的纸都必须是再生纸，这个消费者的效用水平会下降吗？为什么？

(b) 假设再生纸的价格高于非再生纸的价格。即使这样，一个消费者还是购买了再生纸。这个消费者是理性的吗？为什么？非再生纸会让他的效用下降吗？为什么？

(c) 尽管再生纸的价格比非再生纸价格高，一所大学依然考虑要求学生使用再生纸。有些学生和（a）中的消费者比较相似，如果有非再生纸可买，还是愿意购买非再生纸；有些学生和（b）中的消费者相似，愿意购买昂贵的再生纸。如果校方要求使用再生纸，这会对学生的总效用水平产生什么影响？也就是说，消费者剩余增加还是减少？

(d) 更多的选择对于消费者的福利水平会有什么影响？即在经济模型中，额外的选择会让人们的效用水平提高还是降低？为什么？

第 6 章

揭示偏好法

环境经济学

人们从清澈的河流和湖泊中可以获得极大的收益。当水质改善时，河流和湖泊提供水资源的能力，作为鱼类的栖息地的能力以及提供休闲娱乐的能力都得到了提升。尽管很少有人怀疑这些好处的真实性，但是当人们被告知这些利益不仅仅是生态利益更是经济利益的时候，还是有人会因此而吃惊。现实中人们愿意花钱购买清洁的水，这体现了人们对水质的经济需求。需求曲线反映了市场物品的交易情况，但环境物品通常是不能在市场上交易的。当提高湖泊水质、驻足沙滩，呼吸新鲜的空气，或者在原野中远足等无法在市场上交易时，经济学家就会使用非市场的评估办法来估算那些无法在市场上交易的物品的需求量和这些物品对人们的价值。本章将主要讨论以下问题：

- 评价非市场物品的方法；
- 如何用回归分析法整理和分析数据；
- 如何从人们旅行的数据中估算人们对娱乐的需求：旅行费用法；
- 如何使用资产价格或者工资来估算环境效益：内涵资产定价法；
- 如何通过观察人们为了避免环境污染损害所采取的行动，来估算环境污染的成本：防护支出法。

■ 超级基金的新贝德福德港口案例

根据《综合环境反应、补偿和责任法》（Comprehensive Environmental Response，Compensation，and Liability Act，CERCLA，也被称为超级基金法），美国政府有权起诉导致自然资源损害的危险废弃物堆放点的负责单位或个人并要求其做出赔偿。在马萨诸塞州的新贝德福德港口案中，美国国家海洋和大气管理局（National Oceanographic and Atmospheric Administration，NOAA）第一次尝试将资金用于补偿自然资源受到的损害，而不仅用于清理危险废弃物堆放点。NOAA 提供了新贝德福德案例的相关背景资料：

> 新贝德福德港口是马萨诸塞州东南部布扎兹海湾主要的商业渔港和工业中心。从 20 世纪 40 年代到 70 年代，电器零件制造商向港口中排放了包含 PCB 和有毒金属在内的污染物，导致港口和布扎兹海湾部分地区的水体、沉淀物和动植物中的污染物含量较高。数百英亩的海洋被严重污染。某一地点的 PCB 污染水平达到了当地海洋环境有记录以来的最高水平。

> 污染造成的生态影响包括入海口海洋生物的死亡和自我恢复能力受损，同时还造成了该区域的海洋生态系统多样性的破坏。在经济方面，污染导致当地渔业长期停产，沙滩无法使用，资产价值流失，沿海区域发展机会减少，造成了很严重的经济影响。

经过调查，5 家公司应该为新贝德福德港口的污染损害负责。它们需要向联邦和州政府缴纳 1.09 亿美元。赔偿金中的 2 020 万美元用于沙滩和渔业恢复。剩余赔偿金中较大的部分是补救支出，用于防止污染继续损害周边居民和生态系统。到现在，这笔资金还一直被用于清除港口底部被污染的淤泥，提升新贝德福德港口的渔业和自我恢复能力。

受损的环境恢复所需成本可能是非常高的。付出了高昂的成本后，人们可以改善水质，食用更加安全的鱼，有更多的休闲选择，提升资产价格。本章将会研究一些方法，用于估算环境改善带来的价值。

非市场物品的使用价值

显然，市场物品具有价值。电为人们日常所用的大多数工具提供动力。食物为人们提供营养。房屋替人们遮风避雨。市场物品不仅可以满足人们的基本需求。艺术品，无论是否在市场上交易，都可以让我们更好地理解和欣赏这个世界。

很多环境物品同样有用。人们呼吸时能够享受到清洁空气的好处；人们享受大自然带来的休闲时光，譬如在乡间或原野中远足，欣赏无限的风光，或者在原始区域辨认野生动物；当人们可以避免接触有毒物质时，寿命也可以延长。

从很多角度来看，人们都很有必要了解环境物品的真实价值。比如，忽视洁净的水会导致工厂肆意排放污水。让这些污染者减少污染的一个办法就是让他们为污染造成的环境损害支付费用。此时，首先需要估算污染者造成的环境损害的价值。同样，环境政策的设计也取决于对环境价值的估算。政策制定者通常希望能够对比如清洁空气或保护公园等活动的收益和成本。了解保护环境物品的价值有助于制定更好的环境政策。

计算市场物品的价值相对比较容易，这是因为衡量市场需求曲线和消费者剩余所需要的数据可以通过观察市场的交易过程而得到。然而，经济学家也能够计算出那些没有参与市场交易的物品的价值。这些物品可以分为两类，一类有使用价值，一类没有使用价值。当消费者为了从物品中获得收益而采取行动时，我们就说这类物品具有**使用价值**（use value）。购买物品就是消费者采取的行动。但是并非只有那些被消费者购买的譬如电之类的物品才有使用价值。其他很多物品，譬如清洁的空气、娱乐休闲、避免有毒物质侵害等，都具有使用价值。尽管人们无法在市场上购买这些物品，但是消费者会采取各种行动来决定这些物品的拥有量。这些行动包括选择一个空气质量更好的区域居住，去一个地方休闲旅行，以及为了避免饮用被污染的自来水而购买瓶装水。人们也能从一些不用采取行动的物品中得到收益，这些具有非使用价值的物品包括偏远地区的生态系统和濒危物种。可以不采取行动就占有的物品具有**非使用价值**（non-use value），也可以称为**被动使用价值**（passive use value）。有些物品仅有非使用价值。安逸的环境主义者不会通过使用这些物品来显示他们对于环境物品的兴趣，但是他们真的关注和关心这些环境物品。因为物品必然对某些人具有价值，所以所有的物品要么具有使用价值，要么具有非使用价值，或者同时具有使用价值和非使用价值。

有两类用于衡量无法在市场上进行交易的物品价值的方法，一类叫做揭示偏好法，一类叫做陈述偏好法。**揭示偏好**（revealed preferences）是指通过观察人们的行为，譬如人们将钱和时间花费在什么地方等，得到的人们对于非市场物品的偏好。当选择 A 和选择 B 所需成本一致，但消费者选择了 A 时，我们就说消费者对于选择 A 的揭示偏好大于选择 B。例如，当你想去沙滩度假时，有两个选择：沙滩 A 和沙滩 B。除了所选的沙滩不同外，其他方面都是一样的：所带的午餐、所开的汽车等等。事实上，沙滩 A 和沙滩 B 的唯一不同点在于沙滩 B 受到了污染，而沙滩 A 没有。如果去沙滩 A 需要花费 2 美元，去沙滩 B 需要花费 1 美元，结果消费者选择去了沙滩 A。那么按照揭示偏好法，消费者对于沙滩 A 的偏好大于沙滩 B，而且这个偏好至少价值 1 美元。这些能够从人们行动中揭示其内在偏好的方法就是**揭示偏好法**（revealed preference methods）。因为揭示偏好法取决于人们的行动，所以只可以用于具有使用价值的物品上。

陈述偏好法（stated preference methods）是基于人们的陈述而非行动来揭示人们的偏好。仍以度假沙滩的选择为例，陈述偏好法并非通过观察人们的行为，而是通过向消费者询问来揭示消费者的偏好。譬如，询问消费者更倾向于沙滩 A 还是沙滩 B？由于陈述偏好法不需要消费者采取行动，所以可以应用于那些具有使用价值和非使用价值的物品上。第 7 章会具体阐述陈述偏好法。

对于市场物品而言，可以通过需求曲线来估算消费者的获益情况（消费者剩余、等价变化量或者补偿变化量）。那么，非市场物品的分析目标就是建立非市场物品的需求曲线。但是，困难在于非市场物品没有在市场上交易。消费者呼吸的时候不会为自己呼吸的每立方英尺的清洁空气付钱，正如同消费者进入许多沙滩和公园不需要买门票一样。由于没有市场价格，也就无从谈起利用市场价格的变化来观察消费者的商品束选择，也就无法直接得出需求曲线。不过，对于具有使用价值的物品而言，通过观察人们对于这些物品所采取的行为，可以估算出人们眼中的这些非市场物品的货币价值。

很多市场物品与非市场物品有着密切的联系。譬如，准备去度假胜地旅行的人需要承担旅行所需的机票和汽油等交通成本。如果某人想居住在空气清新的地方，就必须在这一带买房子或者租房子。减少接触饮用水中有毒物质的唯一办法就是购买瓶装水。

以上这些市场行为都可以用来推算人们所拥有的非市场物品的使用价值。比如，如果汽油价格升高使得旅行成本上升，人们就可能会减少旅行次数。因为旅行成本变化导致的旅行次数的变化就为我们提供了价格与非市场物品需求量之间关系的信息。利用这些信息，可以估算与环境物品变化相关的消费者剩余的变化。

本章的其他内容概述了通常采用的估算环境质量需求曲线的揭示偏好法的三种类型：旅行成本法、内涵资产定价法和防护支出法。

小结

● 包括环境物品在内的非市场物品，都具有价值。估算这些非市场物品的货币价值有助于明确环境政策的收益。

● 一些非市场物品，包括大多数环境物品，具有使用价值。使用价值意味着消费者采取行动从物品中得到收益。

● 其他非市场物品具有非使用价值。非使用价值表示消费者不需要采取任何可见的行动就能够从物品中得到效益。

● 揭示偏好法通过消费者行动揭示消费者潜在的偏好。如果选择 A 所需成本不少于选择 B，且消费者选择了 A，那么这就说明消费者对选择 A 的偏好大于选择 B。因为揭示偏好法取决于对消费者行为的观察，所以这种方法仅可以用在具有使用价值的物品上。

利用数据估算需求

经济学家收集了市场物品和非市场物品的价格、数量以及其他相关信息，目的在于找出价格和数量之间的关系，也就是需求曲线。某物品的需求曲线取决于该物品的价格、与该物品相关的其他物品的价格、消费者收入水平和消费者的个人偏好。因为以上所有因素都对需求产生影响，故而任何需求曲线都应该包含这些因素。那么如何将这些数据转化成一条能够用图描绘或者用等式表示的需求曲线呢？我们通常使用回归分析方法，用等式表示各个观察数据之间的关系。**回归分析**（regression analysis）是用来识别被解释变量与其他解释变量之间关系的工具，也是将物品消费数据转化成物品需求曲线的一个最常用的工具。

假设研究者观察到 5 个人前往沙滩休闲的次数，并且知道他们每次去沙滩的成本。表 6.1 中是这些假设的数据。表的每一行都是一组观测数据，是某人前往沙滩旅行的相关数据。在每一行，第一个数据用字母表示某人，接着是某人每次去沙滩的成本，也就是旅行价格。第三个数据表示某人去沙滩的次数。图 6.1 显示了这五组数据，三角形的点表示每组数据。回归分析的任务就是找出一条尽可能接近这些数据组的直线。这条直线所代表的等式表示了价格和数量之间的关系，也就是说，这条直线就是需求曲线。

Q 表示旅行的次数，P 表示旅行成本。Q 和 P 之间的直线关系可以用 $Q=a+bP$ 来表示。在这个等式中，a 和 b 分别表示两个未知数据。这两个未知数据在回归等式中被称为**参数**（parameters）。其中，参数 b 与价格 P 相乘。**变量**（variable）则是一组观测得到的数据，不是未知数据。每个消费者的沙滩旅行成本 P 和旅行次数 Q 是通过观测和计算得到的两个变量。回归分析可以用来估算参数 a 和 b，并且用 a 和 b 来解释 P 是如何影响 Q 的。一般来说，**回归**（regression）是用来估算一个等式的参数，并且用这些参数和其他几个变量来解释某一个变量的方法。

表 6.1　　　　　　　　　　　**沙滩旅游次数和成本的假设数据**

表中第一列区分了 5 个人。第二列表示某人每次旅游的成本。第三列表示某人的旅游次数。

旅游者	旅游成本（美元）	旅游次数
A	0.9	28
B	1.95	17
C	3	14
D	3.95	12
E	5	5

在等式 $Q=a+bP$ 中，b 是直线的斜率。斜率表示的是消费数量随价格变化而变化。估算 b 的值就能知道旅行成本如何影响旅行的次数。

另外一个参数 a，表示的是直线 $Q=a+bP$ 与纵坐标轴的交点。因为纵坐标轴表示的是旅行次数 Q，所以直线与纵坐标轴的交点就是当旅行成本为 0 时，消费者的旅行次数。Q 和 P 的观测值都用于估算参数 a 和 b 的值，从而得到一个典型消费者对沙滩旅行的需求曲线。

接下来，我们就要估算参数 a 和 b。图 6.1 中的直线非常接近已有的数据点，其他任何一条斜率或者纵坐标截距不同的直线都不可能比该直线更加接近这些点。直线的纵坐标 a 的值为 30，斜率 b 的值为 5。直线用公式表达是 $Q=30-5\times P$，这是一条回归线。从直线可以看出，如果沙滩旅行的费用为零，那么消费者会旅行 30

次。如果费用升至每次 6 美元，消费者就不会去沙滩旅行。当旅行的费用是 0.9 美元时，从等式中可以估算出消费者的旅行次数，预测值为 25.5 次。通过回归分析得到的**预测值**（predicted value），就是当等式右边的变量值给定时，计算出的等式左边变量的值。

回归线没有经过图上的数据点，而是接近这些点。我们通过对比实际的观测值和直线计算出的预测值，可以判断它们之间的拟合度。比如，第一组数据中旅行次数 28 次，费用为每次 0.9 美元。通过直线计算 0.9 美元的旅行费用时，旅行次数为 25.5 次。误差为 28－25.5＝2.5 次。同样的办法可以计算其他四组观测数据和各自预测值之间的误差。图 6.1 底部的正方形构成了一组**误差序列**（error series）。误差序列就是预测值和实际观测值之间的差。

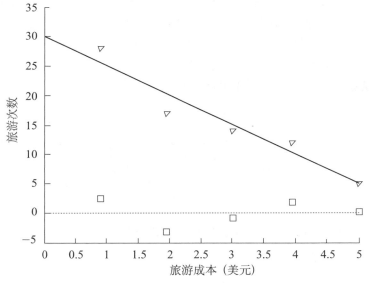

图 6.1　沙滩旅游的回归线

图中的直线与已知沙滩旅游相关费用的拟合度最高。三角形点表示旅游费用（即价格）不同时，实际的旅游次数。正方形表示的是实际旅游次数和直线预测值之间的差，即误差序列。值得注意的是，这张图实际上是一条需求曲线，横坐标是价格，纵坐标是需求量，正好与通常需求曲线的横坐标是需求量，纵坐标是价格的情况相反。

假设我们得到了参数 a 和 b 的另外一组值，$a＝25$，$b＝-4$。根据新参数得到 $Q＝25-4\times P$，新直线和观测值之间距离更远，误差序列中的误差值更大。

用来寻找拟合度最高的等式中参数 a 和 b 的方法被称为最小二乘法。该法则的原理是寻找能够使 Q 的实际观测值和预测值之间的误差平方和最小的参数（案例中的 a 和 b）。求误差平方和的目的在于保证符号为正。使误差平方和最小是使观测值和预测值之间的距离最短（不管符号是正是负）的方法之一。采用**最小二乘回归**（least squares regression），我们可以得到能够使实际观测值和预测值之间误差平方和最小的参数值。

让我们归纳整个运算过程。在很多情况下，研究人员收集到了希望解释的内容的相关数据。他们希望解释的内容被称为**因变量**（dependent variable）。用来解释因变量的各个因素被称为**自变量**（independent variable）。在前文的案例中，沙滩旅行的次数是因变量。因为案例中仅有一个因素即价格影响沙滩旅行次数，所以沙滩旅行的价格就是自变量。而在更复杂的分析中，会有很多因素影响因变量，譬如旅行价格、收入水平、替代沙滩的旅行价格，以及天气等。

在沙滩旅行案例中仅有两个参数。一个是直线与纵坐标轴的交点 a，也就是价格为零时的需求量；另一个是斜率 b，表示价格对需求量的影响。如果分析中有更多的变量，譬如收入和替代旅游景点的旅行费用等，则参数也会增加，每多一个变量，增加一个参数。每一组观测对象，即本案例中的一个旅行者，将包括他的旅行次数、收入水平和去替代旅游景点的旅行成本等变量。每一个变量与其对应的参数相乘；参数就是该变量的斜率。将所有变量和对应参数的乘积相加就得到因变量的预测值。例如，如果加入收入水平和替代旅游景点的旅行费用，等式就变成了：

$$Q = a + bP + c \times 收入 + d \times 替代旅行景点旅行费用$$

现在的问题就转化为寻找合适的一组参数（a，b，c，d），使因变量的预测值和观测值尽可能接近。我们通常利用电脑计算回归分析最合适的参数。这些参数反映了自变量对因变量的影响程度。

小结

● 回归分析是一条能够最近似反映自变量和因变量之间关系的直线。它找出了将自变量和因变量联系到一起的参数。每一个参数都表示它所对应的自变量变化时对因变量的影响。

● 回归分析的用途之一就是估算拥有使用价值的物品的需求曲线。

旅行费用法：用旅行数据估算休闲需求

人们去一个地方休闲的频率有多高？如果这个地方是附近的公园，人们就可能经常去。如果这个地方是人们所在地区的一个旅行胜地，人们也许一年会去几次。其他地方，譬如黄石国家公园、英国的史前巨石柱，或者中国的长城，我们可能一生就只有一次机会。消费者决定去什么地方旅行似乎取决于去这些地方旅行需要花费的时间和钱。也就是说，消费者如何做决定取决于旅行的成本。去当地的公园旅行只需要花费很少的时间和钱；如果消费者养了一只狗的话，他可能一天会去好几次。远一点的旅行胜地，需要花更多的时间和钱，尽管消费者很喜欢这个地方，但他去的次数会较少。住在黄石公园、巨石柱和长城附近的人比那些住得远的人去这些地方旅行的次数更频繁。去某地旅行所需费用高的人比费用低的人去该地旅行的次数少，这一事实表明旅行的价格影响旅行的数量。换句话来说，去某地旅行的价格和去该地旅行的次数之间有一定联系。而这一联系实际上就是去该地旅行的需求曲线。用旅行频次的数据估算去某地休闲度假的需求曲线的方法被称为**旅行费用法**（travel cost method，TCM）。

□ 什么是旅行费用

旅行费用法这一思想的产生可以追溯到 1947 年。当时的经济学家哈罗德·霍特林（Harold Hotelling）向美国国家公园管理局提议，认为建立一种恰当的具有一定准确性的评估国家公园对公众的服务价值的方法是可行的。他提出，如果人们参观一个公园，那么他们从参观中得到的效用一定等于或者超过他们所需要支付的费用。首先观察距离的长短可以知道人们参观所需的交通费用，然后观察人们参观的次数，研究人员就可以知道不同的价格（旅行费用）和对应的不同数量（参观的次数）。利用收集到的这些信息，可以得出公园旅行的需求曲线。由于需求曲线不仅仅受到价格因素的影响，为了估算需求曲线，还需要知道人口信息（包括收入水平、爱好和偏好等）和所研究的旅行地点的替代地点的旅行成本。

回到被 PCB 污染的新贝德福德沙滩案例上。经济学家 K. E. 麦康奈尔（K. E. McConnell）研究了 PCB 污染减少的沙滩休闲效用和损失的价值。首先，他通过调查问卷了解人们对于沙滩的利用情况。调查人员共发放了 499 份问卷，其中回收了 495份有效问卷。问卷中询问了人们去海角堡沙滩（受污染沙滩之一）的旅行费用、去附近其他沙滩的旅行费用和他们去海角堡沙滩旅行的次数。麦康奈尔计算了人们往返沙滩所需的实际费用之和，以及去沙滩旅行所花的时间，得出了人们前往海角堡沙滩的成本。比如，某受访者居住地距离沙滩的往返距离是 5 英里，她开车去一次沙滩需要花费 42 美分。如果她税后的工资水平为每小时 8 美元，开车往返 5 英里时间为15 分钟，那么她往返沙滩花费时间的机会成本为 2 美元，加上 42 美分的开车费用，她去一次海角堡沙滩的旅行费用总和为 2.42 美元。麦康奈尔随后用同样的方法计算了她去其他沙滩旅行的费用。最后，调查员记录了她去海角堡的次数。表 6.2 中的数据是五个受访者的相关数据，这五个受访者按照罗马字母从 I 到 V 编号。

表 6.2　　　　　　　　　　　**海角堡和其他沙滩的五组旅行费用数据**

受访者	去海角堡的旅行次数	去海角堡的旅行费用	去另外一个最近沙滩的旅行费用	去第二近沙滩的旅行费用
I	12	2.06	2.30	3.34
II	15	2.95	3.45	5.28
III	15	1.53	4.66	4.68
IV	16	1.07	2.73	2.63
V	20	1.60	3.77	5.54

案例中有数量（去海角堡的旅行次数）、价格（去海角堡的旅行费用）和两种相关物品的价格（去另外两个最近沙滩的旅行费用）。根据这些数据，我们可以利用回归得出旅行数量和不同价格之间的关系。

如果回归分析中的参数用 a、b、c 和 d 来表示，则去海角堡旅行的需求曲线为：

　　旅行数量＝a＋b×海角堡旅行费用＋c×最近沙滩旅行费用＋d
　　　　×第二近的沙滩旅行费用

对所有的数据采用统计的回归分析方法，可以得到四个参数（a、b、c 和 d）及这四个参数所代表的一条最接近数据点的直线。

表 6.3 中是利用回归分析估算出的参数值。海角堡沙滩的旅行需求曲线为

　　旅行数量＝12.43－5.48×海角堡旅行费用＋2.03×最近沙滩旅行费用
　　　　＋2.03×第二近沙滩的旅行费用

从等式可以看出，海角堡的旅行费用提高会减少人们去海角堡的旅行次数。换句话说，需求曲线是向下倾斜的。旅行费用每增加 1 美元会减少 5.48 次旅行。当其他沙滩的旅行费用上升时，人们会增加去海角堡旅行的次数。这意味着其他沙滩可以代替海角堡。

表 6.3　　　　　　　　　　　　海角堡沙滩旅行的参数估计

参数	a（交点）	b（旅行费用系数）	c（另外一个最近的沙滩旅行费用系数）	d（第二近沙滩的旅行费用系数）
值	12.43	−5.48	2.03	2.03

麦康奈尔利用 Tobit 回归法来估算他的所有数据组，这个方法可以用于很多从来不旅行的人。他问了两个问题。第一个问题是，当人们知道港口受到 PCB 污染时，他们会做多少次旅行。第二个问题是，当港口没有 PCB 污染时，他们的旅行次数。通过这两个问题，麦康奈尔得到了两组旅游休闲的需求曲线，一组是港口有 PCB 污染，另外一组没有。不出所料，PCB 的存在使旅游休闲的需求曲线向左移动，也就是说，减少了需求。

这个案例并不是一个纯粹的揭示偏好法的案例。因为人们去受污染的沙滩旅行的数据是基于他们的实际旅行情况，而去未被污染沙滩旅行的相关信息是基于他们对未来行动的一个预期，因此属于陈述偏好法。旅行费用法既可以用揭示偏好法的数据，也可以用陈述偏好法的数据，但揭示偏好法的数据更加可靠。

消费者剩余是消费者得到的收益，就是需求曲线以下那部分区域减去沙滩旅行的成本。同时计算无污染和有污染时的消费者剩余，两者之差就是 PCB 污染沙滩后对 495 名受访者造成的消费者剩余损失。

因为案例中仅计算了当地的一部分人的消费者剩余变化，因此最后一步就是估算当地所有居民的消费者剩余变化。为了实现这一目标，麦康奈尔把案例中得到的消费者剩余变化除以 495，得到每个人的消费者剩余变化，然后再乘以新贝德福德的居民数，其中考虑到那些从未去沙滩旅行过的人而对居民数作了调整。经过计算，得到了一年中污染给沙滩休闲造成的损失。通过这个办法，也得到了当地的沙滩旅行者在不同价格下对沙滩旅行的偏好。

在实际中开展旅行费用法研究是很复杂的。它需要很仔细地构建一种方法，搜集旅行费用和其他重要变量的数据，也经常需要对搜集到的数据采取复杂的统计学

方法计算需求曲线。然而，由于旅行费用法可以广泛用于计算各种环境的休闲价值，环境经济学家每年都会开展很多旅行费用法的研究。

哈罗德·霍特林向美国国家公园管理局
建议使用旅行费用法的一封信

1947 年，哈罗德·霍特林在给美国国家公园管理局的一份信中提出了旅行费用法。在信的最后一段，他写到如何延伸对于公园的研究，奠定了旅行费用法超过 50 年研究的基础框架：

在接到德马雷（A. E. Demaray）先生的信，并且和国家公园管理局的罗伊·A·普鲁伊特（Roy A. Pruitt）先生商谈后，我确信，有可能找到具有一定准确性的评价国家公园对公众提供的服务价值的恰当方法。

以公园为中心，在公园周围按距离远近画出若干同心区域，保证从每个区域中的任意一点去公园的旅行费用和该区域中其他各点大致相同。一年中进入公园的人们，或者他们中的一个合适的抽样样本，都可以按照其所属区域进行分类。人们去公园这一事实就证明了他们认为公园提供的服务价值至少与人们前往公园所花费用相当，而且可以很精确地测算人们所花的费用。假定无论距离多远，人们从公园旅行中得到的收益都与居住在公园附近的人相同，那么消费者剩余就会因为交通费用的变化而不同。通过比较某一区域人们的旅行费用和该区域中来公园旅游的人数以及该区域的总人数，我们就能够算出每一个区域在公园服务的需求曲线上的位置。严格按照这个过程就可以得到一条足够近似的需求曲线，对需求曲线进行积分计算出公园带来的消费者剩余。该消费者剩余（按照上述过程扣去公园的管理成本）可以衡量某一年中消费者得到的收益。当然，收益还可以资本化，从而得出一个公园的资本价值，或者还可以直接对比公园的年度收益与公园用作其他假设用途时的年度收益。

假设在人们进入公园时，询问他们该年还去过哪些公园，通过这一稍微复杂的办法，我们还可以利用同样的需求曲线处理不同公园之间的关系。经过询问消费者，我们还可以用一组需求函数来替代需求曲线。在需求函数中，消费者剩余同样有一个明确的定义。正如我在很多已发表的文章中所阐述的，消费者剩余也许可以用来估算整个公园系统给消费者带来的收益。

旅行费用法可能是解决估算公园服务价值这一问题的办法之一。尽管我认为这个方法是最有价值的，但是还有其他估算办法，不过都需要进一步检验。

□ 旅行费用法的应用领域

任何人使用旅行费用法的相关结论和数据，必须明白旅行费用法可以做什么，不能做什么。旅行费用法最重要的作用可能就是估算一个地区的休闲价值。因此，旅行费用法关注去某个地区远足、打猎、游泳、观光或者其他目的的参观旅游等活动对人们的使用价值，而并未包括这一地区对于那些没有来过的人而言所具有的非使用价值。如果该地区是一个没有什么显著特征的公园，旅行费用法没有包括非使用价值的这一缺陷就不是很严重，只有住在公园附近的人会去公园旅游并对公园感兴趣。然而，对于那些唯一的，譬如黄石公园、史前巨石柱或者中国的长城等吸引世界各地游客的景点而言，关注它们未来的人可能要比参观它们的人多。比如有些人尽管没有去过中国，但是他们知道或者研究过长城，并且希望长城能够得到妥善保护。类似地，即使很多人更倾向于在城市或者短距离旅行来度假，他们也可能很关注黄石公园野生动物的未来。对于我们来说，尽管很多地区的休闲价值差不多就是它们的总价值了，但那些具备唯一性的地区或景点的休闲价值不能反映它们的总价值。

经济学家一直都很积极地研究旅行费用法，致力于提高该方法的准确性。首先，研究人员修正了旅行费用模型中时间价值的估算方法。他们认为，去一个地方旅行花费的时间不仅仅包括前往该地区的时间，也包括在该地区逗留的时间。此外，工资是否可以用来衡量时间的价值？因为人们通常利用假期去旅行，这意味着人们并没有放弃任何收入，因此工资也许不是衡量旅行时间价值的一个好工具。事实上，有些人认为前往目的地的过程是十分有趣的，这段时间对于他们而言更像是收益而不是成本。因此，经济学家尝试了很多不同的办法，试图找出旅行费用模型中的时间成本。

另外一个研究领域是估算在多目的地的旅行中某一个目的地的价值。譬如，很少有外国游客到中国后仅仅去长城一个地方；大部分游客也会前往中国的其他城市和景点。那么，如何将游览长城的价值从整个旅行过程中抽离出来呢？显然，从北京的住处到长城的费用可以参与计算，但从本国飞到北京的成本中的一部分是否也应该考虑在内呢？有时候，我们会将某个景点的参观决定与参观其他景点的决定一起估算，来识别景点之间的联系。

研究人员关心的第三个问题是，如何在模型的旅行数量中处理人们在景点逗留的时间长短。举个例子，如果彼得在黄石公园逗留了一天，而格罗瑞亚在黄石公园住了一周，那么在计算旅行的数量时，是否两人都是去了黄石公园一次？还是说格罗瑞亚去黄石公园的次数是彼得的七倍？尽管逗留时间不一样，但如果两人都来自同一个地方，那么他们的旅行费用是否一样？通常情况下，旅行数量不是旅行的次数而是旅行者的休闲天数。休闲天数是一年内或某一时期内人们去一个地方旅行的天数。

尽管旅行费用法存在很多问题，但并不意味该方法是无效的。相反地，存在的这些问题在一定程度上意味着旅行费用法在理解人们如何决定去何处旅行，以及估算旅行景点的价值上还有提升的空间。尽管环境经济学家已经在研究不同区域的休闲价值问题上取得了突出的成就，但是依然有很多工作需要去做。与此同时，旅行费用法证明了人们愿意为他们享受的环境服务支付费用，并且他们购买的环境服务的数量取决于环境服务的价格。

● 旅行费用法的假设前提是人们从旅行中获得的收益至少和他们的旅行费用相同。与旅行价格变量最相关的是旅行费用。旅行费用和旅行次数之间的关系就是某一区域旅行的需求曲线。利用需求曲线可以得出前往该区域旅行的人们的消费者剩余。

● 通常在旅行费用法研究中，研究者会收集人们去某一地区旅行的次数、花费的时间和钱，以及是否有其他地方可以旅行等等信息。利用回归分析法，可以找出旅行的次数如何随着其他因素的改变而变化。

● 旅行费用法仅仅估算了一个地方的旅行价值，没有衡量该区域对于那些没有来此处旅行过的人们的非使用价值。

● 旅行费用法在方法论上很复杂，因为很多问题尚未得到解决。譬如如何恰当的衡量时间成本；当一个人去过很多景点时，如何衡量其中一个景点的价值；以及如何定义旅行次数等等。

● 因为旅行费用法是基于人们的实际行为，也就是人们为了休闲这一目的做的真实交易，所以经济学家认为用旅行费用法来衡量某一地区的休闲收益是可靠的方法。

内涵资产定价法：利用财产价值和工资来估算环境收益

消费者对环境物品的消费常常取决于他所使用的市场物品。当一个家庭购买一所房子时，那么这个家庭除了得到这个房子本身外，还得接受房子所在地的空气质量。当一个人得到一份工作时，那么他除了得到工资之外，还可能因为工作而受伤。不同房子的价格不一样，不同工作的工资也不一样。内涵资产定价法就是利用消费者所购买的市场物品的价格差异来推导出该市场物品所附带的环境物品的价值。

□ 用房产来解析内涵资产定价法

假设房子的其他条件都相同，一个购房者是情愿购买一所位于新贝德福德港口的污水处理厂旁边的房子呢，还是愿意购买离海岸线数英里之外的房子呢？购房者是希望购买一所打开窗户能看到海湾和三座大桥的房子呢，还是希望购买一所打开窗户就只能看到邻居家厨房窗户的房子？他是希望自己的房子在有噪音且空气中颗粒物日益增多的高速公路附近呢，还是离高速公路数英里远呢？几乎所有人都喜欢更干净、更漂亮的环境，但确实有人所住的房子只能看到邻居的窗户，时不时闻到污水的味道，很吵闹并且空气中颗粒物质含量多。人们之所以愿意忍受令人不舒服的环境，是因为这样的房子更便宜。

内涵资产定价法的原理是，物品是由其所具备的一系列属性构成的。例如，一所房子包含了房子本身的特性（大小、布局、新旧、卧室和浴缸的数量等等）和所处的环境属性（购物的便利性、学校的质量、犯罪率，附近是否有公园、景点、污染和噪音，等等）。房屋的价值和它所具备的属性水平是变量；这些数据都可以通过观察得到。房屋所具备的每一个属性的水平都影响房屋的价格，但是这种影响无法直接观察到，必须通过推导才能得到。比如，设房屋的价格为 P，面积为 S，到海滩的距离为 D。目标是找出这些属性对价格的影响以便于用这些属性来解释房屋的价格。换句话说，目标就是找出参数 a 和 b，以便得出等式 $P = a \times S + b \times D$。因此，**内涵资产定价法**（hedonic pricing method）将一件物品的价格表示为物品所具备的属性的函数。

切萨皮克湾是位于马里兰州和弗吉尼亚州之间的一个大型海湾。一些大河通过它流入大西洋。在海湾附近区域，房屋的价格和是否接近海湾有关。但是，由于切萨皮克湾的四周环绕很多城市和农村，居民和从事农业生产的人排放出大量生活污水和含有化肥的农业污水，污染了海湾的水质。而海湾的水质对附近房屋的价格也有影响。房屋独特的地理位置，譬如是否接近通往大城市的道路等，和海湾水质一样，也影响着房屋的价格。

以切萨皮克湾为研究对象，经济学家克里斯托弗·莱格特（Christopher Leggett）和南希·伯格斯特（Nancy Bockstael）研究了房屋价值与水质、大肠杆菌污染之间的关系。大肠杆菌危害人体健康，影响水色并且产生异味。为了找出两者之间的关系，莱格特和伯格斯特不得不将房屋的价值按照其属性分类。表 6.4 是他们回归分析后的一个结果。表中的各参数表示的是各因素变化一个单位后对房屋价值的影响。比如，在其他属性都相同的情况下，房屋距离巴尔的摩每增加 1 公里，价值大概要减少 9 000 美元。

注意，表 6.4 中，大肠菌群浓度这一参数是负数。大肠菌群（给人们健康带来极大影响）的数量每增加 100 单位就会导致房屋价值下降大概 6 500 美元（用 −0.065 6 × 100 × 1 000 美元就得到房屋的价值变化量）。事实上，如果研究区域中水体含有的大肠杆菌符合标准，仅马里兰州一个郡的房屋价值将会增加 1 200 万美元。换句话说，房屋价格也会因为水质提升而上涨。因此，某一区域中房屋价值的增加量可以用来估算水质改善的收益或减少大肠菌群含量的收益。

不动产的价值或房屋的价格是由特定时间中进行交易的双方决定的，这可以帮助我们估计更清洁水质对房产的交易者和那些拥有房产的人意味的价值。清除大肠菌群后，房屋的购买者支付的价格会比清除大肠菌群之前的价格要高。这反映了在购房者眼中，清洁的水具有价值。清除大肠菌群这件事也影响到那些持有房产不出售的业主拥有的资产价值。因为他们可以出售房产，房产价值的变化影响着他们继续居住的机会成本。

表 6.4 　　用内涵资产定价法评估切萨皮克湾附近房屋的价值 （Leggett ＆ Bockstael）

因变量：市场价格减去建筑成本 　　　　　　　　　　　（单位：千美元）

自变量	参数
与纵坐标轴交点	4 445.835 8
占地面积（英亩）	131.078 3
占地面积的平方	−8.434 2
距巴尔的摩（英里）	−9.021 5
距安纳波利斯（英里）	−17.026 9
距巴尔的摩的距离×距安纳波利斯的距离（平方英里）	0.533 3
距巴尔的摩的距离×当地往返于巴尔的摩的居民比例	−13.202 7
附近开发度高的土地比例	325.655 3
附近低密度土地比例	59.777 8
附近湿地比例	275.934 1
附近公共场所比例	20.554 6
是否有公共下水管道	−0.892 8
到允许的排水口的距离倒数（1/英里）	−149.496 2
到游艇码头距离倒数（1/英里）	0.144 5
到污水处理厂距离倒数（1/英里）	5.940 1
大肠菌群浓度（/100ml）	−0.065 6

□ 用工资来解析内涵资产定价法

很多环境安全行为和职业安全行为都包含降低风险。比如，减少空气污染，减少接触有毒物质都会降低癌症的患病风险。用于补偿工人在工作中面临的高风险的岗位工资反映了人们对安全和收入的权衡。这一现象揭示了人们对于风险和安全的偏好。因为内涵资产定价法可以将工资分解为很多个组成要素，所以采用该方法可以对利弊权衡进行测算。

假设有两个便利店的工作可供选择，一个工作地点在安全的街区，另一个工作地点在危险街区。这两个工作需要的技巧和其他必要条件都一样。但是在危险街区中工作面临抢劫的风险，工作人员的安全面临更大风险。如果这两个工作的工资都一样，那么大多数人都会倾向到安全街区中工作，因为那里的风险较低。如果想让人们去危险街区工作需要提供更多的激励，譬如更高的工资。工作中额外的风险影响了劳动力价格。对比两个工作的工资差异，可以知道花多少钱能让员工接受工作风险。

假设在安全街区工作每年死亡风险的概率为万分之一。这一概率意味着，如果有 10 000 人的工作条件完全相同，平均每年有 1 个人会死亡（10^{-4}）；即 5 000 人面临同样的风险，每两年有 1 人死亡；即 1 000 人面临此风险，则平均每 10 年会死亡 1 人。相比之下，假设在危险街区工作面临的死亡风险是安全街区的 3 倍（3×10^{-4}）。而公司只需要每年额外支出 1 000 美元就可以让人们前往危险街区工作。因此，有些人愿意为每年 1 000 美元接受额外的 2×10^{-4} 的死亡风险。这一过程显示了人们对风险和收入的权衡。

　　高速驾驶和吸烟等很多其他行为揭示了人们为得到因风险而产生的收益，愿意接受风险。很多方法可以用来衡量人们愿意接受的风险大小。例如，假设水污染造成的死亡风险为 2×10^{-6}。现在有一种过滤器可以将死亡风险降低一半，变为 10^{-6}。当地政府要求居民投票决定是否征收每人 10 美元的费用来安装这一过滤器。如果人们投票接受这一税收，那么就说明减少 10^{-6} 死亡风险至少价值 10 美元。如果人们反对这一税收，那么意味着居民为了节约支出愿意接受这一极小的死亡风险。

　　生命统计价值（value of a statistical life，VSL）指的是为了避免额外的一个死亡风险的支付意愿。在上一个便利店工作的例子里，人们为了每年 1 000 美元接受 2×10^{-4} 的死亡风险；案例中，生命统计价值为 1 000 美元/（2×10^{-4}）＝500 万美元。在水污染的案例中，每人 10 美元可以减少 10^{-6} 的风险；生命统计价值为 10 美元/（10^{-6}）＝1 000 万美元。尽管生命统计价值有时又被称为人类生命价值，但是与降低风险的支付意愿这一更加精确的概念相比，这是不太合适的称谓。

　　和降低风险相关的生命统计价值通常来源于内涵工资模型，因为这些模型衡量了人们是如何权衡高风险和高工资的。由于人们的工资—风险的权衡来自人们的实际行动，并非依据人们陈述的行动，所以这一结果具有更高的可信性。

专栏 6.2

工业和年龄的死亡风险

　　不同职业和年龄的工作人员遭遇致死事故的几率是不一样的。运输部门中 55 岁到 64 岁的工作人员死亡风险最高，平均每年死亡率为 25×10^{-6}。死亡率排名第二的建筑业工人（年龄也是 55～64 岁）的死亡率每年为 15×10^{-6}。行政管理人员、神职人员、研究人员，以及机床操作员，他们的死亡风险低于 5×10^{-6}。在 20～24 岁年龄段，运输工人的死亡风险仅有 12×10^{-6}，建筑工人的死亡风险只有 6×10^{-6}。可以很清楚地看出，不同职业和不同年龄的人的死亡风险差异很大。

　　利用不同工作的死亡和事故的差异，以及工资的相关信息，经济学家约瑟夫·阿尔迪（Joseph Aldy）和基普·维斯卡西（Kip Viscusi）采用内涵回归模型计算生命统计价值。根据他们的计算，一个 28 岁的人的生命统计价值超过 500 万美元，而一个 51 岁的人的生命统计价值仅为 250 万美元。总的来说，他们发现人的生命统计价值从 18 岁到大概 30 岁一直增长，随后下降。

　　这些数据反映了人们在选择工作时所做的权衡。它们表示的是人们选择高风险工作时应该得到的补偿。当人们年龄逐渐增大，存活的时间不断减少。这意味着当人们变老以后，他们愿意为减少风险而支出的费用也减少了。其他一些研究也发现年龄和统计生命价值之间存在关系，但是关系并没有那么直接。

　　2003 年，美国行政管理和预算局（U. S. Office of Management and Budget）认为 70 岁以后的老人的生命统计价值低于年轻人的生命统计价值。但随着不同价值观的盛行，公众对于当局将"老人的生命价值打折"这一提法表示抗议，最后迫使美国行政管理和预算局收回了它先前的说法。

□ 内涵资产定价法应用中的问题

正如旅行费用法一样，理解内涵资产定价法的作用和局限性很重要。不论内涵资产价格模型还是内涵工资模型，都必须详细地解释清楚。供给和需求过程决定了财产价值和工资，回归模型能够将供给和需求的影响考虑在内。当房屋各方面质量都很好时，不仅消费者愿意支付更高的价格，建房者为了建造房子也花费了更多的成本。更合适的房屋价格更高，高价格中包含了供给影响和需求影响。改变环境质量或风险变量从而预测价格和工资变化的方法，不能精确地识别出消费者单方面如何权衡环境质量和费用，因为需要市场中供求双方的数据。然而，有时我们可以估算出环境质量变化带来的消费者效益变化的上限或者下限。

内涵资产价格模型中没有包含那些获益但并不属于模型研究的市场中的人，这点和旅行费用法类似。例如，前往切萨皮克湾休闲的游客和当地人一样，也从水质的改善中获益，但是由于这些游客并不住在切萨皮克湾，所以他们从水质改善中得到的收益不会被计算在内涵资产价格模型中。此外，和旅行费用法一样，内涵资产价格模型也不考虑从切萨皮克湾的存在中获益的那些非使用者。如果上述这些收益对于这一区域影响很大，那么内涵资产价格模型的分析很可能会低估这一区域中环境改善带来的收益。

用内涵工资模型或者其他方法估算生命统计价值会引发人们在政治层面和道德层面的争论。人类的生命能够用美元来衡量吗？即便不是保护人类生命，那些保护人类避免风险的行为可以用美元来衡量吗？事实上，人们的行为似乎表明，有些事情可以减少风险，但人们不愿意做。例如，很多人在骑自行车时不戴头盔，人们的理由各式各样。然而发生事故时，自行车头盔可以降低车手摔裂颅骨的风险。由此看来，人们并不认为生命是无价的（否则所有人都会用泡沫缓冲垫将自己裹起来，或者干脆不起床了）。然而从伦理道德的角度来衡量，人类生命的价值非常巨大。如果人们决定为了赚取高额的薪水或避免某些成本而承担风险，社会是否能接受他们自己最有权利做出这些决定的说法呢？在一个资源有限的社会里，既然无法消除所有的风险，那么我们如何判断消除何种风险？是否可以区分自愿风险，比如自行决定是否戴自行车头盔等，与呼吸不干净空气等的非自愿风险呢？人们一直都面临着风险与费用的权衡，并且有时人们选择钱而不是安全。计算生命统计价值本身并不复杂，复杂的是如何使用计算得到的信息。

小结

● 物品的价格，尤其是房屋和劳动力，可以用物品的属性进行解释。回归分析被用来寻找内在属性的价格，即当物品的某一属性提高了一单位时，物品增加的价格。通过物品属性的价值，我们得到有关环境物品价值的信息，譬如职业风险、与休闲度假地的距离和水质等。

● 内涵资产定价法可用于估算邻近地区的很多属性，譬如空气和水的质量，是否接近公园等。

● 内涵工资法可用于评估人们如何权衡工作风险和工资收入。如果人们愿意为了更高的工资收入而承担更大的风险，那么就能估算出生命统计价值，估算出降低死亡风险的价值。

● 和旅行费用法一样，内涵价格估计中没有包括市场之外的人从环境物品中的获益。然而，和揭示偏好法一样，内涵资产定价法是可信的，因为人们确实为了改善环境质量实际支付了费用。

● 尽管内涵工资模型可以估算出生命统计价值，但是生命统计价值究竟有什么意义以及如何使用生命统计价值，涉及道德和政治层面。虽然经济学的方法可以估算人类的生命价值，但经济学方法本身并不足以指导我们如何应用估算出的生命价值。

■ 防护支出法：估算避免环境损害的支付意愿

即使城市污水和有毒物质泄漏到水体中，人们也能够避免受到污染物的伤害。尽管消费者希望自己居住的环境一直没有污染物，不过一旦出现污染，他也可以保护自己不受伤害。如果饮用水受到污染，消费者可以有很多选择。购买瓶装水或者使用过滤器等都可以避免饮用受污染的自来水，这些都属于防护行为。也就是当水受到污染时，人们不饮用受污染的水而避免受伤害。计算人们改善水质的支付意愿的一个途径就是计算人们应对受污染的水时所做的防护支出。防护支出法利用个人或者家庭在降低风险上所花的费用估算了环境改善的价值。

□ 什么是防护行为

防护行为最简单的案例就是上文提到的水污染案例。有损害，就会有避免损害的某种行动。消费者饮用瓶装水时，他们从中获得的收益至少等于为了减少风险购买瓶装水所花的费用。消费者为避免风险而支出的费用仅是风险造成损害的下限；一旦风险发生，造成的损害可能大于避免风险的支出。

如果伤害无法被完全消除或者存在很多途径避免伤害，又会怎样？汽车事故给人们造成的伤害可以通过很多方法避免。驾驶人可以系紧安全带，购买有超过两个以上安全气囊的汽车，开得慢一些，真正的杜绝酒后驾车（瑞典规定血液中酒精浓度不能超过 0.02，而不是美国的 0.08），以及其他一些措施。所有这些规避风险的行动都有成本。那么，驾驶人愿意为避免伤害承担多大的成本呢？

首先，消费者会从成本最低的行为开始，比如扣住安全带，开车时候保持头脑清醒等；对于这些防护行为而言，产生的收益显然是超过成本的。接着消费者会考虑一些相对较贵的防护行为，比如购买新的更加安全的车。开这种车的风险会更低。但消费者也会更仔细地斟酌风险降低带来的收益是否能够超过成本。而最后的结果是，较昂贵的防护行为的收益可能刚刚超过成本。但是，由于消费者最先考虑的那些防护行为产生的收益远大于成本，所以消费者从防护行为上得到的总收益还是会大于总成本。因此，总的来说防护行为产生的价值大于其自身的成本。尽管防护行为并非一个市场物品，但是我们也可以从消费者的行为中得到有关防护行为价值的一些信息。

1987 年，美国宾夕法尼亚州佩卡西居民的饮用水遭到了污染，空气中充满了一种有毒化学物质——三氯乙烯蒸汽。三氯乙烯是 Stainless 有限公司排放的，其中部分来源于该公司过去的生产活动。为了应对这一威胁，大多数当地居民购买瓶装水和过滤器，将水烧开后饮用，或者从其他地方运水。经济学家阿卜杜拉（Abdalla）、罗奇（Roach）和埃普（Epp）发现，在饮用水遭受污染的 21 个月当中，当地居民采用的防护支出平均每户为 22 美元至 48 美元。研究人员发现，人们的风险意识与其采取防护行为的决定相关，但是与采取的防护行为的成本无关。相反地，决定人们防护行为支出的主要因素是家中是否有孩子。

另外一个案例中，住在韩国釜山洛东江边的居民在上世纪 90 年代初受到了工业污染的影响。几乎所有的当地人都采取了一些措施来避免饮用受到污染的河水。直到 1996 年，水质才得以极大地改善，所抽取的水样中仅有 2% 不符合安全标准。尽管水质改善了，但是当地居民依然延续防护措施，原因是：（1）尽管水质改善，但是居民坚持认为河水不安全；（2）水喝起来口感不好，水中有固体悬浮物，看起来不舒服。Mi-Jung Um，Seung-Jun Kwak 和 Tai-Yoo Kim 采访了 256 户居民，发现当地居民以为河水不安全，每户居民改善水质的支付意愿为每月 4.1 美元至 6.1 美元。然而，当居民知道实际的水质时，他们的支付意愿下降到了每月 0.7 美元至 1.7 美元。从这个案例可以看出，人们对防护行为进行成本收益评估时，所依据的是他们所认为的污染伤害，而不是实际上必然会发生的伤害。

在釜山和宾夕法尼亚的两个案例中，人们觉察到环境风险。同时，很多人会采取行动来避免风险。经济学家预测，当人们花钱改善环境状况时，环境改善带来的效益至少要超过他们支付的成本。如果能够随着风险的变化而估算支出的变化，那么就可以估算出风险降低的价值，其下限就是防护行为的支出。

□ 防护支出法的一些问题

防护支出法面临的第一个困难就是测量。这一方法建立在对比降低风险或提高环境质量所需成本与环境质量的改变程度之上。但是在实践操作中这些可能都是难以测量的。例如，我们可能很难清楚知道烧开水和安装净水器对于改善水质的效果。此外，正如韩国案例中描述的一样，人们对于风险和降低风险的了解并不准确。

另外，有一些防护行为，比如购买饮用水，不仅需要支出一笔费用，还需要花时间。如何将时间成本算入降低风险的总成本中，所面临的问题和旅行费用法中的问题很相似。

防护行为除了降低环境风险经常还有其他目的。比如，空调在降温的同时可以将室外空气中的污染物隔离出去。研究人员就需要研究空调在满足人们呼吸清洁空气的愿望中做出了多少贡献。类似地，很多人并非是因为水污染，而是为了方便或者更好的口感而买瓶装水。在这种情况下，就需要将因这种原因购买的瓶装水剔除，而这一工作存在困难。尽管存在上述很多问题，但是人们为了得到某一环境效益仍支付一定费用。通过这一市场行为，我们可以得到环境质量价值的相关信息。

小结

● 防护支出法以家庭为单位衡量了人们应对环境风险的行为。如果人们采取了一些措施降低环境风险，那么这些措施的收益必然大于成本。防护措施的成本是其降低的环境风险带来的收益的下限。

● 人们基于预期的风险实施防护行为。但是预期的风险可能不是实际的风险。

● 防护支出法的难点在于衡量环境风险变化量和降低风险活动的成本。

■ 观念中的揭示偏好法

环境政策讨论中时常会应用揭示偏好法。例如，公园通常会搜集有关游客从哪里来的信息，显示公园对游客的重要性（价值）。他们可以用这些信息来解释为什么要增加公园维护、公园管理员，以及其他旅游景点等预算。美国环保总署利用内涵资产定价模型估计了空气和水的质量等改进带来的人类生命健康风险削减后的利益。这些估算对于评估社会各项活动的净收益起到关键作用。

揭示偏好法的显著优势是以实际的人类行为为基础。在案例中，人们确实是通过其支出显示偏好。言语是廉价的；如果仅仅是说说，其他人可能并不很确信环境问题的严重性。相反地，如果是通过支出表达对环境的关注，言辞就得到行动的支持，我们就难以忽略这些言辞。

同时，揭示偏好法精确衡量的内容也很重要。尽管可能存在一些方法问题，但它有效地衡量了使用价值，例如在一个地区休闲的价值或者是从房中眺望美景的消遣行为带来的价值。然而，该方法仅衡量了使用价值。如果人们关注的环境物品是他们从未直接利用的，比如他们关注生物多样性的保护，所以愿意保护从未去过的生态系统，那么，揭示偏好法不能估算出这些价值。这些价值及其衡量方法是下一章的主题。

总结

以下是本章重点：

- 很多环境物品具有使用价值；可观察到的消费者行动可以表明其对环境物品的兴趣偏好。
- 回归分析对观测到的数据拟合了最佳曲线。它的用途之一是估测具有使用价值的商品的需求曲线的各个参数。
- 旅行费用法的基础是到一个地区旅行与旅行成本之间的关系。这些信息可以用来描绘在一个地区进行休闲活动的需求曲线。
- 内涵资产定价可以识别出市场价格与商品本身属性间的关联。房屋的属性包括与距休闲地点的距离、空气质量、大小等等。工作的

属性包括工作地点、死亡的风险、必需的技能水平等等。根据环境物品属性改变时其价格的变化方式，我们可以估计环境属性的价值。

- 防护支出是人们花钱减少环境损害的直接证据。我们可以用支出估计减少环境损害的收益。
- 揭示偏好法的独特优势是以实际行为为基础。它们为环境关注提供了强大的依据，因为人们会为了环境效益花费金钱和时间。但这一方法不能衡量任何与特定具体的用途无关的收益。

关键词

防护行为

最小二乘回归

内涵资产定价法

陈述偏好法

回归

生命统计价值

变量

自变量

误差序列

参数

预测值

使用价值

揭示偏好

因变量

非使用价值

被动使用价值

旅行费用法

回归分析

揭示偏好法

说明

新贝德福德港口的故事来自国家海洋和大气管理局博尔德实验室，http：//www. darp. noaa. gov/northeast/new_bedford/index. html。这个

协定被称为"2 100 万美元海港多氯联苯污染诉讼协议，"参见 *New York Times*，September 6，1992，p. 28。海角堡的海滩利用的完整数

据库可以在以下网址找到：http://www.agecon.ag.ohio-state.edu/people/haab.1/bookweb/newbedford_data.htm. 一个具有非常敏锐的观察力的回顾者可能注意到这个例子事实上并没有使用揭示偏好数据：麦康奈尔向人们询问，他们将如何回应海滩的污染清除行动，而不是问他们将实际做出什么回应。我们之所以用这个例子是因为该案例很简洁且案例的数据容易处理。

北卡来罗纳大学统计数学系的哈罗德·霍特林在 1947 年 6 月 18 日写信给美国国家公园管理局主管牛顿·B·特鲁利（Newton B. Drury）。

大肠杆菌对属性值的影响来源于 Christopher Leggett and Nancy Bockstael, "Evidence of the Effects of Water Quality on Residential Land Prices," *Journal of Environmental Economics and Management* 39（2000）：121-144。年龄在生命统计价值中的影响则来源于 Joseph E. Aldy and W. Kip Viscusi, "Age Variations in Workers' Value of Statistical Life," National Bureau of Economic Research, Inc., Working Paper 10199（2004）。

TCE 在宾夕法尼亚州的故事来源于 Charles W. Abdalla, Brian A. Roach, and Donald J. Epp, "Valuing Environmental Quality Changes Using Averting Expenditures：An Application to Groundwater Contamination," *Land Economics* 68(2)（May 1992）：163-169.

韩国的水污染案例来源是 Mi-Jung Um, Seung-Jun Kwak, and Tai-Yoo Kim, "Estimating Willingness to Pay for Improved Drinking Water Quality Using Averting Behavior Method with Perception Measure," *Environmental and Resource Economics* 21（2002）：287-302.

练习

1. 非市场估值方法可以应用在与环境物品无关的分析中。例如，不同地方的比萨。比萨的价格不同，而且比萨本身也不同，有些比萨的原料品质更高，饼底不同，酱汁的数量也不同。那么，可以采用本章中的哪种方法分析不同要素对比萨价格的影响呢？

2. 下表给出一些旅行者到糖果熊公园（Jelly-bear Park）的信息：

起始城市	人口数量	距离（英里）
Alabaster	1 000	1
Beautiful	3 000	3
Cornucopla	5 000	5
Delight	7 000	7

一名研究人员对来糖果熊公园的旅行者进行了细致的追踪调查，得知一年中来参观的总人数为 3 750 人。到公园的唯一的旅行成本是旅行费，1 美元/英里。研究员估测了费用与人均访问次数之间的关系是：人均访问次数＝1-0.15×单程费用。

(a) 增加表的列数，每地的人均参观总费用、每地人均参观次数、每地的参观总次数（即人均参观次数×人口数量）。

(b) 为什么研究人员发现没有从 Delight 到公园旅行的游客？

(c) 如果到公园唯一的花费就是路费（没有门票），那么公园的总到访人数是多少？新建一个表，一列是公园门票（案例中是 0 美元），一列是总到访人数。

(d) 由于管理成本，公园管理人员考虑收门票，价格为每次参观 1~5 美元之间，请计算（1）每地旅行的新成本，（2）每地人均参观次数，（3）每地游客的总参观次数，（4）公园的总参观次数（注意：参观次数不存在负数，负数计为 0）。

(e) 将（c）中得出的门票价格和总参观次数信息加入表中，显示出门票价格与总参观次数之间的关系，它们之间是何种关系？

(f) 当门票价格为 0 美元时，请计算游客前往糖果熊公园参观旅行的消费者剩余。〔它将是一个估计值，因为（e）得出的关系是非线性的。〕

(g) 你用什么方法估算到公园参观的价值？为什么？

3. 两个公司要求工人的技能和培训完全一样。两个公司都雇用了 10 000 名工人。一级安全要求每年只能有一例员工死亡事故，二级安全指每年有两名员工因公致死。安全级别为一级的工作每年支付 50 000 美元，而安全级别为二级的工作每年支付 50 500 美元。

(a) 根据上面提供的信息，请回答为什么工作内容相同但工资不同？

(b) 每个公司出现一起死亡事故对在此工作的一名工人的风险是什么？与高风险相关的支付溢价是多少？

(c) 生命统计价值等于工资差除以风险差。拥有这些技能和培训的工人的生命统计价值是多少？

(d) 你认为衡量全部人口的生命统计价值是否合适？为什么？

4. 尽管典型的防护行为是私人性质（仅支付者受益），但因为污染具有非竞争性和非排他性（影响所有人），所以使防护行为的影响复杂化。假设改善了每个人饮用水的质量（如清除有毒物质）。人们对清除污染的反应会增加还是降低净化水的防护成本？如果过滤装置可以持续降低同样水平的风险，那么此时防护行为带来的收益，与水质糟糕时相比是一样的吗？如果价值改变，意味着衡量的收益是高度可变的（因此更可能被质疑），或者当风险发生变化时，我们是否有理由认为防护成本也会随之改变？

5. 在新贝德福德港口案例中，用揭示偏好法与旅行费用法估算污染影响时是否有不同？解释如何使用内涵资产定价法或者防护支出法，或者为什么它们不适用？

第 7 章

陈述偏好法

很多人尽管从未见过濒危物种，也没有去过其生存的环境，但仍然对保护濒危物种及其生存环境表现出极大的关注。例如，许多人从未在热带生活或旅行过，却希望能保护热带雨林。第 6 章讨论了建立在揭示偏好法基础之上的非市场估值法，估算了环境物品的使用价值。非市场估值法要求将环境物品与市场化的商品联系起来，通过消费者对市场化商品的需求反映其对环境物品的偏好。然而，对很多环境物品而言，我们可能无法寻找到与之对应的市场化物品。以下是本章关注的重点：

- 环境物品的非使用价值（或称为被动使用价值）；
- 条件价值评估法建立在陈述偏好法基础之上，是用于评估使用价值和非使用价值的一种调查方法；
- 另一种陈述偏好法是综合分析法；
- 实验经济学方法揭示了人们对市场和非市场情况做出的回应；
- 对"环境标价"的反应或反对意见；
- 陈述偏好法的优势与局限。

■ 埃克森公司的"瓦尔迪兹"油轮与威廉王子湾

威廉王子湾位于南阿拉斯加安克雷奇市以东，四周被楚加奇山脉环绕，景色壮观，生境多样，有冰川覆盖，拥有大量的陆地和海洋物种。这些自然资源吸引着游客乘坐游轮穿越该地区游览。瓦尔迪兹海港位于威廉王子湾中，位于输油管的南侧

环
境
经
济
学

122

末端，石油从北阿拉斯加的普拉德霍湾运送到这里。石油在瓦尔迪兹港装入油轮，然后运送到美国大陆的其他 48 个州。

1989 年 3 月 24 日，一艘名叫瓦尔迪兹的油轮撞上了威廉王子湾的暗礁，导致 1 100万加仑石油泄漏，造成了美国最大的一次油轮石油泄漏事件。石油附着在海滩和动物表面，导致了海獭、海鸟、海豹、杀人鲸以及鱼卵的大量死亡。阿拉斯加州以及美国政府不仅要求埃克森石油公司负责清理石油泄漏并承担超过 20 亿美元的清理费用，而且，政府起诉了埃克森公司，要求其赔偿石油泄漏造成的自然资源损害和破坏。石油泄漏造成了哪些损害？当然，渔业和旅游产业遭受重创。此外，周边国家乃至全世界的人都看到油轮泄漏的照片，这对他们会产生影响吗？

■ 环境物品的非使用价值

我们可以通过观察环境物品（例如休闲娱乐或健康）变化带来的对相关市场的影响，估计环境物品的使用价值。在很多情况下，尽管人们并不打算使用某些环境物品，却仍然非常关心这些环境物品。在这种情况下，人们的行为就反映出他们对环境的关注。例如，人们可能会致信决策者，或者向承诺致力于资源环境保护的环保组织捐款。然而在多数情况下，即使没有采取行动，人们依然是关注环境的。如果询问这些人，他们可能有保护环境的支付意愿。但这些人没有使用其致力于保护的物品，所以物品对于这些人的价值都是非使用价值。非使用价值可以有多种形式。

一些情况下，人们显然没有打算利用某些资源。比如，他们可能不喜欢去遥远的地方，因此根本没兴趣去看威廉王子湾。但其中一些人可能认为这些资源具有存在价值：他们关注的是资源是否存在，而并非关注资源潜在的任何利用价值。又比如，人们可能出于欣赏而关注某地区生态系统的复杂性，或者他们相信所有的自然与生物的存在都是有原因的，所以认为保护各种生态系统与物种很重要。**存在价值**（existence value）是一个专业术语，表示人们对不打算使用的环境物品的偏好。

另一些情况下，有人不打算马上使用某资源，但可能倾向于在未来使用它。为了保护其未来使用的可能性，他可能愿意支付费用。**选择**（option）是一种权利，而不是义务。例如，一张音乐会门票是出席音乐会的权利，但不是强制门票所有者必须去听音乐会，如果他在音乐会当天生病了，或者读了某个不愉快的评论，他当然可以不去。在金融市场上选择权就是期权，表示以一个既定价格购买商品的权利（非强制的），例如有权以 50 美元/桶的价格购买明年 12 月交付的 1 000 桶石油。那些愿意付费让威廉王子湾继续存在参观可能性的人，拥有该地区的选择价值。

保护热带雨林等生态系统的原因之一是它们可能是可市场化产品的重要来源。另一原因是生态系统的存在价值在未来可能变得更加重要，例如在拓荒时代，很少有非本土美国人重视草原生态系统的存在价值，而当代美国人非常重视现存的未被破坏的草原数量的不断减少。立即对生境实施保护，可以使我们拥有一段缓冲期，能够在未来某一时间再来决定究竟是继续保护生境还是将其转为他用。也就是说，保护具有期权价值，因为它使我们有机会在未来拥有某种资源。事实上，现在实施保护使我们得到了更多的时间，以便我们更好地了解保护资源或者开发资源在未来可以分别获得的价值，从而让我们在未来能够对资源的命运做出决定。

最后，一些人可能认为环境物品具有遗赠价值。遗赠是留给后代人的；**遗赠价值**（bequest value）指某人愿意为留给后代人的物品支付的数量。尽管当代人可能不直接关注某资源，但可能希望保留资源遗赠给后代人。在有些情况下，遗赠价值是存在价值的特例，因为它保护物品免受当代人的使用。在其他情况下，遗赠是期权价值的特例，因为它保留了后代人使用价值（非使用价值）的权利。

多数情况下，识别人们看待环境物品拥有的价值类型并不重要。重要的是，我们知道没有直接或间接使用某环境物品的人可能需要该物品。因为安逸的环境主义缺乏明确的与市场相关的行为，所以第 6 章的揭示偏好法无法衡量相关价值。然而实质上，经济学家关注的是询问这些环境物品对人们具有哪些方面的价值。因为这些问题通常不涉及人们对资源的利用，而是关注人们利用资源的倾向和意愿，所以我们将这一方法称为陈述偏好法，也就是让人们陈述其对物品的偏好。

小结

● 环境物品的非使用价值或被动使用价值衡量的是人们保护环境的愿望，与资源的利用无关。

● 这些价值包括存在价值（保护某资源纯粹因为人们相信它值得保护）；选择价值（保护某资源以使未来可能对其进行利用）；遗赠价值（保护某资源以使后代人可以利用或者保护）。

● 陈述偏好价值是指人们所认为物品具有的价值。

用条件价值评估法衡量陈述偏好

这里，我们应该清楚的是并非因为人们需要利用资源才关注资源。事实上，很多调查显示，对于难以直接利用的环境物品，如位于阿拉斯加州北部的北极国家野生动物保护区，或者亚马逊盆地的热带雨林等，人们有强烈的保护意愿。要衡量人们是否关注以及关注程度如何，关键是估算人们为了保护情愿放弃的代价。为了保护某物品，人们愿意牺牲其他物品或其他活动的意愿显示了某物品的重要性。然而，拥有环境物品非使用价值的人中，大多数人并没有花钱阻止石油泄漏事故对威廉王子湾野生动物造成的危害，或者是付费保护热带雨林。难道他们保护环境的愿望仅仅停留在口头吗？还是他们会像其所说的那样花钱来提高环境保护呢？

上述问题不易回答，因为人们不习惯考虑为了保护环境资源付出代价。他们可能认为环境破坏者或政府应该提供保护资金［然而，这样做其实可能还是消费者间接承担了成本，不论是支付更高的价格（例如，避免石油泄漏的高成本运输方式增加了油价），或是缴纳更多的税收］。另外，人们很难体验到自己在为环境保护而付费，因为环境物品是不在市场交易的公共物品。因此，人们不太容易认识到自己为保护资源要付出代价。

条件价值评估法（contingent valuation method，CVM）出现于 20 世纪 60 年代，通常用来评估非使用价值（也可用于评估使用价值）。因为通过观察与市场相关的行为无法得到非使用价值，所以条件价值评估法使用了调查方式，询问受访者为了保护资源愿意付出的代价。这类调查中至少要给出资源保护的两种可能结果。一是不采取进一步的保护环境行动通常会出现的结果。二是如果政府或某私人团体采取保护资源的计划，通常会出现的结果。条件价值评估法调查会询问受访者为了实现某结果，而不是另外一种结果，人们是否愿意接受某给定价格，或者他们愿意支付多少钱。调查获得的结果基于假设情境，即基于特定的条件，这也是人们将其称为条件价值评估法的原因。

典型的条件价值评估法调查要搜集资源的背景资料，帮助人们能够在信息充分的情况下对未来做出决定。例如，理查德·卡森（Richard Carson）和其他人对瓦尔迪兹油轮泄漏造成的损害进行了条件价值评估法调查。开始是描述威廉王子湾，与本章开始处的方式相似，只是细节更多。假设是如果人们了解事件方方面面的信息，人们就能更好地了解利弊权衡。因为背景信息通常包括这样的问题，譬如各种政府项目得到的资金是否太多或太少，所以回答问题的人自然会有意识地考虑实际的费用支出。

继而，调查问卷会描述可能的各种结果。在瓦尔迪兹油轮泄漏案例中，调查问卷描述的结果一个是现状，另一个是计划采取的特殊措施，用能够容纳石油泄漏的两艘船作为油轮的护卫船，防止未来在此出现石油泄漏。专栏 7.1 接受了该调查并摘录了其中一些内容。

专栏 7.1

瓦尔迪兹油轮问卷

调查评估埃克森公司瓦尔迪兹油轮泄漏事故的问卷首先询问了我们是否应该在对外援助、犯罪、能源或者教育项目上花费更多或更少的钱。问卷也询问调查对象对于一般政策目标的态度，如药物治疗、空气污染、税收以及保留更多荒地。这些提问是为了确保调查对象明白资金有各种用途，而不是仅仅用于阻止石油泄漏。这样，调查对象在回答支付意愿的问题时，可能会权衡资金的使用方向。

接下来，调查问卷开始谈及石油泄漏，使调查对象熟悉事故发生的地点，了解事故本身的各种情况。调查员读一遍资料然后说 1 100 万加仑石油泄漏在威廉王子湾。然后调查员向调查对象展示一些阿拉斯加的地图，可以看到石油输送管道由普拉德霍湾一直通向威廉王子湾，以及海湾的一些地图。下面的调查就是对石油泄漏及其影响的描述和相关图片展示。影响包括 1 000 英里海岸线被石油覆盖，100 000 只鸟死亡（5 000 只当地的鹰中有 1 只死亡），580 只水獭死亡，100 头海豹死亡。

只有在确保调查对象明白资金有很多使用方向，并了解石油泄漏的相关信息之后，调查才开始介绍油轮安全计划。

下面是该计划的具体情况。

在阿拉斯加水域，增加两艘巨大的海上警卫队船，护送从瓦尔迪兹穿过威廉王子湾的每艘油轮，直到油轮抵达公海。护卫船只负责两项事务。

第一，协助防止威廉王子湾发生事故，做法是避免油轮误入危险海域。（停顿）

第二，如果确实发生了事故，护卫船配有受过训练的人员以及特殊的装置，防止石油大范围泄漏。（停顿）

调查员出示安全设备的照片，介绍安全计划的细节。

接着，调查员解释安全计划的资金来源。半数资金来自产业利润，另一半资金需要向个人征税。税收的数量就是调查对象相信她要为该计划付出的代价。

为了避免调查员的行为对调查对象的回答产生任何影响，调查员需要提醒调查对象有理由可以赞成或者反对征税及保护计划。只有在经过各种努力确保调查对象能够公正回答问题时，才可以向调查对象询问是否愿意进行支付的问题：

当前，政府官员估计计划将需要你家总计支付 60 美元。除了日常联邦税收外，你需要一次性支付这一费用。这些钱将会仅用于防止其他巨型油轮在威廉王子海峡泄漏的计划。（停顿）

如果你家需要为此计划支出合计大约 60 美元，你将会赞成还是反对这一计划？

调查接下来会通过一系列问题考察调查对象对计划的了解程度以及对没有安全计划后果的熟悉程度。"验证环节"倾向于观察调查对象是否真正在回答调查员提出的问题。

最后，调查会问一些问题，观察有多少调查对象关注自然或关注阿拉斯加。例如，观鸟者可能比其他人对石油安全计划赋予更高的价值。这些问题的目的是考察个人偏好对回答有关支付意愿问题的影响。

可以在理查德·卡森的主页上找到瓦尔迪兹油轮泄漏的整个问卷，网址为 http://weber. ucsd. edu/~rcarson/。

事故的结果是，美国确实制定了一项类似于问卷中的安全计划。比如，增加了护卫船，用于引导油轮避免撞到暗礁或防止石油泄漏。

继而，询问调查对象对于上述资源保护项目的支付意愿（WTP）。关于这个问

题，有很多种提问方式。首先，可以按照开放式问题进行提问，如"你将愿意支付多少钱？"也可以要求调查对象从一些支付价值中选出愿意支付的数量，通常称为支付卡，或是对特定的金额回答"是"或"否"，例如，"你愿意花 50 美元保护资源吗？"最后一种方法最可靠，因为调查对象不得不对一个具体的金额做出明确的选择。通常采用投票的方式。问题可能是，"如果采取投票表决是否愿意支付 50 美元保护资源，你赞成还是反对？"询问不同的调查对象不同的支付金额，从而使调查者能够估计出支付金额达到多高时，人们将会拒绝接受，这就是最大支付意愿。专栏 7.2 显示了密歇根州安阿伯市阿尔戈大坝迁移问题的相关调查数据。

条件价值评估法的调查数据：以密歇根州安阿伯市的阿尔戈大坝与水库为例

密歇根州的安阿伯市曾经讨论是否要移走休伦河上的阿尔戈大坝。现在，这座大坝的唯一作用是制造出赛艇选手需要的大水面。赛艇选手强烈希望保持大坝位置原封不动，然而地方环保组织非常希望大坝迁移，改进河流生态，提供与河流有关的休憩机会。密歇根大学的研究生进行了一项调研，询问人们对大坝迁移的态度。以下是问题的一些答案。问题是这样的，"如果阿尔戈大坝迁移计划将需要您每年额外支付××美元财产税（或租金），您赞成还是反对这一计划？"

表 7.1 中，第一列是调查对象编号，第二列为询问的支付金额，第三列为调查对象对是否愿意付费问题的回答，是或者否。询问每个调查对象的支付数量是从一个可能值集合中随机选择的。表 7.1 显示了当要求的支付数额出现变化时，人们对支付意愿问题的回答是如何变化的。具体详情参见网址 http：//sitemaker. umich. edu/argoproject。

表 7.1   阿尔戈水库和大坝调查
这个表摘录了支付意愿调查中的部分数据。

调查对象 #	询问价格（美元）	回答
1	70	是
2	450	否
3	25	是
4	70	是
5	450	是
6	800	否
7	150	否

问题调查的一个关键是资金是如何支付的。例如，问卷会问某人是否愿意提供资金去保护资源，是否接受增加税收和削减其他政府活动，或者是否愿意承担提高资源环境相关物品的价格，例如与削减油轮泄漏有关的增加汽油价格等。这些方法

被称为支付手段。与支付的费用一样，大多数人对于支付手段的反应有很多种。例如，人们可能不相信会增加税收，所以他们说"否"。因此设计支付手段时必须谨慎，保证所设计的支付手段具备现实可能性。

调查经常询问调查对象选择答案的理由。这些验证性问题的目的是保证调查对象理解了问题，而且可以知道他的选择是否受到一些预料外因素的影响。有时，人们会拒绝问题的假设前提，例如他们可能觉得瓦尔迪兹油轮应该支付用于清理瓦尔迪兹港泄漏石油的全部成本，而不应由调查对象承担任何成本。这种对调查潜在假设前提的拒绝，称为反对回应。反对回应并不意味着调查对象不在乎资源，而是他对这一问题中的其他内容做出的回应。

最后，调查通常会问人口统计学方面的问题，例如受教育水平、家庭状况、收入，以及对环境和其他问题的态度。这些人口学特征可能与偏好相关，并且它们会影响个体支付意愿的决策。它们有助于明确个人的特征对选择的影响。

现在，调查数据提供了调查对象对环境物品支付意愿的信息。下一步是利用这些回答估算物品的总价值，或者是物品能够提供的总收益。这一过程可以采用若干种方法。如果是开放式问题，或者使用支付价值清单，就可以按以下步骤估算总收益：从调查结果中计算平均支付意愿，结果乘以总体受影响人数值。样本人数能够代表总体受影响人群时，这种方法很奏效。也就是说，如果调查群体的人口统计学各项特征如收入和受教育情况与调查对象情况相似，这一方法很管用。如果样本对象不具有代表性，可能需要使用统计学方法估计支付意愿与人口特征之间的关系。调查数据能显示的是，受过高等教育或者高收入的人比教育程度低的人平均支付意愿总量更多。平均支付意愿就可以根据这些特征进行调整。

投票是让人们回答是否愿意支付某一金额，金额可能比最大支付意愿高或者低。如果样本量足够大，利用本章附录介绍的一种估算人均（户均）最大可支付意愿的方法，得到结果后与受影响人数（户数）相乘可得到总支付意愿。

在瓦尔迪兹油轮泄漏事件中，条件价值评估先是估算了位于样本群体中值的一户普通家庭的支付意愿是 30 美元。也就是说，在美国所有说英语的家庭中（这是调查的样本框），为了避免未来石油泄漏，约一半家庭愿意支付的金额多于 30 美元，另外一半家庭的支付意愿少于 30 美元。（中值位于一组数据的中间位置，低于平均值，因为样本中一些非常高的值对均值的影响要比中值产生的影响大。）然而，一些调查对象曲解了用于削减石油泄漏项目的性质和影响。纠正了误解，处理了反对投票后，支付意愿的中值估计为每户 48 美元，与英语家庭的总数相乘后，对瓦尔迪兹油轮泄漏相关的损失（每户 30 美元）最保守的中值估计为 49 亿美元，而采用平均支付意愿得到的估计值为 72 亿美元。

小结

● 条件价值评估法使用调查方法了解人们在权衡环境质量与支付费用变化方面的偏好。一般而言，条件价值评估法的目标是确定调查对象愿意为环境质量改变支付的最大值。

● 典型的条件价值评估调查包括环境问题的背景信息、变化的可能结果，询问调查对象对改变环境质量的支付意愿，以及调查对象人口特征的统计信息。

● 因为建立在假设的基础之上，条件价值评估法的应用范围很广，是评估环境物品的非使用价值和使用价值的一个主要方法。

综合分析法

假设研究人员希望调查阿拉斯加东南部石油运输中各种可能的风险降低的水平，或者是在多个地点减少风险的相关效应。条件价值评估法让调查对象进行是或否的选择：调查对象投票支持或者反对减少石油泄漏的措施。相反地，**综合分析法**（conjoint analysis）让人们在若干情境中进行选择。各种情境的特征或属性不同。这些特性可以包括成本、清理的程度以及降低的风险水平。综合分析起源于市场研究，用于找到消费者想要并且愿意购买的新产品的各种特征组合。当研究人员想要了解对象面对某种特性的不同水平，或各种属性的不同组合的权衡时，综合分析得到了越来越多的应用。在综合分析调查中，需要受访者评价每一种情境，然后按照从最喜欢到最不喜欢的次序排列，或者选择最喜欢的情境。接下来，可以用统计分析估算消费者如何在属性之间做出权衡。

例如，针对埃克森公司的瓦尔迪兹油轮，如果研究人员想检验不同的风险降低水平的支付意愿，消费者 A 可以在情境 1（不降低风险，没有额外成本）、情境 2（降低一定风险，较高的成本）和情境 3（显著降低风险，成本最高）中进行选择。情境甚至可能更复杂：每个情境中油轮位于不同地点，这可以观察人们的支付意愿是否随着油轮地点的不同而变化。在条件价值评估中，通过改变不同消费者面临的成本，可以估算消费者如何权衡不同的石油泄漏风险或者油轮地点有关的支出。

对于具有生态优势的中西部草场而言，草地花园是一种可能选择。格洛丽亚·赫尔方（Gloria Helfand）和其他人采用综合分析法估算了人们对在近郊式庭院中种植本土植物的草地花园的支付意愿。并且试图了解，与更加传统的草坪相比，人们如何看待这种设计。前期研究表明，将草坪设计为对人们有吸引力的各种形式的草地花园是有可能的。本研究是要考察人们是否足够喜欢这些可能的设计并为其埋单。调查中展示的是一个模拟的传统庭院：一个庭院有 50％的草地花园，一个庭院有 75％的草地花园，另外一个庭院除了有 75％草地花园外，还有树木和灌木丛。每一种模拟庭院都有不同的价格，人们可以根据自己的选择进行排序。分析显示，支付意愿最高的是 75％的草地花园模式，但它的成本比其他传统庭院高。研究总结，人们愿意为庭院中精心设计的草地花园支付费用。

综合分析法甚至比条件价值评估法显示出更多陈述偏好法的灵活性。它使调查人员可以通过一次调查发现人们对几种不同属性的不同程度的权衡，甚至可以用于了解人们如何对非货币属性进行权衡。例如，如果某项休闲消费会带来环境损害，那么人们到底会希望消费多少此种休闲活动呢？

小结

● 综合分析法是另外一种陈述偏好法，它允许研究人员观察人们如何在不同属性以及各属性的不同程度间进行权衡。

● 作为一种基于调查的方法，它与条件价值评估法一样，在检验假设情境方面具有很大的灵活性。

陈述偏好法：一种评估方法

陈述偏好的有效性与有用性，尤其是条件价值评估，自方法诞生以来就不断受到质疑。陈述偏好法适用性的经验性评价主要围绕两个问题展开：假设偏差和规模。另外，对于综合分析法，调查分析中主要考虑的是人们所面对的交易的潜在复杂性。

假设偏差是这些质疑中最持久的。**假设偏差**（hypothetical bias）是指人们面对各种假设情况时的反应有可能与人们实际支付行为不符。在陈述偏好法中，消费者无需对物品进行真实支付。这会造成很大区别吗？在一些研究中，研究人员同时采用了条件价值评估法和揭示偏好法。理查德·卡森（Richard Carson）和其他人比较了大量的研究结果，发现条件价值评估法估算同一环境物品的价值时，要比揭示偏好法的估算结果低（大约是揭示偏好估值的89%）。条件价值评估法包括使用价值和非使用价值，但揭示偏好法仅针对使用价值。这一发现揭示了调查对象陈述的支付意愿相对保守，结果支持了条件价值评估的可靠性。另一方面，一些实验室研究发现人们的支付意愿往往数倍于他们的实际支付。采用投票的方式让受访者在赞成或反对中进行选择，当价格过高时投反对票，这样可以减少假设偏差。对假设偏差的研究和争论还在继续着。

范围问题指的是人们对大项目的支付意愿不比小项目高。诺贝尔奖得主丹尼尔·卡尼曼（Daniel Kahneman）举出一个案例，首先询问调查对象净化安大略湖特定区域湖泊的支付意愿后，再询问净化安大略湖地区全部湖泊的支付意愿。卡尼曼发现调查对象对部分湖泊和全部湖泊的支付意愿是基本一样的。在他看来，这意味着结果不是基于净化湖泊的偏好，而是依赖于支持改善环境的"温情效应"（warm glow）。

理查德·卡森和罗伯特·米切尔（Robert Mitchell）教授从很多其他案例中也找到了同样的证据。例如，一个CVM评估了匹兹堡市的居民改善莫农加希拉河水质的支付意愿，从可划船改善到可钓鱼的支付意愿为每人 26 美元。另外一个 CVM 评估了将美国全部水体按照同样的改善程度进行净化的支付意愿为每户 68 美元。数据显示，人们更重视距离自己较近的水域，而忽略较远的水体，对清洁水体的需求曲线是向下倾斜的。额外清洁水体的边际单位价值变小，因此净化整个城市水体的支付意愿仅是清理当地特定水源的支付意愿的一倍多一点。

卡森和米切尔总结了很多类似案例，并认为人们所说的范围问题可能更多的是调查设计导致的问题，不应该据此批评 CVM 本身。例如，经济学家 William Desvouges 询问了亚特兰大购物中心的受访者，为了将鸟类从位于落基山候鸟迁徙路线上的油池中救出，他们愿意支付多少钱？调查询问一部分人对拯救 2 000 只鸟的项目的支付意愿，同时询问其他人拯救 20 万只鸟的支付意愿。调查将拯救 2 000 只鸟描述为救出远少于 1‰ 的鸟类，而将救 20 万只鸟表述为救出 2‰ 的鸟类。调查对象可能的理解是，大项目中救出的鸟是小项目救出数量的两倍。而调查者以为他们表达的含义是大项目拯救鸟的数量是小项目的 100 倍。当结果显示大项目的支付意愿为小项目的两倍时，调查者认为出现了规模问题。然而卡森和米切尔则认为是调查方法存在问题。很难说范围问题是否就像卡尼曼和其他人相信的那样，是陈述偏好法特有的问题。或者如卡森和米切尔所认为的，范围问题就是简单地反映了调查方法中存在问题。

由于埃克森公司瓦尔迪兹油轮石油泄漏问题的严重性，以及人们相信这一案例中非使用价值非常巨大，20 世纪 90 年代初期，人们对条件价值评估法非常重视。隶属美国商务部的国家海洋和大气管理局，召集了包括两位诺贝尔奖得主在内的一组杰出经济学家，对这一方法进行检验并做出评价。最后，专门小组认可了方法的有效性，并建议研究人员最好在实际应用中采用前面提到的该方法的很多特性，例如提供背景信息，采取投票方式，及设计一些验证问题。

综合分析法中同样存在假设偏差的问题。综合分析法的优势和劣势是每位受访者针对不止一种选择提供信息。优势是可以从受访者处得到很多信息，得以验证他们选择的一致性。而缺点是让受访者相信各种选择可能都是真实的比相信只有一种可能是真实的要更难。回到埃克森公司瓦尔迪兹油轮事件，调查中努力使受访者相信，对于当时的现状，增加两艘船及挪威起重机确实是替代方案。如果采取有三种甚至更多种可能的综合分析法，为什么受访者不会认为各种可能的选择仅仅构成了政策建议？我们需要权衡到底是进行提供大量信息的综合分析法还是开展相对简单的 CVM 调查。

陈述偏好法有显著的优势，它的适用性很广，因为它是基于研究人员设计的调查方案。其次，也可能是最重要的，陈述偏好法可以评价使用价值和非使用价值。人们可以出于道德的、宗教的、个人的、利他的或者利己的各种动机表达支持（或不支持）保护某种资源。陈述偏好法与揭示偏好法一样很有用，但揭示偏好法不能应用于非使用价值，陈述偏好法可以衡量非使用价值。

陈述偏好最初引起争议是因为，它是基于人们对假设情境的反应进行分析。利用投票形式减少偏差可以削弱争议。同时对比研究陈述偏好法与揭示偏好法的优势的研究非常多而且不断增多。由于陈述偏好法用途广泛，同时包含了与环境物品相关的各种价值，所以该方法可能被长期利用。

小结

- 陈述偏好法由于假设偏差和规模两个原因而遭受批评和质疑。假设偏差指的是人们实际中花费货币时的行为与假设的结果可能不同。范围问题则是关注人们在回应任一环境问题时，支付意愿相同，不管问题的影响大小，支付意愿是某种愿意提供帮助的温情效应。
- 陈述偏好中，细心的调查设计是结果可信所必需的。
- 对比揭示偏好法与陈述偏好法，得到的结果显示，设计良好的陈述偏好法尽管存在假设偏差的问题，但可以给出准确的结果。
- 经济学家在是否通过改进调查方法解决范围问题上各执己见。
- 大多数经济学家认为陈述偏好法可以提供有用的信息。

实验经济学与陈述偏好

实验经济学（experimental economics）指的是利用实验及实验室的方法来深入探寻人类在市场及非市场情况下的行为。实验的主要优势是能够控制影响人们回应行为的相关要素。在现实世界中，人的购买行为可能受到其他可以购买商品的影响，受到购物地点影响（例如商店或网络），受到当时购买者周围人群或其他购买者的影响，受到所标价格的影响等等。在实验室环境下，研究人员试图控制以上全部要素，这样他们就能够关注市场中某个特定因素的作用。

实验可以设定揭示偏好法和陈述偏好法的各要素。参与者可能仅知道假设情境，或他们面临的各种选择，并且知道每种选择的结果。由于能控制参与者面临的各种情境，可以采用实验方法探究人们回应不同形式的非市场价值时的差别。

目前，实验经济学研究的重要领域之一就是假设偏差，即人们对假设情况的回应是否与在真实市场中不同。如果假设偏差是一个主要的要素，那么陈述偏好研究得到的结果可能会夸大人们对环境改进的支付意愿。另一方面，如果在调查设计中可能减少或消除假设偏差，那么就支持将陈述偏好分析结果用于政策分析。

以下是实验经济学的一个案例，利用运动纪念品，采取多种市场形式调查假设偏差。因为运动纪念品市场通常很活跃，人们了解该市场中的商品，因此这是一个很有用的研究场所，我们可以利用这一平台改进陈述偏好研究方法。

在兰德里（Landry）和李斯特（List）的试验中，每个参与者都得到10美元。在模拟的"真实"情境中，参与者（被随机抽取参加一个纪念品展）要回答是否愿意支付 5 美元或 10 美元得到一张日期为 1997 年 10 月 12 日的票据存根，在这次比赛中巴里·桑德斯（Barry Sanders）超越吉姆·布朗（Jim Brown）成为美国橄榄球联盟单赛季冲阵码数最多的运动员。如果多数参与者回答是，每个人（包括那些回答否的参与者）都需支付费用并得到票据存根，要求每个人支付并得到票据，使票据这一典型私人物品具有了公共物品的特性。在第二种情景中，研究人员试图复制的情境是人们不确定他们的反应是否会对公共政策产生实际影响。问题不变，随机决定（通过掷硬币）而不是通过多数票决定人们是支付得到票据，还是留着钱不要票据。该情境模拟了某项投票可能不会实际发生时，要求人们对政策问题投票（正如在条件价值评估法中的投票表决）的效应。在第三种"空谈"情境中，组织者告知参与者假设偏差，然后鼓励参与者即便不会得到比赛门票，也要像面对实际情境时一样表现。最后，"假设"情境中，参与者不会得到门票，但也要对问题做出回应。结果表明，存在假设偏差。假设情境的支付意愿高于其他情境。另一方面，"空谈"情境要比第二种情境或真实情境的支付意愿更高。三种情境（空谈、第二种和真实情景）的结果在统计意义上相近。结果表明如果调查对象预期他们将为问题中的物品真实付费，结果更可信赖。

小结

- 实验经济学用创造的情境探究人类在市场和非市场条件下的行为。
- 实验经济学的一个作用是考察人们在各种假设条件下回应的差别，并与他们实际支付费用的情况对比，得到一些有价值的信息。

对环境标价的支持和反对

计算环境物品的货币效益能显著改进公共政策决策的分析质量。因为计算油轮护卫队等环境保护的成本相对比较容易，因此相对而言，重要的是计算环境物品的效益。然而，在计算效益时存在两个方面的争议：评估环境物品的市场价值面临道德上的质疑；保护环境物品不应该是基于获得收益的考虑。

☐ 有关非市场价值的伦理层面的争议

很多人认为环境保护如同友谊、宗教信仰或爱国主义精神等物品，不能也不应该出现在市场术语中。将这些物品与货币价值联系起来意味着这些物品可能用货币进行交易或可以与其他物品交换。换句话说，这些物品可以进行合理的交易。很多人反对环境物品这一概念。有人从伦理角度提出反对利用非市场价值方法研究环境物品。

首先，很多人认为环境物品具有内在价值，也就是说，环境物品拥有的价值不依赖于人们对它的判断。因为经济学以人和人对事物的评价为核心，它不能计算出环境物品相关的全部价值。由于这些物品拥有的价值超过了人们的估值，非市场评价必定会低估它们的价值。

其次，一些人对于保护某些环境资源就像保护宗教和国家一样，愿望非常强烈：他们甚至为此愿意牺牲自己的生命。例如，有人为了保护一颗古老的红杉树不被砍伐，可以几个月一直生活在树上。在他们心中，这些物品是不可替代的。经济学分析很适合检验利弊权衡，例如放弃一些电而获得一些其他物品。权衡利弊的假设是物品间存在一定程度的替代性。然而，如果环境物品不存在替代品，人们又完全不接受牺牲一些资源的交易，那么在交易中，物品就不存在有限的价值。这种情况下，我们不清楚物品的非市场价值，因此无法确定物品的价值。甚至更具挑战的是，人们拥有的强烈偏好是直接彼此对立的：例如有人猎杀鲸鱼，并将此作为其宗教和文化传统中至关重要的一部分，然而其他人却认为鲸鱼是一种珍稀物种和智慧生物，是值得保护的。当必须做出社会决策时，由经济学方法得到的决定可能不具有深刻的洞见。

第三个反对意见是被保护的物品评价的标准比评价的方法少。在大多数非市场评价工作中，常见的假设是采取积极的行动，实现环境保护，改变现状。在这种设定下，期望人们不得不放弃资源是合理的，补偿变化（为改进进行支付）是一种合理的方法。然而，也有另外一些人认为环境保护是一种内在的权利。如果出现资源退化，他们就受到了损失，必须得到补偿。这种观点反对价值评估行为的假设前提：即某种意义上，必须购买环境物品。如果环境质量是人们已经拥有或不必购买的物品，那么计算等量的变化（愿意接受的环境损害）就可以得到资源价值，而非计算环境保护的支付意愿。这些方法可以引出不同的福利测量工具：在其他各种要素中，支付意愿受收入的限制，然而接受意愿是不受限制的。结果，一些受访者不满非市场调查方法，对他们强烈关心的物品也给出 0 美元的支付意愿以示抗议。由于这个原因，条件价值评估调查经常包括验证问题，目的是发现某人反对一项活动到底是因为他的支付意愿实际为 0，还是因为其他原因反对调查。

最后，反对有时是由于对非市场物品（如感情或环境资源）赋予货币价值，降低了这些物品的价值。有些人对于将资源视作可交易的商品感到很愤怒，因为他们认为非市场物品是独立的、与市场物品有区别的、更高级的事物。我们应该为某些具有精神性和抽象价值的物品找到一个价格标签使其商品化，并削减其特殊属性。

面对这些反对意见，为什么经济学家坚持使用估值方法呢？事实上，是因为一个社会必须对稀缺环境资源的分配做出决策。不是每个人都认为这些物品从本质上有别于市场物品。当一些人愿意放弃他们的生活，保护威廉王子海峡的野生生物，另外一些人却不在乎生态系统，更希望能够尽可能便宜地运输石油，也有些人更看重税收负担，不关心一个清洁的环境。作为一个社会，我们必须对这些物品做出决策。对人们看重的物品进行估值就是使其价值具体化。不仅仅是告诉政策制定者人们喜欢威廉王子海峡，还要告诉政策制定者，经过经济学家的估算，人们为了避免未来的损害而得到的收益至少为 28 亿美元。正如经济学家约翰·卢米斯（John Loomis）所说，非市场估值为物品赋予价值，价值在 0 到无穷之间，并具体化某一范围。从政治上看，这些信息是非常重要的。

在比较各种行动的收益和成本时，估算收益是很有必要的。因为通常很容易货币化成本，在比较中就有必要准确衡量收益。非市场价值可以提供有用的信息，显示人们愿意用多少钱和其他资源保护环境。当没有人愿意贡献时，强调愿意支持环境保护是没有意义的。但是，愿意放弃其他物品来实现目标对政策制定是有意义的。

□ 收入约束的影响

当问及是否愿意每年支付 100 美元保护威廉王子海峡时，一些人（尤其是那些财产有限的人）表现得很矛盾。一方面，他们可能强烈支持保护海峡，并愿意为此做出牺牲。另一方面，100 美元不是个小数目，可能给他们带来很大的影响。收入，即支付能力，会影响非市场估值吗？

对于经济学家而言，关键问题是人们为了保护环境资源愿意付出的代价。一些穷人承担不起那些富人轻易就可以得到的东西，无论这多么让人遗憾，但这就是事实。对于个人或者社会而言，人类面临的是有限的资源，保护环境将需要削减在其他项目或物品上的支出。人们不得不承认，个人或社会面对各种约束，收入是其中之一。因此，收入影响着人们对非市场物品价值的表达。

然而，值得指出的是，货币不是衡量人们牺牲大小的唯一标准。除了用钱之外，人们还通过时间和劳动表达对环境物品的关注。例如，某人可能会花一个周末的时间做海滩清洁项目志愿者，虽然他本可以用这些时间去赚钱。时间和劳动也是有限的资源，个人和社会必须思考如何利用这些资源，就像他们精打细算地花钱一样。

小结

● 估算环境物品的市场价值引发了伦理上的争议。第一，经济学不包含任何环境物品可能拥有的内在价值；第二，估值行为假设其他物品可以替代环境物品；第三，人们可能反对的是他们必须为环境保护付费的假设；最后，人们可能反对将具有精神意义或其他价值的物品"商品化"。

● 另一方面，估算环境收益，能够使其以一种更切实和量化的方式加入有关公共政策的讨论，同时也可以直接比较保护环境的收益与成本。

● 保护环境是要付出代价的。个人或是社会面对保护环境的决策，必须考虑我们能够利用的有限的资源。由于这个原因，经济学家预期收入约束影响人们对环境保护的支付意愿。

● 除了花钱，人们还可以花费时间和精力支持环境保护。

■ 综合分析案例：西班牙风车

风车应该建在西班牙萨拉戈萨附近吗？风力是一种可再生的低碳能源，但是风车占用土地。风车计划建设地点位于拉普拉纳，埃罗布河峡谷中海拔 600 米的石灰岩高原。拉普拉纳是还未被风电厂和第二居所完全覆盖的最后一块高地，是一些猛禽的猎食场所，具有重要的生态意义。建立风力发电厂会扰乱当地鸟类的栖息环境，鸟类会因为碰撞风车死亡，或是难以在悬崖或者树上筑巢。同样，风力发电厂也会改变自然地貌，极大地改变当地景观。

贝格尼娅·阿尔瓦雷斯-法里索（Begoña Alvarez-Farizo）和尼克·汉利（Nick Hanley）利用综合分析法，希望找出影响这片区域的重要要素。他们展示了可供选择的方案，并要求人们对各种选项排序。标准的选项卡片包括了各种选择组合：保护山崖峭壁，保护生境和植物群，保护自然景观以及保护成本。例如其中一套方案是保护山崖峭壁，保护自然景观，不保护生境，保护成本是征收 1 000 西班牙比塞塔（大约 7 美元）的额外税。为了增加选项的真实感，他们向调查对象展示了当前悬崖峭壁的照片，以及通过电脑合成风车和道路后做出的未来风力发电厂建成后的图片。

研究人员用两种方法开展分析。第一种方法是选择实验。向每个调查对象展示三张卡片，并让其选择最偏好的那一张。第二种方法是条件排序。向调查对象展示 10 张卡片，并让他们根据偏好进行 1～10 的排序。在萨拉戈萨共有 488 人接受调查。

结果显示人们对保护峭壁动物群和植物群以及景观有很高的支付意愿。在选择实验中，峭壁估值为 3 580 比塞塔、动物群 6 290 比塞塔、景观 6 161 比塞塔。条件排序法得到的估值较低：峭壁 3 062 比塞塔、动物群 3 978 比塞塔、景观 3 378 比塞塔。

这里有两件事值得我们注意。首先，拉普拉纳总体环境价值对于每个调查对象而言，至少每年价值 10 000 比塞塔，约合 60 美元。该区域共有 600 000 人，因此估计每年的总价值为 60 亿比塞塔，即 3 600 万美元。风力发电厂需要至少生产同产值的电才是有效选择。其次，精确的调查方法至关重要。陈述偏好法的两种调查方法得到的结果之间差别很大，以至于不能解释为随机事件。还没有一种方法可以辨别哪种估算是正确的。这显示了陈述偏好法具有同样突出的优势和劣势：这一方法可以明确估算出规模巨大的非使用价值，但估算值可能不精确，与应用方法是否得当相关。

■ 总结

以下是本章的重点：

- 人们可以出于任何理由欣赏各种物品。对环境物品而言，很多人认为他们并不使用的物品具有非使用价值（也成为被动使用价值），包括选择价值、存在价值以及遗赠价值。
- 陈述偏好法是衡量非市场物品价值的方法，建立在回应假设情境的基础上，而不是以人的实际行为为基础。揭示偏好法是以实际行

为为基础估计使用价值，陈述偏好法可以估计环境物品的使用价值和非使用价值。此外，由于这些方法设定了假设情境，很灵活并且能够适应各种情况。因为这些方法是以回答假设情景为基础，我们需要极大地关注陈述偏好研究的设计，确保结果可靠。

- 条件价值评估研究试图考察人们对环境质量改变的支付意愿。获得相关信息日益普遍的

方法是询问人们是否愿意支持花费特定费用的某项行动。通过改变特定的费用金额，可以估算人们平均愿意为环境改变支付的最大金额。

- 综合分析法关注人们如何权衡物品的不同属性（包括成本）。与标准条件价值评估研究相比，它的选项范围更广。
- 对陈述偏好法的质疑来自假设偏差和范围问题，或称为"温情效应"。首要问题是人们表示愿意支付的金额可能多于实际支付的金额。然而，对比揭示偏好法和陈述偏好法能够发现，人们对假设情境的回应与实际行动接近。第二个问题是不论环境问题的大小，人们都愿意支付同样数目的货币，而人们支持环境保护的原因仅仅是出于温情效应。该问题可能是真实存在的，或仅仅是由于问题

的询问方式。大多数经济学家相信，尽管存在这些问题，陈述偏好法是有用的方法。

- 实验经济学调查人们如何对市场和非市场条件进行回应。例如，研究人员设定假设，关注对假设情境和真实交易的不同回答。
- 人们有时基于道德和伦理立场反对非市场价值评估。反对者认为评估行为缺乏对资源内在价值的认同，反对评估行为对其他物品能够替代环境资源的假设，反对环境保护必须付费的假设，反对将环境物品当作商品来对待。
- 社会时常面临不同的决策，涉及在环境物品与其他物品之间进行权衡。经济学家认为，更好地理解个人保护环境物品意愿涉及的利弊权衡可以为环保决策提供重要信息。

■ 关键词

遗赠价值	综合分析法	条件价值评估法	
存在价值	实验经济学	假设偏差	
选择	随机效用模型		

■ 说明

本章中关于埃克森公司的瓦尔迪兹油轮事件素材中的大部分来自于 Richard Carson et al. , "Contingent Valuation and Lost Passive Use: Damages from the Exxon Valdez Oil Spill," *Environmental and Resource Economics* 25 (2003): 257-286。在埃克森公司的瓦尔迪兹油轮事件之后成立的专家小组对于条件价值评估法的指导方针发表在 1993 年 1 月 15 日的《联邦公报》第 4601～4614 页上，参见 http://www. darp. noaa. gov/library/pdf/

cvblue. pdf。

阿尔戈大坝的案例来自于 Wendy M. Adams, Meghan Cauzillo, Kathleen Chiang, Sara Deuling and Attlia Tislerics, "Investigating the Feasibility of River Restoration at Argo Pond on the Huron River, Ann Arbor, Michigan," Master's Project, School of Natural Resources and Environment, University of Michigan, August 2004, http://sitemaker. umich. edu/argoproject/home。

Richard T. Carson, Nicholas E. Flores, Kerry M. Martin, and Jennifer L. Wright, "Contingent Valuation and Revealed Preference Methodologies: Comparing Estimates for Quasi-Public Goods," *Land Economics* 72 (1) (February 1996): 80 – 99 对揭示偏好法和条件价值评估法做了比较。

不发生真实的交易时，人们会夸大支付意愿，John A. List and Jason F. Shogren, "Calibration of Willingness-to-Accept," *Journal of Environmental Economics and Management* 43 (2) (March 2002): 219 – 233 对此作了研究。

杰森·F·苏格恩（Jason F. Shogren）对实验环境经济学作了一个很好的回顾，Jason F. Shogren, "Experimental Methods and Valuation," in Karl-Göran Mäler and Jeffrey Vincent. (eds.), *Handbook of Environmental Economics*, Volume 2 (Amsterdam: Elsevier, 2005), pp. 969 – 1027。运动纪念品的案例来自于 Craig E. Landry and John A. List, "Using *Ex Ante* Approaches to Obtain Credible Signals for Value in Contingent Markets: Evidence from the Field," *American Journal of Agricultural Economics* 89 (2007): 420 – 429.

理查德·卡森（Richard Carson）和罗伯特·米切尔（Robert Mitchell）检验了范围问题，见 "The Issue of Scope in Contingent Valuation Studies," *American Journal of Agricultural Economics* 75 (1993): 1263 – 1267。W. H. Desvouges 等人关于研究范围问题的评论来自于 *Measuring Nonuse Damages Using Contingent Valuation: An Experimental Evaluation of Accuracy*, Report to the Exxon Corporation, Research Triangle Institute Monograph 92 – 1 (1992)。范围问题是 CVM 特有的问题，相关案例来自于 Daniel Kahneman and Jack Knetsch, "Valuing public Goods: The Purchase of Moral Satisfaction," *Journal of Environmental Economics and Management* 22 (1992): 55 – 70。

最后一个案例来自于 Begoña Álvarez-Farizo and Nick Hanley, "Using Conjoint Analysis to Quantify Public Preferences over the Environmental Impacts of Wind Farms. An Example from Spain," *Energy Policy* 30 (2002): 107 – 116。

练习

1. 陈述偏好法与试图判断消费者是否会购买货架上的一件新物品的市场调研方法紧密相关。例如，当个人 mp3 播放器还没有投入市场时，人们仅有便携式小型碟片机。如何通过意愿调查法和综合分析法判断人们是否将购买个人 mp3 播放器？如果存在区别，使用这些方法时，环境物品与那些能市场化却还未进入市场的物品有什么差别？

2. 林务局正在决定如何分配休憩资金，这笔资金可以用于增加某地区的钓鱼机会（例如，增加鱼群），或者建立更多远足的林中道路。调查展示了若干选择：

选项	鱼群（百条）	远足（英里）	成本（美元）
A	1	8	50
B	4	2	100
C	4	8	125

第一轮调查中，调查对象不考虑成本，对每个选项排序；第二轮调查向调查对象提供成本信息，然后再让他们对选项排序。

(a) 在第一轮调查中，某调查对象选择 C 作为最优选择，选项 A 和 B 并列。在图上绘制不同的坐标组合。鱼群数量是水平坐标轴，徒步远足的英里数是纵坐标轴。画出这一集合偏好的无差异曲线。这些无差异曲线确实如其他无差异曲线一样，反映了自由配置、向下倾斜以及不相交的特征吗？

(b) 比较 A 和 B，调查对象是如何权衡鱼群数量和远足距离的。换句话说，如果他放弃100 条鱼，意味着需要多少英里的远足距离作为补偿呢？通过比较，你认为调查对象如何看待鱼群数量和远足距离的各自价值？

(c) 向调查对象介绍成本信息后，他改变了排序，A 为最优，C 为次优，B 排最后。A 和 B 的偏好程度不再相等的事实是否说明调查对象的偏好不具有一贯的稳定性？请说明原因。

(d) 比较 A 和 C。你认为，当调查对象已经有100 条鱼时，他愿意为额外的 300 条鱼支付多少钱？

(e) 比较 B 和 C。你会如何评价，当调查对象已经有两公里远足距离时，他愿意为额外的六公里支付多少钱？

3. 在阿尔戈大坝研究中，调查对象中 62% 的人更愿意拆毁大坝，而 31% 的人希望保留大坝，7% 的人没有偏好。对那些希望保留大坝的人，估算的保留支付意愿为人均 161 美元，而希望拆毁大坝的人的人均支付愿意大约是 135 美元。安阿伯市的人口大约为 96 000 人。

(a) 民主是每位公民都有投票权。如果安阿伯的一部分人代表所有人，投票表决是否拆除大坝，结果可能如何？

(b) 如果支付意愿是衡量人们对某一问题的关注程度的方法，想要保留大坝的人和想拆除它的人，哪一部分人的反应更强烈？哪个群体更可能通过投票表决表达意愿？

(c) 根据以上估算价值，保留大坝的总支付意愿大于还是小于拆除大坝的总支付意愿？由此得到的建议会与上述（a）和（b）的结果不同吗？如果决策满足以下条件：（1）总人口中的投票人数的投票率高，（2）最热情的那些人鼓励了那些认为应该像他们一样去投票的人，（3）城市管理委员会的决策是基于保留大坝和拆除大坝的净收益孰大孰小，如

此决策的优势与劣势分别是什么？

4. 我们有替代方法取代将环境物品商品化的非市场评估法吗？假设你是公共政策的制定者，如立法者或是政府机构的负责人，你必须决定是支持出台新的石油油轮法规，使消费者面临石油价格上涨，还是保持当前法规不变，面临未来更高的石油泄漏风险。你的决策需要哪些信息？你想得到避免石油泄漏带来的货币化价值方面的信息吗？或者你认为这类信息对你的决策有帮助吗？

5. 你是州政府公园和休憩管理部门的分析师。该州因 Dizzy Vista Mountain 出名，它绝妙的景色就是鹰在附近筑巢。现在州政府有一个提议需要你进行分析。立法者提出每年每户征税 10 美元，用来维护附近区域的生态健康。立法者根据一个邮件调查的反馈信息制定了该提议。在邮件中他询问他的支持者是否他们愿意为这个提案每年支付 10 美元。85% 的人回答愿意。你的部门领导让你检测立法者的调查中是否存在假设偏差。她建议你调查那些去 Dizzy Vista Mountain 的旅行者。她给你一些 Dizzy Vista Mountain 免费的停车券，每张价值 5 美元。

(a) 设计四个实验，各自分别是真实情境、假设情境、结果情境和"随口说说"情境。讨论你期望从每一个实验中学到什么，你如何能利用实验去评估州法规制定者调查中的支付意愿。

(b) 评价一下去 Dizzy Vista Mountain 的旅行者。为什么这是一个适合调研的团体？是否有原因说明它并不是一个很好的研究案例？

6. 现在假设一个立法者，受到州法规制定调查中支付意愿的启发，寄出一份相似的邮件调查问卷给同一组投票人，询问他们是否愿意每年支付 20 美元来保护每一只在美国筑巢的鹰。问卷调查没有讨论 Dizzy Vista Mountain 鹰数量与全国范围内鹰数量的相对规模。在这个案例中，80% 的人赞同。立法者可能从问卷调查中得到什么信息呢？你将会如何设问以避免温情效应或是规模效应，同时获得更加准确的支付意愿估计？

附录：利用随机效用函数模型解释意愿调查法

条件价值评估法采用了投票表决的形式。每一张调查表都询问调查对象愿意为改善环境而需要支付的费用，以及调查对象是否同意或反对。每次调查的结果都列在专栏 7.2 的表 7.1 中。我们如何从这些数据列表中估计支付意愿呢？

在阿尔戈大坝案例中，有两种确切的选择：第一种是"否定"的选择，让一切保持原样无需任何支付；第二种是"肯定"的选择，即做出改进并为这一改变进行一定支付。如果肯定选项比否定选项能给调查对象带来更多的效用，调查对象将更可能选择"肯定"。**随机效用模型**（random utility model，RUM）估算的是可观察要素（例如物品的价格或调查对象的年龄）和不可观察要素（例如调查对象与资源之间的情绪关联）与肯定或否定的选择之间的关系，考虑到某些原因（后文将讨论），不可观察要素在模型中是随机的。RUM 模型假设如果改善环境给人们增加的价值大于他支付改善环境的成本，他就会对付钱改善环境质量这一选项持肯定态度；如果支付成本太大以至于改善环境得不偿失，他就不同意改善环境。

专栏 7.2 的阿尔戈大坝拆迁意愿调查中，两名调查对象 2 号和 5 号都面临征收 450 美元的财产税，用于移走大坝并恢复河流环境。一个人同意而另一个人不同意。对于这两位给出不同回答的调查对象，他们一定有一些可观察或不可观察的不同点。人口统计学要素——收入、受教育程度以及家庭规模等调查对象可观察的属性都可能影响人们的回答。然而常见的是两个人有同样的可观察到的特点，却依然给出不同的答案。在这样的情况下，他们的决策依据就是一些我们无法观察的个人因素。例如，可能是某人比其他人有更强烈的环境主义价值观。RUM 模型的随机部分来自于研究者不能观察但却与偏好有关的各种要素。决策受到调查对象不可观察属性的影响，这些属性在研究者看来都是随机的。因为调查对象的不可观察要素是不同的，例如对环境的偏好之类，这些人中，只有一部分人的可观察属性相同并面临相同的选择，他们会支持移走大坝。

让我们看看一位调查对象的选择。调查对象的收入为 I，这一收入能带给他效用。在"否定"的案例中，他的效用表示为 $U_{no} = b \times I$，这里 b 是一个参数（一个数字），它能将收入（I）转化为效用（U）。在"肯定"的案例中，调查对象将会为环境改善支付的价格为 P，他将获得环境利益的价值为"a"的效用。因为他支付了 P，他的收入在支付后剩下的是 $I-P$。他的效用就是 $U_{yes} = a + b \times (I-P)$，这里 a 是另一个参数，用于衡量从环境物品中得到的效用增加值。当 $U_{yes} > U_{no}$ 时，他的回答是肯定的。这一决策的代数表达是 $a + b \times (I-P) > b \times I$ 或者是 $a - b \times P > 0$。这表明，只要价格少于 $P = a/b$，调查对象将会接受；如果价格高于它，他将拒绝接受。

现在让我们将这一模型扩大至两类人群，一类是很看重环境的人（类型为 e），另一类是不怎么在意环境的人（类型为 d）。由于 e 类人群比 d 类人群更热爱环境，e 类人群就能比 d 类人群从接受选择中得到更多效用：$a^e > a^d$。现在让我们回顾上段中提到的同样的方法，找出在什么价格时，每类人会改变选择，从接受到拒绝。当 $a^e - bP > 0$ 时，e 类人会接受，因此当 P 小于 a^e/b 时，e 类人会接受选择。而 d 类人只有当 P 全部低于 a^d/b 时才会接受。

简单的随机效用函数可以解释更复杂形式的肯定或否定的答案。每个人都会接受低于 a^d/b 的价格。只有 e 类人群会接受位于 a^d/b 和 a^e/b 之间的价格。最后，没有人可以接受高于 a^e/b 的价格。一个随机效用模型可以解释有相同可观察特征的调查对象（此处为收入），对双向选择问题给出不同答案的原因。

图 7.1 估计了阿尔戈大坝拆除项目中面临不同价格接受这一计划的人数比例。例如，当问到是否愿意每年支付 100 美元时，约 38% 的人回答愿意，而当面对每年支付 450 美元时，只有 10% 的人愿意。当然，愿意每年支付 450 美元的人也会愿意每年支付 100 美元，反之可能并不成立。

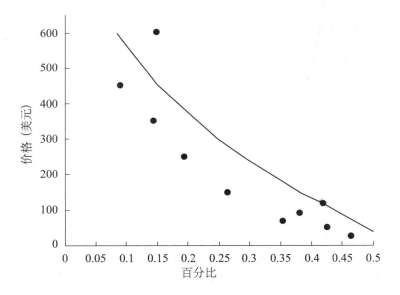

图 7.1　人们对拆除阿尔戈大坝的各种价格接受的比例

黑点显示的是在每一价格下接受的人数比例。曲线则是估计的价格与愿意接受价格的答案之间的关系。

我们如何用这一信息估算有多少人将愿意为了改善环境质量而进行支付呢？假设最初人们愿意支付的价格 P 为 40 美元，去消除威廉王子海峡石油泄漏导致的改变。他对环境改进的支付意愿一定在 40 美元以上。如果支付价格增长为 80 美元时，他可能仍然会愿意接受，但他需要考虑的时间更长。接受这一支付的效用 U_{yes} 仍然比拒绝这一支付的效用 U_{no} 更大，但这一区别在不断缩小。假设他对所有支付价格 P 为 100 美元以内都接受，但对高于 100 美元的所有价格都拒绝。因此他的最大支付意愿就是 100 美元，这一数字就是将他的选票由接受变为拒绝的量。如果价格 P 为 100 美元这个点是他的支付意愿由接受变为拒绝的点，那么在这一点，他接受或拒绝这一支付意愿的效用是相同的，即 $U_{yes}=U_{no}$。换句话说，$a=b\times P$：环境改善增加的效用等于收入效用参数与支出价格相乘得到的效用，支出价格即为从收入中扣除的。在那一点，$a-bP=0$，意味着 $P=a/b$，那一点规定的环境质量差异的支付意愿为 a/b。利用统计学分析得出参数 a 与 b，为计算一个人对环境质量改进的最大支付意愿提供方法。

因为一个人的最大支付意愿是可以估算的，那么就有可能估算出调查对象的平均支付意愿。图 7.2 显示的是估计比例，在整个样本之外，将愿意支付至少为图上表示的那一数量。例如，大约 15% 的人愿意支付至少为 100 美元，而可能约 2% 的人将愿意支付 450 美元。如果这些是仅有的点，那么平均支付意愿将会是 15%×100 美元+2%×450 美元=24 美元。为了得到总的平均支付意愿，需要加总曲线上的每一点，用回答愿意的人的比例乘以这群人的支付意愿。如果支付意愿的值是连续的，那么总的平均支付意愿即为曲线下的区域面积。

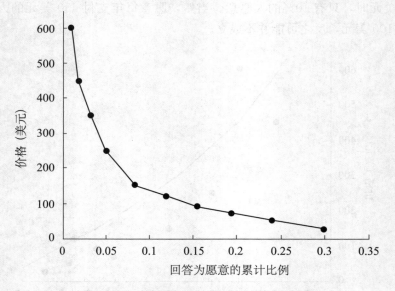

图 7.2 至少愿意支付特定价格的人群比例

图中显示统计学分析中对特定价格愿意接受的人群比例的最优估计。样本中平均支付意愿是将要支付的价格比例的总和乘以价格，更精确的是位于曲线下方的区域面积。

小结

● 可以用询问是或否问题的随机效用模型回答环境质量改善的价格问题，进而估计改善环境质量的支付意愿。

● 随机效用模型假设支付额小于环境改进的价值，调查对象将会对环境质量改进的支付回答"愿意"，如果支付额比环境改进的价值高出很多，他的回答将是"不愿意"。这一决策为调查对象对各种选择的排序提供了相关信息，同时也对其效用层级提供了信息。

● 一旦统计学方法找到了那些可以非常好地预测人们接受与否的参数，我们就可用这些参数估计人们对环境质量改进的最大支付意愿。

环境经济学

第8章

从生产到污染

造纸可以选择使用或者不使用漂白剂。农业生产也可以选择使用或者不使用农药。许多环境政策关注如何使用环境友好的生产方法。本章将讨论：

- 投入（用于生产目的的物品）、技术（生产的不同方法）和生产（利用技术将投入物转化成市场供应的商品的过程）的环境影响；
- 环境政策如何通过改变生产投入的成本减少污染排放；
- 减少污染排放的其他政策的成本。

加利福尼亚州萨利纳斯山谷的农业污染

加利福尼亚州的萨利纳斯山谷土地富饶肥沃，生产许多高经济价值作物，包括草莓、朝鲜蓟、花椰菜、菜花、莴苣等。两种主要投入是氮肥和水。由于这一地区在作物生长期几乎没有雨水，农业主要依靠灌溉。这样的农业生产方式导致氮肥渗入土壤，继而渗入地下水。这种径流被称为氮渗滤液，在全球的农业地区是非常普遍的水体污染物。而地下水是重要的饮用水源，氮污染会造成潜在的严重问题。在20世纪90年代，加利福尼亚州开始探索如何减少氮渗滤液渗入地下水。格洛丽亚·赫尔方、道格拉斯·拉森和布雷特·豪斯（Gloria Helfand, Douglas Larson and Brett House）研究了加利福尼亚的萨利纳斯山谷的氮污染问题。本章中所用的数据就来自于他们的研究。

我们可以很容易地识别有些污染的来源和排放数量，这些是**点源**（point source）污染，例如计算工厂排放的污染、特定烟囱或者排污管排放的污染物。因此，污染控制部门可以相对容易地了解谁在排污、测算排放量并决定污染者是否需要减少污染排放。

相反地，农业污染是隐蔽的：氮溶解于水中，渗入土壤，随着看不见的地下渗漏进入地下水或河流。此外，由于地下水可以流动，难以追溯污染的来源。我们将不确定污染源的污染称为**非点源**（nonpoint source）污染。由于很难测量每个农场或其他非点源排放的污染量，管理者难以简单地规定生产者需要减少特定数量的污染排放，且难以判断生产者是否遵守规定。因此，对于非点源污染，管理者通常采取间接手段，限制能使用导致污染的投入要素。

虽然使用氮肥会引起地下水污染，灌溉水也是导致氮渗滤的主要原因之一。如果没有灌溉，氮元素只会停留在近地表区域；灌溉过多，水将氮元素从植物的根部向下转移到地下水。因此，要减少氮渗滤液，可以减少氮肥的使用量，或者减少水的灌溉，或者双管齐下。在萨利纳斯山谷莴苣种植的案例中，减少氮渗滤液最有效的方式是同时减少氮肥的施用和灌溉水。然而，仅减少水的使用量也会起到良好的效果。限制水的灌溉量可以控制渗滤。

因此，生产者如何选择生产投入具有显著的环境影响。如果管理者了解那些影响决定生产者投入的因素，当生产产生负面环境影响时，就可以知道如何改变这些决策。

投入、产出、技术与环境

生产（production），是指将投入转化为市场中商品的活动。生产出来进入市场的商品是**产出**（output）。例如，莴苣是一种产出。产出通常需要**投入**（input），即生产所需的物质。例如，种植作物的投入包括土地、水、氮肥、农业机械和劳动力。一个市场的产出可以成为另一个市场的投入，如化肥是化工业的产出，也是农业的投入。

在萨利纳斯山谷，生产 3.300 公吨（以下简写为 t，吨）干重的莴苣需要 1 公顷（10 000 平方米，缩写为 ha）土地、78.48 千克（kg）氮肥、673.8 毫米—公顷水（mm-ha，高度为 1 毫米覆盖 1 公顷面积的水量，即 10 立方米的水）以及其他投入，如劳动力和机械。**生产技术**（technique），指的是一系列投入以及将这些投入以一定方式组合起来得到最后的产出。

我们可以采取不同的生产方法得到 3.300 吨的莴苣。例如，多一些氮肥和少一些水，同样可能得到 3.300 吨莴苣。这一系列生产出同样数量产出的生产方法总称为生产某一特定产出的**技术**（technology）。现在，考虑一个种植莴苣的农民选择投入多少水和氮肥用于生产。为简单起见，假定土地数量（1 公顷）和其他投入的数量固定不变，我们在分析生产过程中只考虑两个变量。

图 8.1 里，横轴和纵轴分别表示氮肥和水投入。氮肥的单位是千克/公顷（kg/ha）。水的单位是毫米—公顷/公顷，即 mm-ha/ha。图中的 D 和 B 表示在一公顷土地上产量为 3.300 吨时的两种不同生产方法。

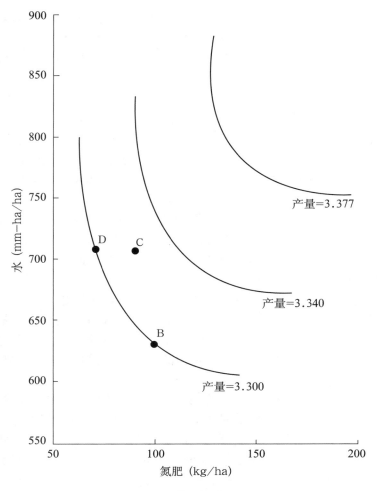

图 8.1　莴苣等产量线

图中展示了莴苣生产的三条等产量线。D 和 B 都代表产量为 3.300t/ha 时的投入束，同一条线上的其他点的产量相同。C 和 D 的水投入相同，如果 C 的产量也是 3.300t/ha，那么其生产是无效率的，因为 C 的氮肥投入多于 D。

图 8.1 里标出了三个点，D、B、C。每一点表示产量为 3.300t/ha 时氮肥和水的不同投入组合。图中画出了三条曲线，称为等产量线。同一条等产量线上所有的投入组合的产出相等。其他投入组合，如点 C，也可能产量相同，但点 C 不在等产量线上。为什么？

先看 B 和 D，它们在同一等产量线上，因此产量相同。但是，两点使用的氮肥和水的数量不同，它们代表不同的生产方法。

考虑点 C。点 C 的生产方法缺乏效率，因为它和 D 的用水量相同，但氮肥投入量多于 D。如果 C 的产出和 D、B 一样，农民怎么会选择这一生产方法呢？如果存在其他产量相同的生产方法，至少能减少某一种投入的数量且不增加其他投入，那么这一生产方法是**无效率的***（inefficient）。只要氮肥的成本不为零，农民便不会选择 C 组合，因为产量都是 3.300t/ha 时，C 的成本高于 D 的成本。因此，C 的生产方法是无效率的，而 D 的生产方法是有效的。对于某种生产方法，如果不存在其他生产方法能产生与其同样的产出且其他投入不变但至少减少一种投入的使用量，那么这一生产方法便是**有效的**（efficient）。也就是说，任何在点 D 下方或者左侧的点的产量都达不到 3.300t/ha。

有效的生产方法有很多种。要保持同样的产量水平，可以减少用水量，但增加氮肥施用量。D 比 B 使用更多的水，但氮肥的施用量少于 B，二者产量都是 3.300t/ha。因此，D 和 B 在同一等产量线上。**等产量线**（isoquant）是生产特定数量产出的所有有效的生产方法的集合。"iso"源自希腊词根，意为相等或同样的。"quant"是英文单词 quantity（数量）的缩写。因此，一条等产量线展示了以不同的方式生产同样数量的产出。

如图 8.1 所示，每一产量对应一条等产量线。线上每一点的投入组合不同，但产量相同。最低的等产量线上投入组合的产出是 3.300t/ha。高于 3.300t/ha（在其右侧）的等产量线是 3.340t/ha；最高的是 3.377t/ha 等产量线。

一条等产量线在另一条等产量线之上，表明其产量更高。更高等产量线上的一点，如 B 点正上方在 3.340t/ha 等产量线上的那一点，投入更多。由于等产量线只包括有效的生产方法，较高等产量线上的点的产量一定高于较低等产量线上的点。如果较高等产量线上的点的产量较少或未变，意味着更多投入的产量更少或未变，因而是无效的。之前提到的正上方的点使用的氮肥数量相同，但水量更多。如果它是有效的，必然产量更高。

现在，考虑等产量线的形状，等产量线一定向下倾斜。要理解这点，考虑存在一条向上倾斜的曲线，表示生产同样产出的不同生产方法组合。这条曲线上更高的点，两种要素的投入都增加，但产量不变，这样的生产方法是无效的。而等产量线只包含有效的生产方法，所以这样的曲线不可能是等产量线。因此，等产量线一定向下倾斜。

和无差异曲线相似，大多数等产量线呈现新月状。（专栏 8.1 展示了一种例外情况。）再次看图 8.1 中的 D 和 B。D 比 B 使用的氮肥更少，水更多。在点 D，保持产量不变，增加少量氮肥的使用量可以减少相当多的水。而在点 B，增加同样数量的氮肥不会减少那么多水。也就是说，当氮肥使用量小而水使用量大时，等产量线的斜率（氮肥使用量变化一单位引起的水使用量的变化）较为陡峭。相反地，点 B 使用较多氮肥，略微减少氮肥的使用量，产量损失（比点 D）小得多；保持产量不变（保持在等产量线上），需要增加的水量小得多。在点 B，水使用量小而氮肥使用量大，等产量线的斜率较为平缓。因此图 8.1 中，等产量线呈凸状。

藻类大量繁殖与等产量线的形状

等产量线的新月形状暗示了可以通过增加其他投入的数量来减少某种投入的数量——也就是说，一种投入可以替代另一种投入。这个假设成立吗？有些科学家认为植物（包括农作物）中存在限制养分假说。这一假说提出，植物的生长需要固定

环境经济学

比例的养分，包括氮、磷和水等。额外增加某一种投入不会增加产出，因为植物的生长受到其他养分数量的限制。这些投入的等产量线是 L 形，表明投入之间是互补品；换句话说，养分之间不能完全替代。

限制养分假说可应用于污染控制。如果水中的氮、磷含量适中，藻类会快速繁殖，消耗了水中的氧气，危害湖中鱼类的生存。这一过程称为富营养化。但是，如果减少湖中磷含量，就能抑制藻类生长。

20 世纪 70 年代，五大湖的一些区域遭受富营养化。密歇根州出台法令禁止在洗衣粉中添加磷，以减少进入湖水的磷。五大湖区藻类大量繁殖的现象得到抑制，水质有所改善。由于对于藻类的生长，氮和磷是互补品而不是替代品，因而只需要控制其中一种投入便能减少富营养化。

小结

● 生产是使用投入品制造产品的过程。生产方法是使用投入品制造产品的方法。特定产出的技术是产出相同条件下的一系列生产方法。

● 如果存在产出相同的其他生产方法，且其至少比原生产方法的某种投入少，那么原生产方法是无效的。如果不存在产出相同的其他生产方法，且其至少比原生产方法减少某种投入（其他投入的使用数量相同），那么原生产方法是有效的。

● 等产量线是产量一定的一系列有效生产方法的集合，表示生产同一产出所使用的不同投入组合。

● 等产量线向下倾斜，且通常是新月形。等产量线越高表示产出水平越高。

等产量线、投入成本和环境政策

之前的分析表明，生产者选择有效的生产方法或者投入组合进行生产，而不选择无效的生产方法。迄今为止，我们还不知道生产者如何在这些有效的生产方法中进行选择。莴苣种植者会选择 3 300 吨等产量线上的哪一点进行生产呢？为什么这样选择？

□ 投入选择

农民可以用多种方式生产莴苣。生产可以是水密集型或者氮肥密集型，使用不同的灌溉技术和不同的采收方法，使用或者不使用农药。生产者如何决定选用哪种生产方法呢？

生产者为了实现利润最大化，希望生产成本最小。如果生产者不考虑生产对环境的影响，用成本最小的生产方法生产，有时会造成污染。影响投入选择从而控制污染的一种方法是采取征税或者补贴改变投入的价格。本节先考察在没有环境政策的情况下生产者的投入和产出决策，然后考察对投入征税后这些决策的变化。

某种生产方法生产成本等于每种投入的价格乘以其数量，然后再将这些结果相加。考虑只有两种投入，氮肥和水。设氮肥的使用量为 N，其价格为 P_N，用水量为 W，其价格为 P_w，总成本为 TC，有 $TC = P_N N + P_w W$。假设我们的农民想要在一公顷土地上生产 3.377 吨莴苣；劳动力、机械和农药的使用量不变，但她可以改变水和氮肥的投入数量。目标是以尽可能少的成本生产 3.377t/ha 莴苣。要实现这一目标应该使用多少氮肥和水呢？

为了解决这一问题，算出氮肥和水的使用量，我们将成本方程重新排列，使它可以加入等产量线的图中。在图 8.2 中，纵轴表示水量。为了将水的消费量用氮肥使用量的方程表示，将生产成本的方程改写如下：

$$TC = P_N N + P_w W$$

得到

$$P_w W = TC - P_N N$$

进一步推出

$$W = (TC/P_w) - (P_N/P_w)N$$

最后一个方程是一条**等成本线**(isocost line)：这条线上的点表示成本相同的所有投入组合。等成本线的斜率为 $-(P_N/P_w)$，即一种投入的价格与另一种投入价格的比率。垂直截距为 (TC/P_w)。TC/P_w 是生产总成本和纵轴所代表的投入要素价格的比率。本案例中，纵轴代表水，因此垂直截距 TC/P_w 表示总生产成本和水价的比率。

图 8.2 画出三条等成本线。每一条线的投入要素价格相同，也就是它们的斜率相同。但是它们的垂直截距不同，即代表不同的成本。截距越高，所代表的成本越大。再次提醒，我们的目标是找出某产量（以 3.377t/ha 的等产量线表示）成本最小的生产方法。

图 8.2 中，低成本与纵轴交点表示水的投入是 1 142mm-ha/ha。在这点农民完全不使用氮肥。水的价格为 0.23 美元/mm-ha。有了水的价格可以算出投入束的成本。低成本线投入束 ($N=0$，$W=1\,142$) 的成本为 $TC = P_w W + 0 \times P_N = 0.23$ 美元 $\times 1\,142 = 262.66$ 美元/ha。因为低成本等成本线上每一点的成本相同，所以这条线上的每一点成本都为 262.66 美元/ha。

现在观察中成本线。它与纵轴相交于 ($N=0$，$W=1\,229$)。这一投入束的成本是 0.23 美元 $\times 1\,229 = 282.67$ 美元/ha，因此，中成本线上每一点的成本为 282.67 美元/ha。最后看高成本线。它与纵轴相交于 ($N=0$，$W=1\,316$)。因此，高成本线上每一点的成本为 0.23 美元 $\times 1\,316 = 302.68$ 美元/ha。

农民怎样才能以最低成本生产 3.377t/ha 的莴苣？考察同时画有等成本线和 3.377t/ha 等产量线的图，即图 8.3。低成本线和 3.377t/ha 的等产量线不相交。因为最低的等成本线无法达到等产量线，因此不可能以 262.66 美元/ha 的成本实现 3.377t/ha 的产量。

中成本等成本线和 3.377t/ha 等产量线相切于点 A。事实上，点 A 是这条等成本线和等产量线的唯一交点——中成本等成本线是这条等产量线的切线。点 A 表示每公顷使用 139.05 千克氮肥和 805.80mm-ha/ha 的水。因为中成本线上每一点的成本都是 282.67 美元/ha，所以这点的成本也是 282.67 美元/ha。

最后，高等成本线上的每一点，包括点 E，成本为 302.68 美元/ha，高于点 A

的成本，因为高成本等成本线上每一点的成本都比 A 高。尽管点 E 和点 A 有同样的产出，点 E 的成本更高，因而不是成本最小的投入束。因此，生产 3.377t/ha 莴苣产量的成本最小的方法是点 A，即等成本线和等产量线的切点。

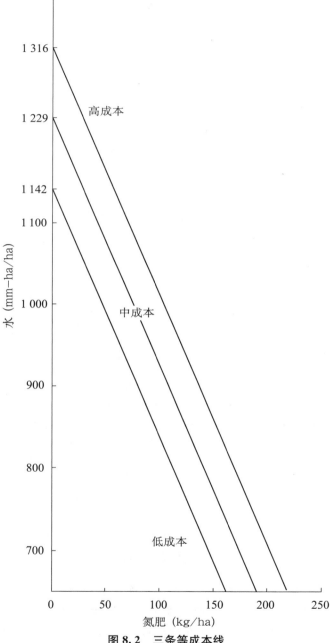

图 8.2　三条等成本线

　　图中展示了三条等成本线。水的价格为 0.23 美元/mm-ha。低成本线上每个投入束的成本相同，因为这些投入束的成本等于垂直截距。例如，低成本线投入束的成本为 $TC = 1\,142\text{mm-ha/ha} \times 0.23$ 美元/mm-ha$=262.66$ 美元/ha。

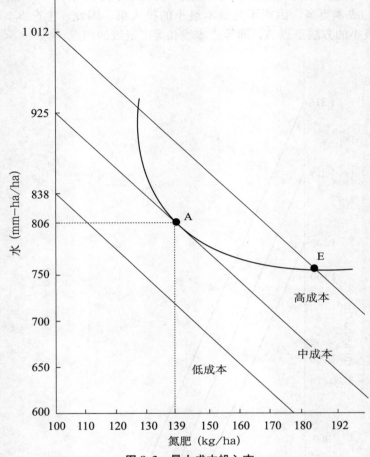

图 8.3　最小成本投入束

点 A 是 3.377t/ha 莴苣等产量线和中成本等成本线的切点。点 A 的投入束为氮肥 139.05kg/ha（四舍五入为 139kg/ha）和水 805.80mm–ha/ha（四舍五入为 806mm-ha/ha）。点 E 也在等产量线上，因此和点 A 产出相同。但是，因为点 E 在高成本等成本线上，它的成本高于点 A。低成本等成本线上的投入束都不能实现 3.377t/ha 的产量。

专栏8.2

节约供给曲线

　　生产过程可以节约多少能源？保持产出不变，节约能源——生产投入之一——需要增加其他生产要素的投入。我们习惯于用**节约供给曲线**（conservation supply curve）展现这一分析过程。横轴表示节约的能源，纵轴表示节约能源需要增加的其他投入的成本。这里，将所有非能源的投入结合起来，统一视为一种复合投入。节约供给曲线和等产量线相似，表示产出不变时两种投入的替代关系。与等产量线不同的是，节约供给曲线的横轴表示节约的能源量，而不是消费的能源量。因此，节约供给曲线向上倾斜，不同于等产量线的向下倾斜。图 8.4 表示造纸业的节能供给曲线，来自沃雷尔（Worrell）等人的研究。他们绘制这个图时考虑了造纸业大量的节能技术。该图表明可以在较低成本下节约大量能源。

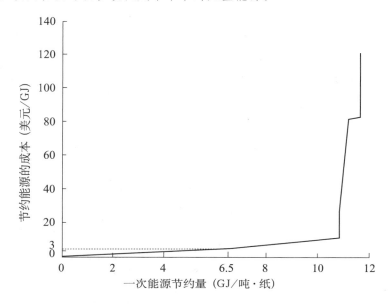

图 8.4　美国纸浆和造纸业的节能供给曲线

本图展示了产出不变，节约能源所需增加的其他投入的成本。由图可知，许多节能方法的成本很低：生产一吨纸，节约 6.5 千兆焦耳（GJ）能量只需花费 3 美元/GJ 的成本。

☐ 改变产出

生产成本是生产者决定产出数量的关键因素，因此，影响生产带来的环境污染的一个关键因素是产量。投入选择决定了生产成本和产量间的联系。

图 8.5 画出了三条等产量线和三条等成本线，每一条等成本线和一条等产量线相切。代表 3.300t/ha 莴苣产量的等产量线和最低的等成本线相切于点 G；也就是说，投入束 G 是生产 3.300t/ha 莴苣成本最低的氮肥和水的投入组合。同样地，投入束 F 和 A 分别表示生产 3.340t/ha 和 3.377t/ha 生产成本最小的组合。

每个投入束可用切点的坐标描述。这里的坐标表示用水量和氮肥量。表 8.1 给出了这三条曲线切点的坐标，以及三条等成本线所对应的成本。投入束 G 的成本等于水的价格（0.23 美元/mm-ha）乘以用水量（673.800mm-ha/ha）加上氮肥价格（0.70 美元/kg）乘以氮肥数量（78.480 kg/ha）。投入束 A 和 G 的成本可由同样的方法算出。

考虑产量不同的情况。表 8.1 的最后一列（标题是数量）代表不同的产量。每一种产量对应一个不同的生产成本。倒数第二列（标题是成本）代表每个产量对应

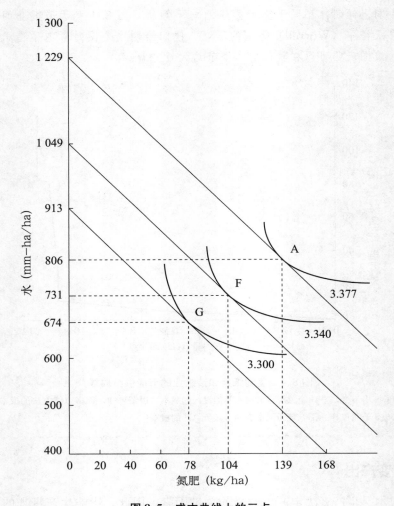

图 8.5 成本曲线上的三点

本图展示了投入选择以及成本如何随产量增加而改变。等产量线用其对应的莴苣产量标识,单位为吨每公顷。成本的计算见表 8.1.

的生产成本。图 8.6 展现了这两列数字(产量及其对应的生产成本),纵轴表示生产成本,横轴表示产量。**成本曲线**(cost curve),C(Q),展示生产特定数量 Q 的产出所需的最小成本。因此,表 8.1 最后两列的数字对应图 8.6 里成本曲线上的三个点。C(Q) 就是成本曲线,它表示每个产量 Q 所对应的生产成本 C。种植莴苣的成本曲线展示了产出和生产该产出所需的最小成本之间的关系。

表 8.1 和图 8.6 中向上倾斜的成本曲线表明生产成本随着产出增加而增加。在这一例子中,氮肥和水的使用量也随着产出增加而增加。尽管并非所有的投入总是随着产出增加而增加,但是,生产的总成本总是随着产出增加而上升。成本曲线在下一章将多次出现。

表 8.1		莴苣生产成本函数上的三个点		
点	氮肥（kg/ha）	水（mm-ha/ha）	成本（美元/ha）	数量 Q（t/ha）
A	139.05	805.80	282.67	3.377
F	104.46	731.40	241.34	3.340
G	78.48	673.80	209.91	3.300

注：氮肥价格为 0.70 美元/kg，水的价格为 0.23 美元/mm-ha。

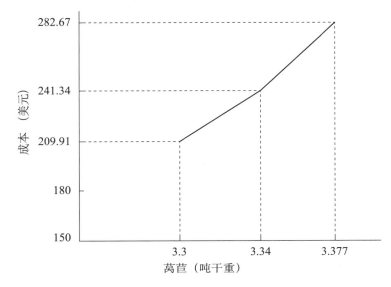

图 8.6　成本曲线

　　成本曲线 C(Q) 表示莴苣生产量和该产量对应的最小生产成本之间的关系。将成本四舍五入至最近的美元整数。

☐ 改变投入价格

　　在萨利纳斯山谷种植莴苣的案例中，氮肥和水不仅能生产莴苣，也造成负外部性，渗滤液污染。如果改变某一种投入的价格，将怎样影响污水问题？保持氮肥价格不变，考虑水价提高后的影响。首先根据新的价格调整等成本线，然后考察调整后的等成本线和等产量线的关系，检验相对价格变化对生产成本和投入要素组合的影响。

　　图 8.7A 和图 8.7B 分别展示了一条等产量线（产出 = 3.377t/ha）和两条等成本线的整体图和局部放大图。注意，两图的坐标轴不同：图 8.7B 的原点是（120kg/ha，700mm-ha/ha），而非（0kg/ha，600mm-ha/ha），以实现局部视图特写。正如我们将要看到的，两条等成本线反映水的两种不同价格，纵轴是水价。等成本线的斜率为投入要素的价格之比，不同水价的两条等成本线斜率不同，与等产量线的切点也不同。也就是说，水价改变，生产 3.377t/ha 莴苣的成本最小的氮肥和水的组合将随之发生改变。价格和投入束发生改变，成本也将改变。

　　回顾等成本线的公式：

$$W = (TC/P_W) - (P_N/P_W) N$$

公式表明等成本线与纵轴的截距为 TC/P_W，斜率为 $-(P_N/P_W)$。斜率，$-(P_N/P_W)$，是氮肥价格和水价之比的负数。如果某投入的价格改变而其他投入的价格保持不变，价格比率发生变化，因此，两条等成本线的斜率不同。从图中只可以看出等成本线的斜率（$-P_N/P_W$）发生变化：斜率变缓，这意味着 P_N 变小或者 P_W 变大。在本例中，水价提高，氮肥的价格保持原来的 0.70 美元/kg，斜率的变化只来自水价变化。

尽管经济学家通常掌握了价格信息，但图中展现的价格变动的过程可以为我们发现价格、数量和总成本之间的关系提供有趣的视角。我们将通过图 8.7 找出新旧水价。

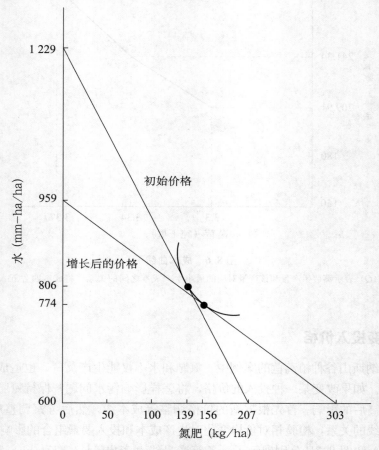

图 8.7A 投入要素价格变化的影响

初始等成本线与水轴相交于 1 229 mm-ha/ha，与氮轴相交于 207 kg/ha。水价增长后的等成本线与水轴相交于 959 mm-ha/ha，与氮轴相交于 303 kg/ha。注意纵轴的原点不是零，而是 600。

在图 8.7A 中，由两条等成本线与两轴的交点计算出两条线的斜率。表示初始价格的等成本线与纵轴交于点（$N=0$，$W=1\ 229$），即氮肥消费量为零，消费水 1 229mm-ha。初始价格等成本线与横轴交于点（$N=207$，$W=600$），即每公顷消费 207kg 氮肥，600mm-ha 水。斜率 $=(600-1\ 229)/(207-0)=-629/207=-3.04$。因为等成本线的斜率为 $-(P_N/P_W)$，因此有 $-(P_N/P_W)=-3.04$，或者 $P_N/P_W=$

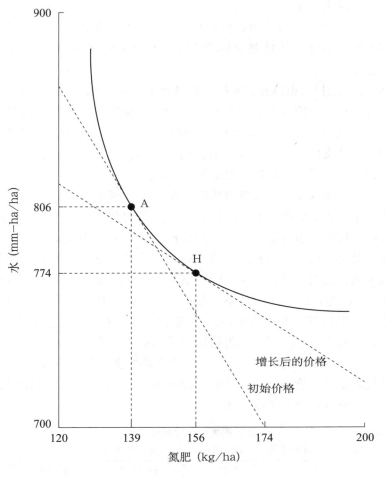

图 8.7B 投入要素价格变化的影响

初始价格下选择的投入束为水 ＝ 806 mm-ha/ha，氮肥 ＝ 139 kg/ha。水价提高后的投入束为水 ＝ 774mm-ha/ha，氮肥 ＝ 156 kg/ha。

3.04。求解 P_W 得 $P_W = P_N/3.04$。又 $P_N = 0.70$（氮肥初始价格），等式变成 $P_W = 0.70/3.04$。因此，水价为 $P_W = 0.70/3.04 = 0.23$ 美元。结果正应如此，因为水的初始价格就是 0.23 美元 mm-ha/ha。

现在，我们来计算高水价等成本线上的水价。新的等成本线与纵轴的截距为 959，新的横轴截距为 303；因此，新等成本线的斜率为 $-(P_N/P_W) = -(959-600)/303 = -1.18$。同样可以算出，$P_W = (0.70)/1.18 = 0.59$ 美元。水的价格增加了 0.36 美元/mm-ha。

现在考察等成本线和等产量线间的关系。图 8.7A 中的两条等成本线与等产量线相切于不同的点。记住，每条等成本线表示同样成本下的所有可能的投入束，而等成本线和等产量线的切点表示成本最小的投入束。因此，图 8.7A 中两条等成本线与等产量线相切于不同的点，表示水价变化时，产量为 3.377t/ha 下的成本最小的氮肥和水的组合也发生变化。

接下来，看图 8.7B。图中可以更清楚地看到切点。点 A 是 3.377 等产量线和初始价格等成本线的切点。点 H 是价格增长后（$P_W = 0.59$ 美元）的等成本线和 3.377 等产量线的切点。

点 A 和点 H 的投入束以及每种投入价格和生产成本如表 8.2 所示。保持产出不变，水价上升，有效的投入束发生变化：水的消费量减少，氮肥消费量增加。新的切点中水的消费量减少至 773.60 mm-ha。这样的结果并不奇怪：如果水价提高，生产者希望减少一些支出，所以减少水的使用。要保持产出不变，生产者必须增加氮肥的使用。因此，氮肥的消费量增加至 156.48 kg。

那么，当一种投入要素的价格增长时，总的生产成本如何变化？首先，考虑哪些事情可能发生。当水价提高时，生产者可能用氮肥替代水以避免提价的影响。生产者可以在一定程度上用氮肥替代水，但生产不可能完全不用水。因此新的成本最小的投入束还是会包括一些氮肥消费和一些水的消费。新投入束的成本总是高于旧投入束的成本吗？是的，总是如此。旧价格下的最小成本投入束的成本小于新价格下的投入束。（因为它是唯一的最小成本投入束，图中只有一个最小成本投入束。）由于新价格高于旧价格，新投入束的成本高于该投入束在旧价格下的成本。所以，新投入束的成本高于旧投入束在旧价格情况下的成本。生产成本随着价格的增加而增加。这并不意外，生产 3.377 吨生产的总成本增加至 565.96 美元/ha。

如果某投入要素的价格下降，采取同样的分析方式。生产者将使用更多价格降低的投入要素，总的生产成本将下降。

表 8.2 **投入要素价格变化和成本**

水价改变时，农民改变水和氮肥的投入量，保持产出不变，使成本最小化。

切点	氮肥 （kg/ha）	水 （mm-ha/ha）	氮肥价格 （美元/kg）	水的价格 （美元/mm-ha）	成本（美元）
初始（图 8.7B 中的点 A）	139.05	805.80	0.70	0.23	282.67
价格上升（图 8.7B 中的点 H）	156.48	773.60	0.70	0.59	565.96

□ 新的生产方法

生产方法是将投入要素转化为产出的方法。生产方法影响等产量线的位置和形状。新的生产方式通常指经过改善的实现方式。例如，农艺研究可能发现更好的灌溉方式或者施肥的更好时机。更好的生产方法指能够实现同样的产出，但至少减少一种投入要素的使用量同时保持其他投入不变。

生产方法变化如何影响等产量线呢？图 8.8 展示了新的改进的生产技术。较高的等产量线表示原来生产 3.377t/ha 莴苣的等产量线，其生产成本为 282.67 美元/ha，分别投入 $N = 139.05$ kg/ha 和 $W = 805.800$ mm-ha/ha。如果不增加要素投入量，或者减少至少一种要素的投入量，新的等产量线会下移。较低的等产量线代表改进的生产技术，更接近原点，但是 3.377t/ha 的产出水平保持不变。不过，较低等产量线的成本为 209.91 美元/ha，低于原来生产方法的成本。要素投入 $N = 78$ kg/ha 和 $W = 674$mm-ha/ha，也都分别低于原来的投入水平。

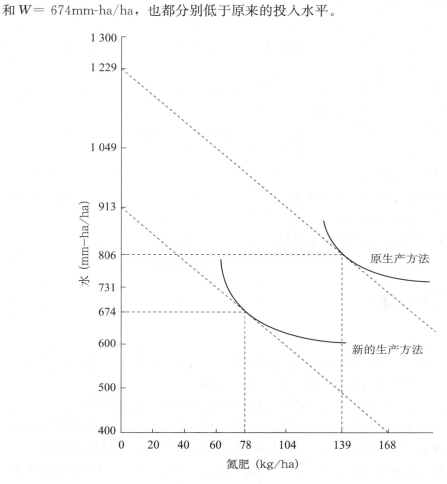

图 8.8　技术进步

图中两条等产量线的产量都是 3.377t/ha。较低的等产量线需要的投入较少，因此能以较低的成本生产同样数量的产出。旧等产量线移动到新等产量线的过程就是技术进步。

多数情况下，生产方法只会改进：毕竟，如果可以在较高成本和较低成本的生产方式中选择，生产者为什么要选高成本的方法呢？然而，生产者有时可能需要选择成本更高的生产方法以实现其他目标——可能是环境保护、来自利益集团的压力或者对采用新技术的限制。在这些情况下，选择的方向改变：生产者可能需要采用较高等产量线所代表的生产方法，尽管她可能更愿意采用较低等产量线所代表的新的生产方法。限制技术的使用将增加生产成本。

● 等产量线指生产同样产出的不同生产方法（投入组合和生产方式）。等成本线指具有相同总成本的投入组合。

● 生产者要寻找以最小成本的方式生产所需产量。要实现这点，生产者寻找和等产量线相切的最低等成本线。和等产量线相切的最低等成本线含义是生产给定数量产出所必需的最低的每种投入总成本。

● 某种投入要素价格上升导致该种要素的投入量减少和总成本上升。某种投入要素价格下降导致该种投入要素的使用量增加和总成本下降。

● 新生产方法使等产量线向下移动。生产者通常只会采用新生产方法。因为相比旧的生产方法，新的生产方法所需投入更少，从而生产成本更低。

● 成本曲线，$C(Q)$，表示生产特定数量 Q 的产出需要购买投入要素的最小支出。成本曲线概括了生产成本和产量之间的关系。如果产量增加、某种投入要素的价格上升或者生产者被要求采用效率较低的生产技术，则生产成本上升。如果采用改进的技术，或者投入要素的价格降低，那么生产成本下降。

成本和环境

了解生产者行为是认识环境问题根源的关键。当我们讨论农民的氮肥和水的使用选择时，同时要考虑这些投入要素带来的环境影响。

等产量线表示每公顷土地上同样数量的产出所需氮肥和水的不同组合。类似地，我们可以画出一条等污染曲线，表示造成同样程度地下水污染的水和氮肥的不同组合。**等污染曲线**（isopollution curve）表示造成同样污染水平的不同投入组合。

萨利纳斯的等污染曲线如图 8.9 中的虚线所示。等污染曲线没有固定的形状。在这个农业案例中，等污染曲线向下倾斜，因为如果氮肥使用量不变，水的使用量增加，污染将增加。图 8.9 中，这条曲线对应的成本最低的生产方法造成了 121 kg/ha 的渗滤液污染。（该污染值不能从图中直接得出，而是通过一个农业径流模型计算得到。）

这条线和其他线没有切点。这是因为在没有管制的情况下，农民没有经济激励去了解生产造成的污染。她只感兴趣找到在每公顷土地上生产 3.377 吨莴苣的成本最低的生产方法。农民所作的生产选择决定了污染水平。如果她关心污染问题并了解硝酸盐渗滤液的复杂性，那么她会以污染较少的方式进行生产。这一生产方式的成本也更高。成本最小的生产方式通常不是污染最小的方式。

这个问题很普遍。第 3 章中曾提到，当市场活动使交易活动以外的人受影响时，就产生了外部性。污染是生产过程中无意产生且往往没有被意识到的副作用。只要

环境经济学

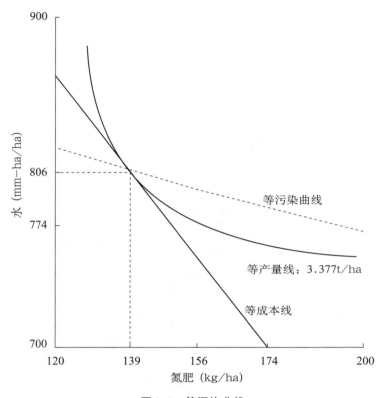

图 8.9 等污染曲线

等污染曲线上所有的投入组合造成同样水平的污染，121kg/ha。

最小污染的生产方式不是成本最小的方式，控制污染必然增加生产成本。

正因为如此，污染控制政策关注成本和污染之间的直接关系。我们将等产量线和等污染曲线放在同一图表中以考察它们之间的关系。图 8.10 中重复了价格变化图，即图 8.7B 中的所有要素，并加入两条等污染曲线。"初始污染"线表示 121kg/ha 的渗滤液污染。"较低污染"线是新添加的，表示造成 116.4 kg/ha 污染的所有氮肥和水的组合。

管理者的目标是将渗滤液污染从 121kg/ha 减少到 116.4 kg/ha。可以通过两种方式达到这一目标：或者告诉生产者她造成的污染水平，或者改变与污染相关的投入要素的价格。首先观察改变价格的情况。

图 8.10 中只有一条等产量线，因为莴苣的产量保持不变。等成本线有两条。点 A 所在的线代表原水价的等成本线。在初始价格下，选择点 A。因为它是等产量线和等成本线的切点。点 A 还在初始污染线上：生产 3.377t/ha 莴苣消费水 806mm-ha/ha 和氮肥 139kg，造成 121kg/ha 的渗滤液污染。

现在假设对水价征收 0.36 美元/mm-ha 的税。对于农民来说，水的价格从 0.23 美元上升到 0.59 美元/mm-ha。保持产量不变，如果水价上升，农民的投入选择由点 A 移动至点 H。包括点 H 的线代表新水价的等成本线。在新的价格下，选择点 H。因为它是等产量线和新的等成本线的切点。也就是说，农民将改变水和氮肥的

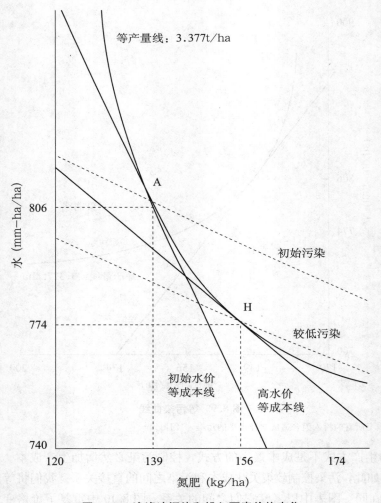

等产量线：3.377t/ha

水 (mm−ha/ha)

806 ········· A

初始污染

774 ········· H

较低污染

初始水价
等成本线

高水价
等成本线

740

120   139   156   174

氮肥 (kg/ha)

图 8.10　渗滤液污染和投入要素价格变化

　　初始的渗滤液水平是 121kg/ha。当水价上升时，保持产出不变，选择的最低投入束位置从点 A 变为点 H。新的成本最小的投入束位于低等污染曲线上。新投入束的渗滤液水平是 116.4 kg/ha。

投入组合，每公顷土地用水从 806mm-ha 变为 774mm-ha，氮肥使用量从 139kg 变为 156kg。因此，农民以改变氮肥和水的投入回应水价的改变，污染水平也从 121.0kg/ha 下降为 116.4kg/ha。一般情况下，提高某种能导致污染的投入要素的价格会降低污染的影响。

　　因此，税收可以成为一种污染控制政策。现在考虑替代选择：排放标准。污水意味着排放，或者污染。**排放标准**（effluent standard）指要求排放不能超过特定污染水平。假设农民不改变莴苣的产量，管理者要求农民的生产不能产生超过较低等污染曲线所代表的渗滤液污染，116.4 kg/ha。在该标准下，农民会选择哪个投入束呢？当没有税收或排放标准时，农民选择点 A。点 A 也在初始等污染曲线上。再看图 8.10，较低的等污染曲线和等产量线相切于点 H。点 H 的投入组合满足管理者的要求，点 H 右侧的点也能满足要求，因为它们造成 116.4 kg/ha 或者更少的污染。但是右侧的点成本高于点 H。因此，满足排放标准的有效的氮肥和水的投入束在点 H。这与征税时的有效投入束是一样的。

不管是实行征税还是排放标准，农民生产 3.377 t/ha 莴苣，最终选择投入氮肥和水的数量一样，造成同样水平的污染。不同之处在于其生产成本。制定标准的情况下，水价不变。实行征税，每单位水的价格上升——不仅是针对管理者希望农民减少的用量部分。表 8.3 表明实现排放标准的成本是 287.46 美元/ha，比初始的 282.67 美元/ha 高出一些。但在征税情况下，生产成本为 565.96 美元/ha，比初始成本高出许多。因此，当产量保持不变时，排放标准与没有标准相比，污染较低，成本较高；而税收导致同样的污染削减量，但与排放标准相比，生产成本大大提高。

表 8.3 的第一行和第二行是提价产生的影响。最后一列表明为什么农民反对以提高水价的方式减少污染。因为农民的生产成本几乎翻倍！

尽管采取排放标准减少渗漏到地下水的氮具有成本优势，但在非点源如农业的情况中采取排放标准经常不切实际。因为难以监测每块农田的污染排放，所以很难执行排放标准。征税避免了这一难题，但提高了农民的每单位水价。

除了税收和排放标准还有其他选择吗？一种可能是限制生产技术。**技术标准**（technology standard）指要求以特定方法生产商品。技术标准的一个典型案例是建筑规范要求使用双层窗以节约能源。在莴苣的案例中，技术标准可以要求农民采取点 H 的投入组合。这类标准能如同排放标准一样，达到同样的控制效果。不过它的基础是管理者知道有效的投入组合。

表 8.3　　　　　　　　　　　　　　　　**价格和数量控制后的成本**

第一行表示在切点 A 的氮肥和水的初始数量。第二行表示在切点 H，采取征税提高水价后，新的氮肥和水的使用量；生产成本几乎翻倍。第三行表示排放标准作为一种替代政策，减少同样数量的水量，氮肥使用数量不变，减少同样的渗滤液污染只增加了少量生产成本。

切点	氮肥 （kg/ha）	水 （mm-ha/ha）	氮肥价格 （美元/kg）	水的价格 （美元/mm-ha）	成本（美元）
A	139.05	805.80	0.70	0.23	282.67
H（对水征税）	156.48	773.60	0.70	0.59	565.96
H（排放标准）	156.48	773.60	0.70	0.23	287.46

本例中，要求投入组合为 H 的技术标准能实现 3.377 t/ha 的莴苣产量，同时满足 116.5 kg/ha 污染的环境目标。然而，我们无法保证政府能够选择同时满足生产和污染目标的技术标准。管理者并不掌握农民知道的土壤条件信息，而土壤条件影响作物生长和污染水平，因此，管理者制定的技术标准往往不能实现这些生产和污染控制目标。第 12 章将进一步讨论应该采取的政策类型。

到目前为止，我们都假设产出保持不变。事实上，生产成本变化对产量也有影响。征税或者制定标准都会导致产量降低、消费者面临价格上升。然而，这两种手段对产量和价格的影响程度不同。减少同样的污染，征税比制定标准对企业成本的影响更大。下一章将讨论二者的区别。

小结

● 等污染曲线表示产生同一水平污染的不同投入组合。

● 因为污染具有外部性，因此生产者在生产过程中决定投入多少要素时，不会考虑投入造成的环境影响。

● 如果成本最低的投入组合造成污染，就会发生污染。换而言之，当污染比不污染的成本低时，生产者会污染环境。

● 减少污染的一种方法是改变投入要素的相对价格。例如，对造成污染的生产要素征税。生产者为了成本最小化，将选择污染更少的投入组合。

● 制定法规标准也可以减少污染，例如限制污染排放的排放标准。保持产出不变，实行排放标准实现的污染水平和投入组合与征税相同，但增加的生产成本少于征税情况。

● 技术标准则要求执行特定的生产工艺或技术。如果保持产量不变，技术标准实现的污染水平和投入组合与排放标准或征税的结果相同。

电力生产的投入

电力生产所需的许多投入要素中，有些投入要素比其他要素产生更多的温室气体。石油产生的二氧化碳（CO_2，一种温室气体）少于煤，而天然气产生的二氧化碳少于石油。在美国，来自电力生产的二氧化碳排放从 1995 年的 2.08 万亿吨增长到 2005 年的 2.51 万亿吨。接着，由于石油价格上涨，发电厂开始更多地使用天然气。结果，2006 年，来自电力生产的温室气体排放降至 2.46 万亿吨。

丹麦在 1990—2004 年间，来自能源生产的温室气体排放降低 1.7%。排放降低主要因为能源使用从煤转向天然气，并且逐渐增加可再生能源的比例，如风能。1997—2004 年间，丹麦对生产者和消费者征收碳税。与使用低排放投入要素（如天然气和风能）的生产者相比，碳税提高了那些使用高排放投入要素（如煤和石油）的生产者的成本。

在以上两个案例中，污染性生产要素价格提高都导致生产者改变生产技术，寻求污染较低的替代技术。区别在于其中之一是精心选择税收政策实现环境目标。

总结

以下是本章的重点：

● 生产者投入要素进行生产。生产方法是投入要素如何结合起来进行生产的方案。如果没有其他生产方法具有同样的产出，并能够保持其他投入不变时至少减少一种投入要素使用量，那么这种生产方法便是有效的。

● 等产量线表示产出相同的不同投入组合。等产量线向下倾斜意味着要保持产出不变，减少一种要素的投入量需要增加另一种投入要素的使用量。如果等产量线向上倾斜，那么等产量线就不能表示有效的生产方法，因为投入增加但产出不变。

● 等成本线表示同样成本的不同投入组合。如果生产者想以最小成本生产某一数量的产出，那么就要找到和表示这一产量的等产量线有交点的最低的等成本线。由此找到的切点确定了该产出的成本最小的投入组合；同时确定了最小生产成本。

● 如果投入要素价格、生产技术或者产量改变，成本最低的投入组合将随之改变。某种投入要素价格上升，生产成本或者增加或者保持不变。如果某种投入要素价格下降，生产成本或者减少或者保持不变。技术改进降低生产成本；生产者不会自发选择较差的技术，除非受到政府规定或其他形式的压力。

● 成本曲线展示了产量和该产出的最小成本间的关系。生产成本随产出增加而上升。

● 等污染曲线表示产生同样污染水平的不同投入组合。

● 生产者的决策会对环境产生影响。但仅有价格信号通常不能提供足够的激励使生产者将环境影响列入考虑。如果成本最小的生产方法导致污染，那么污染和其他环境危害就会发生。

● 通过征税或者管制环境损害行为，政府可为生产者提供减少环境破坏的激励，从而使生产者改变投入组合以实现生产成本最小化。

■ 关键词

节约供给曲线	等产量线	成本曲线
非点源	有效的	产出
排放标准	点源	无效率的
生产	投入	生产技术
等成本线	等污染曲线	技术
技术标准		

■ 说明

通过减少用水来减少氮渗滤液的信息来自 Gloria E. Helfand，"Alternative Pollution Standards for Regulating Nonpoint Source Pollution," *Journal of Environmental Management* 45 (1995)：231 - 241。道格拉斯·拉森和布雷特·豪斯也为案例的研究提供帮助。

农业产量方程参考自 Sadi S. Grimm，Quirino Paris and William A. Williams，"A von Liebig Model for Water and Nitrogen Crop Response," *Western Journal of Agricultural Economics* 12 (1987)：182 - 192。

藻类大量繁殖的故事来自 Gloria Helfand and

John Wolfe, "Michigan's Environment," Chapter 20 in Charles Ballard, Paul Courant, Douglas Drake, and Elizabeth Gerber (eds.) *Michigan at the Millennium* (Lansing: Michigan State University Press, 2003)。

节约供给曲线参考 Ernst Worrell et al., "Opportunities to Improve Energy Efficiency in the U. S. Pulp and Paper Industry", Lawrence Berkeley National Laboratory Paper # 48354, 2001。

美国电厂排放的信息来自 U. S. Energy Information Administration, "Emissions from Energy Consumption at Conventional Power Plants and Combined-Heat-and-Power Plants, 1995 through 2006," *Electric Power Annual*, Table 5.1 October 22, 2007。了解美国能源利用的更多信息，请访问美国能源信息署的网站：http://www.eia.doe.gov/fuelectric.html。

丹麦能源生产排放的信息来自联合国气候变化框架公约，"Report of the centralized in-depth review of the fourth national communication of Denmark" (February 1, 2007), paragraph 23, p. 7 and paragraph 67, p. 16. http://unfccc.int/resource/docs/2007/idr/dnk04.pdf。

练习

1. 地表臭氧水平是等污染曲线不总是向下倾斜的一个有趣例子。臭氧是一种大气污染物，是碳氢化合物（HC）和氮氧化物（NO_x）（这两种物质本身也是污染物）在阳光照射下发生化学作用的产物。臭氧等污染曲线的大部分向下倾斜，但另一头向上折起。图 8.11 展示了两条等污染曲线，其中一条代表的臭氧水平高于另一条。因此，点 A 表示的臭氧水平高于点 B。实际中，大气污染治理者通常要求同时减少氮氧化物和碳氢化合物的排放来减少臭氧污染。如果假设臭氧水平为点 B，管理者只要求减少造成污染的氮氧化物的排放水平。这种现象称为氮氧化物失效（disbenefit）。这时臭氧水平将如何变化？

2. 汽车制造商投入机器和劳动力生产汽车。生产 50 辆汽车需要如下机器和劳动力的投入组合：

机器	劳动力
5	2
4	3
3	5

(a) 横轴表示机器使用，纵轴表示劳动力。如果你将这些点画在图中，你画出的是什么图？也就是说，这些不同的投入组合表示什么？

(b) 假设机器的成本为 30 美元/台，劳动力成本为 40 美元/人。这些投入组合的成本分别为多少？当机器的成本为 50 美元、劳动力成本为 40 美元，以及机器成本为 70 美元、劳动力成本为 40 美元时，请用类似的方式计算总成本。

(c) 当机器价格为 30 美元、劳动力价格为 40 美元时，哪个是成本最低的投入组合？当机器的成本为 50 美元、劳动力成本为 40 美元，哪个是成本最低的投入组合？当机器成本为 70 美元、劳动力成本为 40 美元时呢？

(d) 如果机器对劳动力的相对价格提高，最小化成本的机器和劳动力投入的相对数量怎么变化？

(e) 如果机器价格提高，而劳动力价格不变，生产 50 辆汽车的可能最小成本发生什么变化？

(f) 假设机器的使用会导致污染，而劳动力不

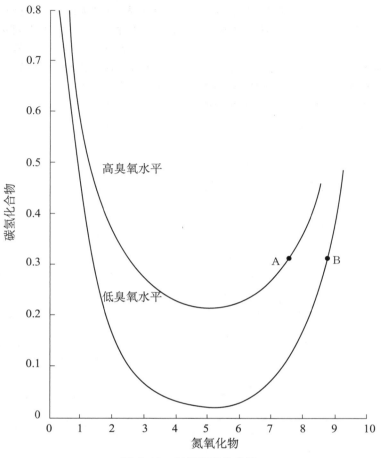

图 8.11　臭氧等污染曲线

会。不考虑环境成本时，机器的成本为 30 美元/台，但每台机器造成 20 美元的环境破坏；劳动力成本仍为 40 美元。环境破坏不会损害生产者。如果不存在关于污染的法规，汽车制造商会选择哪种投入组合，他的成本为多少？

（g）如果汽车制造商要为使用机器造成的环境破坏支付赔偿，制造商将选择哪个投入组合，此时的成本为多少？

（h）如果政府改为采取制定标准的方法，限制最多使用 4 台机器，制造商将选择哪个投入组合，此时的成本为多少？

3. 从表 8.2 中可知，当氮肥价格为 0.70 美元/kg、水的价格为 0.23 美元/mm-ha 时，

菜农选择的投入组合为（$N = 139.05$，$W = 805.80$）。假设这些投入的价格都变为原来的两倍。投入组合会变化吗？为什么？成本将如何变化？

4. 考虑以下情况：生产过程中有许多种投入，其中两种投入的作用完全相同。例如，假设带斑点的红苹果和不带斑点的红苹果可以完全互换，制作同样美味的苹果派。以成本最小化来制作苹果派的方式是否唯一？假设两种苹果开始的价格相同；后来，带斑点苹果的价格上升。价格上升后将采用哪种苹果？成本曲线会因为价格上升而向上平移吗？应该如何描述这两种苹果在制作苹果派过程中的关系？

5. "污染预防"的含义是,企业不是在污染产生后再减少污染,而是通过使用污染较少的投入要素和改进生产流程,减少污染的产生。

(a) 污染预防的论据之一是,污染其实是浪费,减少浪费就降低了成本。例如,有些情况下,企业能够回收和再利用那些本来会被排放到大气或水中的物质。如果可以利用这些物质,企业为什么要将它们当作废弃物?

(b) 有些情况下,企业预防污染可以降低成本、提高利润。一种解释是,企业没有建立污染防治时,其运行是无效的。还有其他解释吗?

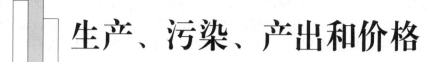

第9章 生产、污染、产出和价格

　　总排放量等于每单位产出的排放乘以每个企业的产量，再乘以生产企业的数量。本章将讨论这个公式的第二部分和第三部分：在短期和长期，污染控制政策如何影响每个企业的产出和行业中的企业数量。反映生产成本和产出数量之间关系的企业成本曲线可以用于分析产量。我们还将看到污染控制成本如何通过提高价格传递给消费者，以及增长的价格导致消费减少从而减少污染。

　　研究企业行为的模型很多。本章主要采取一种十分有用的基线模型，其中企业是价格的被动接受者：企业对投入要素和产出商品的市场价格做出反应，但不能改变价格。本章将讨论：

- 生产成本和边际成本概念；
- 利润对某一企业决定产量和污染数量的影响；
- 在一个行业中，污染控制怎样造成了减少行业产出和提高消费者价格的影响。

造纸产生的污染

　　纸张，虽然是学生学业过程中的一种重要投入，但几乎没有得到关注，更不要说关心它的来源。因此，纸张使用者很少考虑造纸产生的副产品：空气污染、水污染和对森林生态系统的改变。

　　造纸首先要采伐森林里的树木。木材生产中，树木的大小决定了其所能生产的木板的大小。与木材生产不同，树木的大小对纸张生产的影响不大。关键的是从一个地区的树木所能获得的纸浆量。因此，造纸林与木材林和原生态的森林相比，树龄更小，生态特征也不同。

采伐木材后，造纸厂在木材中加入化学品制成纸浆。这一过程通常会向空气和水体排放污染。水污染物包括生物需氧量和化学需氧量——化合物消耗了水中的氧气，危害多种水生生物。空气污染物包括温室气体、氮氧化物、碳氢化合物（促进形成烟雾）和二氧化硫（引起酸雨和酸雪）。在一定距离内，人们很容易发现漂白使用的漂白剂的明显气味。之后，纸浆才变为纸张。

1999 年，欧盟（EU）要求造纸业采取污染控制措施，大约提高了 2% 的成本。该法律给予现有企业八年的适应期，而要求新企业立刻执行规定。允许现有企业比新企业执行较低标准的现象称为祖父原则。不受新规定限制的企业的生产成本低于受规定限制的企业。我们用造纸的例子讨论生产成本和污染的关系。

生产成本

等产量线表示企业采用的生产方法。根据投入价格和等产量线绘制成本曲线，即 $C(Q)$。经济学中通常包括所有投入的成本，而不管企业主是否需要为此付费。企业需要但没有付费的投入要素视为机会成本，即这些要素用于其他非企业的最佳用途时的价值。例如，企业主拥有一座建筑物用于生产，而不必付租金，经济学家将这座建筑物的市值租金视为一种生产成本。我们可以从成本曲线得到固定成本曲线和可变成本曲线、平均固定成本曲线和平均可变成本曲线以及边际成本曲线。我们将利用这些曲线研究企业产出和利润。

□ 生产投入的固定成本和可变成本

生产成本是用于生产的投入的成本。生产纸张或者其他产品的投入可以分成三类：厂房及设备、劳动力和物料。厂房及设备是**资本**（capital）；用于购买这些商品的投资称为**资本成本**（capital cost）或者**资本投资**（capital investment）。在一个关于瑞典造纸业的研究中，Per-Olov Marklund 和 Eva Samakovlis 发现，资本占总成本的 20%，劳动力占总成本的 56%，剩下的成本来自能源和物料。本章的成本曲线以他们的研究为起点。

决定生产多少纸张时，需要考虑企业改变投入达到另一个生产水平所需的时间。如果造纸厂经理想提高产量，他可以买入更多木材、化学品，雇用更多工人。然而，资本成本需要一段时间才能改变：扩建厂房或者建设新的工厂。可以在短时间内改变的投入称为**可变投入**（variable inputs）。需要相当一段时间才能改变的投入——厂房和设备——称为**固定投入**（fixed inputs）。足够改变可变投入但还不足够改变固定投入的时间尺度称为**短期**（short run）。**长期**（long run）指所有的投入都可以改变的时间尺度。

现在考虑这些投入的成本。首先，造纸厂不进行生产时的成本是多少？如果产量为零，企业经营者不需支付木材、化学品或者其他可变投入的成本。但还是要支付厂房和设备贷款。因此，资本成本称为固定成本。**固定成本**（fixed costs），FC，是不生产时的成本：$FC = C(0)$。

生产产量 Q 的可变成本记为 $VC(Q)$，指可变投入的成本：劳动力、材料和能源。**可变成本**（variable costs），VC，是所有非固定投入的成本：$VC(Q) = C(Q) - FC$。

企业经营者还需要知道生产纸张的平均成本。**平均成本**（average cost），记作 $AC(Q)$，等于成本除以生产数量：$AC(Q) = C(Q)/Q$。**平均可变成本**（average variable cost），$AVC(Q)$，指生产某一数量产品的可变成本除以生产数量：$AVC(Q) = VC(Q)/Q$。**平均固定成本**（average fixed cost），$AFC(Q)$，等于将固定成本除以所有的生产数量：$AFC(Q) = FC/Q$。不管生产多少，固定成本保持不变，因此，AFC 随着 Q 的增大而减少。造纸厂的 Q、C、AC、FC、AFC、VC 和 AVC 如表 9.1 所示。数量的单位是千吨，缩写为 kt。$C(Q)$ 和 FC 来自 Marklund 和 Samakovlis 的研究，其他列根据以上讨论的公式推导出来。

表 9.1 造纸厂的成本

Q （千吨）	$C(Q)$ （千美元）	$AC(Q)$ （美元/吨）	FC （千美元）	$AFC(Q)$ （美元/吨）	$VC(Q)$ （千美元）	$AVC(Q)$ （美元/吨）
20	104 881	5 244.05	78 660	3 933.00	26 221	1 311.05
50	104 937	2 098.74	78 660	1 573.20	26 277	525.54
100	105 910	1 059.10	78 660	786.60	27 250	272.50
150	110 460	736.40	78 660	524.40	31 800	212.00
200	123 380	616.90	78 660	393.30	44 720	223.60
268	167 511	625.04	78 660	293.51	88 851	331.53
268.5	167 999	625.69	78 660	292.96	89 339	332.73
269	168 490	626.36	78 660	292.42	89 830	333.94
269.5	168 984	627.03	78 660	291.87	90 324	335.15
270	169 481	627.71	78 660	291.33	90 821	336.37
270.5	169 981	628.40	78 660	290.79	91 321	337.60
271	170 484	629.09	78 660	290.26	91 824	338.83
271.5	170 990	629.80	78 660	289.72	92 330	340.07
272	171 498	630.51	78 660	289.19	92 838	341.32
272.5	172 010	631.23	78 660	288.66	93 350	342.57
273	172 525	631.96	78 660	288.13	93 865	343.83
300	205 087	683.62	78 660	262.20	126 427	421.42
350	295 356	843.87	78 660	224.74	216 696	619.13
400	437 137	1 092.84	78 660	196.65	358 477	896.19

画出 AC、AVC 和 AFC。所有平均成本的单位为美元/吨。类似供给和需求曲线，图中，横轴表示数量，纵轴表示成本，单位为美元/吨。

最容易画出来的是平均固定成本。如图 9.1 所示，这条曲线起始于很高的地方，然后迅速下降。因为固定成本分摊到逐渐增长的产量中。所有的平均固定成本曲线都是这个形状，因为都是来自一个固定数量的美元除以逐渐增长的产量。

考虑平均可变成本曲线，仍以造纸厂为例。造纸厂的设备数量固定（固定投入），但工人数量可变（一种可变投入）。产出水平很低时，增加工人可以显著增加产出，因为更有效率地使用机器。产出水平很高时，增加工人仍然会提高产量，但是不如产出水平低时多。因为当产出水平高时，机器几乎是满负荷运行，更多的工人难以从机器中生产出许多额外的产出。也就是说，产出水平低时，产出可能比可变成本增长更快；这意味着，产出水平低时，平均可变成本随着产出数量增加而降低。而随着产量增长，可变成本的增长将快于产出的增长。这意味着平均可变成本将增加。随着产量增加，平均可变成本通常先下降然后上升：曲线类似 U 形，如图9.1 所示。

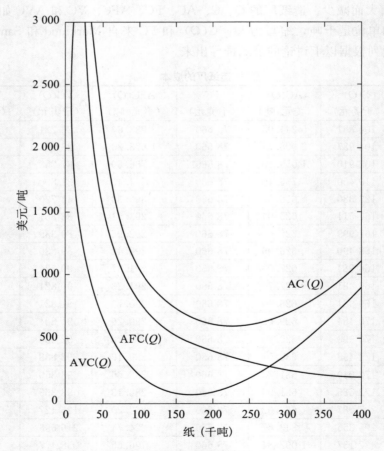

图 9.1　平均成本

造纸厂的平均成本 AC 是平均可变成本 AVC 和平均固定成本 AFC 的纵向和。

最后，考虑平均成本曲线的形状。因为总成本为固定成本和可变成本之和，AC

等于 AVC 与 AFC 之和。当产量接近零时，AFC 非常大。另外，对于 U 形的 AVC 曲线，当产量接近零时，AVC 很大。所以当产量接近零时，AFC 和 AVC 之和很大。AVC 和 AFC 一开始时都随着数量增加而降低；因此，开始时，AC 随着数量增加而降低。

产量较大时，AFC 变得很小，但 AVC 增长。产量较大时，AVC 增大意味着 AC 也变大。由于产量小时 AC 是下降的，而当产量大时，AC 增加，所以 AC 也呈 U 形。因为 AC = AVC + AFC，所以 AC(Q) 总比 AVC(Q) 高出 AFC(Q)。

专栏9.1

炼油厂的环境成本

石油提炼行业受到严格管制，必须遵守特定污染物（如硫氧化物）排放的限制标准，产品必须达到严格的要求。1990 年的《清洁空气法案》（修订案）要求炼油厂在 1995 年生产更清洁的燃料，包括含氧汽油（gasoline with oxygenate）、低硫柴油燃料和新配方汽油。为了生产这些产品，需要对炼油厂进行投资。美国能源信息署（U. S. Energy Information Administration）搜集企业遵守环境规定的成本信息。这些成本包括两个类型，运行成本和投资。

1995 年，炼油厂环境运行成本为 0.49 美元每桶（42 加仑）。成本包括减少大气的污染排放和使汽油或柴油燃料更为清洁而采用的额外提炼流程。其他 AVC 为 26.49 美元每桶，与环境有关的可变成本占 AVC 的 1.8%。

20 世纪 90 年代早期，炼油厂在 5 年内投资了 100 亿美元以实现环境标准。要找出每年的成本，我们要考虑每年的投资消耗，称为折旧，以及一年中使用一美元的价值，即利息。如果环境投资选择常用的 5% 的折旧率，这些投资每年的成本约为 15 亿美元。1995 年的产量为 58 亿桶，因此遵守环境规定引起固定成本的增加约为 0.26 美元每桶。

1995 年，每桶炼油产品的价格为 27.04 美元，总的环境平均固定成本和可变成本为 0.75 美元。因此，平均环境成本为价格的 2.8%。

□ 边际成本

考虑所有可能的环境影响，造纸厂经营者的产出决策可归结为这个问题，"我还要再生产 1 000 吨单位的纸张吗？"这就引入边际成本的概念。**边际成本**（marginal cost），或者 MC(Q)，约为在产量 Q 的基础上再生产额外一单位产品的成本，表示为 MC(Q)＝C(Q＋1)－C(Q)。边际成本取决于产量。在造纸厂的案例中，当工厂几乎满负荷生产时，生产额外 1 000 吨纸的成本非常高。

边际成本更好的估算方式是考虑更小单位的额外成本——例如，用 500 吨替代 1 000 吨。估算特定数量的边际成本而非一单位额外产出的成本，边际成本的估算值为成本微分除以数量微分。见表 9.2 的第一列。表 9.2 给出了产出在 268 千吨到 273 千吨之间时，每 1/2 千吨（即 500 吨）产出对应的边际成本。例如，计算 268 千吨时的边际成本，为 $[C(268.5)-C(268)]/0.5=(167\,999-167\,511)/0.5=976$。图 9.2 中的边际成本曲线 MC($Q$) 就是这样计算得出的。

表 9.2 　　　　　　　　　　　　造纸厂的成本与边际成本

Q	C	MC
20	104 881	0.27
50	104 937	5
100	105 910	43
150	110 460	156
200	123 380	387
268	167 511	976
268.5	167 999	982
269	168 490	988
269.5	168 984	994
270	169 481	1 000
270.5	169 981	1 006
271	170 484	1 012
271.5	170 990	1 016
272	171 498	1 024
272.5	172 010	1 030
273	172 525	1 036
300	205 087	1 394
350	295 356	2 274
400	437 137	3 454

注：边际成本以 1/2 千吨的增量计算。只有产量在 268 千吨和 272.5 千吨之间的 MC 值可以利用表中的信息计算；其他值所参考的信息没有在此列出。

作图时，边际成本曲线总是经过平均成本曲线的最低点。这是边际曲线与平均曲线的共性。以分数为例，平均成绩是成绩的平均值。边际成绩是某门课程成绩的平均值之外的成绩。如果边际成绩高于平均值，平均成绩将增加；反之，平均成绩将降低。如果新成员的成绩高于原有成员的平均成绩，那么平均成绩增加。因此，如果新生产一个单位的成本高于原有单位的平均成本，平均成本将增加。同样的逻辑，如果生产下一增量的边际成本小于平均成本，那么平均成本将下降。因此，边际成本高于平均成本时平均成本上升，边际成本低于平均成本时，平均成本下降。所以，当 MC ＝ AC 时，AC 一定是在 U 形曲线的最低点，在这一点上，平均成本既不增加也不减少。图 9.2 展示了造纸厂的 AC、AVC 和 MC。U 形的平均成本曲线的最低点为 230 千吨，MC 和 AC 相交于此。同样的观点对平均可变成本也成立：边际成本经过平均可变成本曲线的最低点。造纸厂平均可变成本最低点的产量为 165 千吨。

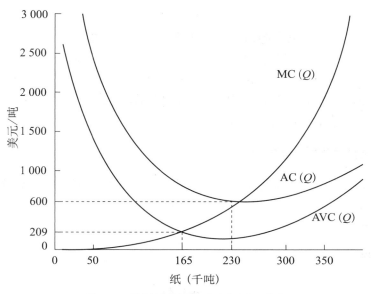

图 9.2　造纸厂的平均成本和边际成本

边际成本曲线经过 AVC 曲线的最低点，即 165 千吨纸，成本为 209 美元/吨。该点是停产点。边际成本曲线经过 AC 的最低点，即 230 千吨纸，成本为 600 美元/吨。

小结

● 生产成本为固定成本和可变成本之和。

● 固定成本来自于长期内才能改变的投入，如厂房和设备；短期内，这些投入不随产出变化而变化。即使没有产出，这部分成本仍然存在。

● 可变成本，如能源或化学品的数量，可以根据产出水平迅速改变。因为企业需要更多的原材料和劳动力以增加产量，因此可变成本随着产量增加而增加。

● 平均固定成本等于固定成本除以产量（AFC = FC/Q）。AFC 是一条向下倾斜的曲线，因为它是一个固定值除以一个逐渐增大的数量。

● 平均可变成本等于可变成本除以产量（AVC = VC/Q）。平均可变成本曲线通常为 U 形。

● 平均成本等于平均可变成本与平均固定成本（AC = AVC + AFC）之和。因为平均成本曲线等于平均可变成本曲线和平均固定成本曲线的纵向相加，所以平均成本曲线总是高于平均可变成本曲线和平均固定成本，通常为 U 形。

● 边际成本是下一单位的生产成本，等于成本变化除以产出的少量变化。边际成本曲线通过 U 形的平均成本曲线和平均可变成本曲线的最低点。

企业的供给、利润和污染

U 形的成本曲线可以帮助我们找到企业的供给曲线。首先从企业追求利润的目标人手。

假设造纸厂每单位纸张的市场价格为 P，且企业不能影响纸张的价格。如果造纸厂卖出 Q 单位纸张，它的收益为价格乘以数量，PQ。企业得到的收益总数称为**收入**（revenue）。**利润**（profit）是收入减去成本剩下的部分。利润通常缩写为 π（希腊字母 pi，价格通常表示为 P）。某一产量的利润，$\pi(Q) = PQ - C(Q)$，即企业主出售 Q 单位纸张所得收入减去生产成本剩下的部分。

□ 选择使得利润最大化的产量

被动接受价格的企业如何使利润最大化？一个决策是根据成本曲线选择投入要素的组合。接下来要选择产量。得到产量包括两步：（1）决定企业是否进行生产；（2）如果生产，生产多少。

□ 停产

生产总是一个好的决策吗？让我们比较短期内企业生产和不生产的情况。

企业正常运行时，利润为 $\pi(Q) =$ 收入 — 可变成本 — 固定成本 $= PQ - VC(Q) - FC$。又由于 AVC 等于 VC/Q，代入 VC 得到：

$$\pi(Q) = PQ - Q \times AVC(Q) - FC$$

进一步得到

$$\pi(Q) = Q[P - AVC(Q)] - FC$$

另一方面，如果企业关闭，将没有收入，但还要支付固定成本。也就是如果企业不生产，它的利润为 $\pi(0) = P \times 0 - FC - VC(0) = -FC$。负号表示企业损失固定成本的金额；企业利润为负，即产生损失。

如果生产的利润大于不生产的利润——即如果 $\pi(Q) > \pi(0)$ ——那么企业便保持生产。生产和不生产的利润之差为：

$$\pi(Q) - \pi(0) = \{ Q[P - AVC(Q)] - FC \} - (-FC) = Q[P - AVC(Q)]$$

如果 $P > AVC(Q)$，则 $\pi(Q)$ 大于 $\pi(0)$。也就是说，如果价格高于 AVC 的最低点，企业就会保持生产。如果 $P < AVC(Q)$，企业最好停工，不进行生产。短期内，固定成本不影响是否生产的决策；只有可变成本影响决策。这是因为不管企业是否运行都要支付固定成本。

再看图 9.2。在平均可变成本的最低点，平均可变成本和边际成本的交点处纸张的价格为 209 美元。当价格低于 209 美元时，企业不生产以使利润最大化。这点称为停产点。**停产点**（shutdown point）处的价格等于平均可变成本的最小值；如果价格进一步降低，企业将不生产。

□ 生产的数量

一旦决定要生产，剩下的问题便是生产多少。如果价格高于平均可变成本的最小值，追求利润最大化的企业将选择价格等于边际成本的产出水平。为什么？图 9.3

环境经济学

显示了造纸企业的生产决策。

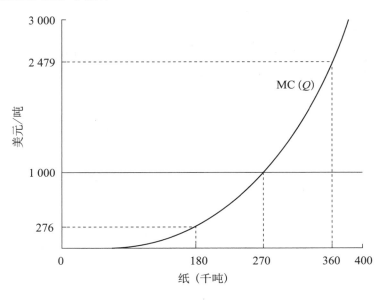

图9.3 为什么利润最大化时 P 等于 MC

横线表示纸张的市场价格：每吨1 000美元。再生产1 000吨纸张引起利润的增量等于纸张价格减去边际成本。产出为180千吨时，增加一吨产量企业将多得到724美元的收入。产出为360千吨时，减少一吨产量，企业可以增加1 479美元的利润。

图9.3有一条向上倾斜的边际成本曲线，水平直线表示纸张价格 P，P 是每吨1 000美元。企业将生产多少纸张呢？如图所示，有三种可能：边际成本低于纸张市场价格的产量（例如，180千吨）；边际成本高于市场价格的产量，如360千吨；或者边际成本等于市场价格时的产量。这是三个仅有的可能。因此如果能排除其中两种，剩下的就是利润最大化的选择。

假设企业生产180千吨纸。如果企业多生产一单位产出，这一单位将为企业带来 $P＝1\,000$ 美元/吨收入，也带来第180 001吨的边际成本。在图9.3中，当 $Q＝180$千吨，边际成本为276美元/吨。因为 $P＝1\,000$ 大于边际成本，所以企业出售第180 001吨纸所得的收入大于这吨纸的边际成本。出售这一吨纸，企业的利润等于收入减去成本，即增加了724美元。因此180千吨的产量不可能是最大化利润的产量，出售更多一单位将提高利润。当边际成本小于价格时，增加产量将增加利润。

接下来，考虑360千吨的产量。这点的价格低于边际成本。图9.3展示了与该点的产量对应的边际成本为2 479美元。在360千吨的基础上，少出售一单位纸，节省的成本为 $MC(360\,000)＝2\,479$ 美元。收入也减少了 $P＝1\,000$ 美元。对于这一单位，节省的成本（2 479美元）大于损失的收入（1 000美元）。因此，如果不生产第360 000吨，企业的利润将增加（2 479美元－1 000美元 ＝ 1 479美元）。生产 $Q＝360$千吨也不合适。当边际成本高于价格时，减少产量将增加利润。

剩下的可能性就是 $MC(Q)＝P$。选择生产的企业都会选择 $MC(Q)＝P$ 的产量

Q_v。边际成本曲线高于平均可变成本曲线的部分就是企业的供给曲线。

利润图

企业的利润等于收入减去成本，$\pi = PQ - C(Q)$。因为 $C(Q) = AC(Q) \times Q$，所以利润 $= \pi = Q \times [P - AC(Q)]$。通过三个步骤得到企业的利润，见图 9.4。

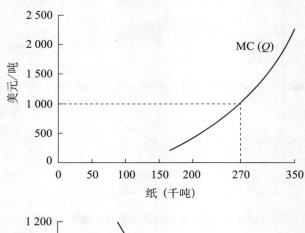

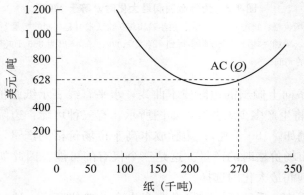

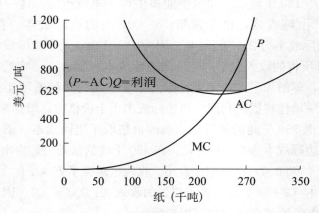

图 9.4 计算利润的三步

第一张小图表示价格 = 1 000 美元/吨时，企业将生产 270 千吨。第二张小图表示当产量为 270 千吨时的平均成本。第三张小图展示了利润 = $Q \times [P - AC(270\,000)]$。

第一步 找出产出的数量。企业选择生产 $P=MC(Q)$ 的产量。虚线表示当价格为 1 000 美元每吨时,选择的产量为 270 千吨。

第二步 确定 AC(Q)。如图所示,当 $Q=270$ 千吨时,企业的平均成本为 628 美元/吨。

第三步 画出利润框。利润=$Q \times [P-AC(Q)]$。当 $Q=270$ 千吨,有 AC(Q) = 628 美元/吨,$P=1 000$ 美元/吨。阴影方框的高为 $P-AC=(1 000-628)$ 美元/吨。长为 $Q=270$ 千吨。利润,即阴影方框的面积,等于 (1 000 - 628)× 270 000 = 100 440 000美元。

☐ 污染控制对企业供给曲线的影响

环境管制如何影响企业的成本?管制一般不会降低成本,因为一开始企业应该是以成本最小化的方式进行生产。如果要求企业增加资本性的设备,如造纸厂安装漂白剂回收设备或者燃煤电厂安装净气器,企业将增加固定成本。如果要求企业使用成本更高的投入要素,那么将增加可变成本,如要求发电厂使用低硫煤。图 9.5 展示了初始的成本曲线和固定成本增加 20% 以后的新成本曲线。因为固定成本不影响可变成本或者边际成本,边际成本曲线、停产点和供给曲线都不发生改变。又因为 AC 等于 AVC 加 AFC,AFC 增加,所以 AC 增加。图中 AC 增加了 69 美元/吨。

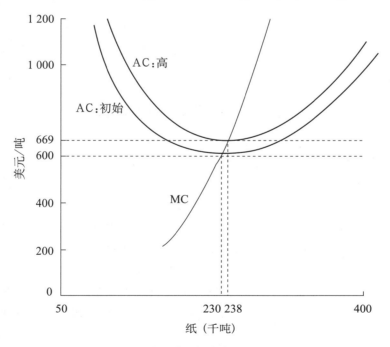

图 9.5 增加的固定成本和企业供给

固定成本的变换不会带来企业供给曲线——MC 高于 AVC 的部分——的变化。

由于某规制导致企业投入增加,造纸厂的边际成本和平均可变成本增加了 50%,

平均成本曲线和供给曲线见图 9.6。实施管制的结果是产量从 271 千吨降至 238 千吨。增加边际成本的规制对企业产生两种效应。首先，使企业以污染更少的方式生产，企业减少了每单位产出的污染排放；其次，减少产出。这两个方面都将减少污染。

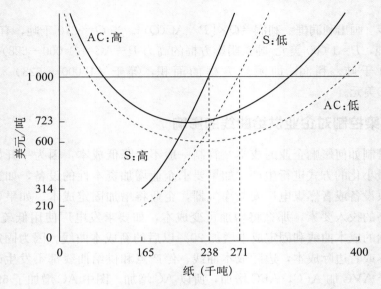

图 9.6　规制对产出的影响

提高边际成本的规制导致产量降低。虚线表示初始的成本曲线，实线表示成本提高后的曲线。

专栏9.2

通过改变水价减少农业排放

回到上一章的莴苣案例。农民投入更多的水和肥料以得到更大的产出。边际成本为生产更多莴苣增加投入的水和肥料的成本。保持产出不变，提高水价，将减少水的使用，从而减少污染水平（氮渗滤液）。另外，因为生产莴苣的成本上升，所以边际成本曲线上移。

莴苣价格为 1 429 美元/吨。水的初始价格为 0.23 美元/mm-ha，当农民生产 3.377 吨莴苣时，莴苣价格等于生产的边际成本。当水的价格上升到 0.59 美元/mm-ha 时，供给曲线向内移动，新的利润最大化的产量为 3.326 吨莴苣。

投入要素组合和产量的改变都会影响氮渗滤液的数量。首先，保持产出不变，水价提高后，农民沿着等产量线改变投入组合，减少水的使用。改变使渗滤液从原先的 121 千克/公顷降到 116.5 千克/公顷。第二，由于水价上涨，农民把产出从 3.377 吨/公顷降至 3.326 吨/公顷。生产的调整使污染降低更多，降至 90.3 千克/公顷。大部分减少的氮渗滤污染来自产量的减少，而非保持产量不变对投入组合的调整。

环境经济学

● 经济学家假定企业总是追求利润最大化。利润等于收入减去成本。收入等于生产数量乘以每单位产品的市场价格。利润＝$PQ-C(Q)=Q\times[P-AC(Q)]$。这是一个宽为 Q、长为 $P-AC(Q)$ 的长方形。

● 为了利润最大化，企业要么不生产，要么生产使得 $MC(Q)=P$ 的产量。$P-MC(Q)$ 是多生产一单位产品的利润增量。企业不会生产边际成本高于价格的产品，因为这样做会降低利润。边际成本低于价格时，企业会进行生产，因为会增加利润。

● 当 AVC 的最低点，也就是停产点，高于 P 时，企业不进行生产。此时企业的利润为 $-FC<0$。因为即使不生产，企业也要支付固定成本。

● 边际成本曲线高于平均可变成本的部分即为供给曲线。投入要素价格或者技术改变时，供给曲线随之改变。

● 污染控制将提高可变成本或边际成本，或同时提高两种成本。如果污染控制提高可变成本，企业的产出将下降，污染物排放也将随之减少。

行业的供给、价格和污染控制

有关污染控制讨论的第三部分是生产的企业数量，因为其关系到总产量和总污染。首先，我们分析一个行业里长期和短期的企业数量。一个**行业**（industry）包括生产同样商品的所有企业。企业和行业模型中，短期内企业数量不改变，因为需要改变固定成本。但是每个企业可以改变产出。长期中，企业可以关闭或者出售厂房和设备，或者弃置不用。密歇根州和俄亥俄州的"铁锈"地带[1]（Rush Belt）正是因为工厂纷纷破产而得名。长期中，也可能建立新的工厂。

在生产决策中，长期和短期的区别在于：短期内，只要价格高于平均可变成本，即使赔钱企业也会保持生产。然而在长期，所有的成本都是可变的。赔钱的企业将永久关闭。我们首先用长期和短期的行业供给曲线检验这一影响。

□ 短期供给曲线

行业短期供给曲线是行业中所有企业的供给曲线之和。假设行业由某个数量（N）的相同的企业组成。图 9.7 的左边是造纸业中典型企业的平均成本曲线和供给曲线。价格为 $P=250$ 美元/吨时，典型企业将选择与这一价格所对应的数量，生产175 千吨纸。如果有第二个相同的造纸厂，它也将生产同样的数量。因此，行业中的两个企业将以 250 美元/吨的价格生产 $2\times175 = 350$ 千吨纸。点（$Q=350$ 千吨，

---

① 指发达国家中一些从前工业繁盛如今已经衰落的地区。

$P=250$ 美元）标注在"2 个企业的供给曲线"上。

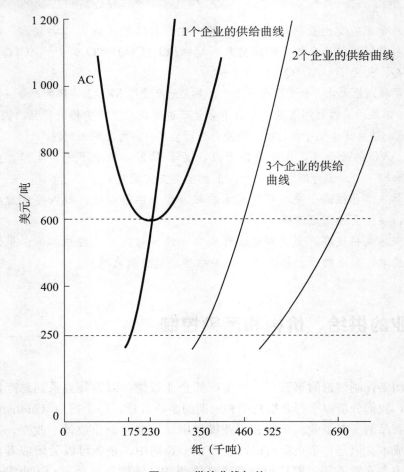

图 9.7　供给曲线加总

图中展示了典型企业的供给曲线和行业中有两个和三个相同企业时的行业供给曲线。两个企业的供给是典型企业供给的两倍；三个企业的供给是典型企业供给的三倍。

　　接着，当纸的价格为 $P=600$ 美元/吨时，每个企业将生产 230 千吨纸。行业中两个企业的总产量为 460 千吨。点（$Q=460$ 千吨，$P=600$ 美元）也位于"2 个企业的供给曲线"上。

　　将特定价格下的产量相加——也就是将每一个企业的供给曲线横向相加——就得到了行业供给曲线。"2 个企业的供给曲线"显示了行业中企业对应不同价格的总产量。

　　如果行业中有 3 个相同的企业，我们将每一个企业的产量乘以 3。价格为 250 美元/吨时，产量为 $3\times175=525$ 千吨纸；价格为 600 美元/吨时，产量为 $3\times230=690$ 千吨纸。如此类推，用"3 个企业的供给曲线"表示。

　　推广到更一般的情景，如果行业中包含 N 个一样的企业，给定价格为 P，则 N 个企业的供给数量为 N 乘以每一个企业的供给量。设行业中有 N 个企业的行业供给曲线为 $S_N(P)$，典型企业的供给曲线为 $S^1(P)$，那么 $S_N(P)=N\times S^1(P)$。也就是

N 个企业的供给等于每一个企业的供给量乘以 N。

如果企业间有差异，情况会怎样呢？可能企业成本不同，供给曲线因此不同。得到行业供给曲线的步骤如下：给定一个价格，市场总供给曲线等于每一个企业在这一价格下的供给量之和。现在，设三个不同生产者的供给曲线分别为 $S^1(P)$、$S^2(P)$、$S^3(P)$，那么 3 个企业的供给曲线为 $S_3(P) = S^1(P) + S^2(P) + S^3(P)$。行业短期供给曲线等于行业中每个企业供给曲线的横向相加。

□ 短期均衡

市场均衡意味着供给量等于需求量。相关的供给曲线便是市场供给曲线，等于行业中所有企业的供给量。下面进一步讨论短期市场均衡问题。

短期均衡（short-run equilibrium）包括三个条件：（1）企业数量固定；（2）行业供给量等于需求量；（3）每个企业根据其生产曲线进行生产。

造纸业中一种可能的短期均衡如图 9.8 所示。其中向下倾斜的线是需求曲线（此处只是为了提供清晰的案例，而非基于实际数据）。5 个企业的供给曲线为向上倾斜的线。

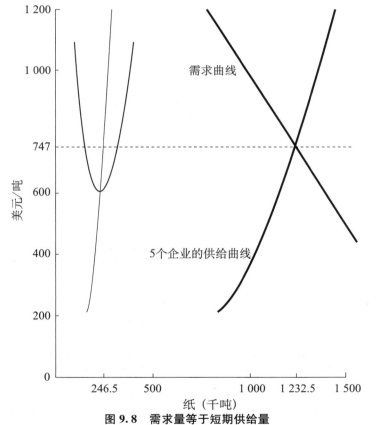

图 9.8　需求量等于短期供给量

纸张的需求曲线和供给曲线交点的价格为 747 美元/吨、数量为 1 232.5 千吨。5 个相同企业的产量都为 246.5 千吨。

5个企业的供给曲线与需求曲线的交点处，价格为747美元/吨，数量为1 232.5千吨。将这一结果与短期均衡的条件进行比较：（1）企业数量固定为5；（2）供给量等于需求量；（3）5个企业中的每个企业都生产246.5千吨。该产量的边际成本正好等于价格。要验证最后一个条件，我们可以用5个相同企业的总产量1 232.5千吨除以企业数量：1 232.5千吨/ 5 = 246.5千吨。因此，这是一个短期均衡。

　　现在看图9.9，进一步考察这一情景下的典型企业。因为747美元/吨的价格高于AC的最低点，所以企业能获取利润。利润如阴影所示。假设所有的企业都一样，那么所有的企业面对同样的价格生产相等的产出，都可以获取利润。

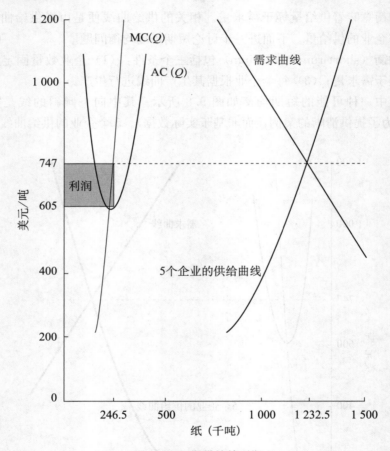

图9.9　短期供给的利润

价格为747美元/吨时，供给量等于需求量。长方形阴影表示典型企业的利润。

　　如果环境规制导致供给曲线上移，短期均衡将发生什么变化呢？图9.10展示了1个企业的供给曲线、10个企业的供给曲线和需求曲线。根据新的供给曲线，当每个企业生产216.5千吨时，生产成本增加了248美元/吨。在新的市场均衡中，价格上涨：虽然企业必须承担增长的成本，但企业同时也把部分增长的成本转移给消费者。价格增长后，消费者减少纸张的使用，因此也减少了纸张生产的环境影响。值得注意的是，价格的增长小于成本的增长：价格只从 600 美元/吨增长到 743 美元/吨。更高的价格减少了消费者愿意购买的数量；为了避免销量进一步减少，生产者要承担利润的减少。因此，短期中，生产者和消费者共同承担生产成本增加带来的影响。

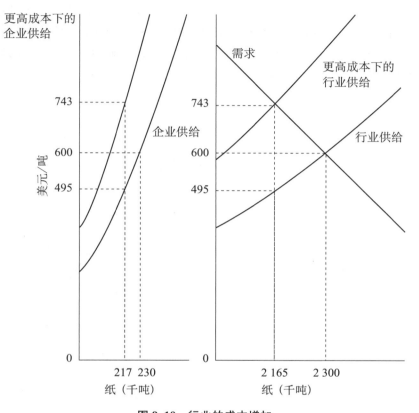

图 9.10 行业的成本增加

短期中，例如由于环境清理而成本增加，通常，价格的增长小于成本的增长。消费者和生产者共同承担环境清理的成本。

短期中，只要价格高于平均可变成本的最小值，企业仍保持生产，即使利润为负。然而，在长期，如果企业利润为负，将不进行生产。接下来讨论长期的情况。

□ 长期中的行业行为

短期和长期的区别是构成固定成本的资本投资是否变化。长期中，新的生产者可能进入行业，或者现有生产者决定关闭工厂。是什么因素决定生产者进入或者退出行业呢？利润！

这里的利润指**经济利润**（economic profit）：收入减去成本，包括机会成本。机会成本包括投资于市场交易的资本的机会成本。即使是零利润也足以使企业主感到满足，因为投资者可以收回机会成本，在这一行业所获得的回报等于其他行业可以带来的回报。如果造纸业的利润为正，意味着行业中每个企业在此获得的利润比其他行业的企业得到的利润多。由于这个行业比其他行业获利更多，因此寻求利润的投资者将认为造纸业是投资的好地方。于是他们将进入造纸业，投资于造纸的工厂和机器。

其他企业进入时的情景如图 9.11 所示。新的短期供给曲线为 6 个企业的供给曲线。现在，在价格为 747 美元/吨的条件下有 6 家企业分别生产 246.5 千吨产品，行业供给曲线在 5 个企业的供给曲线的基础上向右移动。因为供给曲线向右移动，需求曲线和供给曲线的交点价格不再为 747 美元/吨。该图显示，6 个企业的短期均衡将是价格下降为 600 美元/吨，产量上升到 1 380 千吨。

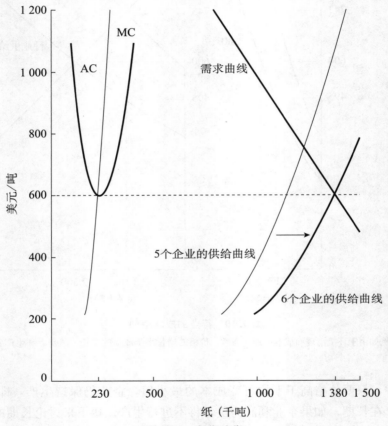

图 9.11　长期均衡

本图表示长期均衡。6 个企业的供给曲线与需求曲线的交点价格为 600 美元/吨。典型企业在价格等于边际成本处生产，即生产 230 千吨。因为产量为 230 千吨时的平均成本也为 600 美元/吨，所以利润为零。如果行业中只有 5 个企业，供给量等于需求量时的价格高于 600 美元/吨，企业将获得正利润。因此，长期完全竞争均衡不可能只有 5 个企业，而肯定是 6 个企业。

现在让我们来看利润。600 美元/吨的价格等于边际成本曲线和平均成本曲线相交处的边际成本，即为平均成本曲线的最低点。因为每个企业将生产边际成本等于价格的纸张，所以价格、平均成本和边际成本都等于 600 美元/吨。利润＝PQ－C(Q)＝Q×[P－AC(Q)]。由于价格等于平均成本，P－AC＝0，意味着利润＝Q×0，所以利润为零。

此时造纸业刚好收回所有成本，包括机会成本。造纸业的获利和其他行业一样——不多也不少。如果造纸业的利润低于其他行业，投资者将把资本从造纸业转移到其他行业。生产纸张的企业数量下降。如果造纸业的利润高于其他行业，投资者将把资本从其他行业转移到造纸业。生产纸张的企业数量增加。而由于存在 6 个企业时利润为零，投资者不再有动机去建设新的工厂；不会有新的企业进入，也不会有企业退出。

长期均衡（long-run equilibrium）也有三个要素：（1）行业供给数量等于需求量；（2）每个企业在它的供给曲线上生产（有 $P = MC$，且 $P \geqslant AVC$）；（3）所有生产者的利润为零（$P = AC$）。短期均衡和长期均衡的关键区别在于：短期中，行业中的生产者数量固定，生产者可能获利也可能亏损；而在长期中，行业中的生产者数量可以变动，直至生产者利润为零。**长期供给曲线**（long-run supply curve）表示企业有足够时间进入或退出时价格和产量之间的关系。因为造纸业中所有企业有同样的最低平均成本，且企业长期中将以最低平均成本生产，所以长期供给曲线是一条价格等于最低平均价格的直线。

☐ 完全竞争市场与污染

随着时间推移，完全竞争市场将激励低成本的生产者，并惩罚高成本的生产者。在"适者生存"的法则下，只有成本最低的生产者才能继续在行业中生存。更低的成本导致了更低的价格，而这正是消费者所期望的。

但是，如果缺乏对环境友好行为的要求，在这样的竞争条件下，生产者很难采取环境友好的生产行为。环境保护通常会增加生产成本；毕竟，如果环境友好的生产方式比污染的方式的成本更低，就不会有污染了。如果生产者以改善环境的方式进行生产，但增加了成本，那么它就不能和那些忽略了环境影响而成本更低的生产者进行竞争。

解决这一障碍的一种方式是，生产者证明其产品和那些使用不清洁、低成本的技术生产的产品不同。一些消费者可能愿意为"绿色"产品支付更多费用。如果真是这样，那么那些有不同成本的生产者就会生存下来，因为他们实际上在生产不一样的产品。

一些商品不可能因为生产过程不同得到更多的支付。例如，包含了 20％ 回收材料的复印纸可能有不同的生产流程，包括不会向环境泄漏漂白剂的新流程。尽管购买纸张的学生可能愿意为"绿色"产品支付更多，然而在复印店里，这个学生不太可能问复印机里的纸张在生产过程中有没有污染。因此，如果店主购买了更高价格的纸张作为复印服务的投入要素，就处于竞争劣势。

如果只有一个企业采用成本更高的清洁方式进行生产，那么它将处于竞争劣势。因此，需要政府采取行动要求所有企业清理环境污染。控制污染的规制增加了生产的成本。谁来支付这些成本？我们的长期成本模型给出了答案。

减少污染引起行业平均成本增加。平均成本增加导致行业长期供给曲线向上移动。两条行业长期供给曲线如图 9.12 所示。表示较低平均成本的那条线代表污染控制之前的情况，较高平均成本的那条线代表污染控制之后的情况。

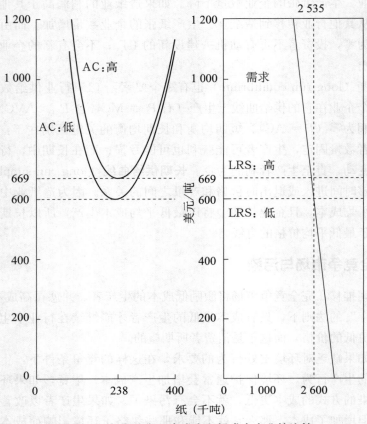

图 9.12　长期均衡：高成本和低成本企业的比较

虚线表示行业长期供给曲线。LRS：较低的线代表有较低成本的企业长期供给曲线，例如不需要支付污染控制费用。U 形曲线表示高平均成本曲线和低平均成本曲线。具有高成本的企业其最小平均成本比低成本企业高出 69 美元/吨。在长期中，消费者面临的价格上涨幅度等于成本的增量。需求量从 2 600 千吨降至 2 535 千吨。

短期中，增加了的成本导致价格上涨：生产者将一部分成本转移给消费者。因为生产者为了保持销量，承担了部分增加的成本，因而价格的增长幅度小于短期中的成本增加。然而，消化这些成本也意味着企业损失部分利润。

新平均成本曲线的最小值为 669 美元/吨，对应于固定成本增长近 20%。较高的虚线代表新长期供给曲线，比图 9.12 中的长期供给曲线高出 69 美元。新的均衡为新长期供给曲线和需求曲线的交点，相交处价格为 669 美元/吨、产量为 2 535 千吨。

新均衡有三个值得关注的点。首先为价格。不管是规制前还是规制后，生产者都是零利润进行生产。因此平均成本正好增加了控制污染所需的额外成本，也就是说，污染控制成本 100% 地转移到消费者身上。第二个影响为，由于新的均衡价格更高，所以消费者购买的纸张减少。在原先的均衡中，在 600 美元/吨的价格下消费者购买 2 600 千吨纸；在新的均衡中，价格为 669 美元/吨，消费者购买 2 535 千吨纸。第三个注意的点是，因为消费者购买的纸张数量减少，有些生产者将退出市场。

然而，长期供给曲线并不总是水平的。由于生产中的某些因素，有些企业的成本可能低于其他企业。例如，如果某企业比其他企业更靠近产品的终端市场，且附近没有再建设更多工厂的选择，那么这个企业的长期平均成本等于短期成本。如果真是如此，正如短期的情景，较低成本的生产者不会将增加的成本全部转移给消费者，消费者和生产者将再次共同分担较高的成本。

采取征收污染税的方式产生的所有政策影响——价格提高，产量减少，行业中的企业数量减少——都大于采取排污标准的政策影响。第 8 章阐述了企业征税的成本高于规定企业每单位产出污染排放的排污标准的成本。征税直接作用于价格：它增加了污染性的投入要素或者污染行为的成本。企业要为污染性的投入要素或者仍然存在的污染付费。而标准要求改变生产过程，并不改变价格。在某标准下，企业可能使用相同的投入造成和征税时相同的污染，但价格更低。因此，采取征税时的平均成本高于采取标准时的成本。由于征税时的平均成本较高，因此在长期，行业中的企业数量更少。所以，如果对每个企业的排放的影响相同，征税对减少污染的效果更显著，因为它对减少产出和消费有更大的影响。

污染者付费原则是一个广为接受的政策前提，尤其在欧洲，指的是污染者应为其所造成的损害支付费用。然而，应注意到，在竞争市场中，污染者至少会将部分损害成本转移给消费者。消费者购买产生污染的产品也是导致环境问题的原因之一；污染者不仅把损害的成本而且也把损害的责任转移给消费者。更高价格的市场信号告诉消费者，导致污染的商品不仅价格高，而且环境成本高。

□ 祖父原则与更清洁企业进入的限制

如果严格的环境规制的成本只由新进入的企业承担，而对已经存在的企业没有作用会怎样呢？这个过程称为祖父原则，是为了减轻那些在新要求之前设计完成的企业的负担。图 9.12 展示了两类企业，一类成本较高，一类成本较低。对于成本差异的解释是：低成本企业是因为它原先就在行业中，可以使用较老、较不清洁的技术；而高成本企业受到严格管制。新企业平均成本曲线的最低点为 669 美元/吨，而老企业的最低点为 600 美元/吨。假设环境规制只影响固定成本，且两类企业有相同的 MC 曲线。

如果企业进入和退出行业都很容易，且所有的企业都能使用同样的低成本技术，那么无论长期或者短期，其均衡价格都为 600 美元/吨。在图 9.13 中，这一均衡标注为初始需求的曲线和基于行业中有 10 个完全相同的企业得到的长期供给曲线的交点。假设需求曲线向上移动，例如由于人口或收入增长，纸张的需求也增加。新需求曲线表示变化后的需求。

企业如何回应增长的需求呢？如果企业的进入和退出不受限制，且所有的企业都能使用同样的低成本技术，将有更多的低成本生产者进入行业。新的长期均衡价格为 600 美元/吨。然而，由于对新企业的环境要求，进入行业的新企业最低的平均成本为 669 美元/吨。只要价格低于 669 美元/吨，就不会有新的企业进入。因为生产每单位产品都会亏损。

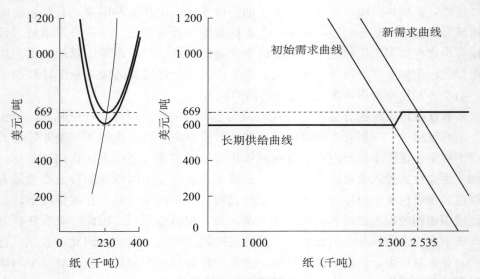

图 9.13 祖父原则

不受新规定限制的企业 AC 较低，而新进入者有较高的 AC。如果价格低于 669 美元/吨，则没有新的企业进入。当产量大于 10×230 千吨 ＝ 2 300 千吨时，供给曲线基于 10 个原先企业的生产。当价格处于 600 美元/吨和 669 美元/吨时，供给曲线来自原先企业的短期供给曲线。向上倾斜部分的起点表示初始需求曲线和长期供给曲线的均衡。需求增加时，新的长期均衡为长期供给曲线和新的需求曲线的交点，价格为 669 美元/吨，数量为 2 535 千吨。

当然，当价格为 600 美元/吨或以上时，现有的企业会继续进行生产。因此，在价格介于 600 美元和 669 美元之间时，行业供给曲线不是水平的；在长期和短期的情况中，行业供给曲线为 10 个企业的短期供给曲线向上倾斜的部分。只有当价格达到 669 美元/吨时才有新的企业进入。

因此，当产量为 2 380 千吨时，在 600 美元/吨到 699 美元/吨之间，行业长期供给曲线是基于 10 个企业的向右上方倾斜的供给曲线。价格为 669 美元时，由于需求增加，较高成本企业进入行业，行业长期供给曲线又变为水平，如图 9.13 中所示。

长期均衡的价格为 669 美元/吨，而原先企业的最小平均成本仍为 600 美元/吨。价格高于原先企业的最小平均成本。这些企业能获取利润。而新企业的利润为零。这一管制限制了竞争，使得老企业即使在长期也能获取正利润。而这些正利润也鼓励老企业继续留在行业中，且保持原先污染的生产方式。政策制定者在采取这一污染管制方法时对这一影响始料未及。接下来的环境政策应努力避免出现这样计划外的结果。

小结

● 行业包括生产同样产品的所有企业。短期市场供给曲线等于行业中的企业供给曲线的水平相加。

● 当行业中企业数量不变时，形成短期均衡。行业供给量等于需求量。每个企业的产量满足价格等于边际成本，且高于平均可变成本的最小值。短期中，只要价格高于最小平均可变成本，即使利润为负，企业也会进行生产。如果环境规制导致成本增加，部分或者所有新增成本可能转移给消费者。

● 长期中，由于生产者可以改变固定成本，新企业可以进入或退出市场。如果利润为正，企业进入市场；如果行业利润为负，现有企业将关闭并推出行业。

● 长期均衡的三个条件：（1）行业供给量等于需求量；（2）每个生产者根据各自供给曲线进行生产；（3）所有生产者的利润为零。

● 如果需求增加，短期均衡中，价格将上升。由于需求变动，行业中的生产者一开始能获得正利润。然而长期中，行业中的生产者数量也会进行调整，直至利润再次为零。当行业中利润为零，且企业数量保持不变时，长期供给曲线为水平。

● 短期中，成本结构不同的生产者可以在市场中共存。而长期中，成本较低的生产者将成本较高的生产者挤出市场。如果环境友好行为比环境损害行为成本更高，环境友好的生产者在完全竞争市场中很难生存。

● 如果规制增加生产者的成本，消费者面临的价格将上涨。因为长期中在没有规制的时候，生产者利润为零。一旦有了规制，生产者将成本转移给消费者。因此污染规制导致产出降低和行业中企业数量下降。对于一个企业，征税带来的成本高于标准带来的成本，长期中，征税的方式在实现单位产出减少同样数量的污染的情况下，比实施标准方式能够减少更多的污染。

● 如果现有生产者是"已有的"，他们比新进入者面临不同的更低的成本。因此，他们即使在长期也可能获得正利润。环境规制使老的不清洁企业的成本低于新的更加清洁的企业，使污染企业因此而获利。

《清洁空气法案》中的祖父原则

1970 年的《清洁空气法案》（Clean Air Act，CAA）是美国保护和改善大气质量的一部早期法律。它涵括了固定污染源（对企业造成污染且不能移动的物体，如工厂）和移动污染源（造成污染且可以移动的污染源，包括汽车、卡车、除草机和施工设备等）。

这部法律划分了联邦政府和州政府的责任。联邦政府负责制定主要污染物的最大允许浓度标准，而各州政府制定执行计划，解释本州中现有排放者必须减少多少排放，以保证全国空气质量满足标准。移动污染源由联邦政府负责管制，加利福尼亚州是例外。该州在联邦政府之前就对机动车进行管制，可以制定自己的标准。

新建的固定污染源必须满足联邦政府要求的严格的"新源绩效标准"。该标准假定新建工厂比现有工厂更容易达到严格的减排要求。现有工厂建造之时，空气质量问题还不明显；新建工厂面临严格标准，这使得现有工厂的经营稍微容易些。法律制定者预期现有企业将逐渐退出市场，被更清洁的企业替代。

然而即使到今天，很多旧企业——尤其是燃煤发电厂——仍然在运营。电力企业希望这些工厂继续存在而不是建立新工厂。因此，空气质量改善进程比预期的缓慢。

专栏9.3

《清洁空气法案》的主要规定

● 联邦环境空气质量标准。美国环境保护署制定了六种主要"标准"污染物的环境标准（允许的污染物浓度）。这些标准主要是为了保护人体健康。州政府必须对固定污染源进行管制以保证达成这些标准。

● 新源绩效标准。美国环境保护署为新固定污染源制定的标准，基于企业采取污染较少的技术可以达到的标准水平。固定污染源既受联邦管制，也要满足新源绩效标准。

● 有害大气污染物的联邦排放标准。对于有害大气污染物的美国环境保护署标准，不同于"标准"污染物，是基于技术可行性，主要目的是保护人体健康。

● 移动污染源。美国环境保护署制定了机动车排放标准，管制燃料。加利福尼亚州也可以自行制定该标准；如果加州制定了该标准，且美国环境保护署批准了该标准，其他州也可以选择加州标准。

● 酸雨。许可证交易机制控制酸雨的前体物质。电厂获取排放许可；工厂或是排放许可允许限额的二氧化硫，或是将某些排放许可出售给其他工厂，或是购买许可。

■ 总结

以下是本章的重点：

● 成本与产量有关。即使不生产也要支付的成本为固定成本。所有不是固定的成本均为可变成本。平均成本，AC，等于成本除以产量；平均可变成本，AVC，等于可变成本除以产量。边际成本，MC，是生产下一单位产品的成本。AVC 曲线和 AC 曲线通常为 U 形；MC 曲线与 AVC 曲线和 AC 曲线都相交于这两条曲线的最低点。

● 企业选择使利润最大化的产量。如果价格低于 AVC 的最低点，利润最大化的产量为零。其他情况下，产量满足 MC（Q）$=P$ 时，利润最大化。

● 减少污染会增加成本。如果治理污染增加的是可变成本，供给曲线向左移动，AVC 和 AC 曲线均向上移动。如果治理污染增加的是固定成本，边际成本曲线和 AVC 曲线不会移动，而 AC 曲线向上移动。

- 市场供给曲线来自对每个生产者在一系列价格下供给量的加总，即个体供给曲线的水平加总。
- 满足以下条件时产生短期均衡：（1）行业中的生产者数量固定；（2）行业供给量等于需求量；（3）每个生产者基于各自的供给曲线选择产出。短期中，生产者可能有正利润，也可能有负利润。
- 短期中，提高可变成本的污染控制导致行业供给曲线向内移动，价格上升。价格的增量小于成本的增量。
- 长期中，行业中的企业数量可以改变。满足以下条件时形成长期均衡：（1）行业供给量等于需求量；（2）每个生产者基于各自的供给曲线选择产出；（3）所有生产者利润为零。只有低成本的生产者可以在竞争中留存下来，因为与成本较高的生产者相比，他们的产品价格更低。
- 在长期，导致成本增加的污染控制使长期供给曲线向上移动，价格上涨，产量减少，因此也减少了污染。当行业中所有企业都相同时，价格上涨量正好等于 AC 的增加值。
- 祖父原则，即区别对待现有企业和潜在进入行业的企业。这种做法允许高成本生产者即使在长期也可能获得并保持正利润。这种管制形成一种激励，使老的、污染高的企业的寿命比原来更长。

关键词

平均成本，AC(Q)	平均固定成本，AFC(Q)	平均可变成本，AVC(Q)
资本	资本成本	资本投资
经济利润	固定成本，FC	固定投入
行业	长期	长期均衡
长期供给曲线	边际成本，MC(Q)	利润
收入	短期	短期均衡
停产点	可变成本，VC	可变投入

说明

造纸生产的排放资料来自 Lauren Blum，Richard A. Dension and John F. Ruston，"A Life-Cycle Approach to Purchasing and Using Environmentally Preferable Paper,"*Journal of Industrial Ecology* 1（3）(1998)：15 - 46。

瑞典造纸厂的可变成本和固定成本的资料来自 Per-Olov Marklund and Eva Samakovlis，"Reuse or Burn? Evaluating the Producer Responsibility of Waste," *Journal of Environmental Planning and Management* 46（3）(May 2003)：381 - 398。我们对成本进行了一些调整使文章更加清晰。固定成本的比例调整得比可能的实际情况更高。另外，保持总成本不变的同时，将最开始几个单位的边际成本调整大一些。

欧洲在造纸业控制污染排放的信息来自"EU

Paper Industry Fears Pollution Control Costs," *Reuters*，May 21, 1999。

图 9.13 将祖父原则的效应扩大化以便理解。实际生产中，有大约 20 家不同规模的工厂生产了 2 500 千吨新闻纸；环境管制实际上大约提高了 2%的成本。我们在图中标示为管制提高了 20%的固定成本，使得这一影响在图上更为明显。

关于《清洁空气法案》的更多信息，包括其法律条文，参考网址：http://www.epa.gov/lawsregs/laws/caa.html。

练习

1. 正如我们已经看到的，环境规制影响生产者的成本。成本通过长期和短期供给曲线影响均衡状态。现在我们采取另一种视角，造纸行业及其环境影响可能变小。

图 9.11 展示了行业中有 6 个企业的长期均衡，也展示了 5 个企业的短期供给曲线。保持 5 个企业的供给曲线不变，如果长期均衡中的企业数量为 5，该图应如何修改？政府规制是减少造纸行业污染的唯一途径吗？

2. 在中世纪，炼金术士试图将不同的物质变成金子。然而，除非原子反应，世界上黄金的可得量是固定的；不像纸张，生产者不可能根据市场条件的变化而生产金子。有些黄金储备很容易提取：例如，美国政府在肯塔基州的诺克斯堡附近储备了大量金矿石，非常容易"提炼"。然而，其他地方储量开采的成本可能很高：例如，开采黄石国家公园附近的金矿，需要挖掘大量的土方，并使用有毒化学物质。政府在诺克斯堡的黄金储备对黄金市场价格有什么影响？这种储备鼓励还是抑制黄金开采，包括采矿的环境影响？基于成本或者环境影响，首先应该开采哪个黄金储备？（这一问题最先见 Dale W. Henderson, Steven W. Salant, John S. Irons, and Sebastian Thomas，"The Benefits of Expediting Government Gold Sales," http://www.personal.umich.edu/~ssalant/ifdp.pdf。）

3. Sleepwell 公司生产睡袋的成本为 $C(Q) = Q^3 - 10 Q^2 + 35Q + 196$。生产的边际成本为 $MC(Q) = 3Q^2 - 20Q + 35$。

(a) 找出停产点和平均成本的最小值。（提示：如果你可以使用电子制表软件，你可以输入 AVC、AC 和 MC 的公式，并计算从 $Q=1$ 到 $Q=10$ 的值。）

(b) 一个睡袋价格为 67 美元。Sleepwell 公司将生产多少睡袋，利润为多少？

(c) 睡袋市场有多个生产者，具有竞争性。因为生产睡袋的技术被普遍掌握，且没有政府规定限制使用这一技术。所有生产者按照同样的成本曲线进行生产。睡袋的需求曲线为 $Q_D = (1\ 001 - 3P)/25$。在现有价格下，消费者将购买多少睡袋？你预计这个行业中有多少家生产者？这个市场是否已经达到长期均衡，为什么？

(d) 一个新睡袋企业进入该行业，每个睡袋价格降为 42 美元。现有价格下消费者将购买多少睡袋？这个行业中有多少家生产者？这个市场是否已经达到长期均衡，为什么？

(e) 政府管理者发现大量的人到公园和野外游玩会对生态系统造成损害。他们找到阻止人们进入野外的一个方法是限制睡袋的产量；没有了睡袋，在野外过夜的人们数量将减少。政府管理者宣布每个企业不能生产超过 5 个睡袋，且不允许新的睡袋企业进入。在这一规定下，价格达到多少才能使需求量等

环境经济学

于供给量？

(f) 在新的价格下，Sleepwell 公司生产 5 个睡袋的利润为多少？

(g) 政府对睡袋生产数量的管制增加还是减少了睡袋生产者的利润，为什么？

4. 有些企业希望自身是环境友好的，即使"更绿色"的生产流程会增加它们的成本。考虑两个情景。第一个情景，一个"绿色"企业例如可再生能源公司进行电力生产。这个企业和燃煤电厂等其他不清洁的企业生产一样的产品。消费者无法辨别他们使用的商品——都来自墙上电源插座输出的电力——来自绿色企业还是不清洁企业。第二个情景，以有机农业为例。消费者可以辨别出商品是来自绿色企业还是不清洁企业。哪个情境中的绿色企业更可能成功，为什么？

5. 垦务局（Bureau of Reclamation）是管理美国西部许多水坝的政府机构。大坝中的水用于农业灌溉。假设垦务局正要决定将建多大规模的水坝。假设蓄水将以固定价格 P 出售给农民。蓄水量随着大坝规模呈现线性增长。再假设成本为蓄水量的方程，为 U 形。根据历史经验，要求垦务局对水定价收回成本，而非利润最大化。收回成本意味着制定的价格应使收入正好等于成本。画出一条 U 形的成本曲线和一条向下倾斜的需求曲线。利用这一图找出垦务局将提供的水量。将这一数量与利润最大化、被动接受价格的企业可能的产量作比较。联邦政府制定这一政策的机会成本是什么？也就是说，如果垦务局要最大化收益而不是收回成本，那么额外利润的可能用途是什么？

6. 城市供水的成本曲线为 $C(Q) = 16 + 1/4 Q^2$，其中 Q 为供水量，$C(Q)$ 为提供 Q 公顷—英

尺水的成本。（1 公顷—英尺水代表可以覆盖 1 公顷土地达 1 英尺深的水量。）

(a) 写出固定成本（FC）和可变成本（VC）的公式。

(b) 写出平均固定成本（AFC）、可变成本（AVC）和平均成本（AC）的公式。（注意，任何一种平均成本等于对应的成本除以 Q。）在同一个图上画出这三条线，横轴表示 Q，纵轴表示美元/Q，从 $Q = 0$ 到 $Q = 10$。

(c) 边际成本的公式为 MC$(Q) = Q/2$。把这条线加入（b）的图中。

(d) 停产点在哪里——也就是 AVC 的最小值？（提示：不考虑数量为负的情况。供水量为负的现象几乎不会出现。）MC 和 AVC 相交于 AVC 的最低点吗？（检查当 Q 为停产点的产量时 MC 和 AVC 的值是否一样。）

(e) AC 的最小值为多少？MC 和 AC 相交于 AC 的最低点吗？

(f) 指出这个城市的供水曲线。

(g) 水价为 4 美元/公顷—英尺。将这一信息加入到适当的图中。这一价格在停产点之上吗（AVC 的最小值）？如果为了最大化利润，这个城市的供水量将为多少？利润为多少？

(h) 这个城市找到一种比原来更便宜的处理水的方法。你预期供水曲线将有怎样的变化？如果水价保持不变，供水量将发生什么变化？

(i) 假设这个城市的供水来自一条河流。生物学家发现城市用水减少了水流量，危及一种濒危物种。如果要求这个城市对造成的物种危害负责，供水曲线会有什么变化？如果水价保持不变，供水量会有什么变化？

第 10 章

外部性收益最大化

2008 年，美国的汽油价格突破了每加仑 4 美元大关。同年，大量使用化石燃料引发的气候变化使得北极熊进入濒危动物名录。尽管大多数美国人没有便捷的公共交通工具可供选择，但总体看来，人们开始减少汽车的使用。2008 年是大选年，有两位总统候选人提出联邦汽油税的免税日（巴拉克·奥巴马不赞成这么做），鼓励人们更多驾车出行，与所有候选人关注减少温室气体排放的目标相悖。

和汽油一样的市场商品的消费，一方面为消费者带来了收益，另一方面为环境施加了外部成本。面对这种外部成本时，这部分利益该如何取舍？当外部性的存在导致市场失灵时，缺乏监管的市场是否能够在生产和污染之间找到一个正确的平衡点？以下是本章关注的重点：

- 生产和消费的外部成本；
- 提高社会净效益，也就是提高效率；
- 利用成本收益分析寻找有效的生产水平；
- 从不同角度看待污染和治理的边际成本和收益。

驾驶的成本和收益

开车的成本很高，包括停车费、保险费、折旧费（随着车龄变大，车的价值减少量）、维修费以及汽油费等。2006 年，美国国税局（Internal Revenue Service）统计了行车成本，驾驶一辆车平均每英里需要花费 0.485 美元，这还不包括停车费。事实上，在行车成本中，停车费占了很大份额。本书的一位作者每年花费 1 440 美元购买停车证，直到他决定步行上班。

对于一个普通的驾驶人而言，平均一英里 0.485 美元的驾驶成本意味着什么呢？如果这位驾驶者每年以平均 20 英里/加仑的耗油率行驶 12 000 英里的话，那么平均每年将消耗 600 加仑的汽油。2006 年的汽油价格为每加仑 3 美元，那么这位驾驶员每年的汽油支出为 1 800 美元，大致等于一年总费用（12 000 英里×0.485 美元/英里＝5 820 美元）的 30%。

美国国税局在估算驾驶成本时并未包含时间成本。按照平均每位驾驶者每小时行进 40 英里计算，一年的开车时间为 300 小时。2006 年，加利福尼亚的最低工资水平为每小时 6.75 美元，300 小时的驾驶时间价值 2 025 美元。如果将这笔费用加入国税局估算的驾驶总成本上，那么 2006 年的汽油成本就仅占 7 845 美元的驾驶总成本的 23%，总成本中仍未包含停车费。（对于住在大城市里面的居民而言，在支付停车费之前可能还需要额外花些时间寻找停车位。）

为什么人们不选择乘坐公共汽车或者火车来代替驾车呢？因为在美国，完全依靠公共交通去上班、购物、接送孩子或者到其他地方是很困难的。那些利用公共交通上下班的人中的大多数（如本书的另外一位作者）免不了仍需驾车。

每天早上常见的场景是：父亲或者母亲开 5 英里的车送孩子去学校或者托儿所，然后再开 20 英里的车去上班。如果采用公共交通，这段路需要倒 3 趟公交车，坐一趟火车，还要走上一段路，时间大概 2 小时，费用为 7 美元。假设这位父亲或母亲 1 小时赚 10 美元，并且在路上花费的时间都可以获得收入的话，那么采用公共交通的总成本就是 27 美元。另外一个办法，如果这位父亲或母亲开车去上班的话，开车时间 30 分钟，驾驶成本为 12 美元。算上 5 美元的时间成本后，总成本为 17 美元。如此一来，还是开车的成本低。如果随时可以开车离开而不是准点赶公交车，以及不必在恶劣天气步行去汽车站的这些便利也能产生价值的话，就更容易解释为什么大家愿意选择驾车出行了。最后，因为时间价值对于是否开车很重要，那些工资越高的人开车的倾向越高。

但是那些不用驾驶人承担的外部成本呢？这些外部成本是否足够大以至于人们应该更多采用其他交通方式，或者干脆彻底不驾驶了呢？表 10.1 显示了驾驶的外部成本。

在美国，汽车平均每 20 英里消耗 1 加仑汽油。而这些汽油燃烧产生的外部成本大概是 2.6 美元/加仑（0.13 美元/英里 × 20 英里/加仑）至 13.54 美元/加仑（0.677 美元/英里 × 20 英里/加仑）。

私人成本和外部成本

到现在为止，本书中关于消费者和生产者的分析都集中于考察不同群体的行为。消费者将自己有限的收入分配在众多希望得到的商品中。他们希望花钱去享受更好的环境质量，但是这个交易却无法通过现在的市场机制来实现。生产者的生产目的就是让自己的收益最大化，并且没有任何理由为环境损害负责。当企业和消费者都不需要为环境损害负责时，在市场均衡状态下，商品的数量更多，价格也更低。尽管这一均衡状态符合消费者的愿望，但是他们并不希望环境被破坏。因此，本书将继续量化分析消费者和生产者承担外部成本责任能够产生的收益。我们将分析汽油市场的外部性成本，首先介绍汽油市场的供需现状。

表 10.1　　　　驾驶成本研究中报告的各类外部性成本的范围（美分/英里）

类别	下限	上限
基础设施	3.0	7.0
拥堵	4.0	15.0
空气污染	1.0	14.0
气候变化	0.3	1.1
噪声	0.1	6.0
水	0.1	3.0
意外事故（外部性）	1.0	10.0
能源安全	1.5	2.6
停车	2.0	9.0
总计	13.0	67.7

资料来源：Harrington and McConnell，2003.

2003 年，美国的汽油销量是 1 400 亿加仑，价格为 2.3 美元/加仑，图 10.1 显示了这一市场均衡状态。卡洛尔·达尔（Carol Dahl）和托马斯·杜根（Thomas Duggan）对价格弹性进行了估算，供给弹性为 2.0。（当价格弹性为 2 时，价格增加 10%，供给量增加 20%。）莫里·埃斯佩（Molly Espey）估算了需求弹性，中间值为 -0.7。

2.3 美元/加仑的汽油价格中的 0.37 美元是联邦和各州的征税。税收略少于政府用于修建公路和桥梁的费用。因此，当前的税收可以看作驾驶人为使用公路所付的最低费用。这笔费用并不高，不包括表 10.1 中汽油造成的环境成本。

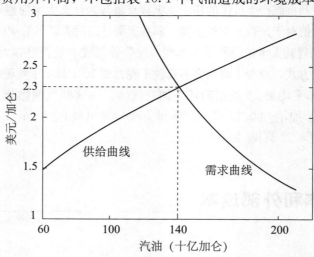

图 10.1　2003 年美国汽油的供需情况

图中显示的是供给曲线和需求曲线，需求的价格弹性为 -0.7，供给的价格弹性为 2.0。

第 3 章讨论了外部性导致的市场失灵，即市场不同群体之间的交易对没有参与交易的群体构成了无法用货币来衡量的影响。那些受到外部性影响的人承担了外部成本。所谓**外部成本**（external costs）是用货币衡量的外部性，比如用货币来估算对人类健康造成的不可逆转的影响和对生态系统造成的损害。市场交易的任何一方不承担外部成本，而是由市场交易以外的第三方承担。例如一个人天天骑自行车上班，却不得不呼吸着受到汽车尾气污染的空气。通常利用非市场价值评估法估算偶尔发生在消费者身上的外部成本。例如，当空气污染增加时，哮喘病爆发的几率和治疗费用都随之提高。根据这些事实，经过仔细计算可以得到一条向上倾斜的外部成本曲线，该曲线反映了哮喘和汽油消费产生的外部性之间的关系。可以利用第 6、7 章的方法估算外部成本。现在，我们分析考虑和不考虑外部成本时，市场上汽油的供需情况。

如果将 2.6 美元/加仑至 13.54 美元/加仑的外部成本计入油价，汽油市场将如何变化？以 2003 年的美国市场为例，如果考虑外部成本，汽油市场的零售价格将提高 1～7 倍。

2003—2008 年间，各种市场力量展现的情况与此类似。尽管并不是源自环境政策，但同样影响了汽油的零售价格。在这 5 年中，美国市场上的汽油价格几乎翻了一番，逼近很多那些征收汽油税避免过度驾驶的欧洲国家的汽油价格，汽油消费量也确实因此而下降。

接下来，我们使用 2003 年的数据，分析向驾驶者按下限收取外部性费用的影响。图 10.2 中共有 3 条成本线，其中私人边际成本线是初始供给曲线，反映了汽油生产者的**私人成本**（private cost），不包括外部成本。也就是说，初始供给曲线等同于私人边际成本曲线或者私人供给曲线。

第二条曲线是估算的边际外部成本曲线。曲线上汽油消耗量 1 400 亿加仑这一点的成本为 2.6 美元/加仑，即外部成本的下限。因为边际外部成本随着汽油消耗量的减少而下降，我们取 2.4 美元/加仑为 910 亿加仑的外部成本的估计值。因此，图 10.2 中这两点构成的线就是外部成本曲线。

私人成本和外部成本相加就是**社会成本**（social cost）。**边际社会成本**（social marginal cost）是边际私人成本和边际外部成本之和。图中的虚线是边际社会成本曲线，是由边际外部成本和边际私人成本纵向相加得到的。当额外消耗一加仑汽油时，每个人面对的总成本是边际社会成本。例如，当汽油的消耗量为 1 400 亿加仑时，边际社会成本为边际外部成本 2.6 美元/加仑＋边际私人成本 2.3 美元/加仑＝4.9 美元/加仑。当汽油的消耗量为 910 亿加仑时，边际社会成本为边际外部成本 2.4 美元/加仑＋边际私人成本 1.9 美元/加仑＝4.3 美元/加仑。将此计算不断重复就可以得到不同汽油消耗量的边际社会成本，这些边际社会成本构成了边际社会成本曲线，有时也称为社会供给曲线。因为社会供给曲线中包含了外部成本，所以社会供给曲线位于私人供给曲线之上。

图 10.3 保留了边际私人成本曲线和边际社会成本曲线，增加了需求曲线。边际社会成本曲线和需求曲线相交，交点处是 910 亿加仑的汽油消耗量和 4.3 美元/加仑

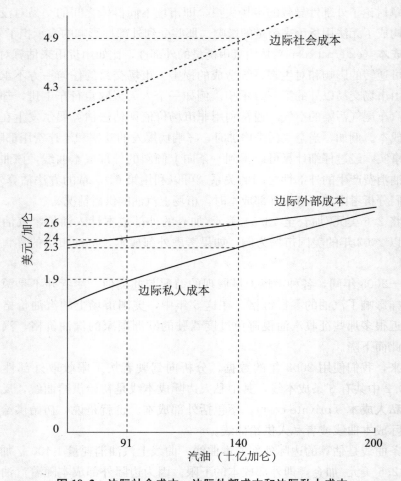

图 10.2　边际社会成本、边际外部成本和边际私人成本

　　最低的线是汽油消费的边际私人成本曲线；中间的线是边际外部成本曲线；最上方的线是边际社会成本曲线，即边际外部成本和边际私人成本之和。

的汽油价格。这意味着，如果汽油生产者承担汽油消耗的全部外部成本，那么汽油市场将会在更高价格的交点处达到新的平衡。

　　汽油价格上涨如何改善环境呢？如果汽油价格中包括更高的成本，那么消费者开车的时间和次数与过去相比将有所减少。在短时期内，消费者不会更换自己的汽车，但是可能会减少出行的次数、拼车出行，或者乘坐公共交通工具。从长期来看，如果汽油价格维持在较高水平，消费者可能会购买更加节能的汽车。另外，当人们选择新工作或者新居所时，交通成本会影响人们的选择。2003 年，瑞典斯德哥尔摩的汽油价格超过了 6 美元/加仑。结果，每个家庭拥有的汽车数量减少（通常每家一辆车），并且也减少了开车的时间。由于瑞典人使用公共交通的次数增多，公共交通公司能够提供更加频繁的公共交通服务，所以瑞典的公共交通系统比美国更加普及和舒适。此外，在瑞典，大家都选择住得离公交站点近一些，于是瑞典的城市和美

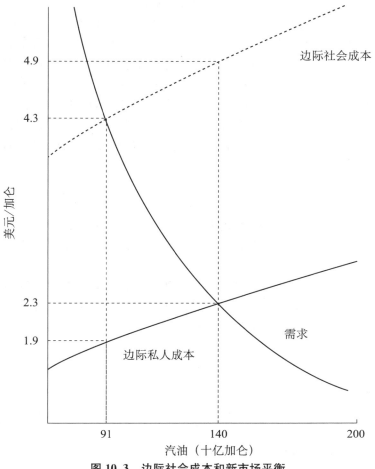

图 10.3　边际社会成本和新市场平衡

在没有政府干预的情况下，需求曲线和边际私人成本曲线相交于市场均衡点，消耗的汽油量为 1 400 亿加仑。当汽油的生产者需要支付边际社会成本时，需求曲线和边际社会成本曲线形成新的市场均衡，汽油消耗量为 910 亿加仑。

国同等规模的城市相比要更加紧凑，这种城市布局的额外好处是减少了城市对于尚未开发区域的影响。总的说来，无论是由于环境税还是汽油价格的提高导致汽油零售价上涨，都能对空气污染、气候变化以及土地利用产生积极而深远的影响。

　　关于图 10.3 的新市场平衡，有几点需要注意。首先，尽管汽油价格中包含了驾驶的外部成本，但是消费者面对的汽油价格并没有从 2.6 美元/加仑增加到 4.9 美元/加仑。因为汽油价格增加激励生产者和消费者改变行为，汽油的消费量减少了 490 亿加仑，消费者在新均衡点面对的汽油价格是 4.3 美元/加仑。因为政府而非汽油生产者得到了外部成本，汽油生产者最后得到的价格等于 1.9 美元/加仑，也就是消费者支付的 4.3 美元/加仑的汽油价格减去 2.4 美元/加仑的外部成本。其次，表面上是生产者支付外部成本，事实上外部成本的大部分都转移给消费者，促使消费者减少汽油消费量。

将汽油消费产生的外部成本纳入汽油价格中，这一举措改变了人们的驾驶习惯，极大地减少了汽油的消费。尽管消费者和生产者都不喜欢提价，但价格作为市场的信号，强烈地改变着消费者和生产者的行为。每个人在计算开私家车的成本和收益时，都会喜欢更廉价的汽油。开私家车可以节约时间和享受便利性，消费者从中获得了很大的收益，而且汽车行驶中产生的损失对驾驶人影响很小，大部分损失由他人承担。尽管这么计算成本和效益对于个人而言是理性的，但是当社会上所有人都据此采取行动的话，产生的总损失会非常大。当消耗汽油产生的损失为 2.6 美元/加仑时，在初始的市场均衡条件下，消费 1 400 亿加仑的汽油造成的外部性损失每年多达 3 640 亿美元。

小结

● 外部成本来源于生产环节和消费环节，但是生产者和消费者并没有承担外部成本。在缺乏政府干预的情况下，市场出清时的物品价格和数量不会反映出使用该物品的外部成本。

● 环境成本对人类的健康和财富造成实质影响。但是大多数的环境成本都是外部成本，生产者不需要支付环境成本，所以私人供给曲线中不包含生产活动造成的外部损害，譬如空气或者水污染等。没有受到政府干预的市场均衡中不会考虑环境成本。

● 边际社会成本曲线包括外部成本和私人生产成本。因为包含了外部成本，所以社会供给曲线位于私人供给曲线上方。

● 社会供给曲线和需求曲线相交形成新的市场均衡。与私人供给曲线和需求曲线相交形成的市场均衡相比，消费者支付的价格提高了，生产者销售的价格降低了，市场上的商品数量减少了，外部损失也降低。

寻找适当的生产水平

如果驾驶人需要支付驾驶的社会成本，汽油生产者的汽油产量将减少，汽油的销售价格将提高，造成的污染也会降低。但无论是驾驶人还是汽油生产企业的股东，都不希望改变现状。因为支付包含环境损害在内的社会成本意味着消费者将支付更高的汽油价格，而且生产和销售汽油的企业利润将减少。另一方面，消费者（这里的消费者包括驾驶人和炼油厂的股东）希望呼吸清洁的空气并且不愿意碰到堵车。那么生产多少汽油，污染程度为多大时比较合适？是让驾驶人承担全部外部成本还是保持现状，哪一种更好？

□ 帕累托改进和净收益

本书第 3 章讨论了帕累托改进，指的是在不损害任何人利益的前提下，至少增加一个人的收益。对汽油的外部成本收费这一行为和帕累托改进不一样，因为对于污染收费会损害到那些消耗大量汽油的驾驶人和拥有炼油厂大量股份的股东的利益，但是增加了那些住在公路附近，很少开车，却受到空气污染影响的人的利益。如同对汽油的外部成本收费一样，大多数影响环境的行为都不属于帕累托改进。对这些同时产生了收益和损失的行动必须进行评估，评估的标准需要考虑到政策的收益和成本。

在经济学上评价项目时普遍采用的原则是，如果项目同时存在获益者和受损者，那么除非项目的净收益是正的，否则不应开展项目。净收益就是收益减去成本，这里的成本包括外部成本。简单地说，**成本收益原则**（benefit-cost criterion）指的是，净收益为正，就可以开展项目，而净收益为负，不应该开展项目。当市场达到了没有任何变化可以增加市场净收益的状态时，我们就说这些市场是**有效的**（efficient）。

对驾驶人收取汽油外部成本的费用减少了汽油消费量，如果相应的污染损害下降量超过了汽油消费减少带来的损失，那么收取外部成本的费用这一决定就增加了净收益。但即使净收益是正的，也存在受损者；即使对外部成本收费产生的收益大于成本，也有人的福利会因此降低。譬如对汽油收取外部成本费用，那些经常开车的人的福利会因此受损。所以，净收益为正的项目不一定是帕累托改进的。

专栏 10.1

效率的可选方案

除了效率作为评价事物好坏的原则而外，还有哪些评价标准可供选择呢？这里，我们在诸多评价标准中讨论两个标准：罗尔斯的最大最小原则和深层生态学原则。

约翰·罗尔斯（John Rawls，1921—2002）是一位政治经济学家，他认为社会应该着力提高福利水平最低的那部分人的福利。换句话说，如果我们能够找出那些生活质量最差或者效用最低的人，我们就应该提高他们的福利水平。从数学的角度来说，我们应该实现最小效用水平的最大化。因此，这个思想被称为**最大最小原则**（maximin principle）。如果我们能改善福利水平最低的人的生存状态，最终她的福利水平将和福利水平倒数第二差的人拥有同样的福利水平。接着，我们就需要同时提高这两个人的福利水平。这个过程不断重复下去，会让所有人拥有同样的福利水平，因为使所有人的福利水平都不比别人低的唯一办法就是实现所有人的共同富裕。相比效率原则，这一评价标准重视分配的影响，认为提高最贫穷的人的福利水平比仅仅增加财富更有意义。但是，效率原则可以作为罗尔斯最大最小原则的补充，因为蛋糕做大的话，可以把增加的部分分配给份额最小的那部分人。

深层生态学表达了一种哲学原则，认为应该改变以人类为中心的世界观，更加重视自然。按照这一观点，人类并非世界上价值和福利评判的终极法官，其他生物和生态系统独立地拥有各自的价值，这种价值不是人们所认为的它们具有的价值。相反地，效率准则是以人类为中心的，强调人类的利益，认为正因为人类关注自然界，自然界受到的影响才有意义。从深层生态学的角度来看，人类应该在维持适当的生活质量的基础上，寻求不利的环境影响的最小化。

经济学家一直希望参与到政策讨论中来，对可供选择政策的质量进行评判。成本收益原则就是经济学中应用最为广泛的一种评价标准，但是并非仅有的一个，很多人不赞同效率分析的结果。比如上述的两种评价准则可以得出与效率分析完全不同的结论。注意效率原则和其他原则的优点和缺点，有助于你理解政策问题的经济分析过程。

当净收益为正时，就可能通过制度的设计让政策的获益者补偿受损者，实现帕累托改进。然而在实践中，这种补偿即使是可能的，也通常会面临困难。比如，在汽油消费的案例中，那些消耗汽油的大户应该怎么补偿？给予驾驶人补偿等于奖赏他们的驾驶行为，就像基于行驶里程的退税，这一做法会鼓励他们开车，实际上不利于既定目标的实现。所以说，补偿受损者通常是理论上的一种可能。

□ 成本和收益

在应用成本收益原则前，需要计算某一行为的成本和收益。第 5 章展示了如何通过商品的总支付意愿计算位于需求曲线下方的总消费者收益。本章将会探讨如何在图中将成本收益中的成本部分表示出来。

成本收益原则中的成本指商品的社会成本，包括私人成本和外部成本。私人成本 $C(Q)$，包括了固定成本 FC 和可变成本 VC，固定成本一直保持不变。我们知道，将边际支付意愿求和可以得到总支付意愿，那么是否可以采用同样的办法，利用供给曲线对商品的边际成本求和从而得到商品的可变成本？

我们来看生产 Q 单位某产品的情况。私人成本等于固定成本加上生产第一单位的边际成本，再加上在已有一单位商品的基础上生产第二单位商品的边际成本，以此类推，直到加上第 Q 单位商品的边际成本，即 $C(Q)=FC(Q)+MC(1)+MC(2)+\cdots+MC(Q)$。因为 Q 单位商品的私人成本 $C(Q)=FC(Q)+VC(Q)$，同时减去两个等式中的固定成本就得到了下面这个等式 $VC(Q)=MC(1)+\cdots+MC(Q)$。所以说，可变成本等于边际成本之和，或者说可变成本等于边际成本曲线下方的面积。在图 10.4 中，1 400 亿加仑汽油的可变成本是图中深色阴影面积。这个方法对于计算社会成本、私人成本或者外部成本同样适用。无论何种情况下，可变成本都是边际成本曲线下方的面积。因此，边际社会成本曲线下方的面积加上固定成本就是社会成本。

利用成本收益原则进行决策时，通常不考虑固定成本，这是因为固定成本在短期内不会有变化。这种情况下，普遍使用生产者剩余这一概念而不是利润。所谓**生产者剩余**（producer surplus）是生产者的收入减去生产过程中的可变成本。在图 10.4 中，收入（价格乘以数量）是阴影部分的总和，等于 2.3 美元/加仑乘以 1 400 亿加仑汽油。可变成本是其中颜色较深的那部分阴影面积。收入和可变成本之差是颜色较浅的，在价格之下以及边际成本曲线之上的那部分阴影区域，这部分区域就是生产者剩余。

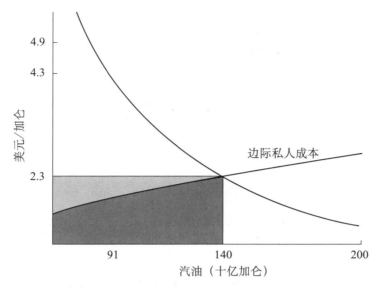

图 10.4　生产者剩余

生产者收入减去可变成本后就是生产者剩余。因为可变成本是边际成本曲线下方（深色阴影）区域，收入
等于价格乘以数量（即浅色和深色阴影部分之和），生产者剩余是浅色阴影区域。

私人净收益等于总支付意愿减去成本。而计算私人净收益的另外一种办法就是
对消费者剩余和生产者剩余进行求和。这里需要弄清楚的是，消费者剩余等于消费
者的总支付意愿减去消费者为所购买商品支付的费用（价格乘以数量），而生产者剩
余就是生产者的收入（价格乘以数量）减去生产者的成本。因此，消费者剩余加上
生产者剩余等于 TWTP－$P×Q$＋$P×Q$－C(Q)＝TWTP－C(Q)。

□ 收益最大化

成本收益原则追求的是总支付意愿和社会总成本之差最大化（至少让二者之差
扩大）。比如对于汽油市场，存在两种市场均衡模式。基于私人成本的市场实现均衡
时，汽油价格为 2.3 美元/加仑，数量为 1 400 亿加仑。基于社会成本的市场实现均
衡时，汽油价格为 4.3 美元/加仑，数量为 910 亿加仑。下面，我们从消费者和生产
者两个角度来判断哪种市场均衡具有更高的净收益。

我们先从消费者入手。图 10.5 显示的是汽油的需求曲线。消费者对 1 400 亿加
仑汽油的总支付意愿是需求曲线之下，从 0 至 1 400 亿加仑之间区域的面积；对 910
亿加仑汽油的总支付意愿是需求曲线之下，从 0 至 910 亿加仑之间区域的面积。需
求曲线以下，910 亿与 1 400 亿加仑之间的阴影区域的面积就是两个市场的总支付意
愿之差。也就是说，汽油消费量从 910 亿加仑增加到 1 400 亿加仑时，消费者的总支
付费用等于汽油消费量从 1 400 亿加仑减少到 910 亿加仑时消费者承受的损失。随着
汽油消费量变化而变化的这部分总支付意愿大约为 1 540 亿美元。

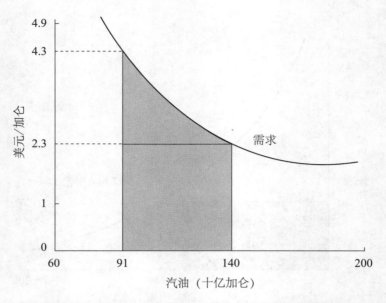

图 10.5　汽油消费量从 910 亿加仑变化到 1 400 亿加仑导致的总支付意愿的变化情况

阴影区域就是消费者愿意为汽油消费量从 910 亿加仑增加到 1 400 亿加仑而支付的费用。

　　我们接着分析生产者。图 10.6 显示了汽油产量从 910 亿加仑增加到 1 400 亿加仑后，社会成本发生的变化。图中 0 到 1 400 亿加仑之间且位于边际社会成本曲线下方的区域面积加上固定成本就是生产 1 400 亿加仑的汽油产生的社会成本。同理，910 亿加仑汽油的社会成本等于图中 0 到 910 亿加仑之间且位于边际社会成本曲线下方的区域再加上固定成本。在边际社会成本曲线下方，0 到 1 400 亿加仑之间的区域减去 0 到 910 亿加仑之间的区域，所得到的是汽油产量从 910 亿加仑增加到 1 400 亿加仑产生的社会成本。固定成本不影响计算不同产量的成本变化，这主要是因为在短时间的生产过程中，固定成本不会变化。因此，汽油产量导致的社会成本变化就是在边际社会成本之下，不同产量之间的那部分区域面积。当产量增加时，不仅生产者要承担更高的生产成本，而且污染的空气对所有人带来了更大的健康风险。在本案例中，不同汽油产量的社会成本之差为 2 270 亿美元。这也就是说，当汽油产量从 910 亿加仑增加到 1 400 亿加仑后，社会成本增加了 2 270 亿美元。反之，当汽油产量从 1 400 亿加仑减少到 910 亿加仑之后，社会成本降低 2 270 亿美元。

　　现在，我们比较一下汽油消费量变化带来的成本和收益变化。图 10.7 中同时有需求曲线和边际社会成本曲线，以便于比较。两条曲线之间的深色三角阴影区域面积是净收益。当汽油产量从 910 亿加仑增加到 1 400 亿加仑时，社会成本增加了 2 270 亿美元，而人们的支付意愿增加了 1 530 亿美元。此时产生的净收益，也就是汽油产量从 910 亿加仑增加到 1 400 亿加仑后，收益和成本之差为 −740 亿美元；反之，当汽油产量从 1 400 亿加仑减少到 910 亿加仑后，收益和成本之差为 740 亿美元。换句话说，边际社会成本曲线和需求曲线相交，即汽油产量为 910 亿加仑时产生的净收益高于 1 400 亿加仑时的净收益。

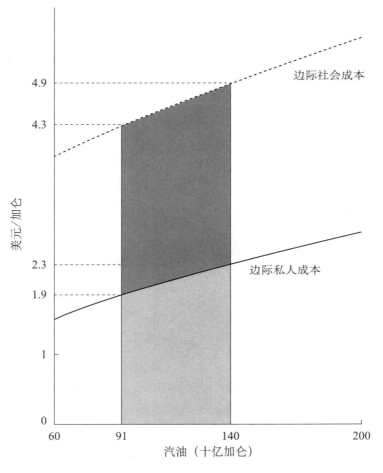

图 10.6　边际社会成本曲线下方的区域

边际成本曲线下方的区域是可变成本。阴影区域面积是当汽油产量从 1 400 亿加仑减少到 910 亿加仑后减少的社会可变成本。深色的阴影区域面积就是外部成本，浅色阴影区域面积是私人可变成本。

边际社会成本曲线和需求曲线相交时净收益最大，这是一条经济学原理吗？千真万确。这一原理可以用三种情形来验证。第一种情形中，需求曲线上的价格高于边际社会成本。当汽油产量小于 910 亿加仑时，譬如图 10.8 中汽油产量为 700 亿加仑，就会出现需求曲线上的汽油价格均高于边际社会成本的情形。此时，产量增加一个单位所增加的总支付意愿等于需求曲线上的价格。增加一单位的汽油产量也会增加一定的社会成本，这部分社会成本等于边际社会成本曲线上的汽油价格。由于需求曲线上的价格高于边际社会成本，所以增加一单位的汽油产量会增加净收益。因此，当需求曲线上的价格高于边际社会成本时，净收益没有实现最大化。

第二种情形中需求曲线价格小于边际社会成本。譬如图 10.7 中，汽油产量为 1 400 亿加仑就属于这种情况。此时，没有考虑外部成本，市场达到了实际均衡状态。减少一单位的汽油产量减少的总支付意愿等于需求曲线上的汽油价格，也减少

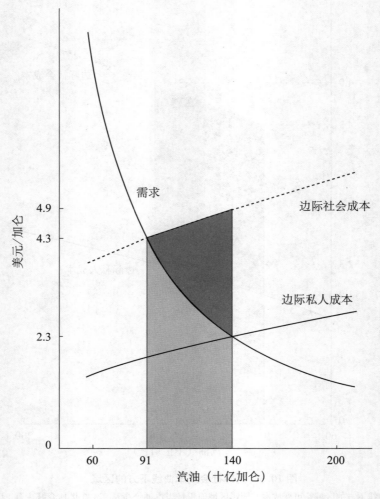

图 10.7 净收益

汽油消费量从 1 400 亿加仑下降到 910 亿加仑时，减少的社会成本减去因此而损失的总支付意愿就是净收益。边际社会成本曲线下方，位于 910 亿加仑与 1 400 亿加仑之间的区域面积就是减少的社会成本，即两部分阴影区域面积之和。损失的总支付意愿是需求曲线下方的浅色阴影区域面积。因此净收益就是深色阴影区域面积。

了边际社会成本。由于边际社会成本大于需求曲线上的汽油价格，净收益随着汽油产量的减少而增加。所以在第二种情形下，净收益没有实现最大化。

第三种情形是边际社会成本等于需求曲线上的价格。此时，净收益最大化。图 10.7 中，汽油产量 910 亿加仑，边际社会成本等于需求曲线上的汽油价格。因此，净收益达到最大时的汽油产量为 910 亿加仑，远小于私人市场均衡的汽油产量。这就是说，产量位于边际支付意愿与边际社会成本相等时的产量水平时，净收益最大。

如果汽油不存在外部性，通过上面的方法同样可以找出汽油的有效生产水平出现在需求曲线和私人供给曲线交点处。此时的汽油产量也正是在市场不受干预时，市场力量作用的结果。经济学家通常偏好不受干预的市场，是因为这样的市场具有

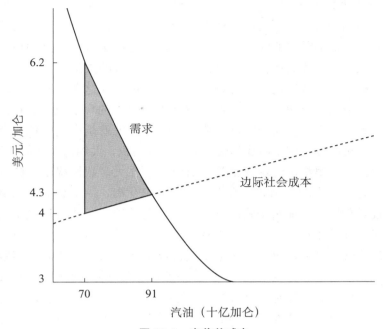

图 10.8　净收益减少

当选定的汽油产量低于边际社会成本曲线和需求曲线相交点处的产量时，净收益损失等于阴影三角形的面积 210 亿美元。汽油产量从 910 亿加仑下降到 700 亿加仑，损失的总支付意愿为 1 070 亿美元，节约的 860 亿美元可变成本抵消了大部分总支付意愿损失，损失的净收益 210 亿美元等于三角形的阴影区域面积。上面这些数字是根据边际社会成本曲线和需求曲线计算出来的，为了方便也可以近似地将曲线看做直线，则损失的净收益等于底是 21 高为 2.2 的三角形面积，大概为 231 亿美元。

效率。如果不存在外部成本，不受干预的市场可以使净收益最大化。然而，由于存在外部成本，私人市场是低效率的。由于存在外部性或者其他市场失灵，所以放任市场不进行干预的观点并不是合理的。

　　换句话说，由于没有考虑燃烧汽油产生的环境成本，私人汽油市场不会实现净收益的最大化。只有不存在外部成本或者其他市场失灵时，私人市场才能实现净收益的最大化。在外部成本存在的前提下，计算净收益最大的汽油生产水平需要考虑汽油燃烧对于各利益群体的影响，包括气候变化在世界范围内对动物栖息地和人类社会的影响。

□ 无谓损失和有效的污染水平

　　经济学中对于低效率状态产生的成本有一个专属名词，即**无谓损失**（deadweight loss）。私人汽油市场实现均衡时生产的汽油为 1 400 亿加仑，这是低效率的，产生了无谓损失。计算无谓损失需要知道市场有效产出和市场低效产出。市场有效产出时的净收益和市场低效产出时的净收益之差就是无谓损失。换句话说，无谓损失就等于总支付意愿的变化量减去社会成本的变化量。汽油产量从 910 亿加仑增加到 1 400 亿加仑时减少的净收益，也就是图 10.7 中的深色阴影区域，即无谓损失的 740 亿美元。

汽油消费量过小也会导致无谓损失。假设环境保护者能够更加有效地影响污染水平，并且在他们的努力下，汽油的消费量减少到700亿加仑。因为汽油消费量低于910亿加仑，汽油的需求曲线位于边际社会成本曲线上方。在这种情况下，如用车运送病人，或者为一些居住在缺乏其他交通工具地区的人运送所需的物资等，可能给人们带来很大的收益。此时，燃烧汽油产生的损失和这些收益相比非常低。人们为了更多地获取消费汽油产生的收益而愿意承担更大的环境成本。在图10.8中，当汽油消费量减少到700亿加仑时，所造成的无谓损失就是由700亿加仑所在的垂线和需求曲线、边际社会成本曲线相交形成的区域面积，大约为210亿美元。

如果排放的污染很小，讨论污染是否有意义？在大多数情况下，微量污染造成的损害事实上是非常小的。例如，篝火会产生二氧化硫、一氧化碳、二氧化碳、细小颗粒物、烃类物质和其他污染物。其中，烃类物质被认为或者怀疑是致癌物。坐在篝火的下风处会导致呼吸困难，污染物在空气中四处扩散，影响人类健康。尽管这样，如果法律禁止篝火，而人们又不积极抗议出台该法律，最后大多数人会因为没有篝火而感到后悔。因为围坐在篝火旁边烤棉花糖、讲鬼故事可以给人们带来足够收益以至于人们愿意忍受时不时出现在乡村中的篝火排放出的污染物。换句话说，正常情况下，人们对篝火这类有污染的行为的需求超过了这类行为的边际成本。在大多数情况下，有效的污染水平未必是零污染。

利用供需图寻找无谓损失通常包括以下几个步骤：（1）寻找可以使净收益最大化的产出水平，即边际社会成本曲线和需求曲线的交点（譬如案例中的910亿加仑汽油产量）。（2）寻找实际的产出（譬如边际私人成本和需求曲线相交的1 400亿加仑汽油产量）。（3）寻找出由边际社会成本曲线、需求曲线和实际产量所在垂线围成的三角区域，这一区域就是无谓损失。

一般说来，只要净收益没有最大化，就存在无谓损失。在前面这个案例中，当实际汽油产量超过910亿加仑时，边际社会成本曲线就位于需求曲线上方。实际产量（比如案例中的1 400亿加仑）所在的垂线和边际社会成本曲线、需求曲线所形成的三角区域就是全社会承担的净损失。这部分损失是由于汽油价格中不包含外部成本造成的。

小结

● 净收益等于收益减去成本。如果某些行为可以增加净收益，但是却导致一些人的福利减少，那么这种行为就不是帕累托改进。

● 需求曲线和边际社会成本曲线相交时的产量就是有效产出，此时的净收益最大。

● 如果没有市场失灵，那么不受干预的私人市场就是有效的。当市场失灵存在时，私人市场的均衡结果就不是有效的。生产者和消费者不会考虑那些他们不用为之付钱的外部成本。

● 商品数量过多或过少所导致的净收益损失就是无谓损失。无谓损失是位于需求曲线和边际社会成本曲线之间的那部分区域。

● 正如过多的污染是低效率的一样，污染太少或者削减太多的污染也是低效率

环境经济学

的行为。极少的污染给人们带来的损害可以忽略不计，但是削减最后一单位的污染所需要的成本可能是非常高昂的。

污染以及减少污染的边际收益和成本

因为私人生产过程中排放的污染物造成了外部成本，我们将边际外部成本与边际私人成本相加得到边际社会成本，但这并非经济学家研究污染问题的唯一方式。此外，还有另外两个常见的方式。第一个方式是分析生产者和消费者的边际私人收益，并且与污染的外部成本进行比较。第二个方式是讨论减少污染。我们通常不会说将污染物汽油的数量从 1 400 亿加仑减少到 910 亿加仑，而会说减少 490 亿加仑汽油产生的污染物。由于环境经济学家和管理者可能会使用这些方式描述外部性的经济学问题，我们需要了解这些不同方法间的关系。

□ 污染的边际收益和成本

需求曲线表示额外消费一单位汽油可以给消费者带来多少收益，边际私人成本表示生产者生产这额外的一单位汽油需要承担多少成本。从需求曲线中扣除生产汽油的边际私人成本，就得到**污染的边际收益**（marginal benefit of polluting），表示的是额外一单位污染物给消费者带来的收益减去生产者的私人成本。图 10.9 中显示了污染的边际收益曲线。

污染的边际收益曲线集中反映了私人市场的汽车生产过程。首先，消费者对第一单位汽油有很高的支付意愿，而且生产第一单位汽油的边际私人成本很低，所以初期的污染边际收益很高。随着汽油消耗量的不断增加，边际支付意愿不断下降，而且边际私人生产成本不断提高，污染的边际收益不断降低，所以图中污染的边际收益曲线向下倾斜。当汽油的需求曲线和生产汽油的边际私人成本相交时，两条曲线之差为零，边际收益曲线和横坐标轴相交于 1 400 亿加仑这点。当汽油产量超过 1 400 亿加仑时，生产汽油的边际私人成本超过了消费者消费汽油的边际支付意愿，即使不考虑外部成本，污染的边际收益也变为负值。当额外生产一单位汽油的净收益为零时，市场就达到了均衡。此时，生产的每加仑汽油的净收益就是正的，市场不会生产净收益为负的汽油。

私人市场在达到均衡的过程中没有考虑外部成本。污染行为产生的外部成本被称为**污染的边际成本**（marginal cost of polluting）。图 10.9 中同样也画出了污染的边际成本曲线。

当图 10.9 增加了污染的外部成本后，污染的边际收益和边际成本相等时的汽油产量就是有效产出。两条曲线交点处的价格为 2.4 美元/加仑，产量为 910 亿加仑。2.4 美元/加仑这一价格表示的是生产 910 亿加仑汽油时的外部成本。因此，污染的边际收益和成本图就像供给需求图一样，显示了考虑和不考虑外部成本两种情况下的汽油的有效产出。

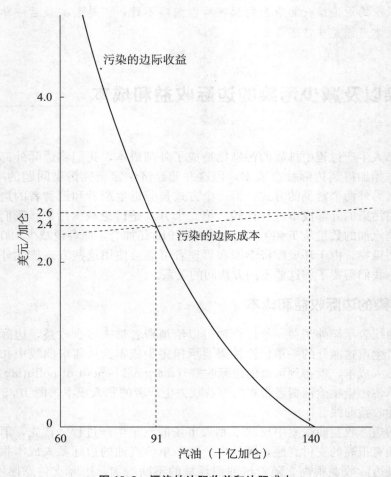

图 10.9 污染的边际收益和边际成本

污染的边际收益等于额外增加一单位污染的边际支付意愿减去边际成本。污染的边际成本就是边际外部成本。通过图可以看出,有效产出水平为 910 亿加仑汽油。

□ 污染治理的边际收益和成本

污染治理就是减少污染物。污染治理获得的收益等于增加污染付出的成本;污染治理付出的成本与增加污染获得的收益相同。那么污染治理的成本是什么呢?在汽油这个案例中,不治理任何污染时,所对应的汽油私人市场均衡产量为 1 400 亿加仑。减少汽油产量放弃的净收益是机会成本,就如本章开头例举的开车上下班的家长的例子,人们的交通成本会因为汽油产量的减少而增加。于是,**污染治理的边际成本**(marginal costs of abatement)就是消费者和生产者放弃的从消费汽油中获得的净收益。因此,尽管衡量的出发点不一样,但污染治理的边际成本就等于污染的边际收益。

在图上标注出几个点,就可以描绘出污染治理的边际成本曲线。首先,我们观察表 10.2 中污染和污染治理之间的关系。前三行分别显示了减少的汽油量、消耗的汽油量，以及两者之和。用汽油的产量衡量污染情况，用汽油的消耗量低于私人市场均衡点1 400亿加仑的数量衡量污染削减情况。表10.2中，第一行减少的汽油量加上第二行消耗的汽油量等于第三行的市场均衡产量1 400亿加仑。对于任何污染和污染治理的组合来说，第四行污染的边际成本和第五行污染治理的边际收益相同，同样第六行污染的边际收益和第七行污染治理的边际成本也相同。

表10.2　　　　　　　　　　　　　　污染排放和治理

从表中可以知道，当污染的产生量和治理量不受管制时，污染的边际收益等于污染的边际治理成本。

	不治理	小规模治理	大规模治理
减少的汽油量（十亿加仑）	0	30	49
消耗的汽油量（十亿加仑）	140	110	91
减少的和消耗的汽油量之和（十亿加仑）	140	140	140
污染的边际成本（美元/加仑）	2.6	2.5	2.4
污染治理的边际收益（美元/加仑）	2.6	2.5	2.4
污染的边际收益（美元/加仑）	0	1.2	2.4
污染治理的边际成本（美元/加仑）	0	1.2	2.4

不治理污染使私人市场一直维持1 400亿加仑汽油消耗量的均衡水平。在这一消费水平下，市场实现了均衡且不需要为污染付费，一加仑汽油的边际私人收益和边际私人成本是完全相等的，额外消耗一加仑汽油得到的污染净收益以及为了治理污染而少使用一加仑汽油削减的净成本均为零。因此，表中第六行和第七行的不治理一栏均为零。在不治理污染的情况下，第四行显示了污染的边际成本，也就是外部成本，为2.6美元/加仑。污染治理避免了污染给人们造成损害，因此污染治理可以产生收益。第五行中，污染治理的边际收益也是2.6美元/加仑。在不污染治理时，污染治理的边际收益远大于污染治理的边际成本，此时污染治理增加净收益。

取1 400亿加仑和910亿加仑间的中间值，1 100亿加仑，和开始相比减少了300亿加仑的汽油消耗量，代表了小规模污染治理水平。在这一治理水平下，第四行污染的边际成本和第五行污染治理的边际收益相同，均为2.5美元/加仑。第六行污染的边际收益和第七行污染治理的边际成本相同，均为1.2美元/加仑。此时，治理的边际收益要高于治理的边际成本，所以污染的治理量将继续增加。

表10.2中最后一列与开始相比，减少了490亿加仑汽油消耗量，显示了产量为910亿加仑时的边际成本和边际收益。此时，治理的边际成本和污染的边际成本都是2.4美元/加仑，治理的边际成本和污染的边际收益也是2.4美元/加仑。治理的边际成本等于边际收益时，污染的边际成本也等于边际收益。而910亿加仑的汽油消耗量正是考虑了汽油使用的外部性后的最佳污染水平。

污染治理的边际收益（marginal benefits of abatement）就是减少污染的效应。污染减少使空气变得更加清新，减缓气候变化的速度，道路不那么拥挤。换句话说，从污染治理中获得收益就是避免了污染造成的损失。因此，尽管两者的起点不同，但污染治理的边际收益就等于污染的边际成本。

图 10.10 描绘了前文通过计算得到的污染治理的边际成本曲线和边际收益曲线。这两条曲线就是污染的边际成本曲线和边际收益曲线的倒影。这两对曲线是完全相反的，因为污染治理量为 0 等于汽油消耗量是 1 400 亿加仑，污染治理量为 490 亿加仑等于汽油消耗量是 910 亿加仑。

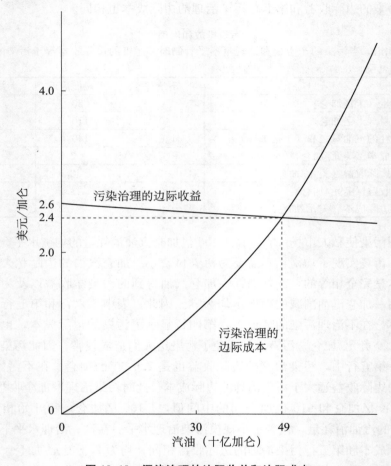

图 10.10　污染治理的边际收益和边际成本

　　污染治理就是减少污染的数量。从市场开始的 1 400 亿加仑汽油消耗量中减少 490 亿加仑就等于只生产 910 亿加仑汽油。污染治理所获得的边际收益就是减少的外部成本。污染治理的边际成本就是损失的污染边际收益。污染的边际收益等于人们的边际支付意愿减去边际私人成本。

　　在图 10.10 中，污染治理的边际收益曲线从污染治理量为零时开始。不治理污染时，治理的边际收益非常高，这是因为不受控制的污染带来社会总福利的很大损失。同样，不治理污染行为时，污染治理的边际成本是很低的，因为治理第一单位的污染所需成本总是很低的。随着越来越多的污染物被治理，污染造成的损失不断降低，因此污染治理的边际收益也在减少。同时，由于越来越多的人为了污染治理而放弃开车，导致污染治理的边际成本越来越大。污染治理的边际收益和边际成本相等时就实现了污染的有效治理，社会净收益实现了最大化。此时的污染治理量为

490 亿加仑，市场汽油产量为 910 亿加仑。

☐ 减少市场产出并非污染治理的唯一途径

到目前为止，本章中唯一讨论的污染治理途径就是减少使用量。事实上，减少污染有很多种办法。以汽车尾气排放为例，可以通过改变汽车设计以及汽油的成分来减少污染的排放。对于莴苣的渗滤液，可以通过减少水的消耗量来减少污染。总的来说，我们既可以通过减少物品的消耗量也可以通过改变生产过程来减少污染的排放。因此，减少物品消费并非是减少污染的唯一途径。

一般来说，更多的备选方案并不会增加实现目标的成本。例如，如果可以自由选择通过减少汽油消费量和更换更加节油的汽车来减少污染，驾驶者的福利水平不会低于只能选择减少汽油消费来减少污染的情况。因此，更多的备选方案可能能够降低污染治理的相关成本。

如果除了减少物品使用量之外，还有其他方法可以减少污染排放的话，就无法再用物品的使用量来衡量污染的产生量。我们再回到种植莴苣产生氮污染的案例中，表 10.3 中记录了相关数据。在这一案例中，农民需要在不同水价条件下选择种植莴苣的方式。水量按照 mm-ha 来衡量，即一公顷土地上深度为一毫米的水量。如果土地的产出不变，水价从 0.23 美元/mm-ha 增加到 0.59 美元/mm-ha，激励农户减少水的使用量，改为增加氮肥的使用量，从而减少渗滤液。此外，水价上涨增加了莴苣的生产成本，能够使利润最大化的产量下降。因此，可以用这些数据来计算减少渗滤液所需的边际成本，也就等于计算排放渗滤液产生的边际收益。

表的第一列中包含了产量、用水量和水价、氮肥施用量和价格、利润以及在初始 0.23 美元/mm-ha 的水价下的渗滤液数量。第二列则显示了产出不变的情况下，水价上涨到 0.59 美元/mm-ha 后，各项的变化情况。对比第一、二列可以看出，水价上涨导致用水量下降，氮肥施用量上升，渗滤液和利润减少。第三列显示的是水价上涨后，产出随着水价变化而调整以追求利润最大化，各项的变化情况。水价增加导致边际成本向上移动，价格等于边际成本的点移动到一个较低的产量水平上。因此，与第一列相比，用水量、施肥量和渗滤液数量都减少。

表 10.3 　　　　　　　　　　　不同情境下的莴苣生产情况

	初始水价和产量	产量不变，水价变化	变化的水价和产量
莴苣产量（t/ha）	3.377	3.377	3.326
用水量（mm）	806.8	774.8	670.20
水价（美元/mm-ha）	0.23	0.59	0.59
氮肥施用量（kg）	138.77	155.53	115.12
氮肥价格（美元/kg）	0.70	0.70	0.70
利润*（美元/ha）	4 543.03	4 259.73	4 276.852
渗滤液（kg/ha）	121	116.5	90.3

　* 这里的数据并非真实的利润，因为没有包含土地成本、机械、劳动力和生产过程中的其他投入。这个数据是用莴苣的价格乘以产量减去各个投入品的价格乘以投入量得到的。最适宜于用表中这些数据进行三种不同情境的比较，而不必详解赘述莴苣生产的利润情况。

利用第一列的初始数据和第三列渗滤液减少后的相关数据，可以计算出治理渗滤液的边际成本。因为在莴苣种植区，只有少数区域会产生渗滤液。因此可以假定这些区域中莴苣产量的变化不会影响到价格。在这一合理假定下，总支付意愿的变化，即需求曲线下方的区域，就等于数量变化乘以价格，即 $P \times (Q_{orig} - Q_{abate})$。污染治理的成本等于总支付意愿变化量减去生产成本的变化量。因此，污染治理的成本为 $P \times (Q_{orig} - Q_{abate}) - (C_{orig} - C_{abate})$，经过调整后得到 $(P \times Q_{orig} - C_{orig}) - (P \times Q_{abate} - C_{abate})$，简化后得到污染治理的成本为 $\text{Profits}_{orig} - \text{Profits}_{abate}$。根据第一列和第三列的数据可以得到利润的变化量为 4 543 美元/ha－4 277 美元/ha＝266 美元/ha。

此外，还有一个细节问题。农民之所以会减少渗滤液，是因为政府对生产用水征税。水价从 0.23 美元/mm-ha 提高到 0.59 美元/mm-ha。税收收入等于新条件下的水使用量乘以前后水价之差，即 670.20mm×0.36 美元/mm-ha＝241 美元/ha。对于农民而言，税收是其利润中的一种成本。但税收收入切实存在，政府得到了这笔收入，从而可以提供更多的公共服务或者减少其他税收。因此，污染治理的成本等于 $\text{Profits}_{orig} - (\text{Profits}_{abate} + 税收收入)$。渗滤液污染从 121kg/ha 下降到 90.3kg/ha，治理成本变为 4 543－（4 277＋241）＝25 美元/ha。用污染的治理成本除以治理的污染量就得到污染治理的边际成本，即用 25 美元/ha 除以 30.7kg/ha，约等于 0.81 美元/kg。

请注意，由于既可以通过减少水的使用量也可以通过减少莴苣的种植量来减少渗滤液，污染治理的边际成本和莴苣生产的边际成本并不一样，因此我们用渗滤液的体积而不是用莴苣的体积来衡量污染治理的边际成本。也就是说，利用莴苣产出这一项数据无法确定渗滤液的产生量，故而生产一吨莴苣所排放的渗滤液数量是难以确定的。关注渗滤液产量而不是莴苣产量可以将重点放在环境问题而不是莴苣生产上。

污染治理的边际成本等于污染的边际收益（两者的角度不一样），当渗滤液的产量为 90.3kg/ha 时，渗滤液的边际收益为 0.81 美元/kg。污染可以产生收益（在莴苣这个案例中，收益是莴苣），同时造成环境损害，且收益必须和损害达到平衡状态。关注渗滤液而不是莴苣的产量可以在减少污染这一问题上给农户更多的选择，从而用更低的成本实现污染治理。

小结

● 可以用三种不同的方法确定有效率的污染数量，分别是：边际需求曲线和边际社会成本曲线；污染的边际收益和边际成本曲线；污染治理的边际收益和边际成本曲线。用这三种方法得到的有效污染数量以及污染水平造成的损失都是一样的。

● 产品的需求曲线和边际私人成本曲线之差就是污染的边际收益。污染的边际成本就是生产该产品的外部成本。

● 污染治理就是减少污染。污染治理的边际收益就是减少了污染造成的损害，对应着污染的边际成本。污染治理的边际成本就是支付意愿或者生产者剩余的损失，

环境经济学

对应着污染的边际收益。

● 污染的边际收益和成本曲线根据水平坐标轴上污染量大小而变化，而污染治理的边际收益和成本曲线随着水平坐标轴上污染治理量的不同而变化。

● 污染的边际成本与污染的边际收益相等时的污染量就是污染的有效水平。污染治理的有效水平就是污染治理的边际成本和边际收益相等时的污染量。

● 除了减少产出外，还可以用其他办法治理污染物。因此，在不同的产出水平上，污染及其造成的损害水平可以是多样的。污染和污染治理的边际收益和边际成本涉及到包括控制产出在内的各种污染治理路径选择问题。当没有这些选择时，污染治理的成本在大多数情况下会增加。

国家森林木材销售收入低于成本

现在尝试在国家森林资源的保护和利用等其他环境问题上应用效率分析方法。美国林务局（U. S. Forest Service）是美国农业部下属的一个部门，负责管理政府拥有的 1.9 亿英亩的土地。除国家公园外，其他国有森林中的矿产和木材等资源都可以用于商业开发。美国林务局将伐木权出售给伐木公司用于生产木制品。与伐木相关的活动所需要的各种成本，譬如建造公路、管理木材销售活动等，都来自于林务局的预算。从木材销售中获得收入的大部分进入了美国国库。由于林务局的收益和成本是完全分开的，这就为研究收益和成本提供了一个不可多得的素材。

20 世纪 70 年代，经济学家和环境学家分析这些数据后发现，在大多数情况下，林务局采伐收入大大低于其成本。用经济学语言来说，木材的边际收益（市场价）不仅低于边际社会成本，而且低于边际私人成本（即林务局支付的成本）。环境学家认为，这种行为不仅补贴了国有森林的木材生产，造成了国有森林和私人森林木材生产的不公平竞争，而且鼓励了对环境有害的采伐行为。那些依靠在国有森林中伐木而生存的伐木工人和一些团体强调林木销售对于他们维持生存的重要性。即使这种木材销售行为是低效率的，他们也可以从中获利，并且希望能够继续依靠销售木材而生活。对于那些可以从中获利并且将成本加在其他人身上的人而言，这种低效率的产出正是他们的期望。

总结

以下是本章的重点：
● 评价一项政策是增进还是损害了世界的福利水平，需要找出能够衡量世界福利水平的方法。方法是否适宜，取决于人们的价值观，这是有关个人和社会的伦理道德问题。
- 经济学家通常会寻找能够增加净收益的产出水平。有效率的产出水平需要实现总收益减去总成本所得到的净收益最大化。然而，效率并不考虑收益的分配问题。因此，尽管某项活动的净收益为正，有些人却可能遭受损失。
- 一项活动的净收益就是在某一产出水平上，总支付意愿和社会成本之差，也等于该产出水平上的消费者剩余和生产者剩余之和。
- 只要商品生产的边际收益（通过需求曲线衡量）大于边际社会成本（供给曲线加上外部成本），那么增加商品的产量就是有效率的。

边际收益和边际社会成本相等时，净收益达到最大值。相比于其他产出水平，无论是较高的产出水平还是较低的产出水平，都会产生无谓损失。
- 如果没有市场失灵，不受干预的市场在均衡状态下是最有效率的，不存在无谓损失。如果存在市场失灵，那么市场不受干预就并非是有效率的，这样的市场会产生无谓损失。
- 利用需求曲线和边际社会成本曲线，污染的边际收益曲线和边际成本曲线，或者污染治理的边际收益曲线和边际成本曲线都可以计算出有效率的污染水平。计算方法不一样，但是包含了相同的信息。

关键词

成本收益原则	无谓损失	有效的
外部成本	污染的边际收益	污染治理的边际收益
污染的边际成本	污染治理的边际成本	最大最小原则
私人成本	生产者剩余	社会成本
边际社会成本		

环境经济学

说明

总统候选人关于气候变化和汽油税的相关表态见 June 4，2008，at johnmccain.com，Barack-Obama.com，and HillaryClinton.com，and in the *Wall Street Journal*，May 2，2008（"Clinton Introduces Gas-Tax Holiday Bill"）。

表 10.1 中列举的驾驶的外部成本来自于 Winston Harrington and Virginia McConnell，"Motor Vehicles and the Environment，" *Resources for the Future Report*（April 2003），found at http：//www.rff.org/rff/Documents/RFF-RPT-carsenviron.pdf。数据显示了每加仑汽

油的平均外部成本。无论产量为多少，额外多生产一单位产品的外部成本是相同的。所以，如果我们采用平均成本来画成本曲线的话，最后会得到一条水平的直线。因此，我们选择向上倾斜的污染的边际成本曲线，这表示每增加一加仑汽油产生的外部性都要比前一加仑汽油的外部性要大。对应的是污染治理收益图，使用一条向下倾斜的污染治理边际收益曲线。在这条曲线上，每额外一单位的污染治理量相比前一单位的污染治理量所获得的收益更少。

关于汽油需求弹性的估计来自 Molly Espey, "Gasoline Demand Revisited: An International Meta-Analysis of Elasticities," *The Energy Journal* 20（1998）：273－295。这个数据尽管不精确，但是对污染政策产生了影响；以及 Carol Dahl and Thomas E. Dug-gan, "U. S. Energy Product Supply Elasticities: A Survey and Application to the U. S. Oil Market," *Resource and Energy Economics* 18（1996）：243－263，文中所采用的供给弹性是所在区间中较高的一个值。

练习

1. 布坎南工厂在排放污染的同时获得收益，令 π 代表收益（单位：美元），公式为 $\pi = 10Q - Q^2$，其中 Q 表示污染排放量（单位：吨）。利用该公式可以导出污染的边际收益 MB，MB $= 10 - 2Q$。用 D 来表示损害，则这些工厂排放的污染物造成的损害 $D = Q^2 + 2Q$（单位：美元）。对损害函数求导可以得到边际损害（成本）MD $= 2Q + 2$。

   (a) 画出边际收益和边际损害曲线，并且标注坐标。

   (b) 如果布坎南工厂可以不考虑其造成的污染，那么产品 Q 的产量是多少？在该生产水平上，它可以获得多少收益？造成的总损害为多少？净收益为多少，即收益和损害之差？

   (c) 该工厂的有效产出 Q 是多少？在该生产水平上，布坎南工厂可以获得多少收益？此时，总损害是多少？用总收益减去总损害的净收益是多少？

   (d) 无谓损失是有效率的产出水平下的净收益与其他产出水平下的净收益之差。那么当布坎南工厂不考虑所造成损害的情况进行生产时，无谓损失是多少？在图中表示无谓损失。如果布坎南工厂的产量不是有效产出 Q，那么按照（c）进行生产是否违背了其收益最大化的原则？

   (e) 那些住在布坎南工厂附近的人建议布坎南工厂的产量不要超过 1。这个生产水平的无谓损失是多少？如果 $Q=1$ 是低效率的生产水平，那么住在工厂附近的人建议产量不要超过 1 这一行为是否违背了他们收益最大化的原则？

   (f) 当产量从（a）中的初始水平减少到（b）中高效的产出水平时，什么人获得了收益，什么人承担了成本？这是否属于帕累托改进？

2. 某政策制定者决定由政府在河上建立一座大坝，建坝的成本费用远超过收益。那么这个政策制定者的行为是否是不理性的？如果不是，那么这个政策制定者为什么要做出这个决定呢？

3. T 恤衫的需求曲线为 $Q = 20 - P/2$，其中 Q 为 T 恤衫的产量，P 是 T 恤衫的价格。T 恤衫生产的私人成本 $C(Q) = Q^2$，则边际私人成本 $MC_P = 2Q$。清洗以及给 T 恤衫上色造成了水污染，污染成本为 $C_E(Q) = Q^2/2$，边际外部成本 $MC_E = Q$。现在利用上述信息来建立社会供给曲线、污染的边际收益曲线和边际成本曲线，以及污染治理的边际收益曲线和边际成本曲线。

   (a) 首先，在不考虑外部成本的情况下找出市场均衡点。供给曲线就是平均成本上方的边际成本。在这个案例中，供给曲线就是边际成本曲线。那么 T 恤衫的私人供给曲线是什么？利用私人供给曲线和需求曲线找出均衡价格和均衡产量。用图表示私人供给曲线、需求曲线和市场均衡。

(b) 接着在图中增加边际外部成本，计算出社会供给曲线并在图中表示出来。请注意，在 T 恤衫这个案例中，我们计算的是成本而不是 T 恤衫数量，因为成本是和每件 T 恤衫联系在一起的。最后，利用社会供给曲线和需求曲线计算出有效率的市场价格和产量。在图中将它们表示出来。

(c) 计算有效率的和其他市场产出等不同情况各自的净收益。净收益包括消费者剩余加上生产者利润减去与产量相关的总损害。另外一个计算方法等于，总支付意愿减去私人成本和外部成本。哪一种情况下净收益更高？两种计算方法最后的结果是否相同？（一定的！）

(d) 现在计算一下污染的边际收益曲线，也就是 T 恤衫生产商的边际收益曲线。首先将需求曲线变成以 P 为变量，Q 为自变量的函数。这么做是为了方便从以美元为单位的收益中减去同样以美元为单位的成本。于是污染的边际收益 $= P - MC_P$。在一张新图中，画出边际收益一览表。如果生产者可以不考虑外部成本，那么他们会生产多少件 T 恤衫？加上污染的外部成本后，哪条是边际外部成本曲线？有效率的产量是多少？你得到的结果和 (a) 与 (b) 中的结果一样吗？（一定的！）

(e) 最后，从污染治理的角度来分析这个案例。在这个模型中，污染治理就是减少私人市场均衡产量。首先，根据这一描述建立污染治理的公式。将这一公式代入 (d) 中的污染边际收益和边际成本等式中。如果你的代换过程正确，那么你会发现污染的边际收益随着污染治理量的增加而增加。污染的边际收益也就被称为污染治理的边际成本。类似地，污染的边际成本随着污染治理量的增加而减少。污染的边际成本也可以称为污染治理的边际收益。那么 T 恤衫的生产者会采用哪条曲线来决定自己的产出呢？如果生产者可以不考虑外部成本，那么 T 恤衫的产量是多少？如果生产者需要考虑外部成本，那么他们又会生产多少 T 恤衫？当你认识到污染治理量和产量并不相同时，你得到的结果和 (a) 和 (b) 的结果一样吗？（一定的！）

4. 如果存在多重的市场失灵，福利分析就会变得非常复杂。Lipsey 和 Lancaster（"The General Theory of the Second Best", *Review of Economic Studies* 24 (1956－1957)：11－32）认为在存在多重市场失灵时，如果仅调整一个市场失灵，也许会导致情况变得更糟。这是因为两个市场失灵可能互相起反作用，对一个市场失灵进行调整也许在无意间就对另外一个市场失灵产生了影响。譬如一个产生污染的垄断企业，在减少产量时可以通过抬高价格来弥补因为产量减少而遭受的损失。为了减少污染而减少产量和提高价格，导致了消费者损失和社会总福利的下降。相比之下，污染问题仅仅就是产量过大而已。

(a) 画出一个公司的供需图，需求曲线是 $Q = 10 - P$，边际成本曲线 $MC = 2$（基于总成本曲线 $C = 2Q$）。如果该公司不是一个垄断企业，那么它的均衡产量和均衡价格是多少？计算一下该公司的总收入、总成本和利润，同时计算消费者剩余和净收益。净收益等于消费者剩余加上生产者剩余，在本题中就等于利润。

(b) 假设这家企业变成了一家垄断企业后，就开始限制自己的产出。该企业生产 4 单位产品，每单位产品收取 6 美元。计算一下这家企业的总收入、总成本和利润，消费者剩余以及净收益。净收益是增加了还是减少了？这家企业的利润是提高了还是降低了？

(c) 将污染考虑进来，假设这家企业生产产品的边际损害为 4 美元/单位。在考虑社会损害成本后，重新计算 (a) 和 (b) 两种情况下的净收益。

(d) 当社会边际成本为 6 美元/单位时，找出新的有效率的均衡产量。计算企业的总收入、总成本（包含污染成本）以及利润、消费者剩余和净收益。

(e) 如果要求垄断企业支付边际社会成本，那么它将生产 2 单位产品，每单位产品售价为

8美元。计算一下这家企业此时的总收入、总成本（包含污染成本）和利润、消费者剩余以及净收益。

（f）比较（c）、（d）、（e）这三种情形的结果，按照净收益从高到低进行排序。

（g）假设一个能够打破垄断的监管者开始研究这一情况。他比较了造成污染的垄断企业的净收益（重新计算（c）中的垄断企业）和造成污染的完全竞争性企业的净收益（重新计算（c）中的完全竞争企业）。你认为这个官员改变垄断局面能够提高净收益吗？

（h）一个致力于污染治理的监管者同样研究这一情况。他比较了造成污染的垄断企业的净收益（重新计算（c）中垄断企业净收益）和（e）中那些承担了全部污染成本的垄断企业的净收益。你认为监管者对污染收税的话，能否增加净收益？

（i）"次优理论"是否可以在这个案例中得到应用？调整市场失灵是否总能提高社会福利？

第 11 章
私人市场和环境：科斯定理

热带雨林具有很多生态价值，世界上所有人都可以从中受益。热带雨林为千奇百怪的动植物，以及很多原始的人类社会组织提供栖息地。热带雨林吸收了大量的二氧化碳，有利于减缓全球变暖。同时，热带雨林还是世界很多主要城市的水源地。然而，人类正在快速消耗热带雨林，例如用于林业生产或转变为农田。既然全世界都非常重视完整的热带雨林提供的各种效益，为什么热带雨林还在快速消失呢？事实上，发达国家正在努力为发展中国家保护热带雨林提供帮助，然而很多环境主义者认为发达国家的努力仍不够。

私人市场可以在市场不失灵的情况下实现高效率。但如果存在市场失灵，就会出现市场效率低下。例如，污染者无视其造成的环境损害，市场低效率下的大量污染物将损害人类的利益。本章将讨论用于解决市场失灵问题的一个重要方法：为原本没有产权的物品赋予产权，继而建立市场。本章将讨论以下内容：

- 如何定义环境物品的产权；
- 利用市场来解决环境问题；
- 市场在解决环境问题时的局限性。

■ 硫氧化物排放的成本和收益

包括热力发电厂在内的许多工业企业都会排放硫氧化物（SO_X，主要是二氧化硫 SO_2）。硫氧化物对人类健康和生态系统有显著影响。它们是酸雨的主要来源。硫氧化物排放使得美国和欧洲的一些湖泊已经严重酸化，不再适合鱼类生长。硫氧化物也是空气中悬浮颗粒物质的一个来源，对于呼吸系统疾病患者，譬如哮喘病人，是非常危险的。

美国对硫氧化物的监管始于 1970 年的《清洁空气法案》。截止 2010 年，美国的发电厂每年预计排放硫氧化物 910 万吨，相比于 1995 年的 1 190 万吨而言，排放量明显减少。同时期内，欧洲削减了更多的硫氧化物排放量，从 2 630 万吨降低至 1 520 万吨。那么对于美国而言，910 万吨排放量是否有效率？让我们来看一些有关有效排放的研究。

21 世纪初期，乔治·W·布什（George W. Bush）政府和一些立法者对于进一步减少这些化合物提出了不同的提案。布什总统的《晴空法案》建议每年减少 610 万吨硫氧化物排放量，到 2018 年实现年排放量 300 万吨的目标。而参议院杰福兹（Jeffords）议员建议减少硫氧化物排放量 685 万吨，到 2009 年排放量降至 225 万吨/年。尽管两个提案中的时间差异非常重要，但这里不作讨论，我们仅关注两个提案中的硫氧化物排放削减量。

为了估算出有效率的硫氧化物治理量，成立了一个由经济学家组成的专家小组。图 11.1 中的水平坐标轴表示的是硫氧化物的削减量，代表环境质量的改善程度，单位为百万吨。纵坐标轴表示的是每吨硫氧化物的削减成本，单位是美元。图中的污染削减的边际收益曲线（硫氧化物治理量的需求曲线）是水平的，表示无论减少多少硫氧化物，人们都愿意为进一步减少硫氧化物继续支付 3 500 美元/吨的费用。污染削减的边际成本衡量了发电厂需要为额外治理一吨硫氧化物而承担的成本。对于初期的 100 万吨硫氧化物，削减的边际成本小于 1 000 美元/吨；当削减量超过 800 万吨后，单位削减成本增加到 3 500 美元/吨；在现行法规下，发电厂在 2010 年预计排放 910 万吨硫氧化物，若要实现排放为 0，单位削减成本达到 7 000 美元/吨。

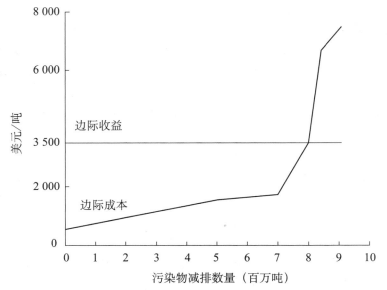

图 11.1　硫氧化物减排的边际成本和边际收益

图中显示了削减污染的边际成本和边际收益。有效率的污染治理量为 800 万吨，此时边际收益和边际成本相等。

经过计算，这些研究者认为年减排 800 万吨硫氧化物是最有效率的污染治理水平，每年可以排放 110 万吨的硫氧化物。800 万吨的减排量比杰福兹和布什提案的减排量都略高一些。他们的提案中，硫氧化物的年减排量介于 600 万至 700 万吨之间。减排最初的 100 万吨硫氧化物时，边际成本为 1 000 美元/吨，边际收益为 3 500 美元/吨，边际收益超过了边际成本。当污染减排量超过 800 万吨后，硫氧化物治理的边际成本超过了边际收益。此时，消费者对降低硫氧化物有害影响的支付意愿小于电厂所有者和地方纳税人通过提高电价承担的成本。

如何才可能达到有效的污染水平呢？可以通过私人市场实现这个目标吗？

产权和科斯定理

第 3 章中讨论了所有权的缺失和不可交易会导致市场失灵，解决这类市场失灵的一种方法是赋予非市场物品产权，这也为环境政策提供了一些有价值的启示。

我们对事物拥有某种权利的含义是什么？提到产权，人们通常会想到土地、私人物品等一些来自购买或以礼物的形式得到的有形的东西。我们不需要时，可以将其丢弃或者转售。然而，各种权利不仅针对有形物品。当交通信号灯为绿时，司机有权通行。在一些地区，人们有权要求无烟环境。美国的《独立宣言》中指出，"造物主赋予人们一些特定的不可剥夺的权利，其中包括生存权、自由权和追求幸福的权利。"如同拥有一些有形物品一样，人们的权利还体现在可以采取某些行为，和拥有某些无形的物品上。

人们是否可以像买卖有形物品的产权一样对于无形物品的权利或者采取某些行为的权利进行买卖呢？让我们首先来看经济学家罗纳德·科斯的一个案例。假设一个农场主和一个牧场主是邻居。牧场主饲养的一些牛在放牧时进入了农场主的庄稼地并且破坏了庄稼。这就产生了外部性，农场主遭受的庄稼损失并没有体现在牧场主的生产成本里面。因为外部性是一种市场失灵，所以导致了低效率的结果，存在着无谓损失。

解决该外部性问题的一个办法就是管理牧场主。政府可以要求牧场主控制其牛群，如果他不这么做，就对牧场主进行处罚。牧场主可以通过建造栅栏管理牛群。然而，科斯认为还有其他办法可以解决这一外部性问题。他认为，首先需要明晰产权，然后让农场主和牧场主进行谈判。在明晰产权时，一个可能的结果是农场主对庄稼拥有不受牛群侵害的产权。那么农场主既可以保留这个权利，也可以出售这个权利。如果农场主把产权出售给牧场主，那么牧场主的牛群就可以在农场上随意走动而不受影响。在科斯看来，只要放牧牛群的权利是清晰的，这个权利就可以被购买或者出售，就可以通过市场解决市场失灵的问题，并且取得有效率的结果。尽管政府仍然会在产权的执行和保护方面发挥作用，但我们不需要政府直接介入式的管理。

比如，如果农场主拥有产权，那么他可以向牧场主收费，弥补因为牛群破坏庄稼而给他造成的损失。牧场主如果支付了这笔费用，他的牛群就可以在农场不受限制地行动。如果建造栅栏的费用比他支付给农场主的费用低，他也可以在他和农场主的土地边界上建立栅栏，阻止牛群越过边界。另一方面，如果牧场主拥有放牛的权利。那么农场主就有两个选择，一是忍受牧场主放牛造成的损失；二是付钱给牧场主，让他建立栅栏阻止牛溜达到自己的农场上。在上述这些假设中，农场主和牧场主买卖的是放牛的权利。如果能够将外部性（放牛）转化为一种可以在市场上买卖的普通商品，那么市场就可以实现有效率的产出水平。换句话说，产权的明晰和分配可以解决市场失灵问题。

这个案例值得我们重视的特征是很容易识别牛群的所有者和牛群造成的损害，这使得人们执行产权、保护庄稼免受损失的成本并不昂贵，即市场的交易成本较低。**交易成本**（transaction cost）是指购买或者出售商品时，商品价格以外额外的成本。例如，某人购买房屋，所付的费用不仅是房屋的价格，还有房产中介费、财务成本、交通费用等等。在放牛这个案例中，低交易成本使人们用市场解决放牛问题成为可能。科斯认为，如果产权所在的市场交易成本低，明晰产权可以很好地解决外部性问题。

下面，我们将在污染问题中应用科斯理念。

☐ 环境保护者的权利

假设某环保者代表了所有从硫氧化物减排中的获益人，某发电厂排放了所有的硫氧化物。并且进一步假设法律规定该环保者享有清洁环境的权利，该权利是明确的和可以交易的。在这种情况下，该环保者有权要求排污者将污染物排放降低到零。

如果污染排放为零（污染治理量 910 万吨），该治理水平上最后 110 万吨污染治理的边际成本超过可以获得的污染治理的边际收益。如果允许排放 110 万吨的污染物将增加净收益，所以零排放的结果是低效率的。通过帕累托改进，有可能增加双方的福利水平。但是，如何才能实现帕累托改进呢？

为了理解帕累托改进，请看图 11.2。图 11.2 和图 11.1 相比，仅增加了一些阴影区域。深色的阴影部分代表了 800 万吨治理水平到完全治理污染所造成的无谓损失。额外减少的 110 万吨污染物给环保者带来了 38.5 亿美元的收益，污染者为此支付了 69.55 亿美元。假设污染者是理性的女企业家，她想与环保者做一笔交易。她向环保者支付一笔费用，金额在 38.5 亿～69.55 亿美元之间，换取环保者允许她排放 110 万吨的污染物。尽管环保者接受该交易，放弃了价值 38.5 亿美元的环境收益，但是他可因此从女实业家处获得补偿，并把这笔钱用在任何其他地方，包括其他环境项目。只要污染者向环保者支付的补偿金大于环保者的环境收益，而且只要污染者支付的费用小于污染治理的成本，两者均可从该交易中获得收益。

交易的关键在于环保者从削减最后 110 万吨污染中获得的收益低于全部削减污染物所需付出的成本。环境具有吸纳和处理一定数量污染物的自净能力，环保者可以容忍企业排放 110 万吨硫氧化物，使用补偿金中的一部分以缓解 110 万吨污染物

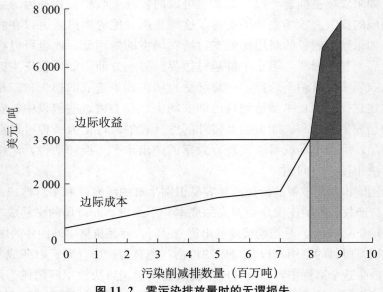

图 11.2　零污染排放量时的无谓损失

　　（浅色和深色）阴影部分显示的是成本随着污染治理程度的增加而增加；浅色阴影部分区域是增加的收益，而深色阴影部分是削减全部 910 万吨硫氧化物后的无谓损失。无谓损失为 69.55 亿美元－38.5 亿美元＝31.05 亿美元。

造成的负面影响，其余的资金可用于实现环境目标，例如部分资金用于恢复受酸性物质排放而污染的湖泊，其余资金用来保护濒危物种栖息地。同时，污染者为了避免安装更多的污染控制设备，愿意花费少于减排成本的钱。

　　当排污量下降到有效率的 800 万吨时，交易会停止吗？只要额外减排一单位污染物的成本超过了收益，换句话说，只要减排边际成本（MC）超过减排边际收益（MB），多排放一单位的污染物就是有利可图的。当污染削减量为 800 万吨时，MB＝MC。当污染削减量少于 800 万吨时（污染水平高于有效率的污染水平），MB＞MC。这部分削减量的治理成本小于环保者希望得到的补偿金，所以污染者情愿去减少排放而不是支付补偿金。换句话说，环保者和污染者仅会在最后的 110 万吨排污量上达成协议。800 万吨的减排量是有效率的均衡数量，因为在这个水平以下，交易无法实现帕累托改进。

专栏 11.1

环保者的权利：《濒危物种保护法案》

　　一旦某物种被列入美国《濒危物种保护法案》，与濒危物种栖息地有关的产权就会受到严格的保护，政府将权利赋予那些愿意进行物种保护的人。不允许私人土地所有者伤害濒危物种或者破坏其栖息地。有些情况下，政府不允许土地所有者开发或利用其所有的土地。这导致了土地所有者和公共机构之间的法律诉讼和激烈的政治冲突。

栖息地保护计划可以部分解决政府和土地所有者之间的矛盾。栖息地保护计划是指土地所有者和公共管理当局之间经过协商，同意将私人土地的一部分作为濒危动物的栖息地保护起来，同时允许在其他土地上进行开发。例如，一块4英亩土地的所有者将一半土地用于保护濒危蛇类，另外一半用于开发。交易也可以包括其他私人土地所有者。例如，如果4英亩土地的所有者希望将全部土地用于开发，那么他可以找到拥有2英亩类似栖息地的土地所有者，付费使其保护好2英亩的土地。正如科斯所说的，如果在这块4英亩土地上建设的收益大于支付给第二块土地所有者让其保护2英亩土地的费用，这个交易就可以进行。

根据栖息地保护计划，土地所有者从美国渔业和野生动物保护局得到"附带开发许可"，许可证意味着土地所有者可以伤及濒危动物栖息地。由于土地所有者可以在开发和保护之间进行选择，因此在要求土地所有者履行保护濒危动物义务的同时，降低了实现《濒危物种保护法案》既定目标的成本。

为了确保对栖息地的保护是长期的，协议中通常还有永久保护地役权。地役权是对土地所有者的土地产权的一个限制。简单说，地役权就是对土地使用权限的长期限制，土地必须用于濒危物种的保护。

栖息地保护计划应用范围很广。在加州南部的圣迭戈城，开发者、环保者和政府官员经过多年谈判，最终达成了圣迭戈多物种保护计划。该计划保护的物种所在区域大多数是连续的。该计划反映了《濒危物种保护法案》的变化，从保护独立区域的单一物种变为保护足够大的具有生态可行性的栖息地内的生物多样性。

在圣迭戈，一些土地所有者放弃了部分土地以换取政府允许他们开发利用其他土地。在其他一些情况下，政府管理机构向私人付费以保证保护土地。公众本来有权保护濒危物种，但最终需要付费来达到保护的目的，这看上去可能令人吃惊。然而，与政府和土地所有者通过法律较量得到的强制执行的结果相比，圣迭戈多物种保护计划经过协商得到的协议具有更广泛的公众认同，成本也较低。

和大多数协议一样，圣迭戈的栖息地保护计划没有使所有的环保者和土地所有者都满意。然而，非营利组织大自然保护协会一直将栖息地保护计划视为在圣迭戈城持续开展保护活动的一个机会。通过栖息地保护计划，大自然保护协会要求在毗邻受保护公共土地，起缓冲作用的外围私人土地上保护生物多样性。这些组合政策实施后，圣迭戈城共有270万英亩（4 261平方英里）的土地得到了保护。对于该区域的土地开发者而言，栖息地保护计划明确了他们的权利和义务，并且简化了取得开发许可的流程。

□ 污染者的权利

如果法律规定污染者有权利排污并且允许污染者出售其排污的权利，结果会有什么变化？污染者可以随心所欲地排放污染物，此时硫氧化物排放量为910万吨。因为减排需要成本，因此污染者不会采取任何减排措施。环保者的福利受到损失。如图11.3所示，深色阴影区域就是不采取任何减排措施造成的无谓损失，为172亿美元。

此时，我们是否还有办法实现有效率的生产吗？当法律将享受无污染环境的权利赋予环保者时，污染者需要向环保者支付费用以换取排放部分污染物的权利。现在，法律规定污染者拥有排污的权利，而污染者就不会主动去寻求达成协议，另一方面，环保者就会主动去与污染者协商。

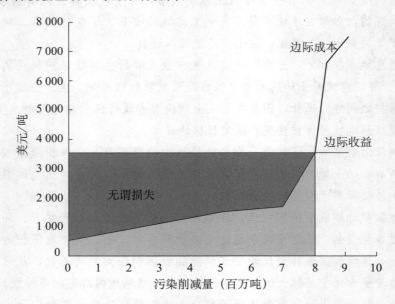

图 11.3 排放 910 万吨污染物时的无谓损失

浅色和深色阴影区域是不减排时损失的边际收益；浅色阴影区域是减排所需要承担的成本。因此，深色阴影区域就是不采取任何减排措施时的无谓损失，为172亿美元。

完全不治理污染时排放的硫氧化物，尤其是最开始排放的硫氧化物给环保者造成了巨大的损失。此时环保者愿意为硫氧化物减排支付 3 500 美元/吨的价格。然而，污染者此时减排硫氧化物所花的费用仅为 500 美元/吨。如果环保者向排污者支付的减排费用不大于 3 500 美元/吨时，环保者的福利水平会提高。减排量小于 800 万吨时，环保者每单位减排量的支付意愿均超过了减排成本。达到 800 万吨后，减排的边际成本就超过了环保者的边际支付意愿。对于污染者而言，从个人利益角度出发，也会接受协议直到减排成本到达 3 500 美元/吨，即减排量为 800 万吨。这个结果恰好和环保者拥有权利时的减排量是一样的。

□ 科斯定理

从科斯的分析中可以得出两个重要结论。第一，如果产权明晰并且交易费用低，那么利用市场机制或通过协商可以解决很多外部性问题。第二，无论将产权分配给产生外部性的一方或者是受到伤害的一方，最后形成的有效率的市场产出往往是相同的。这两个结论可以在农田放牛和硫氧化物两个案例中得到验证。这两个观点被

环境经济学

称为**科斯定理**（Coase Theorem）。按照科斯所描述的这一模式进行的协商被称为**科斯协商**（Coasian bargain）。

科斯定理将市场中基本的供需关系应用于非市场物品。在前面的案例中，对硫氧化物减排的需求来自于环保者，污染者是硫氧化物减排的供给者。只要明晰了谁能提供硫氧化物减排，谁需要硫氧化物减排，就可以达到市场均衡。科斯定理的重要性在于提供了用私人市场解决环境问题的方法。如果很多环境问题的根源在于产权不明晰且交易性差，那么明确所有权和可交易性可以解决相应的市场失灵。除了需要政府明晰产权和推动协商外，私人市场可以在没有政府干预的情况下有效率的运行。

专栏11.2

污染者的权利：硫氧化物排放许可

美国 1990 年出台的《清洁空气法案》（修订案）规定了每一个超过了某指定规模的发电厂都可以得到一定份额的硫氧化物初始排放许可。许可的含义是发电厂可以合法排放一吨的硫氧化物，或者将这个排放权出售给其他电厂。初始分配的排放许可是免费的，换句话说，权利分配给了污染者。新电厂需要购买排放许可，既可以从许可所有者那里购买，也可以从美国环保总署拍卖的排污许可存量中购买。硫氧化物的总排放量限制在 1980 年排放水平的 50%。个人或组织也可以购买硫氧化物排放许可，弃之不用，从而进一步增加污染治理量。美国国会在 1997 年对硫氧化物排污许可交易的回顾中指出"产生污染问题的原因在于缺乏明晰的有保证的产权"，以及"明确所有权是利用市场效率的第一步"。

小结

● 除了私人财产外，有形或者无形的物品都可以拥有产权。

● 如果市场失灵是由于产权不明晰造成的，那么将物品的权利分配给个人且允许产权交易的话，就可以实现有效率的市场产出。只要交易成本低，这个办法可以适用于环境物品和其他物品。

● 科斯定理认为，当交易成本较低时，分配产权并允许产权交易会出现两个结果。第一，结果有效率；第二，无论初始产权如何分配，结果都是有效率的。

市场解决方案的局限性

如果可以为所有的环境物品建立私人市场的话，市场失灵的现象将大大减少，环境问题也会得到有效的解决。但现实中，很多环境问题依然存在，私人市场也并未建立起来。原因到底是什么呢？

至少四方面的障碍影响了产权配置和交易实现有效率的结果。第一是交易成本高；第二是涉及某一个具体的产权时，如何将产权明晰及分配直至可以交易，如何防止没有参与产权交易的人享受产权带来的好处等都存在困难；第三是一部分人能够操纵产权交易的价格；最后是产权分配和交易的实施存在困难。

□ 交易成本

科斯在文章中讨论了市场手段的一个主要缺点：交易成本。假设法律将排污权分配给污染者，同时存在数以千计的环保者。为了达成协议，这些环保者首先需要内部进行协调，明确他们的总支付意愿以及他们每个人需要付多少钱。让所有环保者在支付水平和支付计划上达成一致是一件非常困难的事。污染者也不会愿意单独去和每一个环保者协商。结果就是，清洁空气的协商中存在的困难导致双方无法达成协议，污染减排量为零，未能产生有效率的结果。

换个角度，假设法律将享受无污染空气的权利赋予环保者。在达成协议的过程中存在同样类似的困难。在这种情况下，污染者不得不去和所有的环保者谈判，尝试和他们每一个人签订合同。但是实施交易的成本很高，超过了安装排污设施的成本。结果是同样达不成交易。在这种情况下，污染治理完成了，不过减排910万吨污染物同样不是一个经济上有效率的结果。

当交易成本足够大时，交易就不会发生。在这种情况下，无法通过市场实现有效率的结果。然而，此时初始产权分配与交易发生时是一样的。谁拥有初始产权是非常不同的，因为初始产权分配会同时影响治理的效率和分配效应。例如，如果污染者拥有排污权，那么最后910万吨硫氧化物会排放到空气中，使空气变得很污浊，污染者可以从中获得巨大好处，而无谓损失却达到172亿美元。如果是环保者拥有了享受清洁空气的权利，那么硫氧化物排放量为0，空气将保持清新，污染者面临着巨大的成本，无谓损失达到了31.1亿美元。与其他情况相比，将权利分配给环保者造成的无谓损失相对较低。总之，如果交易成本限制了交易的发生，那么环境物品初始产权的分配决定了最后的结果。因此，产权初始分配的正确与否至关重要。

为了实现有效率的结果，一种方法是给污染者分配110万吨硫氧化物的排放权。在这种情况下，污染者将会最终减排800万吨的硫氧化物。但是，这个办法在分配产权时需要做到相当精确。分配产权的管理局需要能够分析不同硫氧化物排放水平下的边际收益和边际成本。因为产权分配者通常是一些政府机构，所以存在交易成本时，政府机构的作用就远大于不存在交易成本时的政府作用。当然，政府的管理成本也是昂贵的，他们雇用了许多环境经济学家去估算减排的有效水平。（无论布什还是杰福兹所提的硫氧化物减排建议都没有达到有效率的减排水平，这反映了政治上的妥协。）相反地，如果交易成本低，产权分配者所需要做的就是指出谁拥有产权，然后就只需要等着市场自行交易了。因此，交易成本是诸多障碍中最显著的一个，它妨碍了利用产权配置和交易制度来解决环境问题。

共同权

瑞典的宪法中规定"所有人都可以获得自然资源，这是每个人的权利"。

在美国，没有人有权进入私人领地。土地所有者有权保护自己的财产，并且可以树立警示牌提醒人们，未经许可穿越私人土地打猎、捕鱼或者仅仅是散步都可能会遭到土地所有者的起诉。基本上由土地所有者决定是否允许公众进入他们的土地，以及允许公众进行什么样的活动。但是有一个很有名的例外，在加利福尼亚州，法律规定人们拥有前往沙滩的权利。于是，那些希望沿海岸线建房子的人必须给旅游者留下前往沙滩的道路。但是，总体来说，美国的私人土地是不允许他人使用的。

在瑞典和欧洲其他一些地区，情况就完全不同了。人们拥有在乡下漫步的权利，拥有摘花、蘑菇和蓝莓的权利，拥有搭帐篷过夜的权利，拥有滑雪的权利，拥有骑马的权利，拥有遛狗的权利，拥有游泳的权利，拥有划船的权利等等，这些权利自中世纪就被人们所认同。拥有土地产权并不拥有排除其他旅游者的权利。但是在他人土地上行走的权利并非没有任何限制。参观者不可以在他人土地上砍伐树木，或者穿越他人的花园，或者骑马穿过他人的农田。不过在瑞典，游客穿越他人的土地前往一片沙滩去他们所选的地点野餐和游泳是极其正常的现象。

在瑞典法律下，土地所有者没有权力阻止他人进入自己的土地。在美国，理论上可以买卖穿越私人土地的权利（一种地役权），但实施起来很复杂也很昂贵。所以，在美国和瑞典，穿越他人土地的权利与权利初始配置时一样。不同的是瑞典法律将权利赋予公众，而美国将权利赋予土地所有者。这两种情况都有一个相同点，就是相关交易非常困难，甚至无法进行交易。所以，当没有可以转让的私人产权（如同瑞典）或者交易成本很高（如同美国）时，不同的初始分配方式导致的结果是迥然不同的。

□ 界定和分割产权

大多数环境物品的产权不存在的一个原因是难以界定产权。比如，如何界定我们对清洁空气的权利？我们不能将空气产权分割为每个人所有，并允许他们之间买卖，同时保证所有人都满意。因为我们缺乏分割空气产权的能力，所以所有人必须分享同一个空气资源。如果排污者污染了她的空气，也就意味着她同时污染了其他所有人的空气。如果一个环保者向排污者付钱以减少排污量，那么所有人，即使他们没有为此做任何贡献，都将因此而受益。清洁空气属于公共物品，无法将搭便车者排除在交易之外。当空气是公共物品时，我们找不到一个方式来界定每一个人对该物品的权利。

在譬如硫氧化物排污许可或黄石国家公园狼群等案例中，人们已经能够对那些可以在市场上交易的物品明确产权了。但即使产权明晰了，依然会因为产权的分配问题在政治和法律上出现冲突。这是因为产权是有价值的，每个人都想拥有产权。如果像硫氧化物案例中那样，由政府来分配这些产权，那么相关利益方为了得到产权就会耗费大量时间和金钱。而这些用于游说的资金和时间本可以用在社会的其他方面。对于其他案例，譬如黄石公园附近的牲畜拥有不受狼群攻击的权利，这些产权的归属需要在利益相关方之间达成一致才能展开交易。正如第 3 章中所描述的，野生动物卫士组织对牧场主做出了让步，承认牧场主拥有牲畜不受伤害的权利。反过来，野生动物卫士也可能坚持狼群有在黄石公园生活的权利，而牧场主不得不接受狼群咬死牲畜带来的损失，或是花费不菲的金钱采取措施降低损失。如果是这样，法律上的争斗也许会使引入狼的行动推迟很多年。界定产权中存在的困难无形中大大增加了交易成本，这为科斯定理的成功应用带来了障碍。

□ 市场力量

假设环保者拥有享受清洁空气的权利，但如果排污者向他付费，他愿意接受一定程度的污染。有效率的收费标准应该是对每吨硫氧化物征收 3 500 美元。在这个价位上，排污者会购买 110 万吨的硫氧化物排污权。环保者愿意在该污染水平下生活，换取 3 500 美元/吨×110 万吨＝38.5 亿美元。尽管作为排污权的绝对所有人，环保者不是一个被动的价格接受者。不是被动的价格接受者意味着他拥有**市场力量**（market power）。正如图 11.4 中所示，他可以将排污权的价格提高到 3 500美元/吨以上。假设环保者将价格设定在 6 600 美元/吨。在这个价位上，排污者愿意支付 46.2 亿美元购买 70 万吨排污权。此时，环保者就利用了其对市场的控制力，利用较少的污染换取了更多的资金。与污染物排放价格为 3 500 美元/吨时相比，尽管环保者可能对这一结果表示满意，但排污者被迫减排的数量大于有效污染水平时的减排量，有一些本可以从交易中得到的收益未能实现，社会净收益低于污染物排放价格为 3 500 美元/吨时。

如果市场上的参与者很少，就会有些参与者试图控制价格，此时市场无法实现效率。另一方面，如果市场上有很多参与者（包括环保者或者排污者），交易成本又会很高，能够产生帕累托改进的市场交易可能不会发生。

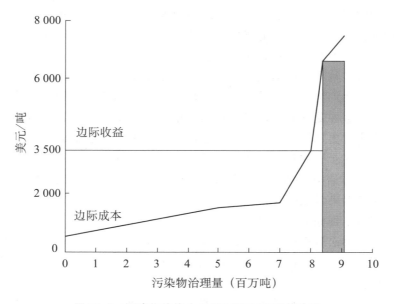

图 11.4　污染物价格为 6 600 美元/吨时的收益

图中的阴影矩形表示的是硫氧化物的排放权价格为 6 600 美元/吨时的收益。排污者此时会排放 70 万吨硫氧化物，低于有效污染水平的排放量。

□ 信息不完全和执行不力

法律系统保证了权利的分配和协商的顺利进行。如果污染者对赔偿那些因为污染而受到损失的环保者负有法律责任，但是污染者没有这么做，环保者可以采取法律手段要求污染者履行法律责任。事实上，污染者知道需要为环境损害进行赔偿，就会有很强的激励减少污染物排放。

假设环保者拥有享受清洁空气的权利，但是污染者和环保者一直没有达成任何协议。此时，环保者可能会起诉污染者。如果诉讼成功，法庭会判给环保者一笔损害赔偿金，等于污染者排放的 910 万吨污染物给环保者造成的收益损失。这笔损害赔偿金赔偿的是环保者因污染者排放污染而无法享受清洁空气所遭受的损失。赔偿金是针对 910 万吨污染物，而不仅仅是 800 万吨，这是因为环保者有权要求污染物全部得到治理。

为了避免出现这一结果，污染者会减少 800 万吨污染物。因为在这个范围内，污染治理的边际收益（潜在的诉讼赔偿金）超过了污染治理的边际成本。治理 800 万吨污染物的成本低于支付损害赔偿金的数额。但对于最后 110 万吨污染物，支付的损害赔偿金低于治理成本。

为了使相关法律系统更有效地运转，我们除了必须知道谁拥有权利外，还需要知道谁侵犯了别人权利以及在多大程度上侵犯了别人的权利。例如，有 100 个潜在的空气污染者，其中仅有几个向空气中排放了污染物。这时很容易发现空气遭到了污染，但是却难以得知究竟是谁污染了空气。有时，呼吸受污染空气的人并不了解污染会给他们的健康造成损害。当不知道自己受到伤害时，这些受害者也不会采取任何法律措施。如果很难区分出侵权者，那么法律也无法保障环保者享受清洁空气的权利，市场也就不会实现有效率的产出。

信息不完全导致产权得不到保障，这就产生了一个很棘手的问题。污染者也许会坚称其排放的污染物不会造成伤害，而环保者受到的任何不利的影响都是来自其他原因。环保者宣称受到的伤害可能远大于他们实际受到的伤害。或许一方所找的律师在陈述事实时更具感染力。法官和陪审团也许不完全了解诉讼双方所提供的证据。法庭在对相互矛盾的双方申述进行分类时，也许无法发现事实的真相。环保者也许拥有了享受清洁空气的权利，但是除非他能够证明硫氧化物对他造成了伤害，否则他就无法使污染者减排或者进行补偿。

导致产权得不到保障并非仅有信息不完全一个原因。无法利用法律保障产权的另外一个原因是诉讼费用过于昂贵。尽管拥有合法性，但是保障产权需要的成本可能高到人们不得不放弃保护自己的合法权益。例如，一个人如果要提起诉讼，即使律师愿意在打赢官司前不要任何费用，他还需要提前准备数千美元用于打官司。而如果这个人受到的损失仅有几千美元，那么对于他而言诉讼就得不偿失。有几个办法可以解决这个问题，一是所有的受害者联合起来提起集体诉讼，二是非营利组织替原告支付诉讼费，三是政府部门提供诉讼的公共服务。除非这几个解决方法中至少有一个是可行的，否则环境产权就会因为交易成本过高而得不到保障。

专栏 11.4

有关杀虫剂的法律责任

杀虫剂 DBCP 可以杀死真菌和线虫，也会导致哺乳动物包括人类的精子数量减少。直到 1979 年之前，美国的农场主都采用 DBCP 作为杀虫剂。DBCP 渗透到地下蓄水层，而这些蓄水层中的一部分地下水是饮用水源。随后，负责向消费者提供饮用水的给水管理区提起诉讼，要求得到赔偿。他们要求生产 DBCP 的企业承担净化地下水源的费用。这是因为，从法律角度来看，消费者拥有享受洁净水的权利。

事实证明，诉讼进行得非常艰难。究竟是谁将 DBCP 投入水体的？是地下蓄水层正上方的众多农场主，以及生产 DBCP 的诸多厂商。那么到底是谁污染了某一处水源，侵害了消费者享有洁净水的权利，并且应该对此赔偿呢？如果生产 DBCP 的厂商知道农民用了多少杀虫剂的话，他们也许会指导农民安全使用 DBCP。如果农场主知道他们使用的 DBCP 会影响饮用水源，那么他们也许会有激励小心使用 DBCP，并且避免水源污染。另一方面，很难确定每个污染者对某一特定水源究竟造成了多大的影响，如果农场主和 DBCP 生产商了解这点（事实上，他们也不知道自己究竟在多大程度上影响了某一特定水源），他们受到的治理污染激励仅仅是法律上要求他们承担的赔偿责任。

加利福尼亚州的法律允许人们起诉所有可能造成损害的企业，而这有可能使一些无辜的企业因为其他企业的一些不当行为而受罚。在这种情况下，所有在加利福尼亚市场上进行销售的厂商都必须采取很严格的预防措施。事实上这些厂商也许根本不在加利福尼亚市场上进行销售。另一方面，如果有确凿的证据证明某一农场主和生产商污染了水体，其他很多应该为此负责却因为不能被明确证明造成损害的个人和团体都可以逃脱惩罚。若是这样，就大大减少了企业采取预防措施的激励。换句话说，在不完全的信息支持下，法律通过判定诉讼案件中的责任与权利，能够影响污染者采取的预防措施。

由于信息不完全导致产权得不到保障的另外一种情形是环保者只有当污染损害发生后才知道存在污染。如果污染者事先知道她排放的污染物可能造成损害，她就有理由去减排。毕竟，如果她不实施减排，一旦人们发现这些污染物，她就需要赔偿所有损失。只要治理费用低于赔偿金，她就会治理污染。

然而，如果在排污者造成的损害和承担相应赔偿成本之间存在时间差，在现行法律制度下，她就有了第三种选择。她可以排放污染，当造成损害，她被要求承担赔偿责任的时候，她可以宣布破产。因为破产法的保护，她可以不用进行任何赔偿。利用污染和造成损害之间的时间差，她可以不必花钱进行减排而得到相应的好处。由于没有减排和赔偿的成本，加上进入新行业也许会比她继续从事现在的工作利润更高。在这种情况下，尽管产权清晰，但污染造成了损害，无法实现效率。

污染造成的损害可能在排放多年后才显现出来，原因可能是癌症等疾病的发生往往需要长时间，或不利影响逐渐积累，或贮藏有毒物质的容器逐渐失灵等。同样，应该治理污染之时和最后结果显现之日间的时间差可能很长，以至于应该对污染负责的企业可能早就不存在了。甚至更重要的是，因为时间过长超过了追溯有效期，排污者也许已经不需要对其造成的损害负责，所以即使污染者有激励，也不足以减排和避免造成污染损害。

即使污染者有权排污，面对损害，由于他们可能希望避免未来的损失，所以仍然有激励投资于减排。但是，如果他们不知道污染会在今后造成损害，或者他们以为自己可以搬离，而不必面对污染损害的话，他们就不会愿意投资于治理。

小结

● 市场有效率的前提假定是：低交易成本，可以自由买卖，被动接受价格的购买者和消费者，信息完全，产权得到有效落实。对于很多环境物品，这些假设条件不能成立。

● 特别是交易成本可以导致环境物品的市场失灵。初始的产权分配会影响最后的市场均衡，因此政策的有效性取决于谁获得了初始产权。

● 很多环境物品不存在产权的原因是难以界定公共物品的产权。因为难以分配产权，市场无法成为解决污染问题的一剂良方。

● 如果谈判中一方的控制力明显高于其他参与者，那么他将为了自身的利益而操纵市场。市场参与者过多会导致高交易成本，然而市场参与者很少会出现操纵市场而导致效率低下。

● 只有落实和保护各种权利，市场才能正常运行。然而，由于信息不完全，我们可能无法落实和保护各种权利。

产权初始分配对均衡产量的影响

科斯定理的第二部分讲述的是产权的初始分配不影响交易后外部性的大小。无论是消费者拥有享受清洁空气的权利，或者生产者获得了排放硫氧化物的权利，最后都得到同样有效的硫氧化物产出水平。科斯定理暗含的假设是产权分配带来的收入变化不会影响图 11.1 中的边际收益或者边际成本曲线。在经济学中，忽视收入变化带来影响的这一假定条件是很常见的，这一分析方法被称为**局部均衡**（partial equilibrium）分析。

接下来，我们分析一下不采用局部均衡分析方法，而是让边际收益和边际成本曲线随着收入的变化而变化，究竟会产生什么结果。假设产权从污染者手中转移到环保者手中。由于得到了产权，环保者增加了收入。当消费者收入更高时，他们对于各种价格的普通物品的需求量增加，需求曲线（图 11.5 中的边际收益曲线）向上移动。当边际收益曲线移动时，它与污染治理的边际成本曲线也会同时向右上方移动。因此，有效率的污染治理量变大。于是不同的产权分配方式改变了收入，也改变了有效的污染治理水平。如果交易成本足够低，那么市场中污染治理的真实水平将会是这个新的有效率的污染治理水平。

对于污染者而言，他们失去了排污的权利，需要花钱购买排污权。因为污染者需要付费购买排污权，利润减少，于是工厂所有者能够支付给企业主们的钱也减少了。工厂的所有者也是人，也希望拥有更洁净的空气。但是由于收入减少，他们对清洁空气的需求也降低了。如果将权利给予环保者导致边际收益曲线向上的移动量大于工厂所有者收入下降导致的边际收益曲线向下的移动量，那么就像图 11.5 中那样，对清洁空气的需求曲线会向上移动。有一种特殊情况，即环保者和工厂所有者是同一群人时，需求曲线完全不会移动。这是因为他们的收入不会有任何变化，而且产权的分配不会对市场产出的效率产生任何影响。

如果反过来，环保者需要购买享受清洁空气的权利，最后的市场均衡可能是不一样的。不过，即使由于收入的影响导致污染治理的均衡产出发生变化，这个产出水平也是有效率的。因为市场会进行帕累托改进，所以界定产权和使产权可交易是有必要的。产权的分配对社会财富的分配有很大的影响，但是无论初始分配是什么样的，只要交易成本比较低，都可以实现有效率的产出。

環境経済学

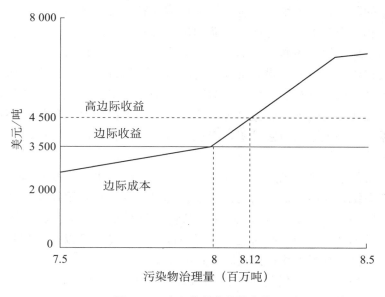

图 11.5　边际收益曲线的变化

　　如果产权分配的变化导致环保者得到了更多的收入，那么边际收益曲线就会向上移动到虚线位置，有效率的污染治理水平也会提高。水平坐标轴也随着交点的移动而延伸，显示这一变化的效果。

小结

　　● 根据产权分配方式的不同，污染治理量的结果可能有所不同。这是因为初始的分配改变了收入，也会改变市场均衡。

　　● 实际上，产权分配增加的收入不会对均衡产量产生很大的影响。即使均衡产量有变化，最后的结果也是有效率的。

▎全面理解科斯定理

　　环保署起诉位于柴郡（俄亥俄州东南部的一个小镇）的美国电力公司违反了《清洁空气法案》，但该公司一直对该诉讼持异议。两年后，公司花费了2 000万美元买下了柴郡，至少解决了它的一部分麻烦。

　　在接下来的几个月里，柴郡的全部221名居民将会收拾东西并且离开柴郡。90户房屋所有者将会得到超过他们房屋可能售价3倍的支票。作为回报，他们需要签署协议，保证自己永远放弃因财产损失和健康问题而起诉电力公司的权利。

　　2002年4月16日公布的这个交易，被认为是第一起公司解散整个小镇的案例。环境和法律方面的专家认为，这可以帮助公司节约一大笔支出，避免因为个人诉讼导致的公众形象的破坏。（*New York Times*，May 13，2002）

第一个问题，私人市场是否能够解决环境问题？常见的情况是环保者付费实现环境目标，私人企业也会参与环境物品的市场交易。美国的大自然保护协会除了购买圣选戈的土地产权，还购买了本章开头提到的热带雨林产权。其他一些例子譬如美国电力公司购买了俄亥俄州的柴郡，美国硫氧化物排污许可证和新西兰渔业许可证交易，贝利野生动物补偿信托基金向牧场主提供狼群咬死牲畜的赔偿，以及下章将出现的欧洲和北美的碳排放交易等。这些努力都被视作自由市场的环境保护具备效率的证据。这一理论认为通过明晰产权、市场和法庭解决环境问题比政府的行政干预要好一些。

科斯方法的一个主要优点是该方法对行政体系的需求仅仅是建立一个能够保证产权的法律系统，而不需要专门构建行政管理机构。用行政手段确定环境物品有效率的数量非常困难而且成本高昂。很多人从哲学角度考虑，偏好于较少的行政管理，而且根据包括苏联在内的一些高度计划经济体的运行经验可以了解到私人交易在决定物品的有效供给数量上往往比政府管制更有效。

第二个问题，私人市场是否能达到有效率的生产水平？由于高昂的交易成本、信息不完全、市场力量等诸多因素的存在，产权的明晰和交易往往不能实现效率。在柴郡的案例中，那些生活在小镇外面的居民会面临新的问题，生活在小镇上的其他居民觉得如果他们继续和电力公司协商，会得到一个更有利的合同。包括协调很多人的期望在内的高昂的交易成本，与公共物品相关的搭便车问题，都意味着私人市场会减少公共物品的供给。那么科斯定理能够做的就是明确环境问题，但是达到有效率的产出水平所需要的条件是受到限制的。

■ 总结

以下是本章的重点：

- 产权不仅适用于有形物品，也适用于各种行为。如果对影响环境的行为赋予产权，继而市场可以对这类产权进行交易，那么将导致有效率的市场产出。
- 科斯定理认为分配物品或者行为的产权并允许其交易可以实现有效率的产出，初始产权的分配无关紧要。
- 由于存在高交易成本、难于界定和分配产权、信息的不完全，以及侵权者能够免除惩罚等许多因素，很多情况下，科斯定理不能解决外部性问题。如果高交易成本使市场交易无法进行，导致低效的市场配置，而低效

率的程度取决于初始产权的分配。
- 即使不考虑交易成本，初始的产权分配也会影响最后的产出水平。这是因为拥有或出售产权会增加财富，而购买产权会增加成本。尽管初始分配会在很大程度上影响财富分配，但是只要交易费用低，它就不会影响产出的效率。
- 有时，我们可以用科斯定理实现环境目标。但是，环境物品是典型的公共物品，高交易成本和搭便车现象限制了科斯定理在实践中的应用。因此，在解决此类市场失灵问题时，就需要其他方法。

关键词

科斯定理   科斯协商   市场力量
局部均衡   交易成本

说明

有效率的硫氧化物排放水平来自于 H. Spencer Banzhaf，Dallas Burtraw，and Karen Palmer，"Efficient Emission Fees in the U. S. Electricity Sector," *Resource and Energy Economics* 26 (2004)：317－341。

Ronald Coase' "The Problem of Social Cost," *Journal of Law and Economics* 3（October 1960)：1—44. 在这篇文章里，科斯举了几个例子，包括本章所引用的牛吃麦子的案例。科斯并未将这些案例上升到"定理"的高度。乔治·斯蒂格勒应该是第一位提出科斯定理的人，参见 *The Theory of Price*，3rd ed. (New York：MacMillan，1966)。A discussion of "free market environmentalism" by the Property and Environment Research Center was found at http：//www. perc. org/about. php? id＝700，accessed June 13，2006.

保护区地役权和栖息地保护计划，以及在圣迭戈城的实践等信息，来自 B. Drummond Ayres，Jr.，"San Diego Council Approves 'Model' Nature Habitat Plan," *New York Times* （March 20，1997）；John H. Cushman，Jr.，"The Endangered Species Act Getsa Makeover," *New York Times* (June 2，1998)；大自然保护协会的网站，见 www. nature. org，特别是 http：//www. nature. org/wherewework/northamerica/states/california/preserves/art9761. html；and the U. S. Fish and Wildlife Service publication *Habitat Conservation Plans*：*Working Together for Endangered Species*，http：//www. fws. gov/endangered/pubs/HCP-Brochure/HCPsWorkingTogether5－2005web％20. pdf。

关于硫氧化物排污权的信息见 http：//www. epa. gov/air/caa/peg/acidrain. html。

1997 年关于可交易许可证的国会报告是由美国众议院（当时的主席是 Jim Saxton）联合经济委员会的首席经济学家海登·G·布莱恩于 1997 年 7 月发布的，题为"联合经济委员会关于排污权交易的研究报告"。其中，第四条注释就是科斯所写的"社会成本问题"。该报告见 http：//www. house. gov/jec/cost-gov/regs/cost/emission. htm。

美国电力公司购买柴郡的案例来自于 Katharine Q. Seelye，"Utility Buys Town It Choked, Lock Stock and Blue Plume," *New York Times* (May 13，2002)，http：//query. nytimes. com/gst/fullpage. html? res＝9E00E7DF1439F930-A25756C0A9649C8B63δsec＝δspon＝δpagewanted＝1。

练习

1. 某建筑师希望建造一座摩天大楼，大楼将阻碍阳光照射相邻的房屋。建筑师从大楼中可以得到的净收益为 10 万美元。邻居房屋的太阳供热设施得不到充足的阳光照射，导致房屋价值降低，并且还要增加部分供热成本，这使得邻居的总成本增加了 8 万美元。

(a) 如果法律明确规定邻居拥有享受阳光的权利。那么是否拥有帕累托改进的可能？你认为结果会是怎么样的？

(b) 相反地，如果建筑师拥有建造摩天大楼的权利，即使大楼阻挡了阳光，结果会怎样？

(c) 假设邻居拥有产权。因为摩天大楼附近的邻居非常多，雇用律师和他们协商的费用很高，约需要 2.5 万美元。此时，是否有帕累托改进的可能？你认为最后的结果是什么？

(d) 再假设建筑师拥有产权，雇用律师的成本（2.5 万美元）由邻居们承担。那么此时是否有帕累托改进的余地？你认为这种情况下，最终结果是什么？将这种情况和本题中其他几种情况进行对比。找出使得结果不一样的原因。

2. 弗里德曼公司的污染收益是 $\pi = 40Q - 2Q^2$，其中 Q 为排放的污染量，单位是吨；收益的单位是美元。对其求导后可以得到污染的边际收益（MB），$MB = 40 - 4Q$。

(a) 如果没有污染管制，你认为弗里德曼公司的污染排放量是多少？

(b) 弗里德曼公司排放的污染造成的损害（成本）为 $D = 3Q^2$，单位为美元。那么当没有污染管制时，弗里德曼公司排放的污染会造成多少损害？此时的净收益是多少？

(c) 污染损害公式的边际损害 $MD = 6Q$。请问，污染的有效水平是多少？在有效的污染水平下，总收益和总成本是多少？该水平下，净收益是多少？

(d) 在有效的污染水平下，边际收益和边际成本是多少？

(e) 假设污染所造成的损害仅对萨缪尔森一个人造成影响。同时，弗里德曼公司拥有随意排放污染的权利。假设萨缪尔森和弗里德曼公司可以进行无交易成本的协商。政府不进行污染管制时，你认为该公司将会排放多少污染？为什么？

(f) 还是假设污染所造成的损害仅影响到萨缪尔森，不同的是萨缪尔森拥有不受污染影响的权利。萨缪尔森和弗里德曼公司可以进行没有交易成本的协商。政府不进行污染管制时，你认为该公司会排放多少污染物？为什么？

(g) 还是假设污染造成的损害仅影响到萨缪尔森，且萨缪尔森拥有不受污染影响的权利。不过，为了让权利得到保障，萨缪尔森需要花费 500 美元。在这种情况下，政府不进行污染管制时，你认为弗里德曼公司会排放多少污染物？为什么？

3. 请问以下情景是否可以应用科斯定理或者如何应用科斯定理？特别地，要针对每个问题考虑以下三点。

i. 是否清晰界定了产权？

ii. 交易是否发生？

iii. 是否明显违背了科斯定理的假定？

(a) 某番茄酱工厂已经在一个小镇运营数十年了。夏天番茄成熟时，工厂 24 小时运转，产生很多噪音并造成交通拥堵，而且使得整个街区全是番茄味。一小块紧邻着番茄厂的空地被规划用作住宅用地。那些即将搬入的人也许不喜欢番茄厂产生的噪音、堵车以及番茄味。

(b) 密歇根州的很多城市和郊区的居民为了摆脱麻烦，搬到农村地区。不过，他们发现农

环境经济学

238

民并非是令人满意的邻居。农民的生产过程产生很大的气味，他们在耕地上喷洒农药和化肥，他们在每年的一些时候也会很吵闹。密歇根州的立法机构通过了法律，给予农业活动的权利，禁止任何当地社团限制农民的生产活动。

(c) 许多地区限制人们在公共区域吸烟，包括办公楼、餐馆和酒吧。

(d) 很多危险废弃物堆放点是几十年前建立的。那时候，人们并不知道这些危险废弃物会产生什么危险。《综合环境反应、赔偿与责任法案》，通常也被称为《超级基金法案》，指出造成废弃物的公司需要承担清理成本。

4. 西蒙在密歇根湖的湖边拥有一块土地。下表反映了游客在他的土地上休闲（每个游客一天）所得到的边际收益，以及随着游客数量的增多，西蒙所承担的边际成本（垃圾、噪音以及无法独享湖滩的乐趣等）。

(a) 如果西蒙不能限制进入湖滩的人数，也无法限制或者改变人们的行为。那么，最后会有多少人进入西蒙的湖滩（人数只有整数，请给出整数答案）？为什么？

(b) 使用西蒙湖滩的有效人数是多少（人数只有整数，请给出整数答案）？为什么？

(c) 假设西蒙拥有权利和能力阻止别人进入他的土地。而政府并不控制进入湖滩的人数，是否还有其他办法实现有效的参观人数。如果有，该怎么做？如果没有，原因是什么？

游客数量	1	2	3	4	5	6	7	8	9	10
游客的边际收益	150	110	80	60	40	25	10	−10	−30	−60
西蒙的边际成本	10	20	30	40	50	60	70	80	100	125

第 12 章

政府的环保政策

密苏里河上游流经蒙大拿的部分被界定为国家野生风景区。历史和自然爱好者可以沿着路易斯和克拉克探索美国西部时曾走过的同一航线划船，欣赏鹿、海狸和鹰。现在，修建野生风景保护区使密苏里河上游避免因修建大坝等被改造为水路航道，但无法避免河流两旁修建牛场和种植小麦。结果，河流下游受到农业硝酸盐的污染，以至于乘船游历者需要自备饮用水。

如果环境问题给社会带来了巨大的成本，而私人市场无法充分解决这些问题，我们应该做些什么？环境问题是经济理论中政府干预市场的经典原因之一。与产权完全界定和私人市场导致有效分配的情况不同，政府可以要求污染者考虑其活动产生的影响，我们需要政府干预市场以增加社会福利。然而政府有很多途径可以影响污染的产生，并且不同的途径可能导致不同的结果。以下是本章讨论的重点：

- 污染问题的复杂本质，以及政府能解决这一问题的各种途径；
- 政府解决外部性的一些政策工具，包括标准（也称为命令控制手段）；
- 基于市场的激励手段是污染控制的替代性工具；
- 不同情境下政策工具的优缺点。

■ 从生产到损害

环境管制的目的是减少污染造成的损害。为了控制污染需要了解污染的生成过程，同样需要了解污染造成损害的各种途径。为了更透彻地理解环境管制，让我们一起看加利福尼亚萨利纳斯峡谷硝酸盐污染问题。在土壤上施肥、灌溉生产莴苣，同时也会引起硝酸盐污染地表径流。包括农民和管理者在内所做的大量决策对环境污染问题都有影响。我们将对此逐一分析。

图 12.1 显示的是从生产到生产结束后造成环境损害的整个过程。这个例子是关于硝酸盐的污染。让我们从生产过程的起点开始，投入原材料生产产品。本例中，投入的水和肥料可以生产蔬菜但也会引起硝酸盐污染。其他农业生产者，例如牛场主也会造成地表径流硝酸盐污染。污染物排放是生产的副产品。

企业可以通过减少废物或在将废料排出之前，在源头处清理干净，达到减少排放的效果。让我们看看减少生产废物的方法。图 12.1 显示了两个选择：改变投入比例或者改变生产流程。任一选择都会改变生产产品的数量。比如，如果莴苣的生产者改变了投入的组合，减少用水量，结果会是莴苣产量的下降和硝酸盐减少。同样地，牛场可以改变饲料的配比，减少硝酸盐的排放。

沿着图 12.1 往下看，我们发现如果没有完全防止排放物的产生，还可以通过清理手段防止污染物进入自然界。农民可以使用排污管（能收集径流的有洞的地下管道），牛场可以用存贮池（存贮未被处理的废料的地方）。这些办法都可以在源头收集污染物，阻止它们进入自然界。

然而，并非所有的硝酸盐都能被清除掉。继续沿着图 12.1 往下，可以看到有污染经由灌溉系统或牛场排放。通常，观察和测量农业的污染排放是非常困难的，而观察和测量集中化畜牧业的污染排放相对简单。在本章的后半部，我们可以看到可观察性上的差异极大地影响了监管方式。污染进入了地下水、湖泊、河流，例如密苏里河上游。那里，人们可以测量出硝酸盐的浓度。水中、空气里或土壤里（即在大自然中）的污染物的浓度被称为**环境质量**（ambient quality），可精确到百万分之一。但如图中所示，来自农业生产的各种污染物汇聚后，难以追溯其来源。

然而，大自然中污染物的存在并不一定带来危害。继续看图 12.1，与环境水质量和损害相关的是暴露度。许多污染物在浓度非常低时的危害是相对较小的。甚至在高浓度时，水中的硝酸盐也不一定会造成伤害，因为人们可以采取行动避免暴露于污染物中。例如，人们在密苏里河上流划船时，为避免饮入硝酸盐可自带水。

即使暴露于污染物，暴露与损害间的联系也取决于是谁或什么暴露在污染中。一些人群，特别是婴儿，对水中的硝酸盐非常敏感；硝酸盐会限制他们吸收氧气的能力。老年人对此不敏感。即使两个人暴露在等量的污染中，他们受到的伤害也可能是不同的。

在某些情况下，避免暴露于水体污染相对比较容易。尽管在一次独木舟旅行中，带足三天所需的水并不难，但长期购买瓶装水就变得既昂贵又不方便，并且塑料瓶本身也会带来环境问题。此外，人类不是水污染的唯一受害者。污染了的地下水流入地表水体后，有利于水藻的生长，但水藻将消耗水中的氧气，因此会导致鱼群死亡。

环保政策能干预一连串事件中的不同环节。政策制定者需要做出许多选择，例如需要决定是否和如何采取污染防治政策、清理的需求，以及为降低污染带来的损

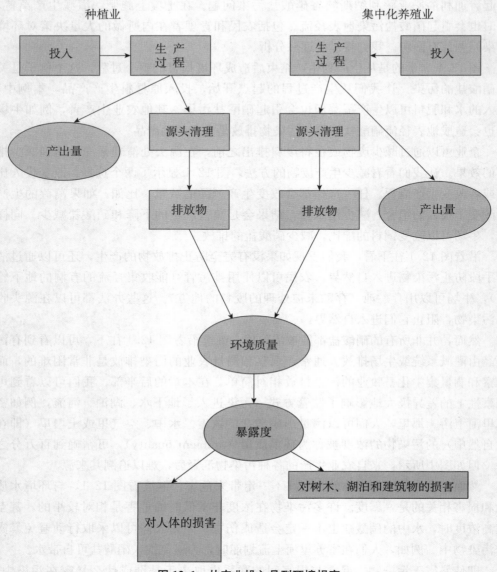

种植业   集中化养殖业

图 12.1　从农业投入品到环境损害

　　图中显示的是农业从生产过程的投入到最终对环境造成损害的整个链条。可以通过若干方法减少环境损害：改变投入量或改变生产过程，进而改变产出；清理污染源而减少排放；减少在环境污染物中的暴露；以及修复污染物引起的损害。

害的努力程度。现在我们来研究决策制定过程。

□ 管理者的麻烦

　　污染减排的成本很高，而且污染者很难从中获益，所以污染者不会自己承担减少污染的任务。通常用于解决污染问题的各种市场化方法，例如让污染者承担环境损害的经济责任，既可以在连锁事件的末端起作用（要求污染者在造成损失后给予赔偿），也可在事件开始处起作用（给予污染者激励，避免污染行为发生）。举例来说，如果受到污染损害的人有权通过法律诉讼保护自身的权利，污染者可能因为承担赔偿责任而减轻污染程度。这是赋予消费者或者公众免于遭受污染的权利的一个例子；"权利的分配者"是法律制度而非政府的管理部门。然而，交易成本、信息不完全以及其他问题限制了私人权利这种工具的效用。即使一起成功的法律诉讼可以威慑潜在的未来的污染者，然而促成这起法律诉讼的污染损害已经发生。因为私人权利不是一种完备的解决方法，人们通常会转向政府管制解决环境问题。

管理者应当如何处理污染问题呢？目标当然是削减连锁事件末端的损害，不论是对人或是对生态系统造成的损害。我们可以针对从投入到损害整个链条的每个环节采取行动。管理者如何选择在链条的哪一环节采取行动呢？链条上的每一环节都是不确定性的来源：很难说明白的是，链条前端的变化，如投入的变化如何导致损害等后续环节发生变化。这一不确定性说明，沿着链条朝着末端损害不断行动，可能是一个较好的方法，因为这一方法更有可能减少损害。另一方面，污染者得到的反馈信号面对不确定性：农民如何了解其土地中的灌溉对下游的环境影响？

管理者的另一难题是减排成本。减少污染会增加成本，这意味着净收益降低以及更大的政治阻力，所以管理者有很大的激励去考虑成本问题。管理者需要解决两个问题：（1）在更高的成本与更大的环境收益之间权衡。当边际收益和减排成本相等时，净收益实现最大化。（2）寻求能够实现环境目标且成本最低的方法。这要求市场生产适量的产品，企业规模适当，每个企业采用正规的技术。有效的政府政策包括设置正确的污染减排目标并以成本有效的方式实现削减。

□ 污染减排目标

政府管制机构必须按照它的愿景，选择环境质量目标。这一选择会影响污染减排的范围和减排程度。因为自然地理、气候与现存的发展计划等因素，污染不会均匀扩散。例如，图 12.2 显示了美国硝酸盐污染造成的地下水威胁的扩散路径。如果管理者的目标是使各个地区实现相同的地下水水质，那么就需要给予深色区域更多的关注，因为此处受到污染的影响更大。另一方面，如果管理者的目标是保护人类健康，回答可能异于上述回答。例如，如果深色区域是农村，人口密度较低，而浅色区域人口较多（尤其是对污染特别敏感的人更多），减少硝酸盐的使用，就可能会增加更多的净收益。

减排形式和减排区域的差别，会沿着污染损害链条对污染损害发生的地区产生极大的影响。例如，削减污染排放将影响到终端排放处的周边环境质量，而可能不是污染排放处的质量。美国中西部的上游施肥过量，污染物沿着密西西比河顺流而下，造成了墨西哥湾水质恶化。俄亥俄山谷的发电厂排放的污染物造成了新英格兰的酸雨和酸雪。政府对墨西哥湾或是新英格兰附近的污染源进行管制无法解决这些地区的污染问题。鉴于这一原因，很多美国环境管制工作是由国家而不是州或市政府承担的。类似地，欧盟允许欧洲各国相互协调它们的环境政策。在特殊情况下，国际条约是有必要的。无论管理者的目标是达到法律要求的水质要求、最大程度地确保公共健康利益，还是实现其他环保目标，在实施环境质量计划时必须考虑污染迁移路径及污染损害的发生位置。

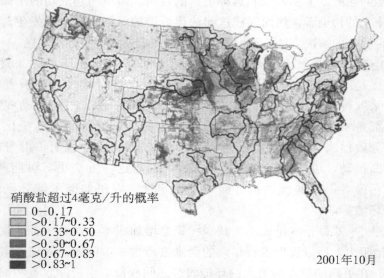

硝酸盐超过4毫克/升的概率
- □ 0—0.17
- >0.17~0.33
- >0.33~0.50
- >0.50~0.67
- >0.67~0.83
- >0.83~1

2001年10月

图 12.2　污染的空间变换

　　一个区域的污染排放量、地质学、地理学和大气学要素共同决定了该区域的污染程度。本图显示了地下水硝酸盐污染。正如图中所示，周边污染的自然分布情况有很大的差别。这幅地图来源于：http：//water. usgs. gov/nawqa/nutrients/pubs/est _ v36 _ no10/est _ v36 _ no10. html。

□ 政府管制的成本与可行性

　　尽管容易确定污染的源头，但没有适用于所有排污者的减排方法。氮氧化物（NOx）来源于以汽油为燃料的汽车、利用柴油驱动的卡车、燃煤发电厂以及很多其他来源。即使在同种排污者中，例如燃煤发电厂，不同减排方法的效果也有很大的差别。氮氧化物来源于氮气，它是空气的一种主要成分，在特定条件下可以燃烧。氮氧化物可以与碳氢化合物（另一种污染物）发生反应产生臭氧，臭氧是一种氧的化合物。当臭氧在高层大气中时，它可以保护我们不受太阳辐射伤害；但当它在底层大气集中时，它就是一种污染物。因为氮氧化物源头众多，不同来源所使用燃料的种类以及燃烧过程产生的热量等都有差异，因此氮氧化物的减排技术也不同，减排成本差别较大。各种排污者的减排量应该完全一样吗？如果不是，哪些原则可以用于决定不同排污者的减排量呢？

　　我们假设政府管制机构已经决定需要的总减排量。随后，政府机构必须考虑任一减排规则的可行性。可行性需要考虑两个问题：实现减排目标的成本最小的途径是什么（**成本有效性**，cost effectiveness）以及减排技术可行的方式是什么（**技术可行性**，technological feasibility）。我们将对成本问题进行讨论。

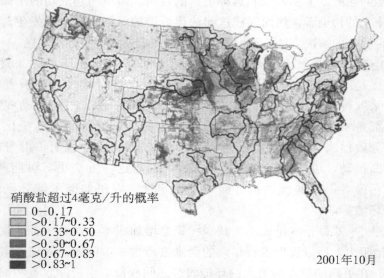

梅雷迪斯·弗利（Meredith Fowlie）、克里斯托弗·尼特尔（Christopher Knittel）与凯瑟琳·沃尔夫拉姆（Catherine Wolfram）研究了发电厂与汽车这两类氮氧化物污染源的边际减排成本曲线。图 12.3 显示了这两类排污者的边际减排成本曲线。图中横轴表示当前的总减排量为 2 210 万吨，轴上任意一点都将总减排量分割为汽车和发电厂各自必须减排的污染量。例如，如果发电厂减排 670 万吨，那么汽车必须减排 2 210－670＝1 540 万吨。

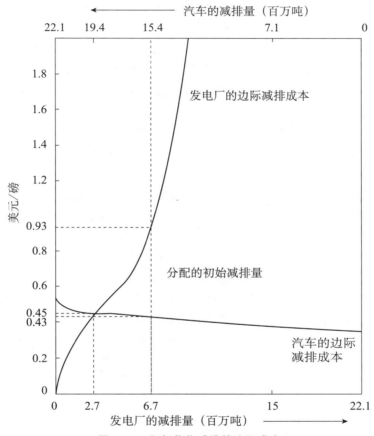

图 12.3　氮氧化物减排的边际成本

此图显示的是发电厂和汽车减排总量为 2 210 万吨氮氧化物的各种选择。发电厂的减排量是从左侧向右侧测量的，汽车的减排量是从右侧向左侧测量的，因此总减排量为 2 210 万吨。在发电厂减排 670 万吨，汽车减排 1 540 万吨的点，汽车减排的边际成本为 0.43 美元/磅，发电厂减排的边际成本为 0.93 美元/磅。两类排放源减排的边际成本相同的点为 0.45 美元/磅，此时发电厂减排了 270 万吨，而汽车减排了 1 940 万吨。

　　发电厂的边际减排成本曲线从左下角开始向右上方延伸，因为发电厂每多减排一吨氮氧化物要比之前所减排污染物的减排成本更高。然而，汽车减排的边际成本曲线从右下角开始，并向左上方倾斜。那是因为汽车必须负责减排发电厂没能减排的污染量。如果发电厂要求减排得少一些，汽车将需要减排得多一些。随着汽车减排量的增加，边际减排成本也会增加，因此汽车减排的边际成本曲线与发电厂减排的边际成本曲线是向不同方向变化的。

如图 12.3 所示，假设发电厂减排量为 670 万吨而汽车减排量为 1 540 万吨，但两者的边际减排成本在这一点是很不相同的。对汽车而言，每磅污染物的边际减排成本为 0.43 美元，而发电厂减排一磅污染物的边际成本为 0.93 美元。此时的减排量分配是有效的吗？假设汽车多减排一吨，而发电厂少减排一吨。根据边际成本曲线，此时的汽车减排成本低于发电厂的减排成本。因此，如果汽车多减排一吨，而发电厂少减排一吨，总减排量相同，而汽车与发电厂减排的总成本较低。两类污染源的边际减排成本不同，一个污染源的减排成本就要比另一个污染源的减排成本更低。

继续看图 12.3，当发电厂减排 270 万吨而汽车减排 1 940 万吨时，两个主体减排的边际成本相等，为 0.45 美元。没有其他方式能够通过重新分配两个排污者的污染量来进一步降低成本。这一结果称为**均衡边际原则**（equimarginal principle）：当所有污染排污者的边际减排成本相同时，减排特定数量污染的成本最小。

边际减排成本均等化能够实现成本有效这一目的。也就是说，各污染排污者实现减排目标的成本最低。在可行减排方案中选择成本最低的方案实现污染减排，降低了排污者对减排要求的抵触情绪，同时也可以节约资源。

值得注意的是，利用图 12.3 无法计算边际减排收益。此时，管理者可能利用其他方法确定有效的减排水平为 2 210 万吨，使边际减排收益与边际减排成本相同。若管理者缺乏必要信息来决定有效减排量，那么管理者就必须了解边际减排收益曲线。而生态学家和公共健康专家持续地研究污染物影响，因此，有效减排量通常是不准确的或者是变化的。确立减排目标的标准可能是公共健康、政治因素或其他标准。

如果管理者不能决定减排的有效水平，那么实现成本有效性可能就是次优目标。排污者通常能够了解成本较低的减排方法，因而更容易实现减排的成本有效性。美国酸雨计划中将这一方法用于设定硫氧化物的减排目标并实现减排成本最低。

对于管理者而言，降低成本并不是考虑的唯一因素。技术可行性有时会限制管理者的选择。例如，农场的硝酸盐径流污染量很难衡量。比较容易的是观察并监管化学投入品的使用，例如农田中化肥或灌溉用水的使用量，也可以将衡量河流、湖泊或者农业径流终端的蓄水池的周边水质作为另一种可选途径。如果管理者限定了周边水质，而不止一位农民影响水体，那么限定周边水质这一管制办法可能不会有效激励农民去削减污染排放量，因为每位农民会将水质问题归咎于其他人。对于不同的污染问题，污染管理政策的监测能力和改变污染排放者行为的能力会发生变化。在设计一项管理政策时，需要考虑这些要素。

小结

● 政府对污染的管理是有必要的，因为私人市场无法实现有效率的污染减排。

● 管理者在如何污染减排这一问题上拥有很多选择。在决策时，管理者通常需要考虑环境影响，实现政策的成本有效性和技术可行性。

● 污染的位置会影响污染减排。地理、气候以及人类居住方式都会对污染损害产生影响。管理者需要关心的是，在何处进行污染减排以及污染减排量是多少？

● 有些污染管理措施的成本比其他管理措施更大。降低减排成本可以同时缓解排污者对污染管理行为的抵触情绪，并可以节约资源用于其他领域。

● 对于特定的减排量，所有排污者的边际减排成本相等时，污染减排总成本最小。如果边际成本不相等，可以通过调整每个排污者减排的量来降低成本。

● 一些污染管理措施的技术可行性更大。

命令控制手段中的排放标准

现在让我们考察管理者可实施的一些特定选择。在污染开始到最后造成损害的连续事件中，管理机构可以选择任意环节进行干预，也能决定约束排放者的管理措施。几乎此处所有的方法都曾经在某些时间和场合使用过。可供选择的手段分为两种主要类别：命令控制型和市场手段。

减排最直接的方式是减少排放者的污染排放量。政府直接对企业下达命令，并且控制企业以确保完成目标，因此这些减排手段有时称为**命令控制手段**（command and control instruments）。这些手段会涉及到企业行为准则，有时也称为**标准**（standard）。

标准可以应用在环境污染损害链条的很多环节。投入品标准强调输入端控制；技术标准关注于生产者采用的生产工艺；排放标准或排污标准（通常依赖技术）的目标是控制污染源的污染排放浓度；环境标准限制了环境污染的浓度。

□ 不同形式的标准

投入品标准（input standard）限制了产品生产过程中的投入品。在美国，安全标准限制了所有农药的使用，并且完全禁止了一些农药。铅这种物质曾经普遍应用在石油和油漆中，但现在美国严格限制了消费品中的铅含量，欧盟的限制标准更加严厉。

工艺规范（technology standard）或**技术标准**（process standard）引导生产者使用一项特定的工艺或生产技术。比如，工厂中用于过滤烟囱中微粒和其他污染物的烟囱洗涤器，需要达到一定的技术标准。一些州要求新上的电力发电机组安装脱硫设备。另一案例是为了降低能耗，最新的"绿色建筑规范"要求建筑安装双层玻璃、反光瓷砖以及隔热材料。

排放标准（emissions standards）也称为**排污标准**（effluent standards），要求排污者排放的污染物不超过一定量或一定比例。在美国《清洁空气法案》下，新的排污者必须限制氮氧化物、硫氧化物以及其他污染物的排放量。每个行业的排放标准通常是确定的，但在生产规模或工艺流程上与其他标准存在差别。排放标准不限制企业选择某项投入品或某种工艺流程，企业可以利用任何方法来满足排放标准。通常，排放标准是以技术为导向的。这指的是一项已知技术应用于实际中，其排污水平就是排放标准的制定依据。为了设定以技术为导向的排放标准，管理者首先需要调查污染控制技术。它估测了发电厂应用这些技术后会排放出多少污染物。然后管理者将这一污染物的排放量设定为标准。企业既可以通过采用管理者调查中的技术方法来实现环境目标，也可以通过其他途径实现目标。例如，美国环保署并没有要求在美国销售的汽车安装催化转化器。然而，相关机构提出的汽车排放标准是根据安装了催化转化器后，汽车每英里排放氮氧化物和碳氢化合物的数量。汽车为了满足标准的要求，通常会在车里安装催化转化器。使用技术导向的排放标准有助于确保排放标准的技术可行性。

环境标准（ambient standards）特指在环境中可接受的污染物浓度。这些标准设定了污染减排的要求，而没有指定实现污染减排的途径。《清洁空气法案》要求国家任何地方都满足国家环境空气质量标准要求（见表 12.1）。相反地，水质的环境标准是不相同的，每个州自行决定湖泊河流的减排水平。针对投入品、工艺流程和最终排放量设计的减排项目的目标是实现环境质量要求。

表 12.1　　　　　　　　　美国《清洁空气法案》下的国家环境空气质量标准

首要标准用于保护人类健康，二级标准用于保护环境。环境标准的统计水平表述为按每百万分之一质量计算，或者按毫克每立方米，在一个立方米空气中污染物的质量进行统计。平均时间指的是测量周期。平均时间较长意味着达到标准更容易，更高的标准则试图在较短时间内限定最大的暴露程度。

污染物	基本标准		二级标准	
	水平	平均时间	水平	平均时间
一氧化碳	9ppm（10mg/m³）	8 小时		无
	35ppm（40mg/m³）	1 小时		
铅	1.5μg/m³	按季度		与首要标准相同
二氧化氮	0.053ppm（100μg/m³）	每年（算术平均数）		与首要标准相同
悬浮颗粒（PM10）	150μg/m³	24 小时		与首要标准相同
悬浮颗粒（PM2.5）	15.0μg/m³	每年（算术平均数）		与首要标准相同
	35μg/m³	24 小时		与首要标准相同
臭氧	0.075ppm（2008 年）	8 小时		与首要标准相同
	0.08ppm（1997 年）	8 小时		与首要标准相同
	0.12ppm	1 小时（仅用于受限制区域）		与首要标准相同
二氧化硫	0.03ppm	每年（算术平均数）	0.5ppm（1 300μg/m³）	3 小时
	0.14ppm	24 小时		

□ 评估污染控制标准

评估污染控制标准的指标包括技术可行性、成本有效性以及对技术进步的激励。下面我们对投入品标准、技术标准以及排放标准进行评估。

污染的衡量和监测能力是污染控制标准可行性的基础。对于生产工厂等**点源污染**（point source pollution），可以从烟囱或排水管等排污口直接监测排污量。对于此类较易监测的污染源，可以采用排放标准，也可以使用工艺标准或投入品标准。而对于种植业等非点源污染而言，污染排放难以观察和测量。当污染物很难监测，或者是污染物在其释放前经过了很长的扩散时期，就会造成非点源污染。在**非点源污染**（nonpoint source pollution）情况下，污染物不能很轻松地追踪到特定排污者。例如，农药和化肥会在地下进行长距离迁移，在进入河流、湖泊等水体前甚至会跨越很多户农户的田地。在这种情况下，通常依赖投入品标准和工艺标准来削减非点源污染，例如限制化肥或者农药使用量。

首先考察标准的技术可行性。如果管理者可以监测输入端的投入品，那么就可以使用投入品标准。但偶然发生的农药非法使用现象表明，管理者不可能监测生产者做的一切事情，故而很难管理投入品的使用。而技术标准可以很容易控制。譬如你很容易看到一个公司是否遵守条例安装洗涤器或一座城市是否拥有污水处理厂等。但不确定的是，这些技术措施是否如期望那样得到使用。因为洗涤器或污水处理厂可以关闭不运行，所以拥有技术并不能保证技术可以处于运行中。而且当污水处理厂在洪水中被淹没时，废水有可能直接排放到湖泊或河流中。因此，技术的存在无法保证它被有效利用。

接下来，我们考查标准的成本有效性。将已知的技术标准作为污染控制标准，有助于控制标准在技术上可行。然而，采用这种污染控制标准阻碍了排污者考虑其他的可能选择。比如管理者采用技术标准，要求所有燃煤发电厂使用洗涤器，那么排污者就无法使用低硫煤来节约成本。或者管理者要求排污者使用低硫煤（一种投入品标准），那么排污者就无法安装洗涤器。相反地，如果一项污染控制标准给予排污者灵活性去选择他们偏好的减排方法，那么排污者选择的减排方法成本就会更低。所以排放标准的使用成本不高于技术标准或投入品标准，甚至有可能总成本更低。

排污标准的成本可能比技术标准和投入品标准成本更低，但由于很难实现均衡边际原则，削减特定污染物时成本可能会更大。将图 12.3 放大后得到的图 12.4，更加清晰地解释了这一问题。如果管理机构有足够的信息为每一位排污者选择不同的标准，就可以设定不同的标准使得所有排污者的边际减排成本相等。例如，可以要求发电厂减排 270 万吨而汽车减排 1 940 万吨，此时二者的边际减排成本均为 0.45 美元/磅。当然，管理者也可以要求减排份额变为发电厂减排 670 万吨而汽车减排 1 540 万吨。这一减排方案的无谓损失（或称净损失，deadweight loss）为图 12.4 中

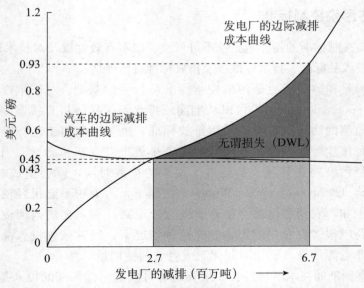

图 12.4　标准选择不当导致的无谓损失

　　最优减排方案为发电厂削减 270 万吨，汽车削减 1 940 万吨，此时两个行业的边际减排成本均为 0.45 美元/吨。图中的阴影区域表示，当标准规定发电厂减排 670 万吨时，发电厂增加的减排成本。浅色阴影区域为汽车少减排 400 万吨污染所降低的成本。深色阴影区域显示了成本差，表示发电厂减排 670 万吨而汽车减排 1 540 万吨这一方案的无谓损失。

深色阴影部分。在两条减排水平线之间，发电厂边际减排成本曲线之下的区域减去汽车的边际减排成本曲线下方浅色阴影区域这部分本该由汽车承担的减排成本后，剩下这部分额外的减排成本由发电厂承担。实际上，管理者通常会对不同的行业设定不同的排污标准，同一行业内的所有排污者通常必须按照统一的标准减排。如果同一行业内的两个排污者减排成本不同，而执行同样的减排标准，那么他们减排污染物的成本会比实现必需的减排目标所需的成本更高。无论投入品标准、技术标准还是排放标准，执行同样标准的排污者的减排成本如果不同，达到减排目标时的成本就不可能实现最小化。

　　评估污染控制标准的另一准则是考察标准能否激励企业寻找更新、更低成本、更有效的减排技术。排放标准能够鼓励创新：排放标准允许生产者使用新的、低成本的方式实现其污染物减排目标。投入品标准也可能会激励生产者研究新的投入品以应对投入品限制。例如，氯氟烃类物质曾被用作喷雾罐的推进剂，但考虑到它影响高空大气中对人类有益的臭氧层而被禁止使用，制造商随后又寻找了其他推进剂。然而，替代品有可能具有意料之外的特征。当铅退出美国汽油市场后，使用了名为甲基叔丁基醚（MTBE）的替代品，直到后来人们才发现 MTBE 从储油罐中泄漏出来并污染地下水。技术标准无法产生任何激励或鼓励创新的作用，因为它锁定了一个特定的减排技术。

　　表 12.2 总结了不同的标准满足各种原则的能力。没有任何一项标准可以满足全

环境经济学

部的评估指标。每一项标准都适用于不同的情况，都有各自适用的案例。

表 12.2 命令控制手段的比较

	排放标准	投入品标准	技术标准
监测的技术可行性	通常对点源污染可行，对非点源污染不可行	有时可行，但并不总是很容易监测	能监测设备安装，但无法监测是否使用
特定排放的最小成本（均衡边际原则）	不是，除非排放源确定，或每个排放源都有它自己的标准	不是，除非排放源明确如何对产品输入，或每个排放源有它自己的标准	不是，除非每个排放源有它自己的标准，或标准对所有排放源要求实现同样的边际减排成本
是否鼓励创新	是	鼓励投入的替代品	否

小结

● 标准也称为命令控制手段，规定了环境表现的一定水平或方式。标准可以采用多种形式应用在污染损害链条的各个不同的环节。

● 环境质量标准限制了环境中污染物的浓度。投入品标准管理输入品的类型和数量。技术标准要求使用一种具体的污染控制技术。排放或排污标准约束了排污者的排污量，要求排污者实现一定水平的污染削减。

● 标准的技术可行性要具体情况具体分析。排污标准通常很容易监测点源污染，但很难监测非点源污染。技术标准所需设备的安装情况容易监测，但设备的使用情况很难监测。

● 排放标准如果技术可行，而且有多种减排方案供排污者选择，就可能比所有投入品标准或技术标准实现成本低廉的污染减排。

● 原则上讲，管理者可以制定不同排放者的不同排放标准，实际上管理者对一类排放者（例如特定的行业）应用同样的标准。如果同一行业中不同排放者的减排成本不同，那么就无法应用均衡边际原则，而且污染减排成本可能会更高。

● 排放标准允许排污者寻求满足要求的改进方案。投入品标准鼓励使用各种可能的投入替代品，但这些替代品不一定具备环境优越性。技术标准不允许使用新型技术。

专栏12.1

《清洁水法案》

空气污染和水污染都具有典型的外部效应。两者在无论是来源或者可能的结果上都有很多相同之处，但它们的天然差别产生了不同的环境问题。天然的空气质量尽管存在差别，但一个物种能够在世界的某处呼吸空气也可以在其他地方呼吸空气。相反，天然水质的多样性却足以导致大量的生态差异：生活在天然咸水中的物种可能无法在淡水中生存。结果，在生态上不可能对各种水体有统一的环境标准，否则将严重改变生态系统。除此之外，受到一定程度污染的水对人类饮用构成威胁，但用于娱乐活动却可能足够安全。必须明确陈述地表水体的"特定使用功能"：娱乐，水上栖息，或者饮水供应。在密苏里河上游，水质是不适合饮用的，但对娱乐泛舟是安全的。考虑以上因素，《清洁水法案》允许对水质按功能进行区分。

水污染控制的基础是美国国家污染物排放削减系统（National Pollutant Discharge Elimination System，NPDES）。它要求每一个污染点源拥有一个许可证，明确限制其排放的污染。在大多数州，州政府负责研制排放源的许可证。法案利用技术导向的排污标准对各类排放源提出了排放要求，现存污染源和新污染源的排污标准是不同的。

点源排放源并不是唯一的水污染排放源。在当前的美国，包括农业径流，以及来自路面或人们庭院的径流在内的非点源污染源才是水质问题的根本原因，很难从排放物追踪到排放源，因此，这些污染源没有得到很好的监管。另外，因为非点源污染排放量往往很小（就像每个房主为其庭院草坪施肥，或每个汽车主人的汽车引擎渗出液体），识别与监管每个源头的成本非常高。

代替国家环境标准，要求每个州为各类水体制定水质标准。环境保护署必须批准各州设定的标准，而且如果一个州的标准不能被接受，需要用环保署自己的标准来代替。对于不符合标准的水体，州必须设立最大日负荷总量（TMDL），即可能排入水体中的最大污染物数量。设定了 TMDL 后，就需要制订一项计划来实现这一标准。计划的制订是一项挑战。因为点源污染物已经通过 NPDES 许可证很好地进行监管，很难再进一步减少点源的污染物排放水平。额外的削减可能不得不来自于非点源污染物，而这类污染源更难监管。经济学家和监管者提出在点源和非点源污染物之间进行交易，以此作为改进水质的一种方法，而不用精确地监测非点源污染源。

1972 年的《清洁水法案》包括的条款有：资助建立市政污水处理厂、城市污水处理厂用来处理家庭生活污水，有时也处理一些工业废水。这一资助计划并没有对污染物削减进行直接补贴，因而也没有产生与本章后面所介绍的补贴同样的效果。这一计划不利于激励城市寻求低成本的水污染治理办法，同时也无法确保有充足的资金可以用于运行污水处理厂。这一计划自 20 世纪 80 年代起，就变成了一项贷款项目。

计划中的大多数可能有效的办法已经极大地改进了水质，但无法实现污染物削减的目的。

市场手段

因为环境标准可以有不同的实现方式，所以管理者不会仅限于运用命令控制手段。管理者可以制定污染物排放价格，使污染排放变得昂贵，而不用设定一个标准。制定污染物价格的方法有很多，包括对污染物征税、减排补贴，或可交易的排污许可证。这些通常称为市场手段，因为排污者排污时需要按污染物价格支付排污费用，就像他们对其他物品支付费用一样。**市场手段**（market-based instruments，MBI），也称为**市场导向的激励措施**（market-based incentives）或**市场机制**（market mechanisms），利用激励措施鼓励人们改变行为，而不要求企业采取特定的行为方式。一些市场手段融合了市场和各类标准：管理者设定最大排污量后，利用市场在不同企业间实现有效的减排量分配。在一些情况下，消费者可以在市场上购买减排量。以美国酸雨计划为例，消费者可以购买排放许可并永久保存。在大多数情况下，不存在排污者与普通大众之间进行污染交易的市场。为了考察污染市场是如何运作的，我们首要观察的是污染物价格对排污者的行为的影响，接着我们将讨论对污染物征收一定费用的不同方式。

□ 污染物定价

假设污染源必须按照污染物价格为其排放的每一单位污染物支付费用。图12.5 中有汽车和发电厂两种排污者，需要支付氮氧化物排污费。假设有三种收费标准，最高收费标准为 0.6 美元/磅，其次为 0.45 美元/磅，最低收费标准为 0.2美元/磅。假设管理者选择了 0.45 美元/磅的收费标准。发电厂减排第一吨污染物的边际减排成本小于 0.20 美元/磅，远小于 0.45 美元/磅的排污收费标准，所以发电厂宁愿减排而不愿意支付污染物费用。对于减排第二吨污染物也是同样，依此类推，直到边际减排成本与污染物费用相等，即 0.45 美元/磅。过了这一点后，边际减排成本就要高于排污收费。因此，图12.5 中的发电厂将减排 270 万吨污染物，并为剩余的未减排的污染物支付费用。对汽车而言也是类似的，它也将不断减排直到边际减排成本等于 0.45 美元/磅，减排水平为 1 940 万吨为止。此时，总减排量为 2 210 万吨。

当排污收费标准既定时，排污者的边际减排成本会与排污收费标准相等。如果每个排污者面临同样的费用，就实现了均衡边际原则：每个排污者的边际减排成本都是相等的。与排污标准相比，采用这个方案实现同样减排量的成本更低，更容易实现成本有效性。

现在价格提高到 0.60 美元/磅。与前一个排污收费标准相比，排放污染物变得更加昂贵，因此各排污者减排量更大了。在这一收费标准下，汽车将停止驾驶或实现零排放，发电厂将减排约 460 万吨。相反地，排污收费标准为 0.20 美元/磅时，两个排污者减排数量会更少。在这一条件下，汽车将完全不减排，而发电厂将仅仅减排 90 万吨。换句话说，制定不同的排污收费标准，可以实现从 0 到100%之间任何程度的减排。只要污染减排成本低于排污收费，污染者就不会支付排污费用而是持续减排。

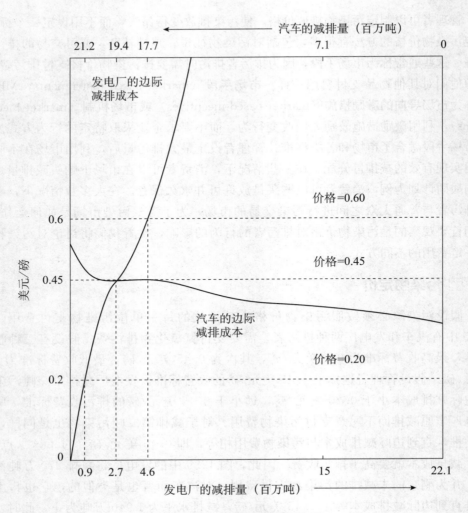

汽车的减排量（百万吨）

21.2 19.4 17.7   7.1   0

发电厂的边际
减排成本

价格=0.60

价格=0.45

美元/磅

0.6

0.45

汽车的边际
减排成本

价格=0.20

0.2

0

0.9 2.7 4.6   15   22.1

发电厂的减排量（百万吨）

图 12.5　通过排放费用来削减污染

　　本图（放大了图 12.3）显示了三种污染收费标准：一种是每磅污染物收费 0.6 美元，一种是 0.45 美元/磅，第三种为 0.20 美元/磅。在收费较低时，发电厂减排 90 万吨，汽车不减排；居中的收费标准下，排污者共减排 2 210 万吨（发电厂减排 270 万吨，汽车减排 1 940 万吨）；而最高的排污收费标准导致汽车完全减排，而发电厂减排 460 万吨。

市场手段

　　污染税（pollution tax）要求排污者为其排放的每一单位污染物支付费用，这是制定污染物价格最直接的方式。正如上文中描述的那样，只要收费标准超过边际减排成本，排污者就更倾向于减排。当边际减排成本高于排污收费时，排污者将缴纳排污费用。

　　图 12.6 显示了发电厂在初始情况下减排量为 670 万吨，最大减排量估计为 1 340 万吨。在边际减排成本曲线下方的深色阴影区域代表了发电厂的减排成本，为 72 亿美元。浅色阴影区域代表了发电厂所需要缴纳的排污收费，为 137 亿美元。在这一

情况下，排污费要远大于实际减排成本。

在新征收污染费后，可以采取一些方法来减轻一个行业的成本。例如，收费机关可以设计收费制度，根据绩效将排污收费返还给整个行业。这样，返还排污费对行业的产出或排放没有任何影响。收费减免将会实现企业减排的独立性。但是如果排污费减免依赖于对产品收排污费的制度，那么企业就有激励生产更多的产品以获得更多的排污费减免。这种方法对涉及排污收费的工艺流程生产的产品进行补贴，将无法生产有效数量的产品，因为更多的产出意味着更多的污染，排污费削减污染的部分效果也没有得以实现。

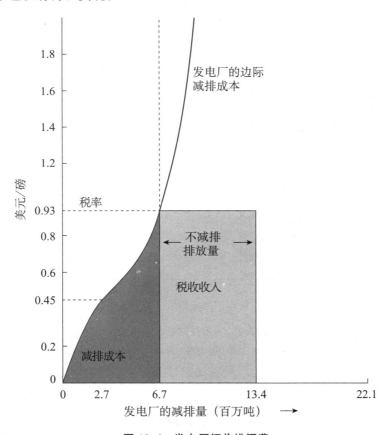

图 12.6 发电厂征收排污费

本图显示了发电厂减排 670 万吨的初始情况。在边际减排成本曲线下方的深色阴影区域是它们的减排成本，共计 72 亿美元。税收收入是浅色阴影区域，为 137 亿美元。

管理者也可以设计一项措施替排污者支付减排所需费用。管理者支付费用来激励人们改变行为的措施被称为**补贴**（subsidy）。假设在科斯的世界中，一个排污者有绝对的权利随意排放污染物。管理者可以以 0.93 美元/磅的标准主动为每个排污者支付减排费用。此时排污者继续排污的机会成本就是管理者提供的污染补贴。一个企业必须在减排成本与管理者提供的补贴之间进行衡量。在图 12.7 中，排污者需要在获得 0.93 美元/磅减排费用和继续排污之间选择。管理者提供的减排费用超过了发电厂减排量为 270 万吨时的边际减排成本。实际上，发电厂将从 270 万吨的减排量中获益。通过补贴，发电厂将有两种有利可图的产品：电和减排。从减排得到的利润将鼓励更多的发电厂进入整个行业，即使每个工厂都更加清洁，但越来越多的工厂将产生更多的污染物。

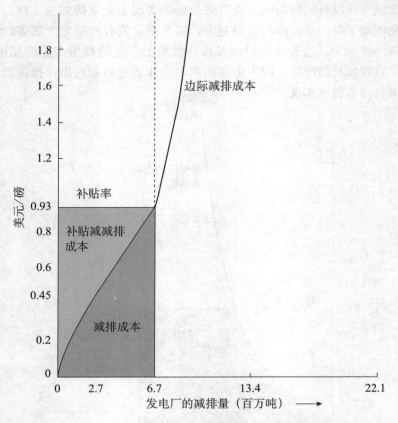

图 12.7　利用补贴来削减排放

减排的补贴为 0.93 美元/磅时，发电厂将减排 670 万吨。此时，补贴为 137 亿美元，减排成本为 72 亿美元。

　　第三，实现为污染付费的一种更为巧妙的方式就是允许买卖排污许可证，即将**许可证制度市场化**（marketable permit program），建立**可交易排污许可证制度**（tradable emissions permit program），或**总量控制与交易计划**（cap and trade program）。在一个市场化许可证制度中，每个许可证代表一定量的污染物排放许可（如一吨氮氧化物）。管理者通过限制许可证的总量来控制污染物总排放量。管理者可以为排污者分配排放许可，即根据排污标准允许排放一定量的污染物，或者拍卖排污许可证。排污者排放的每一吨污染物都必须拥有排污许可。如果排污者想额外排放污染物，就必须直接从其他排污者手中或通过拍卖方式购买额外的许可证。反过来，如果排污量小于拥有的许可证数量，排污者可以将许可证出售给其他排污者。

　　假设发电厂和汽车需要减排共计 2 210 万吨氮氧化物，按当前的减排方案，发电厂减排 670 万吨，汽车减排 1 540 万吨。在这一减排方案中，发电厂的减排成本要远高于汽车。因此，发电厂愿意支付费用给汽车，让它承担一定减排责任。对于汽车代替发电厂承担的减排量，发电厂愿意支付汽车的费用介于 0.43 美元/磅（这一数量是汽车每多减排一个单位将消耗的成本）和 0.93 美元/磅（这一数量是发电厂每多减排一吨的成本）之间。发电厂可以通过购买汽车的排污许可证实现这一交易。只要发电厂的边际减排成本超过汽车的边际减排成本，对发电厂而言购买汽车的许可证是值得的。当它们的边际减排成本都为 0.45 美元/磅时，交易将停止，此时发电厂减排 270 万吨，汽车减排 1 940 万吨。这一均衡结果与征税或者补贴 0.45 美元/磅所产生的结果是相同的。

在南加州，工业工厂排放硫氧化物和氮氧化物两种污染物。政府允许工厂内部买卖排污许可证，前提是每年的总污染减排量要符合加州南海岸质量管理区的区域清洁空气激励市场计划。正如该计划的网站所描述，"因为企业是有差别的，一些企业减排更容易，减排成本要比其他企业更低。"

税收、补贴、排污费这些市场手段和可交易的许可证能产生相同的减排效果。因为每个污染源的边际减排成本等于减排费用，所以这些政策都实现了均衡边际的原则，也就拥有令人满意的特征：实现所希望的减排水平，使用最少量的货币用于减排。对每个排污者而言，使边际减排成本与费用相等的减排水平是唯一的。因此，减排费用相同时，无论采用三种政策工具中的哪一种，排污者的减排量都相等。

专栏 12.2

市场化的温室气体许可证

区域温室气体减排行动（Regional Greenhouse Gas Initiative，RGGI）是美国第一个强制性、市场导向型的温室气体减排方案。这一方案在 2008 年获得了成功，来自东北部和大西洋中部的 10 个州为其全部发电生产商的二氧化碳排放总量设定上限。这一上限将在 2018 年降低 10%。

位于这些州的所有发电商都需要拥有一个二氧化碳排放许可证。2008 年，这些州开展了一系列拍卖活动，出售二氧化碳排放许可证。在 2008 年 9 月的第一场拍卖中，12 565 387 短吨二氧化碳的排放许可证最低出价为每短吨 1.86 美元，许可证出售均价为 3.07 美元。RGGI 计划将碳减排方案的收益返还给消费者，包括提高能源效率和使用可再生能源。

生产商在 10 个州内部，可以购买或出售他们的许可证。生产商也可以利用弥补手段保留它的排放许可证。**弥补手段**（offset）是指如果企业确保在自身运营之外可以减少一定数量的某种污染物，就允许企业额外排放同样数量的污染物。RGGI 允许电力生产者种树，使用农业沼气，开发高能效建筑，或减少其他温室气体排放来实现 3.3%～10% 的减排义务。

RGGI 遵循准则包括灵活性、消费者利益、可预测的市场信号以及监管的确定性。经济学家正在关注并饶有兴趣地考察这一实验，研究 RGGI 追求减少碳排放的过程是否符合这些标准。

□ 市场手段评估

污染减排的市场手段的评价标准有技术可行性、成本有效性、激励技术进步等。市场手段如果不是应用在投入端或其他监管领域，而是应用于减排（或污染）环节，就无法利用成本有效性区分各种排污者，因为所有市场手段都实现了均衡边际原则。但这些市场手段在另一方面有很大差异，即减排的付费者。而这一点恰恰会影响技术可行性和对技术改进的激励，我们下面首先讨论谁付费这一问题。

从科斯的观点来看，污染税和排污补贴反映了两者在权利原则上的对立。补贴观点主张赋予排污者排污的权利，如果政府或其他人希望排污者削减他们的排放，就需要支付费用给排污者进行减排。换句话说，征税观点主张以政府为代表的一般公众对原始环境拥有权利，排污者必须为其引起的损害进行付费。因此，两股现金流按照相反的方向移动。在征税情况下，污染者不仅仅付费用于污染减排，而且也要对他们排放的剩余污染付费。结果，征税给排污者增加的成本要大于实现同一排污水平的排污标准，不过征税会带给政府税收收入。实行补贴的情况相反，除最后一单位减排量之外，减排的补贴标准会大于其他减排量的边际减排成本，排污者可以从补贴中获得利润，而一般公众通过政府支付大量减排费用。

市场化许可证产生的利益转移到了初始拥有许可证的人手中。由于政府最初拥有排污许可证，如果政府拍卖它们，那么政府的行为就相当于征税。即使政府免费分配许可证，排污者仍然必须为任意超过他们拥有的许可证数量的污染减排付费。对于排污者来说，尽管这一安排要比购买许可证的成本低得多，但比不向污染付费要更昂贵。排污许可证不一定必须给排污者，也可以给予环境组织。一些提案给温室气体排放设定了上限，而其中至少有一些许可证给予发展中国家，以便吸引他们加入到总量控制中。发展中国家可以从发达国家支付费用用于购买排放权的过程中受益。无需惊讶的是，多数富国对这一想法并不感兴趣。因为减排的成本与标准相关，当许可证根据过去的标准分配后，富国拥有政治优势，不需要本国的排污者或政府承担主要的额外成本。无论新的许可证分配给现有企业或进行拍卖，行业新的进入者和那些规模扩大的生产者都必须为他们新增的污染排放购买许可证。对他们而言，许可证系统和征税有相同的激励：企业必须为污染付费。

征税、标准和补贴会产生不同的守法成本。这些成本会影响排污者长期的盈利能力，反过来会对一个行业的产出和排污有不同的影响。长期看来，征税会提高企业的平均成本，可能导致一些企业变得无利可图而退出某一行业。相反地，提供补贴会让平均成本不断下降，增加企业获利机会，导致更多企业进入该行业。例如，乙醇补贴引发了大批企业涌入生物燃料生产领域。考虑到企业的进入和退出，长期来看，征税要比补贴产生较少的产出和污染物。排放标准如汽车的氮氧化物排放标准一样，带有的激励性介于征税和补贴之间。每一位新进入者有有限的权利排污不付费。因此，排污者在排污标准这一政策下耗费的减排成本要小于征收排污税这一政策，要大于不为排污付费的政策。因此，一项排放标准对新进入者拥有的激励介于征税和补贴之间。

最后，在一些条件下，一个可交易的排污许可证系统能够与税收体系产生相同的激励性。然而，一般来讲，许可证的盈利能力依赖于分配方式。如果许可证通过拍卖，或无论企业是否继续留在行业中都可以免费获得许可证，那么许可证就和征税一样，给企业相同的进入或退出行业的激励。但是免费许可证如果仅派发给那些运营中的企业，那么得到免费许可证的企业留在该行业的激励就更大。因而，可交易许可证系统与排污征税都有可能让污染者承担全部排污成本，并让污染者面对进入和退出的正当激励。

正如对市场手段的描述一样，污染排放量的测量是市场手段的基础。在这个基础上，无法用技术的可行性对它们进行评估。但实际工作中，如果实施减排补贴政策，补贴也很少直接用于减排，而是会向工艺流程或生产技术提供补贴。例如在美国，一些农业项目会向农户支付补贴，让他们沿着河流种植农业缓冲带，过滤农场径流的污染物质。为了减少碳排放，乙醇补贴项目鼓励能源生产者将他们的投入品从石油变为玉米。因为这些补贴措施并不以污染减排作为首要任务，所以不可能实现均衡边际准则，也并没有起到如前文所说的补贴减排的作用。但和技术标准一样，补贴减排技术比排放标准更容易测量，而且补贴让被监管人群更容易接受减排技术。

在所有政策情景中，给污染排放制定市场价格激励了技术进步。相对于补贴政策，企业的排污成本在政府采用征税政策后更高，在征税政策下，减排对企业而言收益更大。所以，征税能比提供免费的许可证政策产生更强的减排推动力，同时也比补贴更能激励创新。图 12.8 显示了发电厂初始的边际减排成本曲线，以及随着技术创新减排成本降低了 0.20 美元/磅后的曲线。

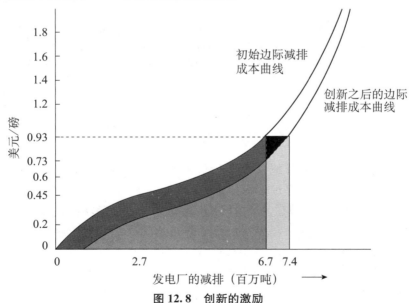

图 12.8　创新的激励

图中显示的是创新给整个行业带来的收益，减排的边际成本降低了 0.20 美元/磅。创新使减排成本更低，在征税情况下，带来了额外的减排。征税点在排污曲线下方形成了长方形，分成浅色和深色的阴影区域，企业增加的减排成本为浅色阴影区域。采用税收而不是排放标准来管制排污行业后，激发的企业创新降低了成本，黑色的三角形区域就是创新产生的收益。

如果采用排放标准管制行业或要求一个行业减排 670 万吨污染物，初始减排成本为 0～670 万吨之间的两个阴影区域，即 72 亿美元。随着技术创新，减排成本变为两个阴影区域中较浅的部分，65 亿美元。因此，创新节约了 7 亿美元的减排成本，即为其中深色阴影区域。如果用 0.93 美元/磅的征税进行行业管制，减排量将增加至 740 万吨，技术创新将会节约较深的阴影区域，为 7 亿美元。但税收政策会产生额外的 13 亿美元减排成本，即图中颜色最浅的区域。政府从税收得到了 14.3 亿美元，可以完全抵消这笔额外增加的减排成本，故而企业不需要为此另行支付费用。创新者得到的 1.3 亿美元的黑色区域来自于以征税政策为基础的减排系统，而不是来自于以减排标准为基础的系统。

表 12.3 总结了在征税、补贴和可交易许可证各项市场手段之间选择时所需要考虑的问题。若以不同的标准来衡量，各项市场手段各自具备一些理想的特征。

表 12.3 各种市场手段的对比

	污染税	补贴	可交易许可证
技术可行性？	如果排放量可监测，可行	如果排放量可监测，可行；如果补贴用于投入品或工艺技术，那么可行性依赖于监测能力	如果排放量可监测，可行
特定排放的最少成本（均衡边际原则）？	是	是，如果直接用于污染减排	是
谁（内在的）有权利污染？	政府	排污者	得到许可证的人
排污者利润的影响？	大多是负面的，因为排污者为减排和现存的剩余污染付费	大多是正面的，如果用于减排，排污者赚取的费用多于他们为减排的支付	决定于许可证初始是如何分配的
是否鼓励创新？	是，可能大部分是	是，可能小部分是	是

小结

● 以市场为基础的激励措施包括使用污染税、减排补贴和市场化的排污许可证。它们的相同点是迫使排污者为污染物付费。因为每个排污者实现最终的减排水平时，边际减排成本与排污费用相等，所有排污者具有相同的边际减排成本，因而能以最小成本实现削减污染。如果三种方法的排污费用相同，那么在三种市场手段下的减排总量也会是相同的。

● 这些政策在货币流动的方式上有差别。在污染税政策下，排污者需要承担减排成本，还要支付排污费。减排补贴则是向排污者支付至少等于，或有可能多于排污者减排成本的费用。而在市场化的许可证政策下，收益流向拥有初始许可证的主体。

● 以上三种方法为技术创新提供了激励，但不同政策提供的激励是不同的。

《清洁空气法案》

"法律就像香肠,最好不要看他们的制作过程。"——俾斯麦

1970 年的《清洁空气法案》创造了美国改进空气质量的初始框架结构。这一框架是一个具有灵活性和行政命令性,囊括了排放标准与市场手段,同时赋予国家和州政府极大权力的复杂结构。

这一法律建立了六种污染物的国家环境空气质量标准(National Ambient Air Quality Standards,NAAQS),如表 12.1 所示。一级标准是为了保护人类健康,二级标准是为了保护人类在其他方面的福祉,包括空气质量对植物、能见度以及结构的影响。美国每个区域的空气质量预期都能实现这些标准,甚至有些地区(例如国家公园)的空气质量预期会更优于这些标准。

每一个州自行决定在各自边界内采用何种方法管制排污者,从而实现 NAAQS 的要求。各个州颁布了州实施计划(SIPs),细化了排污者的减排方法。因为空气污染无法按照政治边界分割,如果从一个州的污染影响了另外一个州实现 NAAQS,环保署就会介入。

另外,所有新的排污者必须符合联邦规定的新排污者业绩标准。各州的这一标准相同,防止各个州降低标准吸引新的行业(也可能对现存不容易改变的工厂提高标准)的可能性。这些标准是以技术为基础的,并且开发了不同的行业标准。

同样受单独管制的是移动排污者,例如小轿车、卡车、飞机、建筑设备、轮船、甚至是除草机。因为这些排污者很容易跨越州的边界范围,国家管制意味着人们不能购买廉价的、重污染的交通工具,去空气质量较差的地方。值得注意的是,加州是国家标准的一个例外,因为加州对交通工具的管制可追溯到 1970 年《清洁空气法案》颁布之前。受到联邦的准许,它持续执行比国家标准更为严格的交通工具排放标准。

这些要求的大多数已经被制定为各种形式的标准。早在 20 世纪 70 年代,环保署允许小规模的项目可以参照市场化许可证政策实施。例如,如果一个新排污者想要移动到一个尚未实现 NAAQS 的地区(按要求不能接纳新的空气污染排放者),它需要为现有的排污者支付减排设备费用,只要减排量多于新排污者的排放量就可以。1990 年,《清洁空气法案》(修订案)为发电厂排放的硫氧化物设立了一个大规模市场化许可证项目。这个项目的成功促使管理者设计很多其他交易内容的市场化许可证项目提案。

尽管这些多种层级的法律和规则对各行业而言成本很大,但也极大地改进了环境质量,降低了人类健康和环境面临的风险。例如在 1995 年,发电厂释放了 1 189.6 万吨硫氧化物和 785.5 万吨氮氧化物。2006 年,这一数据变为 952.4 万吨硫氧化物和 379.9 万吨氮氧化物。

命令控制手段与市场激励手段的比较

污染控制标准要求排污者采取特定的污染控制行为。市场手段通过设定排污费，激励排污者改进行为。两者本质上都能减少排放。但其中一种形式的排放政策会优于另一种吗？下面，我们从成本有效性、技术可行性以及创新等方面对两者做一个比较。

在市场手段下，排污者可以均等化他们的边际成本。从成本有效性角度来看，市场手段至少与标准一样好。实际上，市场手段的诱人之处是它们减少排放成本的能力。市场手段的减排成本比排污标准的减排成本要低。

市场手段通常是以排放量为基础的。如果很难监测污染排放，例如非点源污染物排放量，市场手段可能比技术标准或投入品标准更难以实施。近几年，已经有人建议允许水污染物的点源排污者付费给非点源排污者以减少他们的排放，以此作为改善水质的一种途径，而不用直接管制非点源排污者（一种政治上不受欢迎的举动）。这些计划都没有实现很大的成功，部分原因是很难测量非点源排污者的减排量。

排污标准要求所有排污者按照同一标准实施统一行为进行减排。相反地，市场手段允许排污者减排数量有差异。因为一些排污者在市场手段下会比在排污标准下减排更多污染物，而其他排污者将在市场手段下比在排污标准下减排较少污染物。排污者的位置对环境目标的实现造成影响。市场手段导致排污量持续较高的地区出现排污可能性较大的企业。因为排污者可以通过支付污染税或购买排污许可证，或放弃补贴来避免进行减排。因此，管理者应该谨慎地从排污标准转向市场为基础的政策，因为在市场手段下污染程度将在局部地区上升。

在排污标准和市场手段之下，排污者有激励寻找新的、成本低廉的技术。那些激励在市场手段下可能会更强。标准不会激励企业将其排放量削减至标准以下，然而市场手段下的污染价格为降低减排成本和降低排放都提供了激励。

这些差别总结在表 12.4 中。如表 12.4 所示，没有一种测量方式拥有绝对优势。

表 12.4   排污标准和市场手段产生的激励

	排污标准	市场手段
是特定排放的最小成本吗（均衡边际准则）？	不是	是
技术是否可行？	排污者的种类和标准的种类之间不同	当排放可以测量时是有效的
确保每个排污者都减排？	是	不是

环境经济学

	排污标准	市场手段
谁有权利排放？	根据标准，污染源拥有排放权	政府有权征税；排放者有权获得补贴；拥有许可证，公司有权达到许可证要求的水平
排污者支付的比污染削减的成本多还是少？	排污者支付排放成本	在征税情况下，排污者支付的要多；在补贴情况下，排污者支付的要少；在许可证情况下，不同的排污者支付的情况不同
对排污者利润的影响？	居中	征税多数是负面的，补贴多数是正面的，许可证比标准更廉价
是否鼓励创新？	可能较少	可能较多

小结

● 市场手段可能以最低减排成本实现特定量污染减排。排污标准的减排成本不会比市场手段低，甚至可能成本更高。

● 如果污染能够被监测，市场手段就是技术可行的。当排污量很难测量时，技术标准或投入品标准可能更可行。

● 市场手段允许排污者根据排污价格选择排放水平，相对于排污标准条件可以更好地实现对不同排污者排污量的分配，也不要求全部排污者采用相同的减排行为。由于一些排污者将比其他排污者减排得更少，可能会形成排放热点区即污染排放集中地。

● 标准和市场手段都为创新提供了一些激励，在市场手段下，这一激励有可能更强。

美国和欧洲的方法比较

实际上能够实施哪种环境政策，对于社会、文化和政治要素的考虑超过了对经济有效性和技术可行性的考虑。由此，我们对比美国和欧洲的方法。这些地区的相同之处是它们都是富裕、民主的社会，但它们强调污染治理的方式是相当不同的。

在美国，很多污染政策起始于标准。而欧洲国家则采用征税政策。在欧洲国家，人们习惯于征收高税来支持政府的社会计划。征税减排是这一方式的延伸。另外，这反映了污染者付费原则，理想就是排污者要对其引起的损害负责任。一方面，排放税通常足够低，使得它们为减排提供的激励很小；另一方面，征税的收入用于购买污染减排的设备。征收低排放税和将收入补贴减排设备的方法无法保障有效的污染控制，因为它更强调了末端控制的减排方法而不是其他方法，但它实现了减排。然而，经过一段时间，税收收入变得很多：在欧盟，污染税收平均占国内生产总值的 2.5%，而在

第 12 章

政府的环保政策

263

美国仅占 GDP 的 1％。在瑞典，环境的污染税收收入高达 GDP 的 3％。瑞典的高能源税已经为其温室气体的减排超额完成《京都议定书》的要求做出贡献。

不同的政策来源于这些社会的政治和文化特征。理解这些差别不仅要求考察经济学准则，也要求考察产生这一差别的社会本质。

总结

以下是本章的重点：

● 产生环境损害的过程包括复杂的链条。这个链条的开始端是投入和技术用来生产产品同时排放。对于人、生态系统、结构和其他暴露物来说，排放会增加环境中的污染物浓度。这些暴露会引起对易感人群的损害。

● 环境管理者可以沿着生产链条在不同环节或多个环节进行监管，这依赖于污染物的本质和将污染控制在某一程度的可行性。

● 利用减排成本相对较低的管制工具可以降低减排面临的政治对抗，节约的资源可以用于更多的生产用途。均衡边际原则使每个排污者的边际减排成本都相同，也将实现特定污染的减排成本最小化。这一政策在经济效率上令人满意，但因为排污者的总减排成本之间有差异，会导致一些地方的排放量高于其他地区。

● 排污标准限定了各种情况下的排污行为。从投入品标准或技术标准到排污或空气标准，排污者行为是有变化的。对于一些污染物，一种形式的排污标准可能比其他标准更具有技术或经济的可行性。

● 市场手段包括污染税、减排补贴和市场化的污染许可证。每种手段允许排污者对应一种污染价格选择减排多少污染物。这些手段都实现了均衡边际原则，因而总减排成本比污染标准更低。但可能会导致与排污标准不同的污染排放地理分布。重新分布导致潜在的污染在一些地区维持高水平。

● 对污染者而言，征税不会比市场许可证便宜，因为征税要求对任何未减排的污染付费，而许可证则可以免费排放。有免费许可证的许可证系统同样比排污标准要便宜，因为排污者在许可证系统下要比在标准下拥有更多的选择。补贴是污染者成本最低的，尽管对于支付补贴的人而言是最昂贵的。

● 改进减排技术的激励在市场手段下可能更优，尽管标准也会为寻求改进提供激励。

关键词

环境质量	市场机制	环境标准
非点源污染	总量控制与交易计划	弥补手段
命令控制手段	点源污染	污染税
成本有效性	工艺规范	排污标准
标准	排放标准	补贴

环境经济学

均衡边际原则　　　　　　　　　技术可行性　　　　　　　　　投入品标准
技术标准　　　　　　　　　　　技术为基础的排放标准　　　　许可证制度市场化
市场导向的激励措施　　　　　　可交易排污许可证制度　　　　市场手段

说明

地下水硝酸盐污染物的地图出处是：http：//water. usgs. gov/nawqa/nutrients/pubs/est _ v36 _ no10/est _ v36 _ no10. html，2010 年 4 月 21 日。

周边空气质量标准清单来自：http：//epa. gov/air/criteria. html，2008 年 12 月 9 日。

发电厂和汽车的边际减排成本的例子来源于 Meredith Fowlie，Christopher R. Knittel，and Catherine Wolfram，*Optimal Regulation of Stationary and Non-stationary Pollution Sources*，Working Paper 14504（Cambridge，MA：National Bureau of Economic Research，November 2008），http：//www. nber. org/papers/w14504.

RECLAIM 计划可以在以下网址找到：http：//www. aqmd. gov/reclaim/reclaim. html。

关于区域温室气体行动的全部信息想要了解更多，请见 www. rggi. org。

法律与香肠的引用来自于 19 世纪德国首相奥托·冯·俾斯麦，http：//www. quotationspage. com/quote/27759. html。

硫氧化物和氮氧化物排放的信息来源是 U. S. Energy Information Administration，"Emissions from Energy Consumption at Conventional Power Plants and Combined-Heat-and-Power Plants，1995 through 2006，" *Electric Power Annual*，Table 5. 1 October 22，2007。

美国与欧洲的方法比较来源于 Charles W. Howe，"Taxes versus Tradable Discharge Permits：A Review in the Light of U. S. and European Experience，" *Environmental and Resource Economics*4（1994）：151—169 and Peter Berck and Runar Brännlund，"Green Regulations in California and Sweden，" http：//escholarship. org/uc/item/78x4r0z6。

练习

1. 一个污染控制机构考虑下列监管政策：

（ⅰ）对会增加污染的某种投入品的使用征税。（其他的投入品也会影响污染，既可能增加也可能减少污染。）

（ⅱ）对企业在市场上生产并销售的最终产品征税。

（ⅲ）对污染征税。

针对下列每一个问题，请解释为何你使用某一政策，并阐释为何你选择这一政策而不选择其他两种。

（a）哪种政策最有可能减少污染？

（b）哪种政策在实际中可能导致污染增加？

（c）哪种政策最可能对企业造成经济损害？

（d）哪种政策最可能鼓励污染减排的创新？

2. Q_A 和 Q_S 分别是阿罗（Arrow）和索洛（Solow）两家企业的污染水平。利润（收益）与污染活动相关。收益用 π_i（$i=A, S$）表示，$\pi_A = 10Q_A - Q_A^2/2$，$\pi_S = 20Q_S - Q_S^2$。边际收益 $MB_A = 10 - Q_A$，$MB_S = 20 - 2Q_S$。

(a) 没有政府管制时，每个企业将排放多少？为什么？总污染将为多少？每个企业的利润将为多少？

(b) 环境质量部（DEG）希望污染排放总量减少 60%，也就是说，污染水平将变为仅有初始水平的 40%。最初，提出的要求是每个企业减少 60% 的排放量。每个企业将排放多少？总排放将是多少？每个企业的边际收益将是多少？每个企业的利润将是多少？

(c) 环境质量部中有人研究了环境经济学后建议用市场许可证系统来实现 60% 的减排量，每个企业给予的许可证代表它在（b）中的排放水平。谁（如果有）将想要购买许可证，而谁会出售许可证呢？每个企业将排放多少？均衡的许可证价格是多少？每个企业的利润是多少？

(d) 下面，环境质量部中有人建议征收污染税。什么样的征税水平将实现满意的污染水平？每个企业将排放多少？每个企业的利润为多少？

(e) 环境质量部中又有人建议对（a）中确定的初始污染水平减排进行补贴。何种补贴水平将实现满意的污染水平？每个企业排放多少？每个企业的利润为多少？

(f) 从企业的视角，将上述四种监管方法排序（总量控制、许可证、征税、补贴）。为何会有这样的排序？它们有同样的地位吗？为什么？

(g) 假设环境质量部将平衡（i）它监管污染的需要，（ii）它对排污者进行监管的影响，（iii）它想保持其预算在可控范围。预期会选择哪种监管方式？为什么？

(h) 机构行为的理论建议公众机构的激励或者企业的分配就是最大化其预算的渴望。假设环境质量部希望实现特定污染水平的同时，实现其预算最大化。你认为政府现在会选择哪种监管方法？为什么？

(i) 阿罗位于偏远的农村地区，仅有很少的排放水平（边际损害为 6），而索洛位于城市区域，有其他排污者以及更多人暴露（边际损害为 12）。在这一案例中，有效的污染分配是什么？

(j) 在已知情况（i）中，激励方法（许可证、征税、补贴）是否比标准更有效？为什么？

3. 两个排污者位于同一个镇，非常接近。对于每一数量的减排，第一个排污者的边际减排成本要高于第二个排污者。

(a) 如果征税和标准都能实现同样水平的总排放，那么是否统一的排污税比同样的排放标准更有效呢（也就是说，对两种排污者征收同样的税或实施相同的标准），还是相反，或者无法判断？为什么？

(b) 如果许可证按照（a）中的标准免费分配，并且补贴和许可证计划实现相同的减排总量，那么，排污者更愿意接受污染补贴还是市场许可证计划？为什么？

4. 在下面的图中，MB_1 是城镇 1 从减排中得到的边际收益，MB_2 是城镇 2 的边际收益。MC_A 是排污者 A 减排的边际成本，而 MC_B 是排污者 B 减排的边际成本。利用图回答下列问题。

(a) 如果排污者 A 位于城镇 1，那么城镇 1 有效的减排水平是多少？为什么？

(b) 如果排污者 A 位于城镇 1，那么何种水平的污染税将实现城镇 1 有效的减排水平？为什么这一水平的税将实现有效水平？

(c) 如果排污者 A 位于城镇 1，排污者 B 位于城镇 2，同样的污染税或者同样的排放标准（也就是说，对两个地方实行同样的税收或标准）是否更有效？为什么？

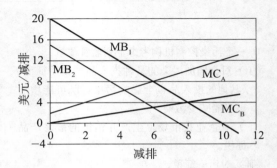

第 13 章

执法与政治经济学

尽管政策制定者期望其关停，但祖父式的老火力发电厂依旧不断持续排放硫氧化物。政府提出的削减硫氧化物的方案甚至没有试图达到 910 万吨的有效削减水平。理论中的污染防治政策可以与实际中的政策迥异。在前几章中提到，污染源需要完全服从于对应的管制政策，而事实上可能不是完全遵守。前文提到的管理者试图使社会净利润最大化，然而事实上他们面对政治上的压力，结果经常是低效率的污染削减。以下是本章讨论的重点：

- 政府机构如何监测污染并实施环境规制；
- 污染源如何决定是否遵守法规或在多大程度上遵守环境政策法规，管理者拥有的可以影响人们是否遵从法律政策的各种选择；
- 影响管理行为的非公共物品因素。

执行柴油车污染减排

1998 年 10 月 23 日，美国柴油车发动机制造商同意支付 11 亿美元用于环境改进，并支付罚金。这些公司因为其发动机制造引发控诉。尽管在实验室环境下达到了联邦标准，但当卡车在路上高速行驶时，氮氧化物排放将超标。卡车带来的每年额外的氮氧化物排放量相当于 6 500 万量小车的排放，或是工厂、汽车以及发电厂排放氮氧化物总和的 6%。

遵守联邦标准将降低燃油的经济性，增加卡车司机的成本。避免成本增加的意愿激励发动机制造商违反排放标准，同时，卡车所有者也更愿意购买运行成本较低的发动机。但是，如果考虑罚款成本，不清楚卡车制造商是否最终能从发动机生产中获得利润。

采取环境规制仅仅是削减污染的第一步。第二步就是遵守法律法规。**守法**（compliance）的含义是确保生产者服从规则。

在实践中守法

在我们关注更一般的原则前，我们先要看看实际中的守法过程。确保遵守环境管理政策的有效计划至少包括三个部分：监督、实施行动，以及惩罚。

监督就是寻找违规行为，有多种监督形式，效果各不相同。监督可以是连续的，或者是周期性的。对于持续监督，以发电厂为例：允许排放的硫氧化物量是市场化的许可证体系决定的。工厂拥有连续排放的监测设备，能测量其污染情况。如果工厂发现它排放的硫氧化物超过了它拥有的许可证允许的量，它就必须报告其排放量并购买更多的许可证。

另一种连续监测的方式可以用来监测水污染物。污水处理厂监测企业排污中的有毒物质，例如没有管道相连的化学实验室，可以将污水运送到污水处理厂。然而，一些企业自己处理产生的污水，在这种情况下，污水处理厂就没有机会检测这些企业的污水情况。

连续排放监测是很昂贵的，并且仅用于大型设施。较为常见的是周期性监测，尤其对于小型污染源。例如，很多干洗店使用全氯乙烯，这是一种有毒物质，能造成空气和水污染。检查企业是否违规排放需要走访每个店面。另一个例子是来自机动车的污染。很难测量机动车使用时的排放。因此，存在严重空气污染问题的各州要求车主在机动车登记前进行尾气检测，测量每英里的污染物排放。

最后要说的是，几乎不可能直接监测非点源水污染源，如农业径流等，尤其是如果一些农场位于山坡上，或者远离其影响的河流湖泊。在这样的情况下，当地水资源机构不得不监测溪流或者海滩的污染情况。

如果不进行监督，违反环境标准的行为几乎一定是无法发现的。甚至即使监督，也很难找到违法者。例如，最近加州将一名拥有执照的尾气检测者送入监狱，原因是他篡改检测报告。违法者被指控犯有六项计算机欺诈的罪名。然而，并不清楚他成功违反检测标准的时间。

监测的优势之一是受监测的企业可以证明它是守法的。这使得企业可以宣称自己是环境友好型企业，因此可以与那些逃避法律监管而将成本降到很低的企业相区别，并成功地与之展开竞争。

守法的下一步是针对违法行为采取行动。执法行动是政府为了让污染者遵守法律采取的行为。监管者的执法行动有多种类型，从要求改正到法律行为。非正式的执法行为大多是针对小污染源，例如发现一个造成污染的干洗店或一辆违法汽车。监管者发布违法公告，商店或汽车拥有者不得不改进设备以遵守法律规定。如果污染源及时守法，就不会受到惩罚。在其他情况下，监管者可能会设置罚金或诉诸法律。对柴油发动机制造者，是否制造者的行为是违法的在法律上有很大分歧。美国环保署提请联邦法院裁决。在法院裁决之前，制造商认为，与环保署解决这一问题比等待法院裁决对自己更为有利。不论是对于监管者抑或是污染者，采取法律行动既不容易，也不是免费的。起诉一名主要生产商的行动可能要耗时多年和耗费数百万美元的成本。

最后一步，实施惩罚并不总是使用。有很多种惩罚方式。监管机构可以设置罚金。法律经常要求污染者清理造成的污染并恢复环境。政府与私人团体可以起诉污染者要求赔偿其污染行为造成的损害。诉讼中原告可以要求惩罚性赔偿，支付超过其引起损害的价值，这意味着避免未来的污染。最后，政府甚至可以追究公司与个人污染行为的刑事责任。损害罚金和陪审团的裁决金额可能是非常惊人的。1989年，埃克森公司的瓦尔迪兹油轮在阿拉斯加威廉王子海峡泄漏1100万加仑石油，埃克森公司最后支付了将近34亿美元罚金，包括清理成本、损害以及其他成本，还有额外的5.07亿美元惩罚性赔偿。2008年6月25日，标志着瓦尔迪兹油轮事件的最后一次重大法律行动，美国高等法院裁定惩罚性赔偿削减至5.07亿美元。这一罚金曾被设定为50亿美元，然后被一初级法院降至25亿美金。这些惩罚为故意违背法律提供了巨大的威慑力。但确实耗费了巨大的时间和法律资源开展调查，高院的裁决是在事故发生后19年才做出的。

小结

● 确保遵守污染控制要求包括监测违规污染源、实施执法行动，以及对违法进行惩处。

● 因为监测成本可能是巨大的，管理者针对不同规模和不同类型的污染源采取不同水平的监测行动。

● 执法行为可以是简单的，告知违法者改正违法行为，抑或是可能包括持续很多年的复杂的诉讼。在一些情况下，管理者与污染者为了避免诉诸法律而协商执法行动。

● 惩罚通常是货币罚金，然而，环境破坏者有时可能面临刑事指控。惩罚性威胁使污染者有激励满足污染标准。

专栏13.1

绿色清洁剂

习惯于查处规模污染者（如排放废气的大规模污染工厂）的环境保护机构正在打击家庭式小规模干洗店，迫使他们使用绿色清洁剂，代替强力去污剂，后者有可能带来健康风险，甚至是癌症。上个月，环保署宣布城市范围内很多干洗店必须逐步淘汰使用全氯乙烯，这是一种能够清除衬衫和夹克上的污渍和油脂的强力溶剂，有时会在刚干洗完的衣物上留下常见的化学品味道。（*Boston Globe*，August 26，2006）

一些干洗店并未坐等环保局的管制。Zoots，一家连锁干洗店，使用不含全氯乙烯的干洗过程，号称绿色商业模式。

执行经济学原则

如果源头污染的原因是污染的成本低于减排成本，那么污染政策应该考虑源头的排污成本。一旦执行污染政策，污染源将寻求避免增加成本的途径。这些方法可能包括寻找廉价的减排战略，重建它们的生产工艺，以及减少生产。另外，污染源可能为削减成本而不完全遵守政策，通过例外或钻漏洞，或经深思熟虑后违反法律。

为什么一些污染源违反污染政策，管理者如何才能使其遵守污染防治政策呢？制定、监督以及执行政策都成本高昂，回答这些问题需要我们仔细观察污染源以及管理者的行为。

污染源守法

排放源有时会超出许可数量排放污染物。在许可证系统中，他们可能会排放多于标准规定的污水，或者可能低报排放数量。这些违法行为出现或者是因为没有注意，或者是故意违法。如果污染源愿意支付足够的费用，采取预防性的污染防治行动，大多数违法行为是可以避免的，但无懈可击的污染防治行动的成本非常高昂。对于柴油生产企业，美国环保署曾指出，只有在事故中，企业才可能发现自己没有采取足够的预防措施，或者企业本可以做出明智的决定来避免一些守法成本。

下面我们来考虑面临污染标准时，排放源如何决定采取预防措施。需要注意的是，如果排放源想低报排放量，对其进行的分析与市场为基础的激励没有差别。图13.1估计了一个发电厂污染的边际利益。对于少量污染，额外一单位污染带来的收益为正，而且数额很大：发电厂通过增加污染物增加收益。污染带来的收益随着污染数量的增加而下降，但仍为正，直到污染曲线的边际收益与水平轴相交，该点的排放数量为 16 600 吨。在这一点，发电厂从排污中不再受益。如果工厂继续排污，排污带来的损失将大于收益。

在本例中，工厂面临的排放标准是 5 000 吨。如果工厂完全遵守这一标准，排放数量必须从 16 600 吨降至 5 000 吨。发电厂完全守法的成本是放弃的 11 600 吨污染排放带来的利益，大约为 590 万美元，在图中表示为边际收益曲线以下，5 000～

16 600吨之间的区域面积。如果违反标准没有惩罚，工厂不可能削减排放，因为16 600吨污染排放带来的收益高达590万美元。因此，污染防治需要对不守法的情况进行一些形式的处罚。处罚有很多种形式，例如对责任人处以罚款或追究刑事责任。处罚的存在激励污染源削减排放。

即使污染源愿意冒受罚的风险，它还需要决定污染物排放的数量。污染者此项决策依据的最可能原则，是在考虑受罚的可能性的情况下使收益最大化。换句话说，如果违法行为被发现，污染者将试图在可能的收益与违法处罚之间取得平衡。

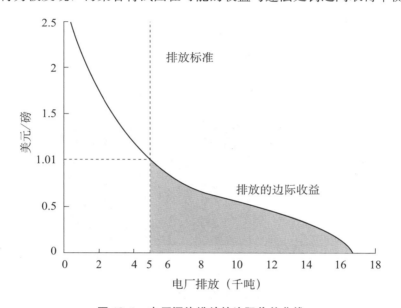

图 13.1　电厂污染排放的边际收益曲线

　　如果没有任何限制，发电厂的污染排放将会一直进行下去，直到排污量为 16 600 吨，边际收益为 0。标准要求排放削减至 5 000 吨，此处排放的边际利益为 1.01 美元/磅。遵守标准要求的成本就是放弃的收益，即为图中阴影部分的面积。

图 13.2 显示的是管理者向排放源施加的成本。如果排放源遵守标准，排放数量不大于标准或许可证允许的数量，成本为 0。如果排放大于许可数量，处罚或违法成本为正。在图 13.2 中，排放源预期面对的惩罚为 1.50 美元/磅，这个数量与超出的排放数量相乘，总罚金为 1.50 美元/磅×2 000 磅/吨×11 600 吨＝3 480 万美元。金额明显高于更多排放带来的收益 590 万美元。让我们换一种方法来分析这个结果。在 5 000 吨的排放标准处，每单位的罚金是 1.50 美元/磅，高于 1.01 美元/磅的排放边际收益。因为减排成本要明显低于排放然后缴纳罚金的成本，所以企业将遵守许可的排放数量，排放 5 000 吨氮氧化物污染物。

罚金曲线反映了问题的两个方面：如果企业的超标排放被发现，企业将不得不支付罚金；以及污染源超标排放被发现的可能性。通常模拟罚金的方式为**罚金期望**（expected penalty）或**罚金均值**（average penalty），通过用罚金的值与排放源不得不支付罚金的可能性相乘。如果一个排放源认为违法排放永远不会被发现，那么罚金是没有意义的。另一方面，如果排放源的排放超过标准后，管理者要求其支付罚金，那么罚金对于排放源而言就是必然的。50%查处的可能性的含义是，企业违法排放的时间中，一半时间要支付罚金，另一半时间将无需支付。平均来看，排放源支付了半数时间的罚金，相当于它支付了全部时间的半数罚金。如果罚金是 1.50 美元，而且管理机构可能发现半数时间的违法排放，污染排放超过允许量的每一单位违反标准的成本为 0.75 美元。因此，在 100% 的可能性下，0.75 美元的罚金期望与 50% 的可能性下，1.50 美元的罚金期望是相同的。

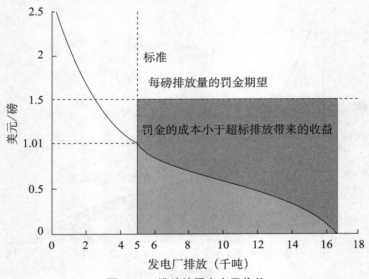

图 13.2 排放的罚金大于收益

  如果排放源面临的是违反标准每一单位的罚金，它将会比较满足标准的边际成本、排污放弃的收益，与不满足标准的边际成本即罚金期望。在本例中，罚金期望为 1.5 美元/磅，大于遵守标准的边际成本，1.01 美元/磅。遵守标准带来的收益小于违规排放的收益。两部分阴影区域加总代表了总体的罚金，它超过了深色区域所表示的放弃的利益。

  图 13.3 展示的是罚金期望为 0.75 美元/磅的情况。现在排放量处于排放的边际收益与罚金期望相等的点，为 7 000 吨。罚金期望现在为 0.75 美元/磅×2 000 磅/吨×（7 000 吨－5 000 吨）＝300 万美元，额外污染排放的收益为 326 万美元，即污染在 5 000吨和 7 000 吨之间边际收益曲线下方的面积。它大于由排放的边际收益曲线和罚金期望线构成的类三角形面积。如果排放减少，只要排放的边际收益超过罚金期望值，增加的排放将会增加收益。如果排放得更多，预期将会支付多于减排成本的罚金。因此，7 000 吨的排放量比标准多了 2 000 吨，此时实现了利润最大化。

  在柴油发动机案例中，一些公司被指控躲避排放标准长达 10 年之久。如果它们被发现或被定罪，它们知道将面临 11 亿美元的罚金。如果它们的违法行为一定会暴露，暴露的概率为 100%（或 1.0），罚金期望即为 1×11 亿美元＝11 亿美元，其中包括了它们的诉讼成本。在这一案例中，它们可能一直守法。而如果必须支付罚金的可能性为 1%（或 0.01），那么罚金的期望值即为 0.01×11 亿美元＝1 100万美元。

换句话说，1%的可能性与11亿美元的罚金，和100%的可能性与1 100万美元罚金具有相同的罚金期望。如果柴油发动机制造商相信被发现并被定罪的可能性很低，如果生产发动机的利润超过罚金期望，那么他们的制造计划可能表现为经济敏感性，直到环保局企图用罚金遏制其生产计划。

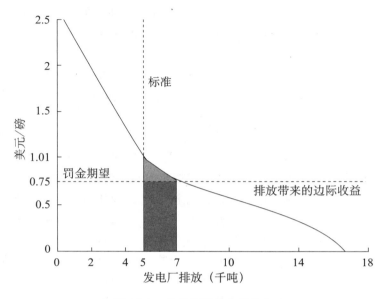

图 13.3　排放的罚金小于收益

当罚金期望为 0.75 美元/磅时，排放源通过超标排放，排放量达到 7 000 吨时利润最大化。在排放 7 000 吨污染物时，排放的边际收益等于每吨排放的罚金期望。两个阴影区域面积之和为超标排放的收益，深色阴影区域表示罚金。浅色阴影三角形是超标排放支付罚金后的净收益。

　　罚金可以设计成各种形式。例如，排放源为每磅污染物排放量支付相同的罚金。在其他案例中，每单位排放的罚金期望随着违规的规模而增长。向上增长的曲线意味着随着违规排放增加而被查出的机会也增加，或者随着违规排放的规模增加罚金越来越高，抑或同时发生。排放物进入空气或水体，更大规模的污染物更明显，更有可能被发现并报告。违规排放的罚金也有可能是一个常数：少量的违规与大规模违规排放的处罚力度可能相同。例如，污染者不管是排放了 1 000 加仑的污染物，还是 1 000 000 加仑的污染物，罚金都是 5 000 美元。面临惩罚的污染源忽略了其造成的巨大损害，将要么遵守标准，要么完全忽视标准。例如，如果执行一事一罚，罚金为 5 000 美元，1 000 加仑污染物排放的罚金相当于是 5 美元/加仑，足以起到震慑作用。但是如果排放量巨大，违法排放成本就可能仅仅是 0.005 美元/加仑。即使查处的可能性是 100%，很有可能发生大规模泄漏的污染者可能仍然决定支付罚金，而不采取任何措施避免泄漏。与之相反，小污染者即使被查处的可能性很小，但可能也很谨慎。因此，忽略损害程度的罚金形式对小污染者的影响要远远大于对大污染者的影响，并导致对大规模污染的保护力度远不如小规模污染。

　　如果罚金期望很高，污染源有激励遵守排放标准；如果罚金期望很低，违反排放标准的可能性就更大。正因为这些原因，环保机构对实施监管能够投入的资源量显著影响实际的减排量。

□ 管理者的决定

在第12章中，我们研究了污染政策。管理者对管理对象施加某项政策，排放源遵从，然后环境得到改善。然而，事实上，管理机构扮演各种角色。它们不得不对管辖权范围内的各项计划排出优先序。例如，它们可能不得不二选一：深入研究某行业，获取更多减排成本信息，或是在信息不完全的条件下实施行业管理。机构也可能对某些管制投放更多的预算和人力进行监管和实施，而对另外一些管制投放较少的资源。在现有的法律环境下，管理机构可能拥有决定如何处罚污染者的权力。换句话说，管理者可以决定污染者的罚金期望。如果监管者将更多的努力用于监管与执法，或者增加违法排放的罚金，罚金期望曲线将向上移动。更高的罚金期望意味着污染者将减少其违规排放。如果罚金期望足够高，污染者将遵守排放标准。

很多管理者并不是无视其执法行动的经济后果。例如，家具喷漆造成大量的活性有机废气进入空气，该行业对南加州的经济并非至关重要。因此，管理机构对这一活动实施了环境管制，禁止在洛杉矶空气管制区域进行家具喷漆。另一方面，干洗剂也会造成污染问题。但由于经济原因，管制强度还没有令干洗企业从行业中退出。中国由于大力发展工业化，产生了较严重的污染问题。尽管中国颁布了进行污染控制的法律，但法律的执行并不严格。排污者寻求规避污染清理成本，而且地方官员可能不愿意采取行动，增加邻近地区的成本。在立法和政治层面，通常会面临更清洁的环境与清理成本之间的利弊权衡。

专栏 13.2

谁是管理者？

在美国，管理机构是政府行政部门的一部分。国会或州议会实施环境立法，管理机构在总统或州地方官员的领导下，负责日常管理工作。美国环保署、美国陆军工团，以及美国鱼类及野生动物保护局都是美国重要的环境管理机构。

管理的第一步是制定详细的规则，以实现法律设定的总体目标。环境律师、科学家与经济学家共同制定出法律的实施细节。规则制定好后，下一步包括告知企业所具有的义务，帮助它们自愿遵守，对不遵守法律的实施处罚。执行的过程通常包括行政法官（为这个机构工作的律师而不是为法庭工作）的听证，收到法院发出的复议。

大多机构选拔公务员是基于其教育和培训背景。政府机构的最高职位，如机构负责人，可能是政治任命的。当机构雇员寻求晋升为决策者，或者机构决定预算优先序时，涉及政治层面的考虑。管理者的范围很广，包括公务员和政治家，他们的工作范围包括计算监管的成本与收益，制定预算，决定政策优先序等。

接下来，从理论上讲，在各种情况下，管理者都有可能使管理对象100％守法，手段是投入足够的资金用于执法，和设置足够高的单位罚金。事实上，如果管理者即使对轻度违法也设置极高的罚金，如数以千亿计的美元，那么不需要投入任何努力就可以实现100％的守法。然而事实上，正如柴油发动机案例所暗示的，罚金期望可能总是不能确保污染者遵从法律规定。在本例中，发动机制造企业要么认为它们的生产是合法的，要么认为相比罚金期望，生产行为是合适的。为何我们不将罚金期望设置得足够高，使污染者在任何情况下都完全守法呢？

有一些可能的解释。管理者能影响罚金期望的方法包括选择罚金的规模，选择执法数量（这影响了污染源违法后暴露的可能），选择对何种规模的违法采取执法行动。每一条都存在某些方面的制约。

第一，罚金规模可能会受到法律或实际的限制。如果一项法律约束管理者收取罚金的规模，那么管理者就不能将罚金上限设置得过高。通常更重要的是，如果一个污染者的总资产（即其所有资产的价值，如公司的价值等）少于罚金，那么污染者可能选择违法并获得相关收益，直到被查处为止，然后宣布破产从而拒绝支付罚金。管理者或法院也可能不愿意将罚金设置过高，以至于违规排放者将退出整个行业，因为一个污染电厂可能提供了很多就业机会，并且为企业所在地的社区提供税收收入。驱逐这样的生产企业退出行业可能不受社区中其他人的欢迎，尤其是如果它们并未直接受到损害影响。在现实环境中，并不总是有制定高罚金的可行性，人们也并不总是欢迎高罚金。

第二，对监管者而言，处罚的执行成本很高，然而包括干洗店在内的小型污染源因违规排放而被处罚的几率却很小。面包店释放到空气中的香味包含了碳氢化合物，能促使烟雾和地面臭氧等污染物的形成。汽车喷涂设备也能释放碳氢化合物。监测每家干洗店、面包房，以及汽车喷涂公司排放物的成本极其高昂。这一障碍导致查处所有违规排放源的可能性非常小。事实上，一些环保法律包含了对小生产者的豁免。这一豁免的部分原因是所有小排放源可能都不会产生太大污染（尽管他们产生的累积影响可能很大），还有部分原因是监测那些小型污染者是不可行的。

小型污染企业是**固定污染源**（stationary sources），它们不会移动。管理交通工具则更困难，因为那些是**移动污染源**（mobile sources）。因为监测交通工具在道路上排放的污染物，比观察实验室检测结果要困难得多。令人惊讶的是，在柴油发动机案例中环保局所得到的排放物差异，是进行了额外的引擎监测得到的数据。

第三，行业游说是立法过程中一个常规现象。游说意味着带有政治倾向的人们，包括行业与政府利益的代表，与法律制定者争论法律内容以支持他们的政治倾向。在最好的情况下，游说者推选的官员能得到关于行业减排成本与减排对消费者的利益影响等相关的有用信息。在最差的情况下，游说者也可以让既得利益群体的代表或者富人，劝说法律制定者改变减排目标，改变对排污者的罚金，以及管理机构按照其私人目的设计预算。

最后，即使在法律上设定了环境目标，如果管理者认为这一标准太严厉，放松标准的一种方法是不执行这一标准，除非违法行为超过了标准设定的其他界限。管理者想对污染源变得更宽容是有原因的。或许立法部门出台了一项环境法律，目的是保障环境和公共健康，但管理者认识到减排的难度与高成本。另一方面，管制俘虏假说争论的是，管理者通常同情他们管理的事物，而他们的行为可能让污染者受益而非让大众受益。受管制行业可能通过在竞选中捐赠甚至是更为彻底的腐败手段对管理者施加政治压力。**管制俘虏**（captive regulation）或者叫**俘获**（capture），是管理者对受管制行业进行管理时会发生的。俘获发生时，管理者可能不会为了公众利益所需而严厉地执行一项标准。地方官员被行业所俘获的表现在一定程度上导致了中国的环境问题。

以上各种讨论表明管理行为并不能确保排污者守法。然而，其他因素争辩管理者可能希望加强管理或除了支付罚款外还有其他管理措施。

有时管理者可以自行保管征收的罚款，用这些钱开展更多的执法行动或其他活动，正如在柴油发动机案例中，可以用于清除项目带来的污染。因此，管理者很关注违法者是否守法以及罚金征收数额。管理程度的提高可以带来两种收益：守法与现金收入。这一观点是建立在管理者并不关注他管理事务所带来的福利，而更关注于确保法律执行并且让他们有较多预算的基础上。

管理者可能有更富经验的执法措施而不是临时管理。对曾被查处的排放源加强管理可以提高守法程度。因为那些排放源不遵守法律可能是有原因的，与其他排放源相比，他们更可能再次违反法律规定。管理者用曾经不守法的证据作为排放源未来更可能违法的标志，这能最有效地改善环境。这样，排污者预先知道被查出违法将导致更加严格的管理，于是在一次行动中被查处的企业将受到两种惩罚：它们必须支付罚款，然后它们将被管理得更严格。与管理者不关注违法者相比较，更加关注违法者的结果是：排放污染受到惩罚的期望增加了，尽管并未增加实际的监测频率与罚金数量，却可能使得排放源更守法了。

专栏 13.3

受限制的渔业管理者

由渔业与加工业代表以及公众代表构成的渔业管理委员会负责管理渔业。委员会在做出如何维持鱼类储量的决策时，代表了渔业的利益。下面这一观点就是通过让监管做出调整，以便让它更好运作：

委员会调查确认了公众拥有的美国自然资源，允许资源所有者决定可被私人获利的公共资源，并通过这一过程对资源进行管理。在委员会对多数渔业进行监测后发现，这一制度对资源的可持续利用和长期广大公众的利益的管理，已经创造了几乎不可逾越的障碍。（"America's Living Oceans: Charting a Course for Sea Change," *PEW Charitable Trusts* 2006，p. 45）

2007 年 1 月，布什总统签署了《2006 年马格努森-史蒂文斯渔业保护和管理重新授权法》（Magnuson-Stevens Reauthorization Act of 2006），其中规定了禁止过度捕捞的方法。在第 109～479 节中要求：

（6）【委员会】限制其管理的每一位渔民每年的捕捞量，要求不能超过科学和统计委员会或者是在某些部分开展同业评审过程（g）中提出的建议捕鱼水平。

现在由科学和统计委员会来限制捕捞是一个很大的变化。时间将会证明，新议案是否改变了从行业到独立技术委员会等各个拥有决策权的团体的平衡状态。

□ 守法市场的均衡

污染者决定是否遵守法律，或者在多大程度违反要求，是以他们面对的罚金期望为基础的。监管者预期污染者将根据罚金期望做出决策，由此他们才决定在多大程度上开展监测行动，监测哪些人，万一违法是否进行惩罚以及对其实施多大的惩罚力度。将所有这些要素放在一起产生了污染者面对的罚金期望。然后污染者决定他们实际上将污染多少，而监管者决定采取什么执法行为以及针对谁。这就是**污染的均衡水平**（equilibrium level of pollution）。污染的量将取决于监管和排放源的决策。如果罚金期望大于或等于守法的成本，污染的均衡水平就是标准要求的排放量，因为排放源更倾向于守法而不愿意面对罚金期望。图 13.2 就是污染均衡水平等于标准允许的排放量的案例。这个均衡是完全守法均衡。然而，如果罚金期望不够高到足以让人们完全守法，污染的均衡水平就是守法成本（或放弃排污的利益）等于违法成本（罚金期望）的点，即图 13.3 中所示。

事实上，大多数污染者试图遵守环境法规。罚金期望为守法提供了强有力的激励，排污者可能也有成为一个守法公民或良好公众的动力。他们可能想要避免违法盈利的负面形象。当这些非货币的激励考虑在内后，很多企业就如图 13.3 所示，它们排污得到的利润要高于遵守标准的利润，但可能依然选择守法。

另一方面，一些企业利用公共关系竞选来推动更好的环境形象而不是通过它们实际的守法进行保证。另一策略是游说受限管理者接受放松管制政策，使企业不承担减排成本，然后企业可以证明其确实完全守法。

很多违法者是偶然的、无意的，在这一情况下，管理机构常倾向于教育而非惩罚，并鼓励未来有良好的行为。但是没有监测和罚金，违反环境法的行为将更常见并且会导致越发严重的环境问题。

小结

● 当污染源决定多大程度服从环境法规时，它们可能会考虑到如果违法被查处它们面临的罚金以及它们被查处的可能性。罚金期望是被查处及惩罚的可能性的产物。较高的罚金期望将会促成更多的守法行为。

● 如果排放源被发现超标排放，管理者通常有选择监测排放源的频率和施加的罚金大小的权力。换句话说，管理者能改变排放源的罚金期望。如果他们觉得法规太过严厉，抑或他们支持某一需要管制的行业时，他们可能不会将罚金期望设置的太高以确保排污者完全守法。

● 污染的均衡水平是如果罚金期望超过或等于守法成本时，排放标准要求的排放量。如果罚金期望低于守法成本，污染的均衡水平就是守法的边际成本（污染放弃的利益）与违法的边际成本（每单位罚金的期望）相等的点。

政治经济学

在成本收益法指导下讨论公共政策的问题，只要收益大于成本，所有的项目都是值得实施的，而且只要边际利润大于边际成本，就可以开展各种活动。这种方法的特性确保了最大的净利润总额。这是否是政策制定者在实际决策中的准则呢？比如在制定周边污染排放标准时，或者是决定应该留出多少荒野，或者是应该实施何种农业政策？

因为环境经济学通常包括公共政策研究，而政府干预通常会要求实现环境目标，因此考虑实际中如何设置政策目标是很有价值的。**政治经济学**（political economy）就是政治科学与经济学的交叉学科。它试图描述政策制定者是如何决策的。什么驱动着政策制定者？他们在寻求最大净利润吗，或者他们还有其他目标？我们来分析一下问题的两个方面：当大多数选票决定了产出，那么可能发生什么事，以及当一位政府人物决定了产出，又可能发生什么事情呢？

在一些场所，一场投票活动可能会决定是否这一社区将为了购买一座公园而缴税，或者决定是否改进其污水处理系统，不然就是决定是否实施一项环境改善措施。在最简单的政治经济学世界里，中间选民（选民的中位数）的意见决定了结果，因为位于中间的选民投出了决定性的一票。很多环境工程具有广泛的利益和集中的成本。这就是说，很多人会从政策中获得一点儿收益（例如从卡车削减排放中得到较为清洁的空气），然而较少人（例如卡车公司）将承担很高的成本。大多数人相信，成本仅仅对那些责令清理干净污染的主体产生，虽然随着时间的推移，很多成本将可能转移给消费者。如果对这些政策进行投票表决，可能大多数人相信他们从环境保护中得到的多于他们将从那些不容易得到的商品的高成本中遭受的损失（例如更高的卡车驾驶成本）。换句话说，中间的投票者既不代表环境学家也不代表工业家的两个极端，将成为具有决定性的选票。因此，投票者将有可能支持严格的环保政策，即使有些情况下，项目的成本会超过收益。

另一方面，一些强大的既得利益集团，例如卡车司机，可能会比很多市民更有动力参加竞选或投票。选举的成功与失败依赖的完全是出席者。如果普通公众对选举并不感兴趣，那么较小驱动力的团体也可能获胜，尽管占有少数。

在很多其他情况下，政府官员决定环境保护的水平。在决定保护水平时，哪些因素是这些政治任务可能会考虑的？大多数政府官员的主要目标是待在办公室被重新选中抑或是选到其他新的岗位上。因此，他们很有可能找到政策帮助其保住他们的位置。这一目标可能导致与寻求最大净利润不同的政策。

例如，美国林务局是管理美国国家森林的机构。它已经售出了在它的土地上砍伐的权利，并以低于它的成本进行出售。成本包括管理、销售以及为卡车建造公路等。这些"低于成本的销售"给美国林务局带来了经济成本，并且砍伐森林造成了生态破坏，这一方法造成了进一步的生态失衡。为什么林务局在允许砍伐这片区域森林的同时还承担经济损失呢？

政治经济学的意义是，带有某种目的的一个小团体可以时常实现愿望。大多美国人与砍伐树木相比更热衷于花钱购买木材，他们不可能关注林务局的销售行为。例如在马萨诸塞州，人们将不会监督蒙大拿州的木材销售。相反地，位于每个国家森林附近的砍伐公司，以及砍伐者居住的当地社区将会十分关注并且招揽林务局开展更多的木材生意。

受利益驱动的较小团体将利用大量的个人时间和精力去说服政府官员支持他们的目标。相反地，较大的团体可能更关注其他问题。例如，他们将不会致力于反对那些支持木材销售的政府官员。结果是，受利益驱动的较小团体的意志要比大团体的意志更有影响力。在这些例子中再次表明，在政策制定者心中，净利润可能不是一个决定性要素。

专栏13.4

地方监测可以得到结果

环境组织关注于减少暴露在有害排放物中的较贫困的市民，这也成为环境公平运动的组成部分。位于加州里士满市（Richmond）的西部县镇有毒物质联盟（West County Toxics Coalition）致力于在铁路、高速公路、化学工厂以及两个大冶炼厂之间的楔形地带创造更清洁的环境。联盟的活动包括游说地方空气质量当局调查排放物，监测有剧毒的复合二恶英含量，关闭排放有毒物的焚烧炉。

使这一联盟与大多数游说团体不同的是它强调监测是执行的第一步。很多组织使用"应急小队"，西部县镇有毒物质联盟是其中的一个。桶状物是便携的空气样本采集设备，它的制作需要 125 美元，样本数据是在实验室进行分析的。"应急小队"是由居住在排放源附近的当地居民以及独立监测当地空气的人组成的。样本的结果用来向污染排放者及负责空气质量的地方当局进行施压。达拉（Dara O'Rourke）和格雷格·马塞（Gregg Macey）核算了"应急小队"的效果。这些项目赋予靠近有毒设备的地区更多权力，并且这也是独立的监管机构和污染设备监测空气质量的一种

279

途径。同时，并不清楚在当时的研究中是否通过努力监测削减了意外有毒物的释放量。

少数人使用一种方法来影响决策，那就是用货币贿赂政治人物。政客获得了来自选民的支持赢得选举，同时也得到了用于赢得选民支持的货币。根据 www.opensecrets.org 网站提到的，"在 2006 年，森林行业捐赠了 330 万美元给联邦候选人和竞选活动，其中 80% 给予了共和党人。2006 年，美国惠好公司（Weyer-haeuser Co.）、国际纸业（International Paper）以及硬木联合会（Hardwood Feder-ation）是行业前三贡献者。"捐献顶峰是在 2008 年总统换届选举年，达到 500 亿美元。他们游说了大量的社会问题，包括移民、非法砍伐，以及生物燃料。森林行业的钱最后流向了政府官员。例如，政治人物接受木材公司的竞选捐赠，并利用那些捐赠巩固自身的地位，支持砍伐森林增加生物燃料，支持清洁空气或其他对选民很重要的问题。选民可能认为政治人物尽管是砍伐煽动者，但会保护环境。即使砍伐对选民的损害超过了砍伐支持者从砍伐中所得收益，但政治家认为，必须失去很少的选票来换取竞选活动必需的资源。来源于财团的财力支持使得政治家在政治进程中进一步变得强大。

小结

● 实际的环境政策是公共过程的产出。公共过程经常会考虑成本收益分析的结果，但决策很少完全以那些结果为基础。因此，政府决策并不总是有效的。

● 在人们为一项政策投票时，位于中间的投票者会投出决定性的选票而终结选举。在很多环境政策中，大多数人可能相信，他们将从环境改进中得到的收益超过他们所承担的成本，因为他们认为施加在排污者身上的成本不会传递给他们。因此，大多数人投票赞成环境政策，即使总成本大于总收益。另一方面，因为小规模以经济为导向的团体有较强的激励组织和激发投票者的积极性，它们可能很成功，因为很多一般公众可能不会投赞成票。

● 在政府工作人员决定政策的情况下，考虑那些政策制定者的目标很重要。他们可能关注如何维持他们的权力地位，并且他们可能会支持那些将要帮助他们的人。由于很多人将会受益于计划（如污染减排），那些计划的成本通常对小团体（排放源）而言是不成比例的。最直接受到影响的人群有很大的激励在政治上保持活跃，而大多数受到较小影响的人不可能强化他们的观点。因此，这些小规模的受关注人群有可能对政府官员有较大的影响，而政府官员也不会过多地关注一般公众的观点。

自愿改善环境

随着大众对环保意识的增强，企业一直在试图找到让"绿色"商业行为盈利的方法。如果排放源因为污染的成本低于减轻污染的成本而因此排放污染物，那么在缺乏政府管制的情况下排放源有什么理由来减少排放呢？

美国环保署向民众提供了一份"美国排放毒性化学品目录"（TRI），这份目录涵盖了在美国的任一污染源所释放的超过一定量的有毒物。TRI 本身不对减排进行任何规定；现有的任何义务都需依从其他法律。然而，研究发现 TRI 登记在案的排放量较多的污染源相比其他污染源减排更多。

为什么污染源会自愿减排呢？在某些情况下，污染源发现它们是在低效地使用化学品，而通过清理工作能降低它们的成本。在另一些情况下，污染源不是想避免坏名声就是希望通过变得环保而带来好的社会影响。如果消费者更偏好环境友好型公司，那么减排又是一种办法，因为对环境友好有助于盈利。在第三种情况下，更具战略意义的可能性是自愿进行清理工作可能会推迟管制。虽然大多数环境改善工作不太可能直接带来企业利润的增长，公众和企业对环境问题日益增长的关注使得众多企业重新审视它们的污染方式。

▎总结

以下是本章的重点：

- 实践中的环保政策与理论不同。虽然经济理论可以帮助确认何种程度的环保质量能带来最大净收益，以及如何获得这些收益，但是决策者和管理者在实践过程中有许多其他的考虑。

- 对环境政策的遵守要求管理者监控污染源，当有违法行为时进行强制执法，并且以实施惩罚来抑制违规行为。

- 在决定以何种程度遵守环境政策时，污染源的反应既取决于惩罚的威胁也取决于若违规被发现的可能性。罚金期望是罚金和被抓可能性的乘积，是一个污染源面临的平均罚金。高罚金和高概率的组合所导致的高的罚金期望，相比低罚金期望更能激励排污者遵守政策。

- 管理者通常可以选择提高监督频率（和因此抓住违法的可能性）以及违法者面对的罚金。他们可能不会选择将罚金期望设置得高到所有污染源都遵守的地步，这既因为监控所有污染源是非常昂贵的，也因为他们认为

规则过分严厉，或因为他们支持所管理的产业。

- 如果罚金期望大于或等于守法成本，污染的均衡水平就能达到排污标准的要求；如果罚金期望低于守法成本，那么当守法成本（放弃排污的收益）与违法成本（罚金期望）相等时，就实现了污染的均衡水平。

- 均衡的污染水平可能不完全符合环境要求，但很多排放源希望拥有正面的公众形象，成为一个良好市民，因此会选择按要求排放污染物。

- 效率仅仅是影响环境政策制定的要素之一。因为公共决策对个人和集体都有影响，因此收益和成本在不同人群之间的分配对公共决策起到了重要的作用。

- 大部分选举是由中间选民决定的。如果一般公众相信政策的收益将超过由少数人承担的损失，那么即使成本大于收益，政策都有可能会通过。如果集中的少数比大多数人更有积极性，政府可能也会通过一项成本大于收益的政策。

- 集团利益更有可能影响政策制定者而不是普通大众，因为一般公众很少直接感受到政策影响。因此，政府官员可能会不成比例地更多关注集团而非一般公众的利益。
- 经纪代理人的简单模型仅仅是政治和经济分析的起始点。监管者与其监管行业之间的相互关系，或是利益群体和政府官员之间的关系，包括了此处没有讨论的很多因素。这些简单模型仍然强调了正的净收益可能不是环境政策的唯一指导原则。

■ 关键词

罚金均值	罚金期望	管制俘虏
移动污染源	俘获	政治经济学
守法	固定污染源	污染的均衡水平

■ 说明

柴油卡车发动机的案例来自于 John H. Cushman, "Record Penalty Likely Against Diesel Makers," *New York Times*, October 22, 1998, p. Al; Joby Warrick, "Diesel Manufacturers Settle Suit With EPA; Will Pay $1.1 Billion," *Washington Post*, October 23, 1998, p. 3; and U. S. Environmental Protection Agency, "DOJ, EPA Announce One Billion Dollar Settlement with Diesel Engine Industry for Clean Air Violations," October 22, 1998, at http://yosemite. epa. gov/opa/admpress. nsf/blab9f485b098972852562e7004dc686/93e9e651adeed6b7852566a60069ad2e? OpenDocument, accessed on May 25, 2009。

烟雾测试欺诈的事件来源于一则新闻, the San Francisco District Attorney's office, "DA Harris Cracks Down on Environmental Crime: Man Convicted and Sentenced for Issuing False Smog Certificates," at www. sfdistrictattorney. org, accessed on April 20, 2009。

埃克森公司瓦尔迪兹油轮泄漏事件造成的罚金、清理费用以及损害大约为 34 亿美元的这一数字来源于美国高院对清理污染、惩罚罚金、生态恢复、损害修复、人员定居以及各种损害提出的民事诉讼中合计得出的。*Exxon Shipping Company v. Baker* (June 25, 2008), 128 Supreme Court Reporter 2605, 该判决将处罚性赔偿削减到 5.07 亿美元。

图 13.1 和图 13.2 来源于第 12 章发电厂氮氧化物的边际减排成本曲线。我们将这一排放量分给各大型发电厂相近的数量, 600, 然后将曲线转化为其对称图形, 即为污染的边际收益曲线。

中国的环境问题见 Joseph Kahn and Jim Yardley, "As China Roars, Pollution Reaches Deadly Extremes," *New York Times* August 26, 2007, at http://www. ny-times. com/2007/08/26/world/asia/26china. html, accessed October 19, 2009。

管制俘虏理论见 George J. Stigler, "The Theory of Economic Regulation," *Bell Journal of Economics and Management Science* 2

环境经济学

(Spring 1971)：3-21 and in Sam Peltzman, "Toward a More General Theory of Regulation," *Journal of Law and Economics* 19 (2) (August 1976)：211-240.

西部县镇有毒物质联盟网址是：www. west-countytoxicscoalition. org。Dara O'Rouke and Gregg P. Macey，"Community Enviromental Policing：Assessing New Strategies of Public Participation in Environmental Regulation," *Journal of Policy Analysis and Management* 22 (3) (2003)：383-414 对"应急小队"进行了有效性研究。

对毒物释放清单回应的研究包括 Shameek Konar and Mark Cohen，"Information as Regulation：The Effect of Community Right to Know Laws on Toxic Emissions," *Journal of Environmental Economics and Management* 32 (1) (January 1997)：109-124 and Madhu Khanna, Wilma Quimio, and Dora Bojilova, "Toxics Release Information：A Policy Tool for Environmental Protection," *Journal of Environmental Economics and Management* 36 (3) (November 1998)：243-266。

行业给国会成员贡献的信息来源于 http：//www. opensecrets. org/industries/background. php? cycle＝2010&ind＝A10。这一网址公布于 2009 年 10 月 19 日，提供了来源于候选人公共报告的信息。

练习

1. 在一个市场化许可证体系中，潜在污染者的回应是什么？为了回答这些问题，需要回顾图 13.2 和图 13.3。

(a) 如果购买了许可证，企业必须满足的排放标准将会发生什么变化？

(b) 假设企业守法，如图 13.2 所示，它提供了买卖一个单位排放的权利（将其标准移动一个单位）。如果许可证的市场比率小于罚金期望，企业将如何做，为什么？

(c) 假设许可证的市场比率大于罚金期望，那么企业又将如何做？

(d) 现在假设企业不守法，如图 13.3 所示。如果许可证的市场价格是 1.04 美元，企业将如何做？

(e) 如果市场价格变为 0.50 美元，企业又将如何做？

2. 解释为何议会可以通过防止污染的法律，然而并不资助机构有效地执行它们。亲商业的管理当局可能将工作重点从执法活动转移到其他值得关注的义务上，你感到惊讶吗？要记住一些选举者热衷于环境，而其他人更看重经济产出。

3. 使用回声系统，http：//www. epa-echo. gov/echo/index. html，用来定位在你的邮政编码范围内拥有排污许可证的企业。大企业与小企业之间的比率如何？显著违法（NOV）与其他执法行动之间的比率如何？谁是最大的排污者？查询网站 http：//www. peri. umass. edu/Toxic-100-Table. 265. 0. html，得到有毒物质排放清单结果的汇编。它们也是美国最大的工业企业吗？你对于哪一个条款感到惊讶？

4. 利用政治经济学部分的讨论来解释为什么美国基本决定为格拉维纳岛大桥筹措资金（其反对者认为这座大桥是毫无意义的），这座用 3.85 亿美元修建的大桥建在一座拥有 50

个人和一座飞机场的岛上。

5. 在一些污染控制法下，如果一个排放源被发现违规排放，它必须支付的罚金等于它违规排放获取的收入。在何种情况下，这一政策将导致100％遵守标准呢？

6. 纳什公司生产产量 Q 的利润为 $\pi = 20Q - Q^2$，而边际收益为 $MB = 20 - 2Q$。其生产造成的排污损害（成本）为 $D = 10Q$；边际损害为 $MD = 10$。

(a) 没有任何排放管制时，纳什公司将生产多少产品？它的利润将为多少？净收益是多少（也就是利润减去污染损害）？

(b) 纳什公司有效的生产水平是多少，也就是使得边际收益与边际损害相等的水平是多少？如果纳什公司生产了有效的数量，它的利润是多少？净收益是多少（即利润减污染损害）？

(c) 有效生产水平比利润最大化的产出水平的净收益更高吗？（它们应该如此！）

(d) 描绘一项政策，如果完全实施，将导致纳什公司生产有效的产量。

(e) 环境监管者设置了一项标准，限制了纳什公司的产量为每年 $Q = 5$，但由于监管成本，每隔一年就要监测纳什公司的产品（并且纳什公司了解这一安排）。如果发现它违反标准，当它超标时，必须为每单位超额排放支付10美元。如果纳什公司严格遵守利润最大化，当它不被监测时，你预期它会生产多大产量？在它受到监测的年份，产量又是多少？每两年的平均利润和平均净收益是多少？

(f) 现在假设（d）中的罚金设定为超标排放每单位支付20美元。如果纳什公司严格遵守利润最大化，当它不被监测时，你预期它会生产多大产量？在它受到监测的年份，产量又是多少？每两年的平均产出将为多少？每两年的平均利润和平均净收益是多少？

(g) 监管者执法有一定限度的预算。如果它对不守法设定更高的罚金（40美元/单位），但每4年监测一次，并且双方了解这一安

排，那么纳什公司是否更守法？在4年内它将生产产量的平均值是多少？平均利润和平均净收益是多少？

(h) 现在假设监管者随机监测，因而纳什公司不知道在哪年是否会受到惩罚。受到监测的可能性是50％，如果发现违规的罚金是20美元/单位。它将为每单位支付的罚金期望或平均罚金是多少？如果它面对这一罚金期望，它将生产多少产品？最终的利润和净收益是多少？

(i) 如果罚金为20美元/单位，受到监测的可能性为50％，那么，在这一情况下，纳什公司面对一个不确定或确定的监测时间安排，社会福利会更好吗？在哪种监测时间安排下纳什公司将会更受益？

7. 一个镇准备上马纸张回收设备。由于光学漂白剂和其他化学物质应用于纸张回收过程中，因此需要加强对工厂的空气和水体污染的关注。一个经济学家队伍研究了这些设备。与设备相关的总收益（包括不使用原始森林生产纸张的收益）大约为1 000万美元；总成本（包括环境成本）大约为500万美元。我们考虑不同的情境来考察是否这一工厂可能建成。

(a) 建造这一设备是否有效？为什么？

(b) 假设工厂位于镇子内部，这个镇子将预期承受全部的收益和成本（平均分配不同的污染）。如果对关于是否建立工厂投票表决，你将期望它建成吗？为什么？

(c) 假设工厂位于镇子内部，这个镇子将预期承受全部收益和成本。现在全部的收益进入了镇子中的少数人群，而成本则在大部分人中分担。如果投票表决是否建立工厂，你认为这个工厂能建成吗？为什么？

(d) 假设工厂位于镇子内部，这个镇子将预期承受全部的收益和成本。现在全部的收益进入了镇子中的少数人群，而成本则在大部分人中分担。现在由一位城市管理者决定这一项目。在什么情况下这个工厂可以建立？在什么情况下，这一工厂不能建立？

（e）假设工厂刚好位于镇子外。镇子中的人将不成比例地承担设备的成本，然而那些决定工厂是否被建的人位于镇子外部的农村地区。你认为工厂能建成吗？为什么？

8. 政治学有很多理论来解释在政府机构工作的人们的行为。一些理论认为这些机构本身很保守：也就是说，它们持续做出的决策会与之前做出的相同。其他争论机构希望最大化它们的预算：它们的各种运行方式带来更多的钱给这一机构，因为更多的费用会给它们带来更多的权力。还有一种理论是，这些机构被它们所管理的行业所俘获：因为它们的工作与这些行业非常密切，它们会变得支持这些行业。而第四种理论则认为机构是以公众利益来行事的。

考虑本章最初描述的林务局低于成本销售木材的案例。如果有，此处的哪种理论可以支持林务局允许木材销售的行为？这一实践与这些理论有矛盾之处吗？为了研究林务局的行为是否符合这些模型，你想要什么样的其他证据？

第 14 章

时间因素——贴现

为了降低未来的能源成本，现在需要采取一些节约能源的措施，而这通常需要一大笔支出。例如，昂贵的节能灯泡可以减少照明发热，节约电费，但是在花了高价购买灯泡后，过一段时间才能看到收益。那么我们应该如何决定是否实施这些消费行为呢？假设有两种型号的冰箱供人选择，A 型号冰箱适合放在宿舍，B 型号冰箱适合放在办公室。如果 A 冰箱和 B 冰箱相比，每个月可以节约 5 美元的电费。为了每个月 5 美元的电费，是否值得额外花 100 美元？换个更一般的说法，我们如何比较现在和其他时间发生的成本和收益？本章着重介绍经济学家用模型描述人们为未来作决策的流程。以下是本章讨论的重点：

- 现在和未来收益之间的关系：利率和贴现；
- 利率影响了物品未来的价值；
- 为什么经济中存在很多不同的利率；
- 在进行与未来有关的公共项目的分析时，可采用的适当贴现率水平；
- 实际中节约能源的有关投资决定。

▌ 节能投资

节约 1 千瓦的能源就意味着可以少生产 1 千瓦的能源。大多数能源都是通过燃烧化石燃料或者使用核能得到的。在生产能源的同时还产生了外部性，譬如污染排放或者核废料。通过节约能源，可以减少能源生产，继而减少这些外部性。消费者个人可以实施的节能措施包括安装楼房保温层和保温效果好的窗户等。那么，消费者如何决定在节能上投资多少呢？

家庭节能网站（http：//hes. lbl. gov）教给美国人如何节约家中能源。有一些简单而且低成本的措施可以在省钱的同时减少温室气体和其他污染物的排放。其他方法则相对复杂或者成本较高，却可以在很长时间内带给人们好处。可编程恒温器就是所有相对简单的办法中的一种，利用可编程恒温器，人们可以在睡觉或者外出时降低室内的温度。这个恒温器的售价为 70 美元。对于住在寒冷地区的消费者而言，购买这种可编程恒温器可以每年节约 45 美元。对于消费者而言，这是不是很划算呢？

对于那些想在房屋节能方面进行更多投资的人而言，主要的建筑革新提供了极佳的机会。比如，人们除了可以采用恒温器来节能，还可以采用双层玻璃窗、保温墙以及节能设备等。这些节能措施需要额外花费 4 047 美元，但采取这些措施后，每年可以节约 744 美元，减少 11 803 磅的二氧化碳排放量。对于消费者而言，这些投资划算吗？

金钱的时间价值

节能领域的投资需要先期承担大量成本，经过一段时间才能取得收益。面对这种情况，我们如何决定是否在节能领域进行投资呢？反过来，当我们可以立刻从燃烧化石能源中获得收益，但是却需要承担未来地球变暖的成本时，我们如何平衡当前的收益和未来的成本？回答这些问题时需要充分考虑资本的机会成本。

回到前面的例子中，某消费者需要决定是否现在投资 4 047 美元，换取未来每年节约 744 美元的供暖费。如果他不将 4 047 美元投资在节能上，还可以用来做什么？一个可能的选择就是把现金放在银行赚取利息。

假定这个消费者面对将 4 047 美元用于节能投资和进行储蓄这两个选择方面。储蓄相当于贷款给银行，开始储蓄的那部分现金被称为**本金**（principal）。储蓄是一种**投资**（investment），即利用钱来生钱。为了获得储户的这笔"贷款"，银行向储户支付利息。**利息报酬**（interest payment），通常简称为**利息**（interest），就是出借人获得的超过本金的那部分钱。利息是银行向消费者借钱所需要承担的成本，同时也是消费者借钱给银行所得到的收益。如果消费者决定将这笔钱用于投资她家里的节能设备，而不是放在银行生利息，那么她就放弃了获取利息的机会。因此，利息报酬就是投资的机会成本。

在日常生活中，我们更多地听到利息率，而不是利息报酬。**利息率**（interest rate），通常用 r 来表示，指的是利息报酬（通常是一年）除以本金所得的值，将该数值乘以 100%，用百分数来表示。因此，利息报酬就等于利息率乘以本金。如果 50 美元的本金得到了 2.5 美元的利息报酬，就意味着利息率为 2.5/50＝0.05，即

5%。5%的利息率也就意味着50美元的本金在一年后可以产生2.5美元的利息。

我们通过比较资金现值和终值来理解利息的作用。所谓**终值**（future value，FV）就是当利息率为r时，在确定的一段时期内，投资的本金可以获得的全部价值。终值等于本金（50美元）加上一定时期内（一年）的利息报酬（2.5美元）。**现值**（present value，PV）是现在拥有的一笔资金，在利息率为r时，经过一定时间后能够产生收益。

现值和终值之间有怎样的关系呢？现在的钱比将来的同样数量的钱要更有价值。俗话说得好，"一鸟在手胜过双鸟在林。"如果消费者不能在未来得到更多的钱，他就不会放弃从当前消费中得到的效用。

考虑一笔为期一年的投资。本金经过一年后，可以得到的收益等于$(1+r)$乘以本金。因此终值就等于$(1+r)$乘以本金。本金就是未来收益的现值，这是因为投资一年用于获取未来收益的就是本金。

从数学的角度来看，投资的报酬等于r乘以PV，再加上PV就得到了投资的未来收益。因此$FV=PV+r\times PV$，或者$FV=(1+r)\times PV$。当初始投资额为50美元，利率为5%时，$r\times PV=2.5$美元，$FV=1.05\times 50=52.5$美元。第1年的收益为FV_1，第2年的收益为FV_2。当第1年的投资在第2年被继续以利率r进行投资时，那么第2年的收益$FV_2=(1+r)\times FV_1$，或者$FV_2=(1+r)\times (1+r)\times PV$，即$FV_2=(1+r)^2\times PV$。在刚才这个案例中，$FV_2=1.05^2\times 50=55.13$美元。如果继续以利率$r$进行$t$年的投资，那么根据这一逻辑很容易得到$FV_t=(1+r)^t\times PV$。换句话说，经过时间$t$以后的收益等价于将现在的本金以利率$r$进行投资。

本金经过一段时间后可以变成很大一笔未来收益。这是因为每年乘以利率会使本金逐年放大。开始拥有50美元的本金，利率5%，第1年的利息报酬为2.5美元，第2年的利息报酬上升至2.63美元，而且每年都以一个逐步累加的速率增加。现值在t年后的利息报酬以$(1+r)^t$的指数形式递增，这一方法被称为**复利计算法**（compounding）。

□ 贴现

复利告诉我们现在投资的未来收益，而**贴现**（discounting）描述的是人们为了在未来得到某一收益而需要在当前做的投资。换句话说，贴现和复利的计算过程完全相反。用于贴现的利息率称为**贴现率**（discount rate），但经济学家常常使用利息率代替贴现率。

在我们这个案例中，今天50美元的现值在第2年是52.5美元，第3年是55.13美元。一般地说，$FV_t=(1+r)^t\times PV$，那么

$$PV=\frac{FV_t}{(1+r)^t}$$

使用贴现率，将未来收益转换成现值。使用这个信息来做决策时，需要两个数据：一个数据是未来收益的现值，另外一个数据是产生未来收益所需要现在做出的投资。如果未来收益的现值超过了成本，也就是说超过了当前所需要的投资，那么这个项目譬如房屋改造就是值得的。

假设种植一批 30 年后可以收获的树木需要花费 1 000 美元，而 30 年后采伐这批树木产生的收益 FV_{30} ＝ 5 000 美元。那么这个项目是否可行？当利息率为 5％时，5 000 美元的现值 $PV = \dfrac{5\ 000}{(1.05)^{30}} = 1\ 157$ 美元。这就意味着 30 年后收益的现值超过了当前的植树成本，投资种树相对于投资给银行可以赚取更多的钱。投资的**净现值**（net present value，NPV）等于收益的现值减去成本的现值。在本例中，净现值 NPV＝PV（收益）－PV（成本）＝1 157－1 000＝157 美元。

上面这个公式适用于在未来仅有一次收益的情况。如果从第 1 年到第 t 年都有收益，令第 t 年的收益为 V_t，那么这些收益的现值就等于每一年收益现值之和，即

$$PV = V_0 + \frac{V_1}{(1+r)^1} + \frac{V_2}{(1+r)^2} + \cdots + \frac{V_t}{(1+r)^t}$$

举个例子，所种的树在第 15 年的时候可能需要做一次疏伐，这能够产生大概 1 000 美元的收益，但是这会让第 30 年收获树林时的收益下降到 4 000 美元。此时现值 $PV = \dfrac{1\ 000}{(1.05)^{15}} + \dfrac{4\ 000}{(1.05)^{30}} = 1\ 407$ 美元。通过比较可以看出，采取疏伐措施后，可以增加净现值。这主要是由于提前获得了未来的一部分收益。收益获得越早越合适，这是因为提前获得的这笔收益在未来可以获得利息。

除了上面这个公式外，还有其他一些公式可以用来计算现值。首先，假设从第 1 年开始，在 t 年内，每年都得到相同的报酬，则 $V_1 = V_2 = \cdots = V_t$。这些数值被称为年度收益（AV），或者年金。**年金**（annuity）是在一定时期内，可以每年得到的报酬。比如，一个彩票中奖者得到了 200 万美元的奖金。通常情况下，奖金会在 20 年内支付，每年支付 10 万美元。那么，这种支付方式得到的钱还值 200 万美元吗？从第 2 年开始，在 t 年内得到钱的现值公式为

$$PV = AV \times \frac{(1+r)^t - 1}{r(1+r)^t}$$

专栏 14.1 会详细解释这个公式的推导过程。当利率为 5％时，中奖彩票的奖金现值 $PV = 100\ 000 \times \dfrac{(1.05)^{20} - 1}{0.05 \times (1.05)^{20}} = 1\ 246\ 221$ 美元。也就是说，将这笔钱以 5％的利率存进银行，可以在 20 年内每年从银行取走 10 万美元，直到钱完全取走为止。很显然，这笔钱明显要少于彩票所宣传的 200 万美元。彩票上白纸黑字印的很清楚，幸运的中奖者可以选择在 20 年内每年获得 10 万美元，也可以选择一次性支付。如果选择一次性支付，而且这笔资金得到妥善的投资，每年得到的收入加起来可以达到 200 万美元。

专栏 14.1

现值公式的数学推导

当每年支付的年金一样时，有不同的公式用于计算永续年金和年金的现值。

对于从现在开始的永续年金而言，现值的计算公式 PV＝AV/r 来自于对无穷数列的求和。即

$$PV = \frac{AV}{1+r} + \frac{AV}{(1+r)^2} + \cdots + \frac{AV}{(1+r)^t} + \cdots$$

将等式两边同时乘以 $(1+r)$，可以得到：

$$(1+r)PV = AV + \frac{AV}{1+r} + \frac{AV}{(1+r)^2} + \cdots + \frac{AV}{(1+r)^t} + \cdots$$

可以看出上面这个公式从 $\frac{AV}{1+r}$ 开始就完全等于 PV！因此，我们可以用 PV 来代替这一数列，从而得到 $(1+r) \times PV = AV + PV$，简化后得到

$$PV = \frac{AV}{r}$$

为了得到持续 t 年的年金的现值公式，可以计算从第 1 年开始的一连串年金收益开始（也就是说现在没有回报），则

$$PV = \frac{AV}{1+r} + \frac{AV}{(1+r)^2} + \frac{AV}{(1+r)^3} + \cdots + \frac{AV}{(1+r)^t} \tag{1}$$

简化这一公式的技巧在于减少数列项，为此我们需要对等式做一些变化。首先，在等式两边乘以 $(1+r)$，得到：

$$(1+r) \times PV = AV + \frac{AV}{1+r} + \frac{AV}{(1+r)^2} + \frac{AV}{(1+r)^3} + \cdots + \frac{AV}{(1+r)^{t-1}}$$

将等式 (1) 代入，得到，

$$(1+r) \times PV - PV = AV - \frac{AV}{(1+r)^t}$$

合并同类项后得到，

$$r \times PV = AV \frac{(1+r)^t - 1}{(1+r)^t}$$

经过转换，得到

$$PV = AV \frac{(1+r)^t - 1}{r \ (1+r)^t}$$

如果可以从现在开始无限期的，每年得到一笔收入，那么上面那个公式就变成 $PV = AV/r$。**永续年金**（perpetuity）指的是做出一笔投资后，可以永远得到的一笔资金。利用这个公式可评估永续年金的现值，以决定是否购买这个永续年金。例如，在 5% 的利率下，永续年金为 10 万美元时的现值 $PV = $ 10 万美元$/0.05 = $ 200 万美元。因此，彩票发行方应该无限期地每年支付 10 万美元，而不是仅仅支付 20 年。这样，中奖者得到的钱才等价于 200 万美元的现值。

年金 10 万美元，一共支付 20 年所得到的收入现值为 1 246 221 美元，而 10 万美元的永续年金的现值为 200 万美元。两者之差就是每年给相当于现值 10 万美元的永续年金，开始给付的年份是从现在算起的第 21 年，一直给下去，直到永远。这两笔钱的差额 753 779 美元当然远小于 100 000 美元永续年金简单相加得到的一个无穷大的值；也远小于从现在开始的永续年金流的现值之和。金钱的未来价值低于当前价值，这是因为现在拥有的钱有机会进行投资并产生利润。

所有这些公式的目的在于可以让人们去评估现在和未来的价值。在所有这些案例中，人们需要对未来和现在进行选择。彩票中奖者需要在一次性获得奖金或每年都获得年金中进行选择。树林所有者需要决定是现在砍伐树木还是迟些收获树木。房屋所有者需要在购买隔热设备或者将钱存进银行之间进行选择。未来收益的现值表示将钱投资于某个项目的机会成本，因为钱一直都可以投资在银行里面来获取利息。如果项目的现值更高，那么这个项目就可以比将钱放在银行中获得更多收益，于是这个项目就更有价值；如果项目的现值小于放在银行的本金，那么将钱存在银行的收益更大。

在房屋节能的案例中，房主可以在房屋上投资 4 047 美元。当改造完成后，只要房子还在，通过电力节约每年可以获得 744 美元。如果我们将时间设定为无限，那么每年节约的钱等价于现值 $PV = AV/r = 744/0.05 = 14\ 880$ 美元，那么净现值为 $14\ 880 - 4\ 047 = 10\ 833$ 美元。在这个案例里，将钱用于节能改造明显比将钱放在银行要合适很多。在另外一种情况下，如果房屋所有者预计仅会在房屋中居住 5 年就要搬走，那么现值 $PV = 744 \times \dfrac{1.05^5 - 1}{0.05 \times (1.05)^5} = 3\ 221$ 美元，净现值 $NPV = -826$ 美元。单纯从金融角度来看，由于房主在房屋中住的时间短，没有必要进行投资。

不过，房主从节能投资中得到的不仅仅是每年的房屋节能费用。也许节能改造可以增加房屋的售价？如果房价确实可以因此提高，即使只增加 1 000 美元，那么这项投资就是有价值的。购买该房屋的人如果在房屋中的居住时间超过 2 年，他就会愿意支付这额外的 1 000 美元。因为房屋 2 年内可以节约的能源现值（$PV = 744/1.05 + 744/1.05^2 = 1\ 383$ 美元）超过了额外增加的购房成本。如果房屋改造的成本可以包含在房屋价值中，那么在节能上进行投资就是有价值的。

因为人们为了现在就得到某样东西，愿意额外花点钱，所以同样的东西随着时间的推移会越来越不值钱。因此，我们可以用贴现来评估未来物品的现值。

□ 储蓄、借款和市场利率

一个人拥有一笔钱，他可以选择储蓄，也可以选择将这笔钱用于当期消费。对于那些没有钱但是希望购买东西的人来说，只要他愿意支付利息，他就可以选择借款。利息之所以存在，是由于一些人愿意付出一些费用，现在就获得资金，而不是等以后。银行拥有可以出借的钱，这是因为一些人愿意延期消费，并将自己的钱存起来获得利息报酬。

储蓄者是贷款的供给方。借款人则是贷款的消费方。贷款利率是银行从储蓄者手中获得存款需要支付的价格，同样也是借款人从银行借钱需要支付给银行的价格。根据利率，人们决定自己究竟储蓄多少钱或者借多少钱。**市场利率**（market interest rate）是使储蓄额等于借款额的利率。其中储蓄额是用于借款的货币供给量，借款额是人们的贷款需求。因此市场利率作为货币市场出清的价格，使得资金得以在现在和未来之间流动。

当人们决定是否储蓄或者借款之前，他们需要考虑当前资金的可得性，未来资金的可得性，以及他们存钱可以得到的利息和他们借款需要支付的费用。假设某人面临今年和第 2 年消费资金的分配选择。他的收入水平为 Y，这是他两年内获得的收入的现值。通过储蓄和借款可以将其收入在两年中进行分配。他在第 1 年消费了 C_1，将 $Y-C_1$ 的钱用于第 2 年的消费。因为他可以从储蓄中获得利息，那么他第 2 年的消费 $C_2 = (1+r) \times (Y-C_1)$。经过转化，可以得到预算约束线 $Y = C_1 + C_2/(1+r)$。如果现在消费的价格为 1，那么第 2 年消费的价格就等于 $1/(1+r)$：这就是说因为利息的存在，消费者在第 2 年拥有了更大的购买力。从另外一个角度理解，由于钱可以存入银行以便在未来得到更多的钱，所以将钱用于现在的消费产生了机会成本。这里涉及一个重要的观点，就是消费者如果有能力借款和储蓄，就可以实现在现在和未来之间转移资金，而不需要考虑得到收入的具体时间。

和其他所有物品一样，消费者的决定不仅仅依赖价格（市场利率），个人的偏好同样也发挥了很大的作用。消费者在分配现在消费的数量和未来消费的数量时，取决于他对于当期消费和未来消费的偏好。这个偏好也就是消费者的无差异曲线。每个人都拥有对当期消费和未来消费的偏好。**个人时间偏好**（personal rate of time preference）是个人用来衡量未来的效用和现在效用的贴现率。一个拥有很高时间偏好的人和一个时间偏好较低的人相比，当他们获得资金的能力和途径完全相同时，时间偏好较高的人会选择借更多的钱，而且生活成本也更高。如果时间偏好较高，一个在校学生可以贷款，享受那种有稳定收入的人的生活方式，等他工作后再偿还贷款。当然，他工作后，如果没有新的贷款，为了还清以前的贷款，他的生活就无法保持以前的水平。相反，如果他的时间偏好很低，他就会选择生活得节俭一些，避免承担将未来的钱转移到现在需要支付的成本。总之，基于消费者个人的时间偏好，一个消费者可以将未来的收入通过借款转移到现在，也可以通过储蓄将现在的钱转移到未来。

并非所有人借款的目的都是为了消费。有些人借款是为了购买资本品。所谓**资本品**（capital goods），就是用当前支出换取未来的一系列服务。消费者和公司都可以购买资本品。譬如消费者可以借款安装房屋的保温层，公司可以借款添置工厂内的生产设备。

从资本品的投资中可以获得的未来收入被称为**投资回报**（return on investment）。例如，因为电力销售的收入减去运营成本，所得收益的现值高于包括贷款利息在内的发电厂的建设成本，所以建立电厂。消费者可以借钱购买房屋的保温层，在未来很长时期内节约能源成本。教育是一项投资，所得的回报就是大学毕业生比那些没有大学学历的人将赚取更高的收入。

贷款所需的储蓄来自于那些倾向于赚取利息，而不是在现在多消费的人。他们也许拥有较低的个人时间偏好，或者他们提前计划了未来的支出，譬如买房或者接受继续教育。不管是哪种情况，这些储蓄资金使银行可以给企业和个人提供用于购买资本品的资金。

所有有关借款和储蓄的决定都取决于利率。利率较低时，借款的价格下降，投资成本降低，有更多的人希望借钱用于投资或者当期消费。同时，低利率降低了人们的储蓄意愿，因此借款者能够借到的钱也就减少。而较高的利率增加了存款，但是借款者减少。在市场均衡状态下，利率会调整直到储蓄量和借款量相同为止。

● 利息是将钱用于消费而不是投资所承担的机会成本。利息率等于利息报酬除以本金。一项投资的未来收益就是投资利率一定的情况下，本金在一段时期内可以得到的全部价值。现值就是一定数量的当前收益，这一当前收益在某利率下经过一定时期后可以在未来得到收益。

● 可以用跨期的复利报酬估计一项当期投资的终值。贴现的用法正好相反，用于计算未来一定数量资金的当前收益。也就是说，未来一笔钱的现值就是在复利情况下，用当前的钱进行投资后，得到同等数量的未来的钱。

● 净现值（NPV）指的是项目的成本和收益分布在较长时间，项目所得收益的现值减去其成本的现值。如果净现值为正，那么该项目所得到的净现值就超过了将投资项目的资金存入银行后所得的利息；如果净现值为负，那么投资项目就不如将钱存在银行。

● 储蓄和借款是一种将钱在现在和未来进行转移的机制。拥有个人时间偏好的人会在当期消费或延期消费之间进行选择。

● 投资于资本品可以在未来获得一系列服务。投资回报就是通过投资于资本品而在未来获得的收益。

● 较高的投资利率可以吸引更多的储蓄并减少投资。较低的利率可以减少储蓄并增加投资。市场利率是用于平衡货币市场的储蓄额和借款额的均衡价格。

不同贴现率的影响

贴现率对资金的现值有很大影响。回到房屋节能改造的案例中，房主考虑对房屋进行节能改造。完成后还将在房屋中居住 7 年，这是美国人在一地的平均居住时间。当利率为 5％时，节能改造在 7 年可以产生的收益现值为 $PV = 744 \times \dfrac{1.05^7 - 1}{0.05 \times 1.05^7} = 4\,305$ 美元，高于初始的 4 047 美元的成本。假设银行储蓄的利率从 5％上涨到 10％，那么在其他条件不变时，节能改造的净收益现值 $PV = 744 \times \dfrac{1.1^7 - 1}{0.1 \times 1.1^7} = 3\,622$ 美元。在这种情况下，相比于将钱用于节能改造，将钱放在银行能够给房主带来更多福利。

为什么一个较高的利率可以改变节能改造投资的决定呢？这是因为市场利率反映了投资的机会成本，而机会成本就是房主损失的原本可以将钱放在银行而获得的利息。如果机会成本相对较高，比如 10％，人们就有很强的激励去把自己的钱放在银行而不是用于节能改造。如果投资得到的收益低于储蓄带来的收益，即使可以提供多年回报，进行投资也是不值得的。当利率很高时，投资产生的长期收益的现值低于当前的成本，所以，那些能够产生长期收益的投资活动的价值就降低了。

相反地，低利率可以使投资的未来回报变得更具吸引力。当利率为 2% 时，节能投资在 7 年内产生的收益现值为 $744\times\dfrac{1.02^7-1}{0.02\times1.02^7}=4\,815$ 美元。此时，节能投资的收益现值与银行利息收益之差比利率为 5% 时还要大。可以用两个极端的利率来描述这种变化，第一个是零利率，第二个是利率无穷大。零利率的含义是未来的贴现为零。对于人们来说，未来和现在之间没有差异，则节能改造的现值 $PV=744\times\left[\dfrac{1}{1+r}+\dfrac{1}{(1+r)^2}+\cdots+\dfrac{1}{(1+r)^7}\right]=744\times(1+1+1+1+1+1+1)=5\,208$ 美元。此时，立刻得到或者在 7 年后得到节能措施的收益对于人们没有任何差异，将每年的收益加起来就得到了现值。在另外一个极端情况下，收益无穷大。这意味着未来的任何东西都一文不值。在无穷大的利率下，$\dfrac{1}{1+r}$ 近似为零，未来的任何钱都不重要。无穷大的贴现等价于"及时行乐吧，因为明天我们都要死去"。现实中，很少有人认为未来的贴现率无穷大，但当人们急用钱时，确实有人以很高的利率透支信用卡，或者求助于放贷者（譬如当铺）。

如图 14.1 所示，在不同利率下，节能措施的收益现值不同。当利率为零时，收益现值最大。随着利率不断增长，收益的现值不断下降，最后趋于平稳。只要利率小于 6.74%，节能措施的收益现值就超过了开始的节能改造的投资。使投资的收益现值和投资成本现值相等的利率被称为**内部收益率**（internal rete of return）。如果消费者知道投资的内部收益率，那么他就能够比较不同项目的内部收益率而轻松判断哪个项目更加有利可图。

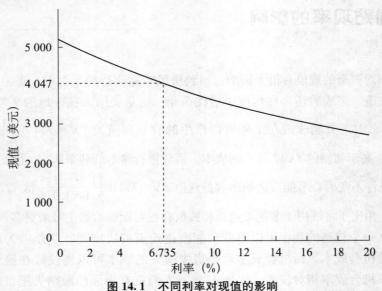

图 14.1　不同利率对现值的影响

图中显示了节能改造在 7 年中产生的收益（每年 744 美元）在不同利率下的现值。随着利率上调，收益现值不断下降。如果利率高于 6.735%，房主借 4 047 美元用于房屋改造，节能改造后产生的收益现值低于节能改造的成本。

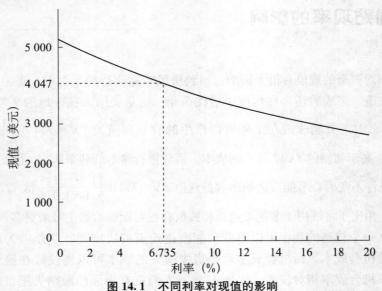

贴现的时间跨度对于资金的现值有显著影响。图 14.2 中显示了 1 000 美元在 2%、5% 和 8% 三种利率下，为期 100 年的贴现值。从图 14.2 中看出，所有利率的现值下降速度都很快，而且利率越高现值下降的速度越快。在 8% 的利率下，不到 10 年的时间，现值就已经不到初始价值的一半了。但是对于 2% 的利率而言，这一过程持续了 35 年。几乎在任何利率下，经过长时间的贴现，资金都会变得非常少。比如，在 2% 的利率下，1 000 美元经过 100 年的贴现后，只剩下 138 美元；对于 8% 的利率而言，经过 100 年的贴现，1 000 美元变成了 0.45 美元。换句话说，成本和收益经过长时间的贴现后，用于比较成本收益的意义就不大了。

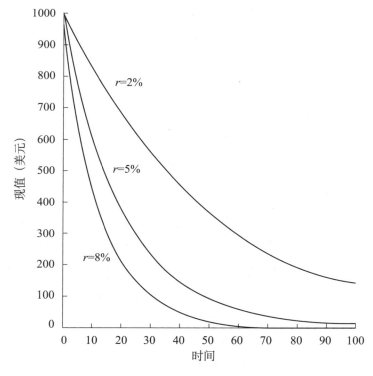

图 14.2 时间对现值的影响

图中显示了时间对于未来的 1 000 美元在 3 种利率下的贴现值的影响。在所有的三种情况下，现值下降的速度都很快，并且利率越高下降的速度越快。经过长时间贴现得到的现值对于成本收益分析的意义不大。

在人们的决策中，未来是否不值得我们重视？这在政治领域和伦理领域是一个非常重要却未得到解决的问题。第 7 章讨论了一些人是如何看待环境资源的。选择价值就是将使用和保护自然资源这两种可能留给后代，或者很长一段时间后的当代人去选择而对应的收益。美国的先驱者替后代做了一个决定，在 19 世纪将大草原转化成了良田。无论这个决定是好还是坏，都剥夺了后代选择保护大草原的可能。类似地，渔民和渔业管理者现在的决定会影响后代拥有的鱼类资源储量。较高的贴现率使得为未来保护资源变得不那么重要。了解市场利率的作用，为我们理解人们如何做决定以及这些决定的影响提供了一些思路。

燃料燃烧效率为多少？

如果提高汽车的燃油经济性，可以节约多少燃料呢？答案是，这取决于现在的燃油经济性。

假设每加仑汽油可以供一辆汽车行驶 10 英里（mpg），这辆汽车年行驶 12 000 英里。那么这辆汽车每年需要消耗的汽油为 12 000/10＝1 200 加仑。假设汽车公司提供了一项可选的改造技术，可以将汽车的燃烧效率从 10mpg 提高到 11mpg。在这种情况下，汽车一年使用的汽油为 12 000/11＝1 091 加仑，和改造前相比节约了 109 加仑。

但是，如果假设汽车原先的燃油经济性已经达到 35mpg，经过改造提高到了 36mpg。那么在这种情况下，1mpg 的技术改造仅仅能节约 9.5 加仑的汽油。不到前一种假设情况所节约汽油量的 10%。

那么额外的成本是否值得？假设在汽车约 15 年的使用寿命里，驾驶人每年行驶 12 000 英里。当效率从 10mpg 增加到 11mpg 时，按照 5% 的利率计算额外的 1mpg 所节约的燃油现值，$PV＝燃油价格 \times 109 \times \dfrac{1.05^{15}-1}{0.05 \times 1.05^{15}}$。设汽油价格为 3 美元/加仑，$PV＝3\,396$ 美元。那么如果汽车技术改造的成本小于 3 396 美元，则在整个汽车的使用寿命中，从技术中得到的回报可以覆盖所有成本。不过，如果效率从 35mpg 增加到 36mpg 时，节约的燃油现值 $PV＝3 \times 9.5 \times \dfrac{1.05^{15}-1}{0.05 \times 1.05^{15}}＝341$ 美元。

从上面的计算可以看出燃料节约的现值对利率、燃油价格以及时间跨度敏感。对于燃烧效率为 10mpg 的汽车来说，当利率为 7% 时，燃烧效率提高 1mpg，可以节约 2 981 美元的燃油。如果油价仅为 1.5 美元/加仑，节约的燃料则价值 1 698 美元（利率设定为 5%）。最后，如果消费者仅打算再使用该车 7 年，而且在车上做的节能改造并不会影响汽车转售的价格，那么节能措施给消费者带来的收益现值仅为 $PV＝3 \times 109 \times \dfrac{1.05^{7}-1}{0.05 \times 1.05^{7}}＝1\,415$ 美元。

如果上面这些计算过程让人感觉有些困惑，那么就看一下现实中汽车购买者所处的窘境。人们是否购买了成本有效性最高的节能汽车？换句话说，节约的油是否弥补了他们为此付出的成本？托马斯·图伦汀（Thomas Turrentine）和肯尼思·库兰尼（Kenneth Kurani）发现，在其调查的 54 户人家中，没有一户系统分析了燃油节约情况。另一方面，莫里·埃斯佩（Molly Espey）和桑托斯·奈尔（Santosh Nair）发现消费者购买节能汽车主要考虑了在合理的利率下，汽车使用寿命内能够节约汽油的现值。

小结

● 利率增加时，未来物品的现值不断下降；反过来，利率越低，现值越高。较高的利率意味着人们将钱存入银行获得的利息报酬越高，也意味着将钱对未来进行投资而损失的利息这一机会成本越高。较高的利率表示人们对未来的贴现较多，意味着对某项工程投资的机会成本相对较高，这降低了人们的投资积极性。较低的利率表示人们对未来的贴现较小。由于将钱存入银行得到的利息报酬相对较低，对未来投资的机会成本也相对较低。因此，较低的利率可以鼓励投资。

● 内部收益率指的是能够让收益现值和成本现值相等的利率。利用内部收益率可以轻松地比较不同投资活动的净现值。如果一个项目的内部收益率超过了其他项目的内部收益率，那么这个项目就可以得到更高的净现值。

● 贴现使远期未来值的现值变小。在我们当前的决策中，远期效应是否不值得我们重视？这是一个重要的政治和道德问题。

不同的市场利率

无论是谁看一下银行的广告，就会发现银行事实上有很多利率。根据利率是实际的还是名义的，是存款利率还是贷款利率，以及存款和贷款的持续时间和存贷款的风险等，利率各不相同。下面我们将逐一分析这些因素。

□ 通货膨胀

现在一个美国家庭修缮房屋的钱足够三代以前的家庭买下一整栋房子。这主要是由于通货膨胀的缘故。**通货膨胀**（inflation）是物品和服务价格的全面上涨。打个简单的比方，通货膨胀就像从欧元变成美元，或者从一种货币变成另外一种货币。通货膨胀不会改变不同货物之间的相对价格，但是货物的实际价格和名义价格存在差别。假设一个经济体内所有物品和服务的价格每年提高5%，那么通货膨胀率就是5%。一美元可以买到的东西每年减少5%。如果一个人存了1美元在银行，利率为5%，但是通货膨胀率也是5%。那么等到年底，这个人可以购买的东西和他存钱时所能购买的东西是一样的。增加的5%的利息并没有增加实际价值。

因为通货膨胀率本身并不影响物品的实际价值，所以有必要对利率进行区分，分成根据通货膨胀调整后的利率和没有根据通货膨胀调整的利率两种。针对通货膨胀率进行调整的利率被称为**实际利率**（real interest rates）。相对的**名义利率**（nominal interest rates）是没有根据通货膨胀率调整的利率。这两种利率之差就是通货膨胀率。银行所用的利率是名义利率，也就是银行实际支付的利率。假设通货膨胀率为5%，而银行宣称支付7%的利率，这7%的利率就是名义利率。在银行存款1 000美元在一年后可以得到1 070美元。但是这1 070美元可以购买多少东西呢？因为价格上涨了5%，这1 070美元的购买力下降了5%。实际购买力为1 000×(1.07/1.05)＝1 019美元。换句话说，实际利率仅为1.9%。经过通货膨胀率调整后的实际利率反映了消费者真实可以购买的东西。

现在我们来分析真实利率和名义利率之间的关系。i表示通货膨胀率，r表示利率，经通货膨胀调整后的实际利率为$(1+r)/(1+i)-1$，如上面这个例子中的1.9%。可以用名义利率减去通货膨胀率来估算真实利率，即$r-i$。由于存在通货膨胀，贷款进行节能改造的房主在考虑自己支付的5%的利息时，需要认识到自己支付的仅是5%的名义利率，而支付的实际利率小于5%。

那么在计算现值的时候，应该使用名义利率还是实际利率呢？答案是无所谓。无论使用名义利率还是实际利率，只需要在计算中统一即可。比如使用实际利率计算时，储蓄1 000美元可以获得19美元的利息。而采用名义利率计算时，获得名义的利息报酬为70美元。但是用名义利息报酬除以通货膨胀率，依然得到19美元的实际利息。换句话说，无论是用真实利率还是经通货膨胀调整后的名义利率，最后得到的真实利息报酬一致。

在节能改造案例中，每年节约的744美元是一个真实值。如果能源价格按照通货膨胀率上涨，那么名义上节约的能源费用会更高，但是真实的能源节约费用保持不变。在这种情况下，由于能源节约费用使用的是真实值，那么计算现值时需要采用的利率也是真实利率。在实际应用中，由于预测通货膨胀率和预测能源节约的费用以及其他未来值一样困难，所以采用真实值而不是名义值通常是更加实际的办法。

□ 借款还是储蓄

房主既希望进行节能改造，又希望让自己的汽车更加节能。他决定将存款用于房屋改造升级，而不是放在银行里面获取每年5%的收益。然后他决定借钱买一辆新的节能汽车。此时，他发现贷款的利率超过了5%。这个利率就是资金的价格。当人们将钱存到银行里面时，他们是资金的卖出者；人们从银行里面贷款时，他们就是资金的购买者。在一个简单的没有任何交易费用的均衡模型里面，利率对于借款者和存款者应该都是一样的。

然而事实上，人们试图从银行借钱的时候面对的贷款利率会比人们存钱得到的存款利率要高。利率差异是因为银行将贷款和存款集合到一起需要承担成本。银行需要评估借款人，需要保证能够支付支票，需要收取借款人支付的利息，需要跟踪所有银行账户，还需要确保存款人得到利息报酬。所有这些交易成本构成了存款利率和贷款利率间的差异。

环境经济学

☐ 期限

人们存款或者贷款的时间长短也影响利率。我们通过债券来验证时间长短对利率的影响。**债券**（bond）是企业或者政府在固定的时间内，以固定的利率向投资者贷款的一种形式。贷款的数额就是作为**债券持有人**（bond-holders）的投资者支付给作为**债券发行人**（bond-issuer）的企业或政府债券的价格。债券发行人得到了投资者购买债券的费用，所需要做的就是在债券到期后还给投资者本金以及承诺支付的利息。一些债券的时间很短，比如 3 个月；有些债券可能长达 10 年或者 20 年。债券的利率会随着期限的增加而提高。所谓**期限**（term）也就是债券的持续时间。大多数债券承诺借款人在一定时期内按相同的名义利率支付利息报酬。因为名义利率是固定的，而未来的通货膨胀率是未知的，所以真实利率也是未知的。随着债券持续时间的增加，真实回报率的不确定性也在增加。一般来说，投资期限越长，风险越大。这是因为投资的期限越长，各种不确定因素发生的可能性也越大，风险增加使利率提高（这一问题我们随后讨论）。

债券是政府获取资金投资于公共工程的常用途径，因为债券可以让政府立刻得到大笔资金，而还款则由纳税人在很长时期内支付。例如，2008 年，加利福尼亚投票通过，允许政府发行债券建设一条高速铁路系统。通过销售这批债券得到的资金使政府可以立刻投资这项工程，纳税人则在债券的到期日内支付本金和利息。

☐ 风险

政府发行债券来从投资者手中借钱。因为人们一直认为美国政府可以兑现承诺，所以美国债券，即长期国债被认为是最安全的投资领域。相反地，贷款买车的个人并不一定能够按时偿还该支付的利息和本金。所以，当银行在决定贷款给美国政府还是贷款给买车的个人时，如果双方提供的利率都一样，可以想象银行决不会将钱贷给私人。那么想买车的人如何才能借到钱呢？只有一个办法：支付更高的贷款利率。

一项有风险的投资是指存在贷款无法收回的可能性。贷款项目可能无法产生预期的收益，贷款人可能无法获得足够的资金来支付贷款本金和利息。所以，如果投资者借钱给贷款人，开展有风险的项目，那么投资者就会索要**风险溢价**（risk premium）。风险溢价就是用于补偿贷款可能无法收回的可能性的额外报酬，等于风险投资的利率减去安全资产，譬如国债的利率。风险越高的投资活动需要支付的利率越高。高利率的存在使人们从事高风险投资项目时需要三思而后行，但同样吸引了投资者将资金投入到高风险项目中去。如果投资者谨慎地管理自己的资产，他们从那些按时还清贷款的人那里得到的额外补偿就会超过那些拖欠贷款的人给他们造成的损失。

可以通过另外一个方法控制风险，即分析两个项目投资回报之间的关系。例如，假设房主决定进行房屋的节能改造，但是继续驾驶燃烧效率低的老汽车。基于当前的能源价格，估计房屋改造可以每年节约 744 美元。如果能源价格增长的速度超过预计，那么节能的效果就会更加明显，节能改造的投资收益就会比预计的更高。另外，由于能源价格上涨导致交通成本升高，汽车的净收益会下降。当然，如果能源价格下降的话，情况则相反。房屋节能改造的净收益下降，但是高耗能小汽车的净收益增加。因为房屋节能改造产生的净收益和高耗能小汽车产生的净收益沿相反方向运动，长期来看，消费者的净收益会更加平稳，与能源消耗相关的风险要低于拥有这两种能耗商品时的情况。换句话说，因为能源价格存在不确定的风险，所以谨慎的消费者可能一次仅做一项能源投资，譬如汽车或者房屋。

如果两个物品的收益因为不可预测事件沿同一方向运动，那么同时拥有这两个物品就会增加风险。相反地，如果两个物品的收益因为不可预测事件而沿相反方向运动的话，譬如高耗能的汽车和节能改造的房屋，那么同时拥有这两个物品会降低风险。如果一个物品面对不可预测事件的反应和其他大多数物品不一样，即使单独拥有该物品存在风险，它也非常适合和其他物品一起拥有。通过持有一些对不可预测事件反应不同的财产来降低风险的行为被称为**多样化**（diversification）。多样化是受到高度推崇的金融战略。

风险共有两类。一类风险是所有企业都有的，譬如经济衰退。无法采用多样化规避这类风险。另一类风险是各个项目独有的一些风险，比如无论经济发展好或者坏，企业的产品都不一定能够吸引消费者。这种风险被称为特质风险。对于此类风险，投资者可以通过持有很多价格运动方向完全独立的不相关股票进行规避。因为可以规避特质风险，所以只有系统风险影响股票定价。企业股票价格是基于其系统风险。

小结

- 因为存在通货膨胀率、银行交易成本以及投资期限和风险，经济体中有多种市场利率。

- 通货膨胀率反映的是经济体内的价格总体水平。如果所有的价格和工资水平按照同样的比例变动，那么人们的购买力就不会有实质的变化。但是名义价格和工资会导致交易行为的变化。名义价格和利率包含了通货膨胀率，真实的价格和利率根据通货膨胀率进行调整。只要同时采用名义利率和名义价格，或真实价格和真实利率，那么计算现值时就可以采用任何形式的利率。

- 贷款利率超过了存款利率。因为中间人（通常是银行）提供了存贷款的交易服务，需要得到报酬。

- 投资回报率常常会因为投资期限的不同而不同。由于通货膨胀的预期以及未来的不确定，投资回收期长的项目的投资回报率通常比投资回收期短的项目要高。

- 当投资风险高于其他项目时，风险较高的项目为了吸引投资者，需要提供更高的回报率。投资项目的风险越高，投资得不到回报的风险就越大，而一旦投资成功，获得的报酬也很大，这就需要投资者进行判断，决定是否为高回报承担高风险。

● 投资者可以通过投资对不可预知事件的反应不同的多样化产品来降低自己的风险。如果不可预知的事件发生，譬如能源价格变化等，那么同时选择一项可以增值的投资和一项会受损的投资可以降低投资者的总体风险。

社会责任投资

共同基金是很多企业的少量股份的集合。购买一份共同基金就等于购买了这个共同基金覆盖的所有企业的少量股票。共同基金便于投资多样化。

然而，并非所有投资者都愿意拥有各种类型的投资。有些共同基金持有国防承包商、煤电或核电厂、烟草公司、赌场或其他一些企业的股份。而一些人不认同这些企业。有些投资者希望避免参与这些公司的经营活动，表示对这些公司的反对。因此一些基金筛选投资的企业，缩小投资范围，实现投资者的道德需要。投资管理者必须列出一份社会筛选清单。社会筛选清单是一份标准清单，企业如果能够成为基金购买对象就必须符合清单要求的标准。筛选标准包括拒绝烟草公司，或者不允许公司在被认为侵犯人权的国家投资。一个社会基金会在那些符合社会筛选标准的公司中进行挑选。环境筛选标准则排除掉那些污染物排放超标的企业，但会接受那些遵守《清洁空气法案》的发电企业。一个关注"绿色"的基金可能会购买两家发电企业的股票来实现多样化，一家是太阳能发电企业，一家是风力发电企业。它还可以跳出电力企业，通过投资生产电动汽车的企业进一步实现投资的多样化。

从纯粹的金融视角来看，社会基金存在两个不足。首先，社会基金基于关注的社会问题，大量工作用于筛选各种股票，不得不向投资者征收较高的费用。其次，社会基金的多样化程度不够高。社会基金有意放弃了一些投资于污染行业但获取利益最大化的投资机会。

那些销售社会基金的公司争辩说，社会责任本身就是一种好生意，因为它可以减少罚款和诉讼。但反驳的意见指出，从长期来看，那些遭受罚款和诉讼的企业的投资回报不高，所以鼓励绿色行为不必进行社会责任筛选。还有一些完全相反的说法认为社会基金存在执行问题，在有些情况下会使一些不承担污染成本的污染企业钻了漏洞。

也有一些关注环保的投资者将自己的钱投资于那些包括污染企业在内的共同基金。他们这么做有两个原因。第一个原因是这些投资者认为不筛选的基金或污染企业的投资回报更高，投资者可以将赚取的回报用于"绿色"事业。第二，这些投资者试图以企业的部分所有者的身份来改变企业的行为。

和传统基金相比，尽管社会责任基金减少了投资多样性，但还是可以在基金筛选的范围内实现多样化。

公共项目的利率

计算现值非常普遍，以至于在很多商用计算器上都有计算现值的特定按钮。每当公司决定是否投资一项新的工程时，都需要计算一下工程现值。在现值计算中，公司所选的利率是最能够直接反映公司机会成本的利率。机会成本包括公司将钱借给别人所得获得的利息和公司将钱投资于其他次优项目所能得到的回报。企业可以通过次优项目的投资回报率了解哪一个投资活动才是最能赚钱的。

环保部门也同样会比较各种活动的成本和收益。比如，对一些国际发展项目提供资金的世界银行，在决定是否对一个发展项目（譬如大坝）投资时，会比较投资的成本和收益。大坝的收益包括生产清洁的电力和为农作物提供灌溉用水，成本包括大坝的建设费用、环境成本，以及一些当地社区被水库破坏带来的成本。那么在这些计算中，利率应该设定为多少呢？

对于私人投资决策而言，为现值计算而挑选的利率就很简单，只需要比较贷款利率。例如，房主在考虑是否需要从银行借 4 047 美元用于节能改造时，他只需要用贷款利率计算节能收益的现值。类似地，公司在考虑是否应建一个新工厂时，可以利用贷款利率比较工厂带来的收益现值和工厂的建设成本现值。

如果企业处于运营状态，那么它就必须能够承担所有的运营成本，包括贷款成本。因此，如果企业净现值小于零，企业是不可能长期经营下去的。相反地，政府可以通过税收来获得资金。所以，项目是否盈利，对于政府而言不那么重要。很多政府投资项目，譬如修建公园和提供国防，可以产生极大的好处，却不一定能够带来利润。在这些情况下，成本收益分析中应纳入无法用市场衡量的利益。但是，问题依然存在，政府该采用什么利率水平计算现值呢？

有一种方法认为，因为税收的存在，借款人面对的有效利率和存款人面对的有效利率不同。在投资资金的供需中，为投资项目提供资金的贷款方面对着一条向上倾斜的供给曲线。借钱用于项目投资的公司面对一条向下倾斜的需求曲线。如果利率增加，公司就会减少投资项目。没有税收时，利率可以使资金的供需市场达到均衡。但是，投资所得收益需要缴税，包括企业所得税和企业分红的个人所得税。于是，贷款方的利率低于借款企业的利率。当项目的投资回报率为 7％时，一个 100 万美元的项目可以每年带来 70 000 美元的投资收益。在这 70 000 美元的回报中，可能需要给贷款方 30 000 美元。这些利率中的哪一个反映了项目的投资回报率？如果政府将这笔钱用于一项工程，这个投资项目的投资回报率反映了项目资金的机会成本，那么就需要确定政府投资的贴现率。

可以用很多办法解决政府贴现率问题。第一个方法是用消费者和企业利率的加权平均数，根据资金中消费者和企业所占的比例确定权重。第二个方法认为投资利率反映了不存在政府挤出效应时，投资能够得到的回报，从而反映了真实的机会成本。第三种方法则认为作为企业的所有者和税收的承担者，消费者承担了所有的成本，所以正确的利率是消费率。美国环保署在《经济分析指南》（Guidelines for Preparing Economic Analyses）中讨论了这些确定公共贴现率的方法。

有些人认为，由于确定市场利率的存款和贷款存在市场失灵的情况，所以公共部门使用的社会贴现率应该低于私人贴现率。在日常生活中，我们过分关注短期效应，所以我们希望公共部门避免这类错误。例如，很多美国人开车，并在家中使用空调系统，这些都能够产生温室气体，但他们对政府不在应对气候变化的《京都议定书》上签字表示失望，尽管签字意味着需要温室气体减排。类似地，人们经常批评企业目光短浅，过分关注短期利益，不会进行长远规划。社会利率的存在可以引导政府部门将相对较多的钱投入在那些可以在将来产生更多净收益的项目上，譬如公园、道路或者基础设施建设等，而不是将钱用在那些可以立即产生净收益的项目上，比如失业补偿等。较低的社会贴现率和政府通过税收获得资金的能力联系在一起，本质上是将现在的钱转移到未来。

什么样的项目适合使用社会贴现率？一般认为社会贴现率适用于那些私人部门不太可能参与，主要与纠正市场失灵有关的项目，例如提供公共物品。有些人认为所有利率都应该使用市场利率，因为市场利率反映了机会成本，即政府用这笔钱可以投资的其他项目的收益。另外一些人认为如果询问人们的期望，人们会希望代表公众利益的政府与个人不同，投资侧重于未来。2006 年发表的关于气候变化经济学的斯特恩报告认为，将后代福祉的重要性置于当代人福祉重要性之下是一件很不道德的事情。

这些激烈的辩论导致的实际结果是不同的政府采用不同的利率。负责审核政府部门预算的美国管理和预算办公室推荐 7% 用于私人投资项目。国会预算办公室推荐 2% 作为联邦政府借款的真实成本。美国林务局采用 4%，美国环保署则同时使用了 3% 和 7%。

由于对采用什么样的利率存在着广泛的分歧，解决这一问题的实际方法就如同美国环保署所做的，确立一个利率范围，检验分析的结果对所使用的利率的敏感性。如果在合适的利率范围内，净收益都为正或者负，那么就可以得出一个基本的结论，即收益是否超过成本并不取决于利率的选择。在节能的案例中，利率只要低于 6.73%，该投资在 7 年间的收益就大于成本。如果延长收益期，投资可行的利率（回报率）可以增加。

小结

● 在分析私人部门的投资现值时，可以采用贷款利率，也可以采用其他项目的投资回报率。

● 有人认为市场利率反映了政府没有将钱用于其他活动所承担的机会成本，所以政府应该使用市场利率进行现值分析。还有人认为相比于私人部门，政府部门应该更加重视未来，所以政府部门使用的社会贴现率应该较低。

评价实际的节能投资

在房屋改造案例中，如果节能收益现值超过了改造成本的现值，那么这项投资就是值得做的，于是我们认为人们会投资于此。但是，当经济学家研究人们是否会真正进行这些投资时，却发现人们常常会忽视节能是否具有经济价值。

例如，节能冰箱和不节能冰箱相比，购买费用较高，但是在10年的使用期间内，电费比较低。那些认为未来贴现率很高的人认为节约的电费现值要小于购买节能冰箱需要额外支付的费用，他们会购买不节能冰箱。而那些认为未来贴现率比较低的人会更加关注长期的电费节约，购买较贵的更加节能的冰箱。

我们通过观察人们购买多少节能冰箱和多少不节能冰箱，可以估算消费者计算现值时使用的贴现率。有关消费者购买节能设备的4项研究发现，利率高达40%～60%。换句话说，即使消费者使用贷款利率为21%的信用卡购买节能设备，也会增加自身福利。尽管如此，消费者更看重在当前节约资金的价值，而不是为未来节约资金。而对于其他节能措施，譬如增加房屋的热量控制，研究发现人们的贴现率水平比较正常，在10%～30%之间。如何解释这些利率的大小还有待研究。可能的原因包括节能电器的购买者不相信宣称的电器节能效果，购买者没有考虑长时间使用这些电器，提供的信息表明节约很困难，购买者借不到足够的钱负担初始的高成本，购买者认为很快有更好的产品问世，或者节能电器的吸引力不足，使用不方便等等。

明显很高的贴现率意味着即使这些新节能技术可以给消费者省钱，它们也经常得不到应用。那么政府是否应该制定能效的最低标准，并迫使消费者改变偏好呢？经济学家通常假定消费者是判断消费者利益的最佳法官，但是经济学家也认为应该纠正市场失灵，譬如电价中不包含发电附带的环境损害的全部成本。

小结

● 即使在任何合理的利率下，节能措施产生正的净收益，人们也经常并不购买节能产品。

● 导致人们经济低效率行为的一些可能原因包括，消费者怀疑效果，或者不考虑长期使用产品从而可以享受其带来的收益，或者不喜欢产品的一些特点。

生命价值贴现

假设有两个减少污染的方案。一个方案可以立刻挽救100个人的生命，第二个

环境经济学

方案可以在从现在开始的 25 年内挽救 200 个人的生命。两个方案的成本相同，但是资金只够实施一个方案。那么，哪一个方案更好？

莫林·克罗珀（Maureen Cropper）、西玛·安迪迪（Sema Aydede）和保罗·波特尼（Paul Portney）在一次涉及 3 000 个家庭的调查中提出了这个和其他类似问题。他们希望观察人们对生命的贴现和对金钱的贴现是否不同，如果确实有差别的话，那么人们在计算生命时采用了怎样的贴现率。在调查中，他们不断改变不同时期下可以挽救的人数，通过这种方法来检验人们在短期内和长期内使用的贴现率是否相同，也通过询问人们进行的有关金钱的权衡来检验人们在生命贴现时是否采用和货币一样的贴现率。最后，研究者询问了如何比较挽救年轻生命和挽救年老生命等问题。

研究的结果和其他相关研究的结论大致相同。首先，生命贴现的短期利率要高于长期利率。当时间为 5 年时，利率为 16.8%，当时间变成 100 年时，利率就下降到 3.4%。其次，生命贴现利率和货币的贴现利率很相似，譬如节能改造案例中，5 年期的利率为 20%。最后，结果显示挽救一个 20 岁的人的价值等于挽救 8 位 60 岁的人。

当研究者询问人们为什么倾向于在现在而不是未来挽救生命时，比较常见的几个回答是："1. 解决今天的问题，好好地活在当下是更好的选择；2. 技术的进步可以降低未来挽救生命的成本；3. 未来是不确定的。"第一个和第三个答案很清晰地表示了正的个人时间偏好。然而，大概有 10% 的受访者认为贴现率为负，因为他们认为自己对后代负有责任。对未来的贴现反映出人们的事关未来的行为不局限于货币领域。

总结

以下是本章的重点：

- 只要决策涉及长期的收益和成本，那么就需要对未来的收益和成本进行贴现转变成现值，然后进行比较。获取未来的收益需要承担机会成本，机会成本是将资金存于储蓄等有息账户中获得的利息。贴现与投资复利的计算方法正好相反。贴现是计入机会成本的一种方法。

- 利率反映了人们倾向于现在得到收益而不是在未来得到收益，同样也说明了投资可以使资金经过时间的酝酿在未来带来更高的收益。人们愿意支付一些费用（利息）贷款并立即获得贷款资金。同样，人们将钱存起来用于投资时，必须得到利息。投资可以在未来得到更多的超过投资本身的收益。

- 利率越高反映人们对资金的总体渴望度越高，也意味着未来的物品和现在同样的物品相比，价值更低。在两个极端上，利率为零这一极端表示未来物品的价值和现在同样物品的价值完全相同；利率无穷大则完全相反，表示未来的任何物品一文不值。

- 在一个经济体中，有很多市场利率，反映了通货膨胀、银行成本、投资的期限以及投资的风险。

- 私人部门进行现值分析时，利润最大化要求分析中使用贷款或者投资利率。
- 公共部门不需要实现利润最大化。当公共部门开展和私人部门类似的投资时，也许会使用和私人部门一样的利率。有人认为公共部门应该使用市场利率，因为市场利率反映了政府投资的机会成本。还有人认为公共部门应该使用较低的贴现率，因为政府部门应该比私人部门更加重视未来。

关键词

年金	债券	债券持有人
债券发行人	资本品	复利计算法
贴现率	贴现	利息
多样化	终值（FV）	通货膨胀
利息报酬	利息率	内部收益率
投资	市场利率	净现值（NPV）
名义利率	永续年金	个人时间偏好
现值（PV）	本金	实际利率
投资回报	风险溢价	期限

说明

关于消费者对节能的看法来自于 Thomas Turrentine and Kenneth Kurani, "Car Buyers and Fuel Economy?" *Energy Policy* 35（2）（February 2007）：1213-1223 and Molly Espey and Santosh Nair, "Automobile Fuel Economy: What Is It Worth?" *Contemporary Economic Policy* 23(3)（July 2005）：317-323。

关于消费者的节能计划，肯（Ken Train）写了一个非常具有可读性的调查报告，"Discount Rates in Consumer's Energy Related Decisions: A Review of the Literature," *Energy* 10（1985）：1243-1253。

关于政府部门应该使用何种利率的争论来自于 http：//www. cbo. gov/showdoc. cfm?index=601δsequence=0，在该网页的第二个专栏里面。美国环保署在《经济分析指南》的第六章讨论了贴现的问题，参见 http：//yosemite. epa. gov/ee/epa/eed. nsf/webpages/Guidelines. html。

在时任英国政府经济事务部门负责人的尼古拉斯·斯特恩主持了于 2006 年 10 月 30 日发表的报告《斯特恩报告：气候变化的经济影响》。更多信息参见 http：//www. occ. gov. uk/activities/stern. htm。本书引用的部分来自报告的第 31 页。

人们偏好现在还是未来挽救生命的相关信息来自 Maureen L. Cropper, Sema K. Aydede, and Paul R. Portney, "Preferences for Life Saving Programs: How the Public Discounts Time and Age," *Journal of Risk and Uncer-*

环境经济学

tainty 8（1994）：243-265。

练习

1. 一项旨在增进穷人福利水平的活动可以立即创造 100 万美元，但是会在 200 年后改变整个地球，造成的损失预计高达 10^{12} 美元。该活动在这 200 年中不产生其他成本和收益。

(a) 利率为 10％时，是否值得避免地球在 200 年后遭到破坏？

(b) 利率为 6％时，是否值得避免地球在 200 年后遭到破坏？

(c) 如果 10％是私人部门的利率，那么使用 10％的贴现率存在哪些问题？

(d) 如果使用较低的贴现率，存在哪些问题？

(e) 你认为采用贴现分析和成本收益分析是否是解决该问题的合适方法？为什么？如果不是，请解释原因。

2. 计划将一片很棒的原野改建为一个矿场。原野提供两种收益，分别是娱乐收益和生物多样性收益。娱乐收益来自人们有机会在这片原野上徒步旅行，生物多样性收益来自于这片原野是一些濒危动植物的唯一栖息地。当矿场建成后，预计休闲旅游人次（RVDs，用于衡量休闲使用量的单位）在未来的 10 年内将从每年 10 000 减少到每年 4 000。10 年之后，休闲人数会反弹到 7 000RVDs/年，并一直保持下去。如果不建设矿场，休闲旅游的人数会一直保持在 10 000RVDs/年的水平。矿场预计可以在 10 年运营期内每年产生 100 万美元的收益。

(a) 当利率为 6％时，不考虑矿场对休闲的影响，矿场的采矿收益现值是多少？如果利率为 3％时，现值又是多少？

(b) 如果一次徒步旅行的收益为 P 美元，那么没有开矿时原野的休闲价值的现值是多少？开矿后，休闲现值是多少？（提示：答案需

要用 P 乘以某一数字。）同样，分别计算 6％和 3％两种情况。

(c) 当利率分别是 6％和 3％时，仅仅考虑矿产和休闲的成本和收益，而不涉及生物多样性的情况下，RVD 的价值（例如本题中的 P）为多少才能使开矿的收益小于不开矿时？

(d) 假设旅游成本研究认定原野徒步旅行的价值为 80 美元/RVD。那么在只考虑休闲和开矿的成本和收益的情况下，利率为 6％和 3％时，对原野进行保护是否是一项有效率的决定？如果保护是一项有效率的决定，那么在这个条件下，开矿是否还有可能成为有效率的决定？如果保护不是一项有效率的决定，那么生物多样性的价值应该为多少才能够使开矿变得没有价值？

(e) 何种利率可以使开矿成为最佳决定？为什么？

(f) 还有一个替代选择是推迟 10 年开矿。如果 RVD 的价值为 80 美元，那么这种替代选择的现值是多少？它的现值和现在就开矿的现值相比，结果如何？

3. 一片森林砍伐后可以立刻得到 100 万美元的收益，但是砍伐的环境成本是 10 美元/年，直到永远。

(a) 贴现率为 0 时，砍伐森林得到的收益是否超过成本？为什么？

(b) 私人市场利率为 4％，但是政府决定使用 0％的社会贴现率。此时，机会成本是多少，请解释你的答案。

4. 考虑以下情景中的土地价值。

(a) 假设你拥有一块农场，由承租人承包。出租土地可以每年获得 10 万美元。如果利率为 4％，这些收入折合成现值是多少？提

示：计算现值时，你需要确定租赁期限。你为什么选这个期限？

(b) 有人愿意支付 100 万美元购买你的农场。你是选择卖掉农场还是保留农场？为什么？

(c) 农场的售价为多少是卖掉农场和继续保留农场这两个选择的临界点？

(d) 如果这个农场每年最多可以获得 10 万美元的收益，那么农场的买主最多愿意出多少钱购买农场？为什么？

(e) 买主愿意出的最高价和你愿意接受的售价相比，是高了、相等还是低了？请解释。

(f) 假设你的个人时间偏好超过 4%，那么你卖掉自己农场的可能性是高还是低？为什么？

(g) 某开发商希望将农场进行分割。为什么这个开发商与以前的购买者相比，愿意向你支付更高的价格？

5.21 世纪初，为了分散风险，金融机构将很多人的抵押品打包成一项投资品。这一措施的潜在意义是，如果一个人无法赎回自己的抵押品，会降低对投资地产的整体价值的影响，因为可以从其他抵押中继续得到回报。

(a) 如果这个方法可以有效地降低风险，那么抵押的利率将提高还是降低？为什么？

(b) 如果抵押利率的变化如你在（a）中所说的一样，那么买房人的数量是增加了还是减少了？为什么？

(c) 根据你（b）问题的回答，你认为房价会如何变化？为什么？

(d) 很多原因造成房价在 2001—2008 年间上涨，包括克林顿政府和布什政府出台的各种政策，使人们更容易购买房产。假设人们可以观察到价格变化的趋势，当人们预计未来房价会越来越贵时，人们愿意现在购买一所房子还是等到将来购买房子？房价增加会吸引更多的购买者吗？为什么？

(e) 如果市场中没有房屋购买者了，市场会发生什么？到 2007 年，市场上已经没有很多新购房者了，因为大多数购房者已经有了自己的房子。那么房价还会继续增长下去吗？

(f) 2008 年和 2009 年，很多人发现自己即使卖掉房子也无法赎回抵押品。因此，许多人放弃了赎回抵押品。在这种情况下，房价会如何？人们还会将房子看作一个很好的投资品吗？

(g) 风险得到了实质上的分散吗？换个问法，一个借款人的违约可能与其他借款人违约的可能性之间是否有关系？

第 15 章

成本收益分析

依据《清洁空气法案》，美国环保署为了保护公众健康，在预留了安全边际的基础上设立了国家环境空气质量标准。但是，对于那些任何浓度都会影响人类健康的污染物而言，环保署应该怎么做呢？譬如地面臭氧，在某些地方是一种常见的污染物。至今为止的研究还无法确定臭氧在何种浓度之下不会对人体健康造成影响。如果想全面消除人类产生的臭氧，可能需要全面禁止驾车，拆除火力发电站，也许还需要对面包店以及自家后院烧烤产生的废气进行管理。环保署应该为了杜绝任何影响人体健康的可能而采用极端的污染控制措施吗，还是环保署应该采用更加细致的措施，平衡经济活动的收益及其带来的损害人类健康的成本？

如果收益大于成本，那么环境监管措施就是有效率的。成本收益分析是一种衡量效率的有效方法。政府和一些国际组织，譬如世界银行，通常都需要下属部门对开展的活动的成本收益进行分析。这些分析应该如何开展，以及分析的结果如何影响决策却存在很多争议。以下是本章讨论的重点：

- 成本收益分析是分析公共政策效率的一种方法；
- 成本收益分析的构成要素；
- 如何在实践中应用成本收益分析方法。

泰利库大坝和食蜗镖鲈

根据 1936 年颁布的一项法律，联邦政府在建设洪水控制工程之前需比较成本和收益。法令的原文是：

> 具有破坏力的洪水……对国家的福祉构成威胁……为了控制洪水……联邦政府应该改善……航道……如果由此带来的收益超过预期的成本……

控制洪水并非是这类工程唯一的收益。许多工程还可以用于航运、灌溉或者发电。然而，这些工程同样对社会和环境影响巨大。控制洪水的大坝可以将一条河流截断变成湖泊，这对水温、物种结构以及休憩机会等都会产生影响。大量土地被淹没到水面以下，又产生了新的滨河土地。由于大坝建设潜在的巨大的而且通常是负面的生态影响，所以20世纪因反对大坝建设兴起了很多环保运动。

1936年，田纳西河流域管理局（TVA）提议在小田纳西河上修建泰利库大坝，它是第一个提议在田纳西河的支流上修建大坝的单位。田纳西河流域管理局这一想法起源于美国大萧条时期，涉及河岸线的变更和经济发展。按照田纳西河流域管理局的说法，这座大坝可以产生的收益包括控制洪水、发电、提高航运能力以及商业驳船在田纳西河流域的运行。田纳西河流域管理局计算了收益和成本的现值，认为收益的现值大于成本的现值。

实际上，在大坝建设提案首次提出31年后，即1967年，大坝才最终得以开工建设，却在当时引发了环保组织的强烈反对。这座大坝会形成长33英里，面积15 560英亩的水库，包括印第安切罗基国家遗址和早期殖民定居点在内的很多重要的历史遗址以及周边那些有价值的农田都会被淹没。

田纳西河流域管理局接到了一系列的法律诉讼，起诉理由都是田纳西河流域管理局没有遵守国家环境政策法。在这些诉讼中，田纳西河流域管理局都取得了胜利。直到1973年，食蜗镖鲈被发现后，整个情况都发生了变化。

1973年颁布的《濒危物种法案》要求联邦政府部门确保它们的活动不会"危及濒临灭绝或受到威胁的物种的继续生存以及对这些物种栖息地造成破坏或者不利影响……"由于泰利库大坝选址正是所知的唯一的食蜗镖鲈的栖息地，一旦大坝完工将导致这一物种的灭绝，尽管那时大坝已经完成了90%，法庭还是要求大坝停工。

国会为了修建这座大坝已经拨款1.16亿美元，因此希望法庭改变判决结果。于是国会修改了《濒危物种法案》，设立了濒危物种委员会。该委员会有权批准会导致物种灭绝的活动，拥有决定一个物种存亡的能力，该委员会由此被称为上帝使团。1979年2月8日，委员会发现不应该完成大坝的建设。他们认为大坝没有任何经济效益。委员会的一名成员报告称：

> 大坝不赚钱。成本明显超过了收益。完成这个大坝还需要3 500万美元，并将淹没价值4 000万美元的土地。同时，还将损失重要的印第安考古遗址和景色，河流也无法保持原状。(*Washington Post*, January 24, 1979)

不但法院禁止大坝完工，濒危物种委员会也决定放弃大坝，但是国会中来自田纳西州的议员还是希望这项工程能够完工。田纳西州的参议员霍华德·贝克（Howard Baker）最终通过进一步的立法，使大坝豁免于《濒危物种法案》的影响。1979

年，大坝最终得以完工。

在其他河流中发现了食蜗镖鲈。

到今天为止，只是沿着湖岸建立了一些小型的退休者社区。工程几乎没有产生任何预期的推动经济发展的效果。

大片优质的农田和印第安人的切罗基村庄如今静静地躺在水库的底部。

是否应该建设泰利库大坝呢？环境学家和经济学家都认为不应该。对于大坝建设成本是否超过收益这一问题，田纳西河流域管理局和濒危物种委员会出现了分歧。那么应该如何使用成本收益分析？这一分析对公共政策有哪些影响？

专栏 15.1

《国家环境政策法》

1970 年，总统尼克松签署了美国《国家环境政策法》（National Environmental Policy Act，NEPA）。《国家环境政策法》要求由政府部门投资或者管理的譬如高速公路或者大坝之类的大型项目，需要考虑环境影响。政府的管理手段主要是发行联邦许可证，包括允许对处于环保署保护之下的物种造成偶发伤害的许可证，以及疏浚受《清洁水法案》保护的河道的许可证。《国家环境政策法》要求工程建设前提交**环境影响报告**（environmental impact statement，EIS），研究工程可能产生的影响，并寻找可以减轻影响的方法，包括选择一些替代方案。《国家环境政策法》允许私人组织质疑环境影响报告的正确性，并授予它们诉讼的权力。很多环境诉讼都是因为环境影响报告的不完整引发的。环境影响报告的不完整和潜在的环境损害的程度是不一样的。只要能充分考虑到环境损害和替代选择，政府部门就可以控制和管理环境损害。与美国法律相反，瑞典法律既要求开展环境影响评估，还要求根据项目所得收益，通过法律诉讼来确定合理的污染许可证。由于联邦政府投资并且管理的项目涉及州、地区甚至私人的项目，所以对于环境科学家和经济学家而言，提供一份能够禁得起公众和司法监督和审查的环境影响报告是非常重要的。

☐ 成本收益分析法的定义

成本收益分析的目的在于识别一项活动的收益是否能够超过成本。从 1936 年的《洪水控制法案》（Flood Control Act）中看出，美国的成本收益分析起源于水管理项目。而今天，从道路和大坝建设到濒危物种保护和健康与安全管理，成本收益分析方法广泛应用于很多国家政府的各种活动中。

仔细分析可以发现，成本收益分析方法的要素包括收益、成本、所选项目与替代选择之间的收益与成本的对比，以及贴现率。从理论上来说，这些内容都很简单；从实践上来说，这些内容都很难估计。

乙醇的成本收益分析

随着二氧化碳排放量受到的关注度越来越大,人们对生物质燃料产生了极大的兴趣。生物质燃料不是化石燃料,而是来自于植物。代表了美国农业区域利益的立法者抓住这次机会推动联邦政府给予汽油替代品的乙醇税收减免优惠。在美国,乙醇的原料通常是玉米。在汽油中每混合 1 加仑的乙醇,政府补贴 45 美分。此外,2005 年出台的《能源政策法案》(Energy Policy Act)要求到 2012 年,生产 75 亿加仑的生物质燃料。75 亿加仑的乙醇可以替代 5 亿加仑(合 1.2 亿桶)汽油。这个补贴和命令控制政策得到的收益是否超过了成本?

在乙醇的成本收益分析中,关键因素是:(1)减少汽油使用产生的收益;(2)污染的变化,包括温室气体排放;(3)生产生物质燃料的成本;(4)谷物价格升高导致的消费者剩余和生产者剩余变化;(5)用于支付补贴的税收产生的无谓损失。

首先分析减少汽油消费产生的收益。汽油是从石油中提炼出来的,汽油使用量的减少意味着石油消耗量的减少。美国可以从石油消耗量减少中得到收益,一桶石油 60 美元,由于石油消耗量减少,大概可以获得 72 亿美元的收益。此外,美国减少了 1.2 亿桶的石油消耗量,导致石油的需求曲线向下移动,世界的石油价格保守估计每桶减少 8 美元。由于美国每年进口 35 亿桶石油,每桶石油价格下降的 8 美元可以为美国节约 280 亿美元。

其次,使用乙醇的环境影响,目前还没有达成一致。一些不是很确定的证据显示,乙醇可以略微地减少有毒物质的排放,更符合污染排放标准,并且略微减少温室气体排放。虽然呼吁使用乙醇的人一直希望通过乙醇来减少温室气体的排放,不过乙醇的使用对于温室气体的影响最多只是适度影响,因为在种植玉米和将玉米转变成乙醇的过程中,明显需要投入化石燃料。

第三个要素是生产乙醇的成本。据估计,汽油的成本为 60 美元/桶,等价于现在的谷物价格。换句话说,能够行驶同样距离的汽油和乙醇的生产成本是一样的。

第四个要素是乙醇对谷物价格的影响。使用乙醇的这一计划会使谷物价格增加 1 美元/蒲式耳甚至更高。乙醇对谷物主要的影响体现在出口环节。美国每年出口的谷物大概在 20 亿蒲式耳,可以获得超过 20 亿美元的出口收入。美国以外地区的消费者感受到的消费者剩余的变化更加明显。因为玉米是拉丁美洲的主要食品,玉米价格的上涨将使墨西哥和中南美洲的穷人更加穷困。然而,玉米价格的上涨同样推动北美洲物价的上涨。

最后,为 75 亿加仑乙醇提供的 45 美分/加仑的补贴造成的无谓损失为 11 亿美元。

在罗伯特·汉(Robert Hahn)和卡洛琳·切科特(Caroline Cecot)看来,将乙醇产量提高到 100 亿加仑,每年花费的成本超出每年可以获得的收益 30 亿美元。

他们认为之前促进乙醇生产的计划无法通过成本收益检验，并且建议国会废止对乙醇生产的激励措施。

现在的生物质燃料研究旨在从纤维素中提取乙醇，这可以大大降低现有的从玉米中提取乙醇技术的乙醇生产成本。这些新的生产工艺则可以通过成本收益检验。与此同时，2007 年出台的《能源独立与安全法案》（Energy Independence and Security Act）提出，到 2022 年的生物质燃料使用量将达到 360 亿加仑。

☐ 收益估计

一个项目的产出价值就是这个项目的收益。例如，泰利库大坝可以加强洪水控制能力，生产电力，提高田纳西河流域的通航能力。其他大坝可以为农业或城市提供水资源，增加的农产品等市场交易物品都是项目的收益。在其他一些情况下，非市场的环境物品也是项目产生的收益。比如，密歇根州的安阿伯市曾经考虑拆除阿尔戈大坝，目的是增加水生生物栖息地，为市民提供在河岸休闲的机会；减少空气污染可以降低死亡率和疾病发生率，减少烟雾对于景色的影响；修建一条新的道路可以减少人们通勤的时间，还因为可以直达目的地而额外减少碳排放等。这些都是成本收益分析中考虑的直接和主要的收益。

评估一项活动或者项目收益最重要的一条就是将所有收益都列出来。在评估与产量相关的消费者剩余时，譬如增加的电力供应的市场价值等收益可以通过货币单位进行量化。而将河岸休闲转变成湖岸休闲产生的收益就很难进行量化，也很难评估这些收益的价值。但即使很难量化项目的所有收益或者进行货币衡量，有必要将所有的收益识别出来。这是因为成本收益分析的主要目的就是为决策者提供有用的信息，这些决策者需要了解一个项目的所有收益，而不是只了解那些可以被货币衡量的收益。

估算收益的第一步是明确项目预计产出的数量。这里涉及一个重要原则，即项目收益指的是项目给这个世界带来的额外变化。例如，如果即使泰利库大坝没有建成，当地的电力供应也会增加，那么泰利库大坝所产生的就仅是已增加的电力供应部分之外的额外增加的电力收益。否则，就会给泰利库大坝增加一些实际上与泰利库大坝无关的收益。对于电力供应增加所导致的电价变化也是如此。

定量评估收益所需的数据可能来自不同领域。譬如估算大坝的电力收益需要工程学研究，而且可能得出很多个量化数据。评估休闲变化则需要用到陈述偏好法或者揭示偏好法。减少空气污染带来的寿命延长的收益要通过公共健康研究获得。评估道路扩张带来的驾驶时间的改变不仅需要考虑道路容量的增加，还需要考虑驾驶方式的变化，比如人们因为道路变宽了，选择自驾车出行而不是公共交通。这些评估通常需要各个领域的专家参与。

用单价乘以数量，就可以将估算的这些量化值转变成货币单位。电等市场物品的价格就是该物品的市场价格。如果物品数量的变化足够小以至于价格不受影响，用数量乘以价格就是一个好办法。如果价格发生变化，那么就要用包括消费者剩余、补偿变化法或者等价变化法等方法计算收益。事实上，价格变化的影响很重要。墨西哥曾经提议建设一座大坝，灌溉生产豆角的农田。最终这个计划没有实施，其中的部分原因是成本收益分析显示，增加额外的豆角种植面积将导致世界的豆角价格剧烈下降。

对休闲等非市场物品价格变化的评估需要采用一些非市场的价值评估方法，既可以开展第一手研究，也可以采用已有的研究成果。

□ 成本估算

项目成本指的是用于运行项目的投入，包括原材料、设备、劳动力、能源以及开展项目需要的其他所有物品和服务。和收益估算一样，可以通过分析得到项目成本估算所需的大多数投入数据。

与收益估算一样，需要考虑项目涉及的所有成本。项目造成的环境损害，比如因修建泰利库大坝受到损害的食蜗镖鲈和考古遗址等，都属于项目的成本。而环境损害究竟算是成本还是收益减少，有时候难以确定。比如，收益中有一项是空气质量改善。空气质量的改善指从空气中清除一种污染物，并将污染物作为垃圾填埋，此时垃圾填埋造成的损害算是成本还是收益减少就需要慎重分析。将环境损害纳入成本估算的范围是很重要的。但究竟是增加成本还是减少收益只有在计算成本收益比率时才重要，这一点在下面会接着讨论。

类似收益估算，只有与项目相关的成本才是项目成本。比如，施工设备通常用于多个项目。因此，将项目施工所用设备成本全部当作项目成本就会高估项目成本。不过，不考虑这些成本也不正确，因为将设备用于项目产生了一个机会成本。因此，设备在项目建设期间的租赁费用可以作为评估项目实际成本的一个标准。

采用机会成本作为项目成本这一原则同样可以用于劳动力成本。在一个项目中，劳动力成本通常是唯一的最大成本。对于建设泰利库大坝的建筑工人而言，如果不参与这个建设项目，他们会从事什么工作呢？最可能的是他们从事另外一个建筑工作，或者他们会在其他地方工作，创造一些有价值的产出。那么，在泰利库大坝中使用劳动力的机会成本就是他们在其他地方从事有价值的工作所创造的产出，通过他们在替代工作岗位所得的工资进行衡量。另一方面，如果在泰利库大坝工作的人没有被雇用，那么他们在这个项目中不会创造价值。无论得到的报酬是多少，他们的劳动力成本在成本收益分析中就是零。劳动力成本就是机会成本，即他们在次优工作中得到的工资收入。

在失业率较高时期修建的公共工程所使用的劳动力机会成本可能就和工资有很大差别。弗兰克林·D·罗斯福（Franklin D. Roosevelt）于 1933 年宣誓任美国总统，那时恰值美国大萧条时期，美国的失业率高达 25%。罗斯福为此成立了公共事业振兴署，雇用了数以千计的人从事公共事业项目，包括桥梁、铁路、公园以及其他建筑。位于俄勒冈州胡德山的一座目前还在使用中的很漂亮的滑雪旅馆就是当时修建的建筑。由于当时的失业率非常高，如果那些工人没有被项目雇用就不太可能找到工作。所以，尽管工人的工资是项目中最主要的成本，但是他们工作的机会成本却很低。对当时修建的公共建筑项目而言，成本收益分析的结果通常大于零，因为劳动力投入的机会成本作为其中最大的一部分投入接近零。这一逻辑在当今的一些雇用高失业率年轻人的公共项目中同样适用。美国志愿者项目雇用年轻人从事包括道路养护、家庭教师在内的一系列工作。因为他们劳动力的机会成本非常低，类似美国志愿者之类的项目都通过了成本收益检验。

专栏 15.3

依赖就业机会和木材的社区

美国政府在西部拥有大量土地，其中很多是国有森林。国有森林和国家公园不一样，国家公园用于保护生态和提供休闲功能，而国有森林可以进行开发，譬如采伐木材等。围绕着国有森林散落着很多小型村庄，这些村庄能够存在的主要原因是木材加工厂提供了工作机会。如果这个区域的木材采伐量减少或者完全消失，不仅仅这些工作机会将消失，而且这些村庄也无法长期存在下去。因此，这些村庄中的人通常强烈反对将国有森林列为自然保护区或保护濒危物种的决定，因为这些决定会限制或禁止采伐木料的行为。

一旦就业机会减少或者是消失，会对从事这些工作的人以及他们居住的村庄造成很大的混乱，这点是毋庸置疑的。同样可以确定的是，在大多数情况下，从环境保护中可以得到巨大的环境收益。从纯粹的成本收益的角度来看，如果环境收益超过从木材采伐中得到的收益，那么这些村庄中的居民选择其他地方的工作可以产生更大的净收益。如今美国西部有很多幽灵城，这些城镇在譬如"黄金潮"等资源的大量开采期非常繁荣，随着人们离开后这些城镇随即消失了。而一些依赖木材生产的村庄找到了新的生计方式，譬如休闲服务业，不再依赖采伐业，或者跟着老矿工到其他地方寻找新工作。

公共项目对商业企业的收入和利润又有什么影响呢？大多数公共建筑项目都是由那些和政府签订合同的企业来完成的。政府部门向这些建筑公司支付费用。费用对于政府而言是成本，对于企业而言是收益。当然，按照这一逻辑，所有的项目都可以通过成本收益检验。这个逻辑忽视了作为公路和大坝生产者的建筑公司产生的诸如劳动力和原材料之类的成本。如果公司收入在成本收益分析中被视作收益，那么分析也必须包含资金的机会成本在内的各种成本。所以将企业纳入成本收益分析中，同时增加了收益和成本。收入减去成本等于利润。在长期均衡状态，经济利润为零。对于一个处于均衡状态的建筑企业而言，收入和成本相互抵消，是否将企业纳入成本收益分析对结果不产生影响。

然而，政治家解读世界采取了选举的视角，与成本收益分析视角迥异。从选举的角度看，就算一个项目将大部分成本强加在该社区以外的人身上，只要能够给政客所在社区带来工作和收益，那么这个项目就是好项目。因为社区内的选民不用为他们所得到的工作和收益支付成本，对于他们而言，收益是超过成本的。泰利库大坝的支持者是来自田纳西州的众议员和参议员。他们向自己的选民提供了与大坝相关的经济活动和其他收益，但是美国其他的 49 个州承担了大部分成本。从政治家的角度来看，工作机会也许是工程最主要的收益，因为相对于净收益而言，向选民提供工作机会更可以得到选民手中的选票。企业的收入和利润也很重要，因为收入和利润可以转化为选举所需要的形式，提供本地税收，带来本地的公共服务和投票支持竞选人。所以，成本收益分析的逻辑和选举的逻辑完全不同。

□ 用成本收益分析法比较可替代的政策

基于成本收益分析法找到的最优选择是否是最佳方案取决于有哪些替代方案。历史上，很多水利项目只有一个替代选择，就是不开展该项目。如果提议建设大坝，大坝的收益超过成本，那么可以建设大坝。但是，这个方法可能没有最佳的社会产出。

同一地点的项目之间存在相互竞争。也许情况会是这样，某项目的收益大于成本，但另一个项目的收益与成本之差更高。比如将泰利库大坝建设成为"旱坝"（dry dam）而不是建成一个水库就是一个更好的选择。所谓"旱坝"就是平时不影响水流，而一旦有洪水则可以起到蓄洪的作用。如果田纳西河流域管理局除了修建或不修建设想中的大坝，没有考虑其他替代方案，那么结果可能是项目过大或者过小，或者类型错误。

可以让不同项目竞争同一笔资金。如果一个组织的资金很有限，不可能同时开展所有能产生正净收益的项目，那么找到能够使投资的净收益最大的项目，就可以最好地实现该组织的目的。

最后，选择在不同时期开展同一个项目也构成了竞争关系。一旦项目开展，就失去了不开展项目的机会，而不开展项目却可以一直保留在将来开展这个项目的机会，这就是选择价值。比如，田纳西河流域管理局可以推迟建设水库，直到有证据显示有必要修建水库为止，或者直到明确食蜗镖鲈可以在其他地方生存为止，或者去寻找没有水库时当地社区的其他发展机会。这个观点由两部分组成。其中一部分与了解未来的情况有关，假设田纳西河流域管理局将食蜗镖鲈转移到其他的当地河流中，那么大坝的建设就会推迟，直到食蜗镖鲈能够存活为止。尽管这会使大坝的收益延期，却能够降低食蜗镖鲈灭绝引发的成本。第二部分与未来的不确定相关。如果当地社区在没有大坝的情况下也可以发展，那么田纳西河流域管理局就应该等待并观察社区是否实现了经济发展。如果确实能够发展，那么大坝建设的必要性就降低了；如果没有实现经济发展，还有机会通过建设大坝来带动地方经济发展，尽管地方经济发展延后了。但是等待可以避免不必要的淹没土地。出于这个理由，如果可以选择什么时候建设项目，等待以获得更多信息可能带来更大的净收益。

□ 贴现率

由于项目的收益和成本都是在一定时期内发生的，而贴现率决定了成本和收益的现值，所以贴现率的选择对于成本收益分析的结果影响很大。管理当局通常会挑选一个可以在所有项目评估中使用的贴现率，目的在于分析的一致性，方便比较不同的项目。

使用低贴现率将使未来的收益变大，而用高贴现率将使未来的收益很小。在泰利库大坝引发争论前不久，总统吉米·卡特（Jimmy Carter）引发了巨大的政治风波。他要求对前些年采用很低的贴现率而得以通过的水利项目重新进行净现值评估。水利项目和其他投资项目一样，需要大量的初始投资，却只能在未来的一段时期内分批得到回报。使用较高的贴现率意味着很多项目的净现值会从正变为负。然而，由于那些水利项目的受益区域的政治家从未想过停止这些项目，所以卡特在水利项目上的"打击对象"给他造成了巨大的政治困难，而这些问题贯穿了他的整个总统任期。

关于贴现率的选择会影响活动风险、通货膨胀率的作用以及公众对未来的公共投资的观点等因素。在很多情况下，使用真实值（并非名义值）来消除通货膨胀率可以让分析变得简单。出于简单化的考虑，很多政府部门都建议在所有的部门项目中都使用它们选定的贴现率。对同一个地点的不同项目进行评价时，如果使用了相同的贴现率，净现值的计算会变得容易。不过，使用多个贴现率相对于使用单一的贴现率，可以提供更多的信息。如果在贴现率范围内，无论使用什么贴现率，项目的净现值都是正的（或负的），那么就能充分证明项目拥有净收益。

小结

● 成本收益分析需要评估项目活动可得的最佳收益和成本，并且与不开展活动的基线、其他可能选择、不同时期的成本和收益以及所使用的不同贴现率进行对比。

● 对收益进行评估需要了解活动预计产出的数量和价格。若市场物品的产出变化很小，价格不会受到影响，可以直接使用价格乘以数量评估收益。如果市场价格也产生了变化，就需要评估福利的变化，此时可以使用消费者剩余法。对非市场物品的影响分析可能需要一些非市场物品价值的评价办法。即使无法对所有的收益进行货币价值评估，也要将项目涉及的所有收益都列出来，这非常重要。

● 成本来自于项目的投入。如同评估收益时一样，在成本收益分析中需要将所有的成本考虑在内，包括一些非市场成本。

● 虽然公众在讨论项目时常常把就业机会当作项目的收益，但是在成本收益分析中，劳动力是一项投入，因而属于成本的范畴。劳动力需要根据其机会成本来计算，这和工人得不到雇用时损失的工资不是一个概念。即使对于工人自身来说，工作也意味着丧失了其他收入和产生有价值产出的机会。如果项目不值得开展，那么这个项目可能创造的工作机会留给其他项目会更有价值。

● 公司得到的用于项目建设的费用是公司的收入，也是项目的成本。这部分费用是政府部门支付给公司的。

● 成本收益分析需要考虑很多可能性。不同项目在空间、时间和其他资源上进行竞争。有时候等待获得更多的信息可能比立刻开展一个项目更值得，因为等待可以得到选择价值。在不同可能性中进行选择是找到最大净收益的方法。

● 当收益和成本的时间跨度比较大时，贴现率的选择对成本收益分析的结果会有很大影响。可以使用不同贴现率对成本收益分别进行敏感性分析。如果贴现率对收益是否超过成本没有影响，那么决策者对于成本收益分析的结果就会更有信心了。

成本和收益的比较方法

下面从三个角度对成本和收益进行比较，分别是：净现值、效益成本比和内部收益率。尽管这三个指标都可以说明收益是否超过成本，但是要准确使用每一个指标，需要了解它们存在的细微差异。

□ 净现值和效益成本比

成本收益分析试图使项目的净现值最大。净现值（NPV）是收益现值和成本现值之差。也就是说，如果 B 是收益现值，C 是成本现值，那么 $NPV = B - C$。如果 NPV 大于零，收益超过了成本。如果 NPV 小于零，则收益小于成本。假设大坝的建设成本为 1 000 万美元，收益现值为 2 000 万美元，那么净现值就是 1 000 万美元。

效益成本比（benefit cost ratio，BCR）等于收益的现值除以成本的现值，即 BCR＝B/C。如果净现值大于零，那么 BCR 大于 1。

如果我们仅仅对一个项目进行评估，那么 NPV 和 BCR 告诉我们同样的信息，唯一不同的是一个使用比值来传达信息，一个使用美元来表示。比如，对于成本 1 000 万美元的大坝，收益现值为 2 000 万美元，那么 BCR＝2 000/1 000＝2。无论用哪个方法，都可以得到收益大于成本的信息。

但是政府面对的决策往往是更加复杂的。有时候，一个部门需要在两个或者更多的相互排斥的项目中进行选择。在这种情况下，用净现值在诸多项目中进行选择比用效益成本比更好。在另外一些情况下，政府部门需要在一系列投资相同的项目中进行选择。这时候，效益成本比可以提供更多有用的信息。下面还以大坝为例来揭示其中的原因。

当两个或以上的可以相互替代的项目竞争同一块项目建设用地，并且不同项目使用的建设费用也不一样时，根据效率原则，政府部门会挑选出能够产生最大净现值的那个项目。使用各个项目的净现值对这些项目进行排序可以很容易地识别出这些项目中最有效率的一个。比如为了控制洪水，可以加固堤坝或者新建一座大坝。

一旦开展其中一项工程，另外一项就没有必要再开展。通过表 15.1 可以知道，为什么对这两个项目进行比较时，应该使用净现值而不是效益成本比。

表 15.1 比较净现值和效益成本比

表中显示了假设的项目效益和成本。大坝的净现值高于堤坝加固，但是加固堤坝的效益成本比更高。

	项目收益 （百万美元）	项目成本 （百万美元）	NPV （百万美元）	BCR
堤坝加固	20	10	10	2
修建大坝	35	20	15	1.75

比较从加固堤坝变成修建大坝的边际收益和边际成本，可以得到这一结果。从堤坝加固变成修建大坝，边际成本为 1 000 万美元（用修建大坝的 2 000 万美元减去加固堤坝的 1 000 万美元），但是边际收益是 1 500 万美元（大坝的收益 3 500 万美元减去加固堤坝的收益 2 000 万美元）。因为边际收益大于边际成本，所以修建大坝的净现值可以增加。

当项目的条件一定时，使用效益成本比比使用净现值可以更好地对项目进行排序。尽管有时几个项目都是可行的，而且并不是相互排斥的，但是这些项目可用的资金却是固定的。也就是说，目标在于用有限的成本来获得最大的收益。在表 15.1 中，假设用于防洪的资金只有 2 000 万美元，但是有很多地方都需要这笔资金建设防洪用的堤坝和大坝。2 000 万美元可以用于加固两处堤坝，或者修建一处大坝。加固堤坝的效益成本比为 2，而修建大坝的效益成本比为 1.75，用效益成本比排序，结果是建议加固两处堤坝。加固两处堤坝的净现值之和为 2 000 万美元，而修建一处大坝的净现值为 1 500 万美元。因此选择效益成本比最高的项目直到所有项目资金用完，开展项目得到的净现值之和最高。

加利福尼亚州发行债券，募集资金用以提高河流的航运能力。各个城市和流域管理部门评估希望资助的项目的成本和收益。政府根据效益成本比选择项目，直到所有的资金被用完为止。如果将一个效益成本比较高的项目变成一个效益成本比较低的项目，就可以很清楚地看出利用效益成本比排序可以使净现值最大化。因为总支出是固定的，所以选择不同项目的成本保持不变，将较高效益成本比项目换成效益成本比较低的项目导致项目的总净现值降低。所以，当项目的资金有限时，使用效益成本比挑选项目可以得到最高的净现值。反过来，如果项目资金充裕，不受限制，但是不同项目之间相互排斥，那么利用净现值来对项目排序可以得到最高的净现值。

□ 内部收益率

成本收益分析的最后一个方法是比较项目的收益率。**内部收益率**（internal rate of return，IRR）是使项目的净现值为零时的利率。换句话说，内部收益率就是使成本的净现值和收益的净现值相同时的利率。当公司需要支付利息获取项目资金时，公司会对项目的内部收益率进行分析。通常用项目的内部收益率和项目的必要收益率进行比较。**必要收益率**（hurdle rate）是企业用于项目的资金的机会成本。如果内部收益率超过了必要收益率，那么项目的收益比成本高。

　　政府部门和私人公司一样，有时候也需要借钱。政府借钱的方式通常是发行债券并向债持有者支付利息，销售债券获得的收入为政府提供所需的资金。对于政府部门而言，面临是否发行债券为譬如污水处理或洪水控制之类的项目募集资金这一问题时，内部收益率可以帮助政府进行决策。

　　下面继续讨论如何寻找一个项目的内部收益率，项目成本是先期发生，而收益将在未来某时期得到。内部收益率可以通过求解下面这个等式得到：

$$收益/(1+IRR)^t-成本=0$$

　　如果用贴现率代替内部收益率，那么等式左边的部分就是项目的现值。因为案例中的成本是立刻发生的，所以成本不需要贴现。

　　假设一个项目的成本现值为 1 000 万美元，10 年中得到 2 000 万美元的收益。那么 IRR 的求解等式就是：

$$2\ 000\ 万美元=1\ 000\ 万美元\times(1+IRR)^{10}$$

通过计算得到 IRR＝7.18％。如果必要收益率为 6％，那么这个项目就能够通过检验；如果必要收益率为 8％，那么这个项目就无法通过检验，并且项目的净现值小于零。

　　接下来讨论内部收益率和净现值之间的关系。假设有两个成本现值为 1 000 万美元的项目。项目 A 在未来的 10 年中可以得到 2 000 万美元，而项目 B 可以在未来的 20 年里获得 3 000 万美元。图 15.1 显示在不同利率下，两个项目的净现值。如果必要收益率为 3％，两个项目都值得做。如果必要收益率为 7％，只有项目 A 值得去做。

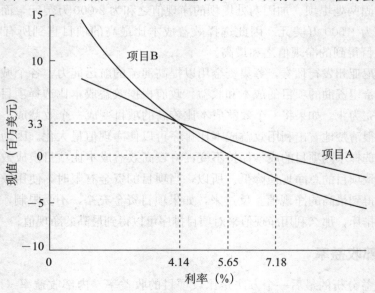

图 15.1　内部收益率和净现值

　　图中显示了两个项目净现值为零时的利率。对于项目 A，内部收益率为 7.18％；对于项目 B，内部收益率为 5.65％。当贴现率大于 4.14％时，项目 A 的净现值高于项目 B。但是贴现率较低时，项目 B 的净收益更高。

但是，如果必须在两个项目中进行选择，那么用哪个标准可以找到净收益最高的项目？答案是净现值。项目 A 的内部收益率更高，和项目 B 相比，它可以通过更高的必要收益率。但是如果贴现率小于 4.14%，项目 B 的净现值更高。贴现率大于等于 4.14%，项目 A 的净现值更高。贴现率是一个固定值，取决于私人公司贷款的成本或政府部门的政策变数。对于一个给定的贴现率，只有其中一个项目的净收益更高。

内部收益率和净现值不同，它无法在很多相互排斥的项目中进行选择。并且，项目资金有限时，内部收益率无法帮助我们判断什么项目更值得开展，这里需要的是效益成本比。但是，内部收益率提供的是基本条件，如果项目无法超过必要收益率，这个项目就不值得开展。

专栏 15.4

利用三种成本收益分析方法区别成本和收益

三种成本收益分析方法从不同角度分析了环境损害是成本还是收益损失。之前，我们讨论了为了改善空气质量，将空气中的污染物过滤出来，并对污染物进行填埋处理这一情况。垃圾填埋场产生的损害应该被认为是成本还是收益降低呢？对于净现值和内部收益率的计算而言，这没有什么差别。假设 B 是收益，C 是成本，D 是垃圾填埋场的损害，那么净现值或者是 $(B-D)-C$，或者是 $B-(C+D)$。无论是哪一种，结果都一样。对于内部收益率，$B=(C+D)$ 和 $B-D=C$ 这两种情况下的利率都一样。

但是，这种差异会影响到效益成本比的结果：BCR $=(B-D)/C$ 或者 $B/(C+D)$。如果 $B-C-D>0$（也就是说项目净现值大于零），那么这两种计算方法得到的效益成本比都大于 1，但是两个结果并不一样。如果需要用效益成本比对项目进行排序，分母必须固定，正如资助节水项目的债券基金一样。否则，改变 D 的位置就可以轻易改变 BCR 的值。

小结

● 净现值是收益现值与成本现值之差。如果净现值大于零，那么开展项目可以增加净收益。效益成本比是收益和成本之比。效益成本比大于 1 表示项目的净收益大于零。内部收益率是使项目的成本净现值和收益净现值相等的利率。如果内部收益率超过必要收益率（次优投资可能的贴现率），项目的净收益大于零。

● 评估项目是否可行时，可以使用净现值、效益成本比和内部收益率。当面对两个或两个以上相互排斥的项目时，通过净现值对项目进行排序比使用内部收益率和效益成本比要好，因为净现值更高的项目产生的净收益更大。当项目很多但资金一定时，通过效益成本比对项目进行排序，并且开展项目直到资金全部用完可以得到最大的净收益。内部收益率不适合比较两个不同项目的回报。

成本收益分析的实际应用

　　成本收益分析的原则似乎很直接：如果开展一个项目，那么这个项目的净现值应该大于零。如果收益大于成本，那么社会可以从这个项目中获益。如果项目的成本大于收益，那么开展这个项目会导致社会福利损失。实际中，决策者必须明白没有任何的成本收益分析可以提供完全的信息，必须锻炼自己面对复杂局势的判断力，必须考虑收益人和成本承担者，以及政策对分配的影响。

　　成本收益分析不属于精密科学。贴现率需要人为判断，对未来的预测不可避免地存在不确定性，所得的数据也是不完全的。没有任何的成本收益分析可以提供完全的信息。但是，如果使用相同的数据和方法分析具有竞争性的项目，那么成本收益分析依然可以对备选项目的合意性提供比较有用的信息。至少，成本收益分析可以提供一个视角，让我们了解一个项目，并且预测项目的结果。

　　如果公共决策过程是公开的、民主的，那么利用成本收益分析检验和讨论项目的过程可以减少错误和偏见。在泰利库大坝案例中，最开始的成本收益分析没有考虑大坝淹没的土地的价值。由于这是跨部门的合作项目，有人指出了成本收益分析中的这个缺陷并进行了修正。关于汽车减排二氧化碳的争论集中在每辆汽车减排的价值上，小到每辆车 1 000 美元，大到每辆车 3 000 美元，这对政策的净收益产生了影响。联邦法院听取了各方意见，最终裁定应该实施减排标准。成本收益分析提供了一个让各方都可以接受的分析框架，以判断项目的合意性，但是成本收益分析不能保证政策影响的利益各方提供的证据相同。最终，需要在相互矛盾和竞争的各方进行选择。

　　成本收益分析显示一个项目的净收益大于零并不意味着所有人都会从项目中受益。效率和帕累托改进不同。在帕累托改进之下，没有人的福利水平降低，同时部分或者所有人的福利提高。

　　环境政策即使是有效率的，也很少是帕累托改进。即使项目的净收益大于零，通常也会有人因为政策而降低福利。我们对很多公共政策进行成本收益分析检验，即使对于所有人而言，政策总收益超过了总成本，这些公共政策却还是遭到一些人的反对，这说明这些人认为政策导致了他们的福利水平下降。有些行为不属于帕累托改进，却可以通过成本收益标准。成本收益分析的作用在于衡量收益是否超过成本，而未考虑谁从中获益。尽管成本收益分析可以识别出获益者和成本承担者，但是分析本身不包括评价收益与成本的分配方式。加利福尼亚州的里士满周边有很多石油精炼厂，这些精炼厂在规定范围内排放大气污染物和水污染物，生产汽油和其他能源。石油生产的收益超过了污染物排放的成本。但是住在精炼厂附近的人们过多地承担了精炼厂导致的污染成本。这种不合理的影响，尤其是对低收入者和少数族裔社区的影响，被称为环境不公平。环保署已经将环境公平的评估纳入规定流程，目的在于更好地理解承担环境成本的群体。环境公平评估不属于成本收益分析，但是成本收益分析可以提供相关信息，增进对成本分担问题的理解。

公共项目的一个额外因素是交易成本。尽管项目资金部分来自使用者支付的费用，但是公共项目的大部分资金来自税收。征税的成本很高。马丁·费尔德斯坦（Martin Feldstein）估计，募集联邦资金的成本，也就是税收的无谓损失，达到了30%。因此，即使公共项目仅仅是将税收资金转移支付，就像一般援助福利项目等，也可能无法通过成本收益检验。但是很多人支持这些项目，因为他们从收入分配的影响中获益。

必须指出的是，包括泰利库大坝或者乙醇补贴在内的很多项目即使无法通过成本收益检验，也能获得很大的支持。尽管这些项目需要其他人承担成本，但有些人会从项目中获益。成本收益分析可以指出项目的机会成本，但不能决定这一项目是否发生。决策者会使用他们自己的标准。尽管成本收益分析是政策竞技场上的一个重要考量因素，但是它几乎永远不会成为制定公共政策所考虑的唯一因素。

专栏15.5

核能的成本收益分析

新建的核能发电厂能否通过成本收益分析呢？麻省理工学院的一个团队应私人公司的要求对此进行了成本收益分析。这家私人公司希望建一座新的发电厂。最后发现，核能发电厂的成本和收益受时间的影响很大。

首先分析核能发电厂的成本现值。现值从工厂完工的时候开始算起，称为第0年。基于对核能发电厂的相关经验，麻省理工假定建设一座1 000兆瓦特的工厂需要5年的时间和54.6亿美元的费用。工厂从第1年开始生产并且持续运转40年后停运。40年后，核能发电厂的拆除成本为18.16亿美元，贴现率为10%，拆除成本的现值为18.16亿美元/$(1+0.1)^{40}$＝4 000万美元。如果反应炉在第0年就开始运转，当年的燃料税后成本为4 017万美元。通货膨胀率为3%，且燃料价格的真实成本每年增加0.5%，那么每年名义燃料成本增加1.03×1.005＝1.035 2。那么每年的燃料成本再乘以1.035 2，并且根据1.1进行贴现。使用同样的n期现值公式，需要将成本通胀率除以贴现率，即1.035 2/1.1转变成利率因素。$1/(1+r)$＝1.035 2/1.1，其中r＝6.26%。现在使用公式计算40年末燃料成本的现值＝$\dfrac{637.6 \times (1.062\,6^{40}-1)}{0.062\,6 \times 1.062\,6^{40}}$＝5.8亿美元。最后，还有一些其他成本，现值为3.2亿美元。那么所有成本的现值分别是：

建筑成本：54.6亿美元；

拆除成本：4 000万美元；

燃料成本：5.8亿美元；

其他：3.2亿美元；

总计：64.1亿美元。

继续分析收益部分。电厂满负荷发电能力为1 000兆瓦特/年，实际发电水平只占到满负荷发电能力的85%。因此，电厂每年可以生产1 000兆瓦特×0.85＝850兆瓦特的电力。如果电价为0.1美元/千瓦时，那么年收益为0.1美元/千瓦时×850兆瓦时/年×365.25天/年×24小时/天＝7.45亿美元。税率为37%，所以发电厂可以得到的收入为4.69亿美元。通货膨胀率为3%，但是电价不会变化。所以对通货膨胀率进行修正，1/(1＋r)＝1.03/1.1，即r＝6.8%。税后收益在第0年的现值为：

$$\text{税后收益的现值} = \frac{4\ 690 \times (1.068^{40} - 1)}{0.068 \times 1.068^{40}} = 64.1 \text{亿美元}$$

实际支付给发电厂的0.1美元/千瓦时电价被称为平准化成本，这一价格是收支平衡点，成本等于收益。所以如果投资者可以确定电价至少在0.1美元/千瓦时以上，建设电厂这个项目就是一个好的决定。

作者有过关于天然气发电厂的成本收益分析的同样经验，发现平准化成本为0.078美元/千瓦时。也就是说，天然气发电厂相比于核能发电厂，可以在更低的价位上实现收支平衡。

那么对于北美而言，不考虑安全和气候因素，天然气发电厂在经济上更加合适。核能发电厂存在安全风险，而天然气发电厂燃烧化石燃料，会产生二氧化碳。成本收益分析中没有纳入这些外部成本，原因很简单，分析服务的对象是私人投资者。

假设碳排放也需要成本。当每吨二氧化碳的排放成本为50美元时，核能和天然气发电厂每千瓦时的发电成本一样。于是当碳排放成本高于50美元/吨时，不考虑其他因素，核能发电厂在经济上更具有优势。

核扩散的风险在分析中始终没有定价，但是却很值得考虑。还需要考虑的是燃料处理的全成本。后者的费用被认为由政府来承担，所以没有必要去支付全部的成本。

作者对公式中那些会出现很多变化的部分进行敏感性分析，并且观察效果。天然气发电厂的主要燃料是天然气，如果天然气价格上涨20%就会使核能发电更具竞争力。另外，核能发电的建设成本是主要成本。如果建设成本维持在2003年的水平，那么核能就会变得更便宜。一个相对严谨的结论是：当能源价格、碳排放价格和固定资产成本未知的情况下，核能发电和天然气发电相比，在预计使用寿命内，变化比较小。

从私人投资者的角度来看，成本收益分析并没有排除任何一种发电模式。碳税和核安全的政策都会对结果产生影响。纳入货币化的环境效果有益于成本收益分析，至少在成本收益分析中认可了这些环境收益。

小结

● 成本收益分析取决于数据和对未来的预期。但是数据有可能是不完整的，对未来的预期也可能充满不确定性。管理决策的制定者需要加强判断力，在各种分析间做出取舍。

● 即使大多数项目的净收益大于零，也都会有获益者和受损者。分配效应对项目结果的影响至少和成本收益分析一样重要。

● 通过税收为政府项目募集资金这一行为本身是具有成本的，这实际上增加了项目的成本。

● 那些收益小于成本的项目也能得以通过。这是因为决策者关注的利益群体可以从中受益，尽管项目的大部分成本由其他人承担了。

成本收益分析在环保署中的地位

美国政府的很多部门承担了保护环境的作用。美国内政部（Department of the Interior）管理国家公园和其他公共土地，以及受威胁和濒危的物种。美国农业部（Department of Agriculture）管理国有森林和很多荒地，协助农民减少土壤退化和保护湿地。美国商务部（Department of Commerce）管理沿海区域，并且负责防治石油泄漏。美国太空中心（National Aeronautical and Space）主导气候变化的相关研究。然而，和环境关系最紧密的还是美国环保署。

美国环保署主要负责监管美国的大气污染和水污染、农药使用、有毒物质以及危险废弃物。各种环保活动中经济分析的作用经常令人困惑。在对农药使用的监管上，法律要求环保署将成本收益分析作为监管行为的一部分。而在制定合适的空气质量水平这一问题上，法律却要求环保署仅考虑公众健康，而不需要考虑成本。然而，一些总统发布了行政命令，要求环保署制定管理措施时开展成本收益分析，即使最终决定不是根据分析的结果。

成本收益分析可以用于很多方面。如果收益大于成本，那么制定一项标准面临的政治阻力会更小。美国管理和预算办公室于 2007 年发布报告，认为美国环保署在 10 年内的管理收益大约是 985 亿美元到 4 836 亿美元，而同期的管理成本大约是 3 920 万美元到 4 620 万美元。事实上，如果边际收益远大于边际成本，那么经过成本收益分析得出的结论是现有的措施强度不足。同时，环境改善的低成本意味着社会希望得到更高的环境质量水平。成本收益分析将环保署和其他人的注意力更加集中于管理措施的成本和收益上，并且激励政府部门设计出能够产生更多净收益的管理手段。

美国环保署的很多措施都涉及复杂的环境因素，所以成本收益分析需要花费大量的人力、财力和时间。有些人认为对环保署的措施进行成本收益分析属于"分析导致瘫痪"（paralysis by analysis），推迟了措施的出台以及污染者承担相关成本的时间。为了降低分析的成本并且协调环保署的各个管理规定，美国环保署制定了《经济分析指南》。指南内容包括了贴现率的使用、替代选择的比较基线，以及非市场物品的价值来源。这份报告并非是学术性的，但从这份指南的示范指导作用来看，的确在公共政策的制定过程中起到了重要作用。

总结

以下是本章的重点：

- 成本收益分析是比较某项目在一定时期内的成本和收益。三个常用的方法分别是净现值、效益成本比和内部收益率。对多个相互排斥的项目进行排序的最好办法是净现值法，效益成本比最适合在大量潜在项目中进行优先排序。内部收益率使用必要收益率来判断一个项目是否适合开展。开展净现值小于零以及效益成本比小于1的项目，需要其他理由，而不是只关注社会净收益。

- 成本收益分析需要评估项目一定时期内的成本和收益，使用合适的贴现率对成本和收益进行贴现，并且考虑在合理的范围内寻找替代的项目选择。由于没有任何成本收益分析可以涵盖所有的成本和收益，所以在成本收益分析中，应该尽可能多地收集影响因素的

信息，包括那些无法用货币衡量的信息，以避免分析出现偏差。

- 收益来自于项目的产出，成本来自于项目的投入。收益的评价方法包括消费者剩余法和其他非市场评价方法。成本的分析包括劳动力评估、原材料评估以及开展活动所支出的其他费用。

- 成本收益分析并不是精确科学。由于环境的变化和一些错误的预测，任何对未来的预测都有可能出现错误。但是，实事求是的成本收益分析需要避免系统偏差。

- 成本收益分析是一种很有效的工具。尽管成本收益分析可以提供成本和收益分配的相关信息，但并不评价分配方式的好与坏。公共项目的决策往往需要考虑项目的获益者和受损者，而不是仅考虑净收益。

关键词

效益成本比（BCR）　　　　　环境影响报告（EIS）
必要收益率　　　　　　　　　内部收益率（IRR）

说明

1936年的《洪水控制法案》是美国法典中的第33条，其中第701a节是相关政策。田纳西河流域管理局关于泰利库大坝的相关信息来

自 http：//www.tva.gov/sites/tellico.htm。首席法官沃伦·伯格（Warren Burger）在 TVA v. Hill，437 United States Supreme

Court Reports 153 （1978）中提到食蜗镖鲈，见 http：//caselaw. lp. findlaw. com/scripts/getcase. pl? court ＝ usδvol ＝ 437δinvol ＝ 153 ♯f7。美国法典的第 5 章第 16 条，从第 1531 节开始是《濒危物种保护法案》。本章中引用的部分来自第 1536 （2）节，见 http://www. law. cornell. edu/uscode/html/uscode16/usc _ sec _ 16 _ 00001536……000-. html。濒危物种委员会的反对理由来自 Margot Hornblower，"Panel Junks TVA Dam；Cites Cost，Not Snail Darter," *Washington Post* （January 24，1979），p. A12。泰利库大坝建成 25 年后，对于大坝影响的讨论来自 Jack Neely，" Tellico Dam Revisited," *Metro Pulse*，14，no. 50 （December 9，2004）。

美国法典的第 42 条是美国《国家环境政策法》，开始于第 4 321 节。对于《国家环境政策法》的一个非常充分的讨论见 Daniel R. Mandelker，*NEPA Law and Litigation* （Thomson Reuters/West，2nd ed. ，updated July 2008），accessed on October 2，2008，at www. westlaw. com。

"The Benefits and Costs of Ethanol：An Evaluation of the Government's Analysis" is by Robert Hahn and Caroline Cecot，*Journal of Regulatory Economics* 35 （2009）：275-295.

大萧条时期，公共事业振兴署的信息来自 http：//livingnewdeal. berkeley. edu。

"Tax Avoidance and the Deadweight Loss of the Income Tax" is by Martin Feldstein，*The Review of Economics and Statistics* 81（4）（1999）：674-680.

对于核能的成本和收益的讨论来自于 Yangbo Du and John E. Parsons，*Update on the Cost of Nuclear Power*，Center for Energy and Environmental Policy Research，MIT （May 2009）。

报告的第 4 页回顾了美国环保署以及其他部门制定制度的成本和收益，参见 http://www. whitehouse. gov/omb/inforeg/2007 _ cb/2007 _ cb _ final _ report. pdf。

美国环保署的《经济分析指南》参见 http：//yosemite. epa. gov/ee/epa/eed. nsf/webpages/Guidelines. html。

练习

1. 假设你在分析各种减少食品加工企业生产过程中的水污染的方案。在和你的属下讨论后，你得到了不同方案的影响矩阵。

   （a）每一个候选方案的净现值是多少？哪一个方案的净现值最高？

   （b）计算每一个方案的效益成本比。哪一个方案的效益成本比最高？

	标准 A	标准 B	标准 C	排污税
总成本现值（不含税）（单位：百万美元）	50	70	225	80
每年花费成本现值（含税）（单位：百万美元）	5	7	22.5	15
损失的食品加工工作机会	1 400	1 750	2 200	1 500
BOD 削减量（百万）	0.8	1.0	1.5	1.2
每吨 BOD 治理费用（美元）	63	70	150	67
总收益现值（百万美元）	75	115	150	130

(c) 哪一个方案可以使资金发挥最大的效用？也就是说，哪一个方案治理每吨污染物所需要花费的成本最低？

(d) 基于（a）～（c）的答案，你认为哪一个方案的效率最高？

(e) 如果政府要在候选方案中挑选一个实施，你认为在（i）劳工组织，（ii）环保者，（iii）食品加工商中，哪一个利益群体会对政府表示支持？为什么？

(f) 如果存在的话，你认为哪一个群体会支持最有效率的方案？为什么？

2. 美国环保署对其在环保项目上的效率展开评估研究。你受聘于环保署，从事这一评估工作。你所面对的项目有以下几个：

（i）减少空气中的臭氧污染需要 1 000 万美元，预计每年可以减少因为臭氧浓度过高致死人数 1 人，减少相关发病人数 500 人。一旦臭氧浓度减少，不产生其他额外效果。臭氧主要影响肺部有疾病的人，比如哮喘病人。患此类疾病的人没有任何年龄特征。

（ii）为了减少在校学生与石棉的接触，需要花费 2 000 万美元，预计每年可以避免 10 名儿童在中年时期患癌症。在类似的 10 例癌症患者中，4 名患者死亡，6 人经过治疗痊愈。

（iii）为了减少家庭饮用水中的铅，需要花费 500 万美元，预计可以每年减少因铅死亡人数 10 名，减少 500 人因铅患其他疾病（学习和行为问题）。在这些受影响的人中，70% 是儿童。

（iv）花费 200 万美元鼓励人们系好安全带，预计每年可以减少因车祸死亡人数 50 名和受伤人数 200 名。影响人群没有年龄特征。

评估研究的目的在于决定如何在几个项目中重新分配投资。投资的总额不会增加。

(a) 假设人的生命价值 300 万美元，避免重伤病的价值为 5 万美元。那么以上 4 个项目中，哪些项目的净收益大于零？

(b) 如果项目的资助标准是使每美元挽救的生命数量最大化，而不考虑疾病，那么哪一个项目是最佳的资助对象？为什么？

(c) 如果项目的资助标准是使每美元维持的人

们健康生活的时间最大化，那么哪一个项目是最佳资助对象？为什么？

(d) 与私人投资需要控制风险不同，公共项目投资的一个主要标准是投资的项目必须是公共物品，根据这一标准，哪一个项目最应该得到投资？为什么？

(e) 你会重新分配这些项目的资金吗？如果是，你会如何分配？你为什么这么分配？如果你不重新分配资金，请说出你希望保持现状的原因？

3. 加州北部的红杉国家公园拥有已知最高的红杉树，也是仅存的海岸红杉生态系统。这一生态系统曾经在加州的海岸占据统治地位。公园接待的游客数量不多，预计每年不会超过 5 000 名游客，平均每名游客在公园中逗留 3 天，即每年 15 000 个休闲旅游人次。联邦政府斥资 6 亿美元，向从事木材采伐的私人公司收购公园。这 6 亿美元可以被视为未来成本流的现值。

(a) 如果利率为 10%，那么红杉国家公园每年的维护成本是多少？

(b) 根据所占用的土地来计算，建立国家公园的机会成本是多少？

(c) 在本题中，为什么需要计算年成本？（提示：本题需要计算成本和收益。）

(d) 如果休闲使用是公园存在的唯一价值，为了保证净现值不小于零，公园从每一个休闲旅游人次得到的收益应该是多少？如果休闲是公园的唯一存在价值，你认为购买公园是否有效率？

(e) 美国大约有 1 亿户家庭。平均每户家庭每年的支付意愿必须达到多少时，政府才值得去购买红杉国家公园？

4. 什么样的决策者会将成本收益分析作为决策依据？也就是找出追求项目的社会净收益最大化，而不考虑收益分配的决策者。如果你找到此类决策者，请解释为什么收益的分配对于这些决策者而言不重要。如果找不出此类决策者，请解释为什么成本收益分析不是一个决策依据，并且讨论成本收益分析是否具有使用价值？

环境经济学

第16章

不可再生资源的管理

石油、矿物质、煤炭等很多资源的供给是有限的。这些资源每使用一次，未来就会减少一些。未探明资源的寻找难度在不断增加，而新探明资源的开采成本通常高于原有资源。由于使用当前资源将减少未来可以使用的资源量，于是这些资源被称为不可再生资源。

能源资源和金属矿藏是典型的不可再生资源，但不可再生资源不仅限于这两类。一些资源最初是可再生资源，但实际上在当代人存在的时间尺度内无法再次产生。例如，森林通常是可再生的，开采之后还可以重新生长。然而，加州古老的红杉树林是独特的生态系统，它们的生长用了数百甚至上千年的时间。古老的红杉树的木材品种是年轻的红杉树难以媲美的。一旦人们采伐这些树木，它们就将消失，我们数代内的子孙不可能再得到这些树木。如果使用这些资源就使资源不断耗竭，那么应该如何利用这些资源呢？如何管理这些资源，如何决定使用的数量，市场如何以及应该怎样分配这些资源，都是自然资源经济学中的核心问题。以下是本章讨论的重点：

- 在当代人和后代之间分配不可再生资源时，机会成本所扮演的角色；
- 哪些要素影响生产者开采资源的决定；
- 生产者和消费者如何应对不可再生资源耗竭的可能性；
- 应用不可再生资源理论管理石油资源时面临的复杂现实。

原始红杉树：不可再生资源

原始的红杉，生长于加州沿海的山脉中，是雄伟的大树。它们向高达 100 米处

（300 英尺）的天空中延伸，在其顶层空间拥有着独特的几乎未被开发的生态系统。最老的树龄已经超过 2 000 年，大多都在公园的保护之下。如果采伐这些红杉树，这些树及其生态系统的再生将需要上千年的时间。

无法增加供给的资源就是**不可再生资源**（nonrenewable resources），因为这类资源的数量只会随着使用而减少。成熟红杉符合这一定义，因为森林的生长地无法再增加红杉的净容量，并且使其再生实际上是不可能的。石油也很好地符合这一定义：腐败的植物等原料转变为石油需要花几百万年的时间。矿藏也是不可再生的，一些矿物质的来源可以追溯到地球诞生之初。一些不可再生资源，例如石油，只要我们使用一次就不复存在了。而铁等其他资源，可能可以使用多年，然后循环使用。但是，所有这些资源最终都将耗尽。

在红杉树采伐之初，大多数人都不关心红杉林的保护工作。红杉仅仅是一种商品。原始的红杉一直以来的定价都是依据纹理的美观程度。由于色彩丰富和重量轻，老红杉非常适于做家居的装饰材料和家具，价格远远高于年轻红杉。

随着采伐的增加，公众更珍惜红杉的稀有程度和生态重要性，成熟红杉林数量不断减少，很多成熟红杉不得不被置于公园的保护之下，这样也减少了红杉的采伐量，可以采伐的成熟红杉越来越少，这使现存成熟红杉的价格不断上涨。事实上，当拥有成熟红杉的木材公司将其出售给公园时，它们得到了补贴，同时，它们保留下来的所有成熟红杉林的价格又上涨了！

现在，几乎没有成熟红杉可供采伐：它们要么已经被采伐，要么是在红杉公园的保护之下。本章研究成熟红杉的案例，从相对丰裕到完全耗尽这一过程，目的是研究不可再生资源利用的经济学。

机会成本与资源价格

生产者决定销售多少数量的产品时，考虑的是产品的成本和售价，而不可再生资源的生产者不得不考虑额外的因素：时间。他们必须决定什么时候出售他们的产品，因为他们明白，最终他们将没有资源可以出售。

□ 利率对生产者决策的影响

不可再生资源的生产者如何使利润最大化呢？回答这一问题之前，让我们看看他拥有哪些选择。生产者拥有一定的资源储量。**储量**（stock）在给定的时期内就是在那一时期可利用的资源总数。一种选择是出售资源，这将带来一笔钱。他将钱存入银行可以得到利息。另一种选择是保留资源。他可以在未来某一时间有权出售这一资源，但他将放弃现在获得收入的可能。第三种选择是现在出售一些资源，留下一些在未来使用。他将如何选择呢？

生产者希望的选择是使利润现值最大化。我们来看看最简单的情形中生产者的选择。他知道资源储量、利息率，以及资源的当前市场价格。他将出售多少资源取决于资源的未来价格。这里存在三种可能性：价格增加的比率可能低于利息率，价格增加的比率可能高于利息率，以及价格按照利息率来增加。我们继而分析这三种可能性。

模型首先以无需开采就可以出售的资源为研究对象，例如原始的红杉，当它仍然是立木，在土壤中生长时就可以出售。因为这一资源可以在开采前被出售，生产者无需承担开采成本。

如果生产者现在售出了一些资源，每一单位资源的市场价格为 P_0。（0 表示现期的价格）。如果他等到下一年再出售，市场价格为 P_1，即一年之后的价格。此时利率为 r，下一年价格的贴现值为 $P_1/(1+r)$。如果 $P_0 > P_1/(1+r)$，当前的价格就要高于下一年价格的贴现值，生产者现在出售资源然后将钱存入银行会更划算。反过来，若 $P_0 < P_1/(1+r)$，他选择第二年再出售资源收益更大，因为他所得到的额外收入要高于他得到的利息。如果 $P_0 = P_1/(1+r)$，两个时期的价格贴现值是相同的，他现在出售资源或来年出售所得收益没有差别。因此，生产者唯一会做的就是现在先出售一部分资源，来年再出售一部分，考虑到价格会随着利率而增长。

描述同样决定的另一种方式是考虑机会成本。在下一时期出售，每单位价格为 P_1，但其机会成本为 $(1+r)P_0$，表示现在出售的价格以及银行的利息。生产者只有下一时期的价格超过或等于机会成本时，才会决定在下一时期出售。

现在让我们看看生产者在各种不同时间段的决策。在各时间段中，生产者可以选择何时进行开采，所以他只会开采价格现值最高的资源。出售每单位资源时，贴现值最高的价格被称为**使用者成本**（user cost），因为它代表了生产者在其他时间出售资源的机会成本。只有在贴现值与使用者成本相等时，生产者才会开采。因此在每一时期开采资源的生产者，面临的贴现值通常一定等于使用者成本。资源在时间为 t 时的价格 P_t 被称为**租金**（rental rate）。使用者成本和租金指的都是资源开采前的价格。

不同时期的价格意味着什么呢？如果生产者现在出售一些，明年再出售一些，明年的价格为 $P_1 = P_0(1+r)$。生产者在预测第二年时，需要面对同样的决策。在第二年结束，价格为 $P_2 = P_1(1+r) = P_0(1+r)(1+r) = P_0(1+r)^2$。因为该决定在每年都相同，那么在 t 年后，资源的价格将变为 $P_t = (1+r)^t P_0$。各时期一系列的价格被称为**价格路径**（price path）。

如果生产者在每一时期都售出一些资源，价格必定是按照利息率增长，这一原则称为**霍特林规则**（Hotelling rule）。它是由哈罗德·霍特林（Harold Hotelling）发现的，他同时也发明了旅行费用法。霍特林的发现对当代和后代人进行资源分配起到了极为重要的作用。

图 16.1 中的黑点表示成熟红杉在 1953—1983 年之间的实际价格。因为是成熟树木作为立木出售的，因此所有者无需支付开采成本。我们将 1953 年作为起始年 0。为了找到符合图中各点的"价格随着利率的变化而增长"的函数 $P_t = (1+r)^t P_0$，我

们必须找到 r 和 P_0。彼得·贝尔克（Peter Berck）和威廉·本特利（William Bentley）对 r 和 P_0 所做的回归分析发现，当 $r=13.1\%$ 且 $P_0=14.20$ 美元时，曲线能够最大程度地拟合价格数据。图 16.1 中的曲线就反映了 $P_t=(1+0.131)^t P_0$ 这一公式。

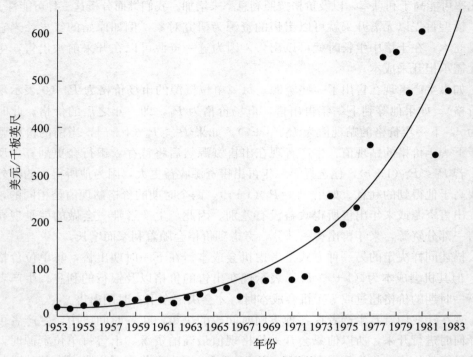

图 16.1　各个时期的红杉价格

　　黑点表示从 1953 年（年份为 0）到 1983 年之间成熟红杉的实际价格。实线描绘的是"价格随着利率而增长"的函数，$P_t=(1+r)^t P_0$，其中利率为 r，初始价格为 P_0。当 $r=13.1\%$，初始价格为 $P_0=14.20$ 美元时，函数可以很好地拟合所有的价格数据。所有的值都按当年美元计算，名义利率是 13.1%。因此，图中的直线即为函数 $P_t=(1+0.131)^t P_0$。

专栏 16.1

保护水源地森林

　　加州北部的水源地森林是包括斑海雀在内的珍稀海鸟的栖息地，公众对于是否要保护这一区域的原始红杉生态系统展开了激烈的争论。这一片森林归太平洋木材公司（Pacific Lumber Company）所有，该公司在 1986 年被 Maxxam 公司收购。随后，为了偿还收购太平洋木材公司所借的资金以及支付利息，Maxxam 公司将红杉林开采率提高了一倍以上。然而，因为这片红杉林是最后一片私人拥有的成熟林，提高开采率这件事情导致开采行业和环保人士出现了强烈的冲突。如果减缓木材开采速度，采伐者担心工作不保，而"地球优先"（Earth First）环保组织的人将自己与树木锁在一起，以阻止伐木工开采森林。

1999 年，太平洋木材公司将10 000英亩水源地森林按照 4.8 亿美元的价格出售给公众，以州和联邦基金支付。现在由美国土地管理局管理水源林。高昂的价格对保护这一地区环境价值的立法者而言是一个价值信号。这一交易包括一个栖息地保护计划，允许太平洋木材公司采伐其仍留存的200 000英亩，同时要服从保护野生生物和溪流的专门限制。2007 年，太平洋木材公司宣布破产，并声明采伐时附加的政府约束使得生意无利可图。2008 年，法院批准其将现存的木材土地出售给 Mendocino 红杉公司。符合霍特林规则可能实现利润最大化，但可能无法满足环境保护的社会目标。

与工业产品的制造者不同，生产者不愿意每年制定相同的价格，因为资源生产面临其他的机会成本：现在销售一单位资源意味着在未来不可能再销售这一单位资源。依据霍特林规则得到的价格路径使生产者在当前或未来销售是无差异的。下一步决定实际销售数量时需要消费者来决定购买资源的数量。

□ 消费者的决策与均衡的供给量

如其他物品一样，消费者决定了不可再生资源的需求曲线。需求曲线显示在不同价格下消费者购买的数量。同样地，市场均衡要综合考虑价格和数量，让供给量和需求量保持一致。根据霍特林规则，只要每年的价格与利率同步增长，生产者就会愿意满足消费者需求。于是消费者需求决定每年的销售数量和价格。

图 16.2 显示的是对原始红杉林实际需求的线性拟合。在需求曲线的最高价格处，每千板英尺红杉木价格为 650 美元，需求量为 0。这一价格为**零消费价格**（choke price），在此价格处的需求量为零。当价格到达零消费价格时，需求被抑制，而消费者将会停止购买成年的红杉木，转而使用其他装饰原料。

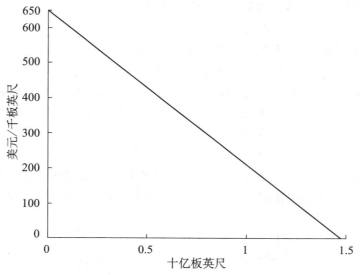

图 16.2　红杉木的需求

本图显示了对成熟红杉木实际需求的线性拟合。在需求曲线的最高价格 650 美元/千板英尺处，需求量为 0。

在一个市场均衡中，供给量与需求量相等，且适用于每个时期。只有当价格与利率同步增长时，生产者才会在每一时期出售物品；一旦设定了基期的价格，未来的价格都由基期价格决定：$P_t=(1+0.131)^t P_0$。因为霍特林规则使生产者利润最大化，所以消费者根据价格决定其需求数量。随着价格每年增加，消费者购买量逐渐减少。

图 16.3 显示了这一相互作用的关系。左侧是图 16.1 中的曲线，表示价格和利率的同步增长。例如，虚线显示了 1961 年的价格为 38 美元/千板英尺，而 1980 年的价格为 400 美元/千板英尺。右侧是图 16.2 中的需求曲线。从 38 美元的价格处水平引出一条虚线与需求曲线相交，并在交点处向纵轴引垂线，与横坐标轴相交于 13.9 亿板英尺，意味着在 1961 年，红衫木的价格为 38 美元而需求量为 13.9 亿板英尺。在 1980 年，价格为 400 美元/千板英尺，需求量为 5.7 亿板英尺。这两幅图显示了找到每年红衫木消费量的途径。资源开采量和资源开采时间之间的关系称为**开采路径**（extraction path）。

需要注意的是消费量呈逐年下降趋势。与制造品的生产者不同，制造业的生产成本不是每年必然发生变化，而不可再生资源的生产者需要提高价格，导致消费者每年减少资源购买量。随着资源的耗竭，较高的价格鼓励了保护行为，人们在使用持续稀缺和不断昂贵的资源时，会更加节约。

同时注意，一旦初始价格 P_0 确定，未来年份的价格和数量就由生产者和消费者行为之间的相互作用决定。最后一步就是了解如何确定 P_0。

□ 耗竭各时期的所有资源存量

只要人们发现一种中意的物品，他们就想充分利用该物品。生产者则希望出售所有资源，因为资源没有出售时，无法带来任何经济价值。因此，霍特林理论预测人们将用尽全部资源存量。

寻找初始价格的关键首先是资源存量将用尽的这一预期。初始价格决定了价格的变动路径，而价格变动路径又决定了消费者每年的资源消费数量。因为资源的全部存量都会被消费掉，那么资源的总存量就必须等于每年销售量的总和。我们将资源的总存量称为 X，在 T 年内全部用完，在第 t 年生产量为 Q_t。资源的总量 X 一定等于每年的销售量之和，共 T 年：

$$X=Q_0+Q_1+Q_2+\cdots+Q_T$$

我们将需求用 D 表示。那么，消费者在价格为 P_t 时购买的数量取决于价格，表示为 $D=D(P_t)$。因为在任意一年，销售量与购买量相等，即 $Q_t=D(P_t)$。在方程中对可耗竭资源生产进行替代得到：

$$X=D(P_0)+D(P_1)+\cdots+D(P_T)$$

因为价格随利息率而上涨，所有的价格都是初始价格的一个简单函数，$P_t=(1+r)^t P_0$，故

$$X=D(P_0)+D[(1+r)P_0]+\cdots+D[(1+r)^t P_0]+\cdots+D[(1+r)^T P_0]$$

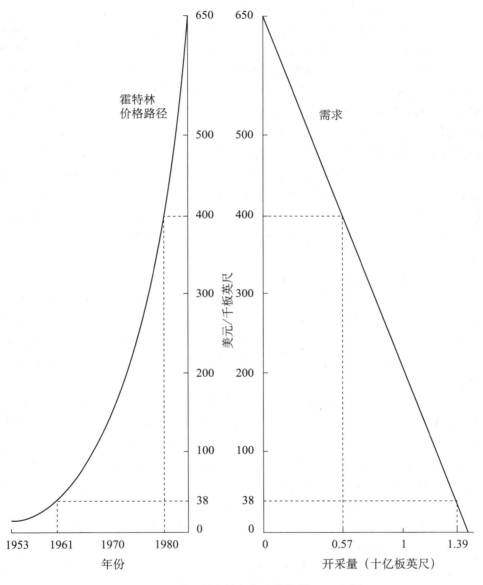

图 16.3 寻找红杉木的每年消费数量：开采路径

　　左侧是图 16.1 中的曲线部分，表示价格随着利率增加而增加。例如，1961 年的价格为 38 美元/千板英尺，而 1980 年的价格为 400 美元/千板英尺。图的右侧是图 16.2 中的需求曲线。从 38 美元的价格处水平引出一条虚线至需求曲线，并在交点处向纵轴引垂线与横坐标轴相交于 13.9 亿板英尺。这意味着在 1961 年，红杉木的价格为 38 美元，需求量为 13.9 亿板英尺。在 1980 年，价格为 400 美元/千板英尺，需求量为 5.7 亿板英尺。将这两幅图结合在一起，显示了寻找红杉木的每年消费量的路径。

　　这一方程显示了总生产量等于资源存量。它是各个时期需求量的总和，直到资源在第 T 年耗竭为止。如果我们知道需求曲线，我们就知道方程中除初始价格 P_0 外的所有因数。P_0 暗含了生产者的一个行为：除非消费者需求消失，否则生产者不会耗尽所有资源。因为他们可以从持有资源中持续受益。

让我们来观察红杉案例中的上述关系。假设生产者拥有世界上最后一千板英尺单位的成熟红杉。需求曲线显示，如果价格高达 650 美元/千板英尺，没有人会购买，需求量为 0。生产者出售最后一千板英尺的价格必须低于 650 美元/千板英尺。因为每年价格不得不提升 13.1%，前一年价格是 $650/1.131 = 575$ 美元/千板英尺。根据需求曲线，在这一价格处，消费者将购买大约 1.7 亿板英尺的红衫木，在两年内的总需求量为 1.7 亿板英尺。再前一年的价格为 $575/1.131 = 508$ 美元/千板英尺，消费者购买了 3.2 亿板英尺，三年中共销售了 4.9 亿板英尺的红衫木。

可以按照这一方法不断往前推算，得出前一年的价格和当年的销售量，并将所得数量加总，直到得出成熟红杉林的总量。在本例中，1953 年共计有大约 346 亿板英尺的成熟红杉。根据需求曲线与价格路径向前推算，可以估测出在这一价格路径下，将一直开采至 1984 年才能耗竭所有的红杉，初始价格为大约 14.2 美元/千板英尺。

一个适当的初始价格可以确保在人们不再购买资源时，生产者刚好将资源耗尽，这一价格很关键。如果 P_0 很低，会使每一时期的需求量非常高，在价格到达零消费价格前，总需求量将远大于可利用的资源量 X。如果 P_0 很高，每一时期的需求量将比较低，当人们不再需要购买资源时，依旧有资源剩余。仅有唯一的一个 P_0 可以使各时期资源的总需求量等于初始存量，而且这一价格路径也能让生产者满意。

我们可以在图 16.3 中增加两幅图来表现这一均衡。开始时展现的是两幅新图，然后将四幅图连在一起。图 16.4 显示了售出的几十亿板英尺成熟红杉。这幅图包含两部分。右侧图的坐标轴和 45° 对角线都表示数量，横坐标轴的数字与纵坐标轴的同一数字完全一样。左侧的图中，纵坐标轴表示数量（从上到下逐渐增加），横坐标轴表示年份。它表示的是消费者每年购买红杉树的数量，即开采路径。例如 1961 年，消费为 13.9 亿板英尺，而 1980 年，这一数量降至 5.7 亿。

现在我们在图 16.5 中，将四个图放在一起，并按照顺时针方向观察。在左上方，纵轴为价格，横轴为年份，年份自左向右增加。时间的基期为 1953 年，t 为自 1953 年以来的年份数，r 为 13.1%。向上倾斜的曲线代表的是价格随着利率增长，$P_t = (1+r)^t P_0$。在右上方的象限中，纵轴为价格 P，横轴为数量 Q_t，显示的是需求曲线。右下方的图将数量从横轴转化到了纵轴。左下方表示的是每年的销售量，即开采路径。

让我们按照两个案例中的年份分别引虚线，观察每一年购买和出售的数量。在 1961 年，从左上方象限开始，向水平轴做垂直的虚线至曲线 $P_t = (1+r)^t P_0$，从交点向纵轴引垂线，可以看出在 1961 年，红杉木的价格为 38 美元/千板英尺。下面将这条虚线延长至右上方象限中的需求曲线。然后在与需求曲线的交点处向横轴引垂线，得到需求量为 13.9 亿板英尺。第三象限将数量转移到纵轴上。最后一步就是在左下方象限中，将销售量 13.9 亿板英尺与年份 1961 年连接起来。

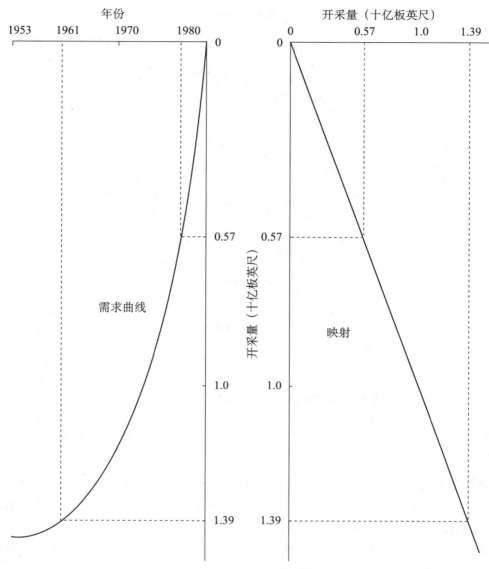

图 16.4 描绘红衫木每年的消费量曲线

　　本图显示的是成熟红杉的销售情况。右侧的横纵坐标轴都表示红杉木的开采数量，并且横轴的刻度与纵轴的刻度一样。在横轴上，红杉木的销售量从左向右增加，而在纵轴，数量自上而下增加。左侧的图用纵轴表示数量（从上到下逐渐增加），横轴表示年份。它表示的是每年购买多少红杉木。例如 1961 年，消费量为 13.9 亿板英尺，而 1980 年，这一数量降低至 5.7 亿板英尺。

　　现在让我们在年份为 1980 年时，连接虚线重复上述过程。在左上方的象限中，1980 年红杉的价格为 400 美元/千板英尺。在右上方的象限中，1980 年生产的红杉木数量为 5.7 亿板英尺。右下方的象限将需求量转化到纵轴上。左下方象限显示的是结果（1980 年，5.7 亿板英尺）。

　　如图所示，1984 年的价格为 650 美元/千板英尺，而它的需求量为 0。因此生产

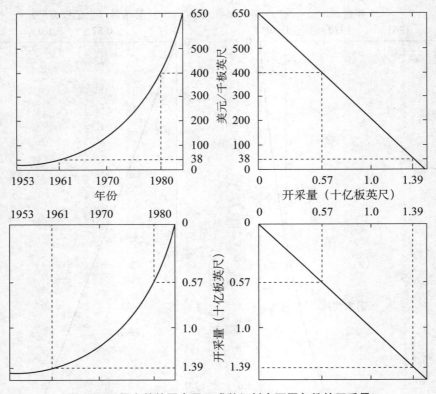

图 16.5 用完整的图表显示成熟红杉在不同年份的开采量

按照顺时针方向观察各图。例如在 1961 年，沿虚线向上得到价格为 38 美元/千板英尺，延长至需求为 13.9 亿板英尺，做垂线并延长到第三象限的 13.9 亿板英尺，最终延长得到实际开采的点，在 1961 年开采量为 13.9 亿板英尺。

成熟红杉木的最后一年就是 1984 年，距离开始开采大约 31 年，即 $T = 31$。根据公式，零消费价格 $= (1+r)^T P_0$。由于初始价格按照 13.1% 的利率进行增长，价格最终会到达需求量为零的水平。正如模型预测的，大多数成熟红杉资源已在 20 世纪 80 年代枯竭。这也是当前水源地森林中现存红杉树如此珍贵并得到环保积极人士如此珍视的原因之一。

现在我们已经得到了开采路径，我们将每年的开采量加总，并考察加总后的开采总量是否等于可利用资源量。为了这一目的，我们将左下方的象限放大，得到图 16.6。在图 16.6 中，曲线和水平坐标轴之间的阴影区域代表了总消费量。对于每一个阴影矩形，矩形的高为每年红杉木的产量，矩形的宽度为一年。所有矩形面积的总和即为 1953—1983 年间成熟红杉的消费总量。这些年红衫木的消费总量等于开采初期可利用资源量，约为 346 亿板英尺。

如果初始价格发生变化将会如何？在这些图中，1953 年的初始价格为 14.2 美元/千板英尺。如果 P_0 低于 14.2 美元/千板英尺，那么每年的销售价格将会更低。因为较低的价格会导致更大的需求量，所以每年的红衫木生产量将会提高。如果每年

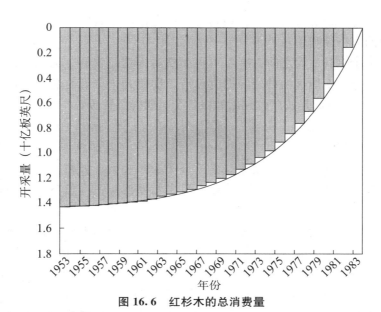

图 16.6 红杉木的总消费量

曲线和横轴之间的阴影区域代表全部消费量。对每个阴影长方形，其高代表一年红杉木的生产量，其
宽代表一年。所有长方形面积之和是原始红杉林在 1953—1983 年的全部使用量，等于红杉木的全部存量，
346 亿板英尺。

的生产量更多，消费者每年对这一有限的资源消费会更多。例如 $P_0 = 14.2$ 美元/千
板英尺，而在每一时期消费者消费更多的红杉木，那么价格可能还未到达 650 美元/
千板英尺时，消费者就会提前将资源耗尽。因为在低于零消费价格的其他价格处，
消费者的需求是正的，需求量也是正的，然而供给量将为 0：供给量不等于需求量，
市场将无法实现均衡。

更高的初始价格也会出现相似的问题。如果初始价格高于 14.2 美元/千板英尺，
当价格达到零消费价格时，仍会有剩余的红杉木。生产者仍希望出售木材，但消费
者却不会购买。同样地，市场也没有实现均衡。

四象限图说明了不可再生资源实现均衡的原则：

1. 在左上方象限中，价格按照利息率增长。
2. 在右上方象限中，生产量与需求量相等。
3. 在左下方象限中，需求量的总和为初始可利用资源量。
4. 在右下方象限中，最终开采时期 T 即为零需求量的时期。

□ 利润

你是否曾注意到，尽管与红杉相关的开采成本为 0，红杉木的价格依然大于 0。
在价格和边际成本之间存在一个缺口，即为使用者成本，它代表的是当前出售资源
而不留到未来的机会成本。这样，资源所有者会得到利润。

因为资源供给是有限的，所以利润会上升。由于红杉是不可再生的，如果它们
的所有者将价格设定为边际成本（0），人们将很快用尽资源，并且在未来也无法使

用。使用者成本是资源所有者的纯利润，其重要作用是激励资源所有者节约使用红杉实现未来的可持续利用。

很多人由于在其他人之前占有不可再生资源而变得富有。为了迅速暴富，人们蜂拥而至将黄金和土地这两种资源据为己有。即使开采资源是免费的，它的价格和利润仍将大于 0，目的是按照分配函数在各个时期提供资源。

小结

● 不可再生资源的霍特林模型包括三个要素：让生产者在当期和未来均提供一些资源；在每一时期，生产数量与消费者需求相互匹配；人们不再购买资源时正好用尽全部资源。

● 不可再生资源的价格应当随着利率而上升，因为利率代表的是继续持有资源的机会成本。这一条件使生产者在当前与在未来出售资源之间是无差别的。否则，生产者要么现在将资源全部出售（如果他将收入存在银行可以获得更多收益），或者现在完全保留（如果价格增长过快，他更愿意持有资源以在未来出售）。

● 随着价格的增加，消费者需要的物品数量减少：价格激励人们保护稀缺性不断增加的资源。

● 如果市场达到均衡，生产者用尽资源时恰好是价格足够高以至于消费者不再购买资源时。

● 不可再生资源的所有者赢得利润。如果价格等于零边际生产成本，那么，在人们仍然想购买资源时，资源已经耗尽。利润激励人们将资源分配在不同时期使用，使得只有在人们不愿意购买资源时，它才完全耗竭。

霍特林模型的调整

图 16.1 表现了 1953—1983 年间红杉木的价格。黑点代表的是调查到的实际价格，而实线则是最接近地拟合了这些点的指数型曲线。霍特林理论认为，这一价格路径应该是平滑的指数型增长。然而，在该图中，黑点与实线靠近但不全部落在实线上。数据与预测结果并不完全一致。为什么？

到目前为止，霍特林模型代表的只是一个简单化的价格路径。在不可再生资源的价格路径中，它关注的是利率扮演的角色，而并不考虑影响价格的其他因素。实际上，即使是利率可能也不是一个常数。下面将分析影响不可再生资源价格路径的各种要素。

□ 利率

利率的波动源于很多因素，包括在经济活动中利用资源的生产率、通货膨胀、货币供应，以及人们节约资源的态度。虽然我们使用实际利率可以消除通货膨胀的影响，但利率仍然会变化。这些变化如何影响不可再生资源的开采呢？

利率反映的是不开采这一资源的机会成本。如果开采了资源，利润可能被存入银行并获得利息。由于改变贴现率会在很大程度上影响未来物品的现值，所以改变利率将影响不开采资源的机会成本。同时，利率影响需求，所以利率也会对自然资源市场产生其他影响。简单说来，我们看图 16.7，考察变化的利率对不变的需求的作用。

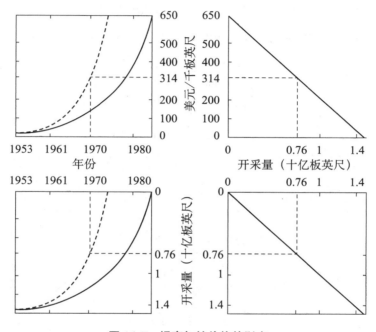

图 16.7 提高初始价格的利率

价格开始时，它的初始价值为 14.20 美元/千板英尺。在左上方限中，实线表示的利率为 13.1%，虚线表示的利率为 20%。因为新的利率更高，虚线表示的价格路径始终位于实线上方。沿着图中 1970 年的虚线，显示的更高的价格对应于左下方象限中更低的数量。由于每年的使用量较低，没有用尽资源存量。

图 16.7 的初始价格为 14.2 美元/千板英尺，此外还有一条 20% 的利率虚线。左上方象限的价格路径表示价格随利率上涨。因为在 20% 的利率下价格增长更快，在第一时期后的各个时期，新利率的价格（较高的虚线）高于旧利率下的价格。

右上方的象限显示的是需求曲线每年的变化。因为价格越高，需求量就会越少。下面的两个象限为新曲线，左下方象限中的虚线表示的是每年的消费量。因为虚线表示的每年价格高于实线的每年价格，虚线表示的消费量低于实线，虚线表示更高的利率下，每年的资源消费量减少。

曲线包含的区域表示每年消费量的总和。在案例中，资源总消费量等于资源最初可利用的总存量。因为虚线表示每年的新产量线，反映在每一年消费的资源减少，所以消费的总资源量减少。如果初始价格相同，利率更高时，资源不会被用尽。当价格到达零消费价格时，生产者仍然持有资源量希望在市场上出售，市场并没有达到均衡。

另一种情况是初始价格较低。与初始价格为 14.2 美元/千板英尺相比，每年的价格都会较低，而每年的需求量将会更高。在图 16.8 中，实线表示的是初始价格为 14.20 美元/千板英尺，利率为 13.1%，而虚线表示的是新的初始价格 4 美元/千板英尺，新利率为 20%。现在，在左上方象限中虚线表示新的价格路径，开始部分位于原始路径下方。尽管这条价格路径曲线的初始价格较低，但利率更高，价格增长得更快。1978 年，新路径穿过旧路径后将比旧的价格路径更高。

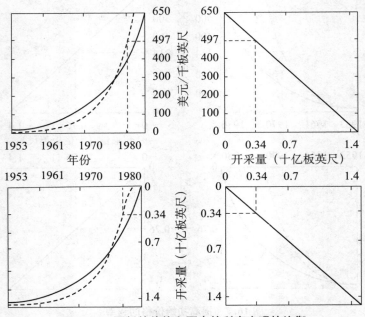

图 16.8 更低的价格和更高的利率实现的均衡

实线反映的是初始价格为 14.2 美元/千板英尺，利率为 13.1%，而虚线表示的是新的初始价格为 4 美元/千板英尺，新利率为 20%。沿着图中的虚线，左下方图表示的是新旧数量变化图。虚线表示的年份—数量曲线最初位于原曲线下方，1978 年后进入原曲线上方。新旧年份—数量曲线和坐标轴之间的区域面积是相同的，因此它们都用尽了资源。

下面让我们考察价格和数量之间的关系。1978 年前，价格低于原案例中的价格，所以消费量更高。1978 年，因为价格与原案例中相同，所以消费量也相同。而在 1978 年以后，更高的价格和更高的利率导致消费量低于原案例。按左下方象限所示，年份—数量曲线自 1953 年起位于原曲线外，自 1978 年起位于原曲线内。

在图 16.8 中，两种组合方式都用尽了资源。而更高利率和更低初始价格的组合较快地用尽了资源。在初始情境中，价格于 1984 年达到零消费价格，消费量为零。新的组合中，资源在 1980 年耗尽。这也是一种需求量等于存量的均衡，当人们不再愿意付费购买时资源恰好用尽。

为什么更高的利率会使得资源的开发加速呢？更高的利率会增加资源所有者面

对的机会成本；而如果他马上出售资源，银行将提供更高的货币回报。更高的回报会激励他更快地出售资源。因为更高的利率表明人们并不重视资源的未来价格，而更重视现值，更高的利率下实现的均衡会给予现在的消费者更多的资源，他们并不关注是否未来还可以使用资源。当利率达到无穷大时，人们将立刻用光全部资源，不会留给未来。高利率使得人们不愿持有资源，而更愿意立即获得利润。

较低的利率对未来的贴现不高，这会带来令人满意的价格和消费的变化路径。人们对未来的重视程度与对现在的重视程度相近，更倾向于保留一部分资源在未来可利用。极端情况是贴现率为 0，需求曲线不变，生产者在每一时期向消费者出售相同的数量，反过来他们也在每一时期都希望有相同的存量。

□ 消费者需求的变动

随着时间推移，不可再生资源的需求曲线可以发生移动。以 20 世纪的成熟红杉为例，由于美国收入水平增加，需求曲线向上移动。人们有能力为房屋装饰支付更多费用。而石油是另一种不可再生资源，向上变动的需求曲线部分反映了印度和中国收入的增加，更多人在近些年拥有汽车。

资源的需求曲线也会向下移动，发生变化的原因是增加使用替代品或是技术进步。例如，如果石油的替代品乙醇变得更便宜，或者如果人们转向高能效汽车，石油的需求曲线将会下降。而需求的这些变化如何影响不可再生资源的开采路径呢？

假设 1965 年红杉木的需求量超过了预期。原因可能是美国人的收入增加高于预期，使红杉木的需求曲线向上移动。让我们对比一下需求曲线移动前后的开采路径。初始价格为 P_0，需求曲线发生移动，每一时期的需求量增加。因为在每一时期的需求量更多，直到价格达到零消费价格之前，各时期的总需求数量将多于可开采存量。由于总消费量必须等于资源存量，那么每年的消费量必须减少。为了达到这一目的，1965 年的价格以及后续年份的价格就必须提高。出现意料之外的需求变动时，价格也将随之变化。即使初始价格更高，一旦需求发生变动，价格也将会再次按照利率上涨。生产者仍期望价格按照利率增长，这样可以使其在当前或未来开采资源无差别。价格的增加会抵消需求上升的变化，使各个时期的总需求量再次与资源存量相等。

我们可以反向思考，考虑突发的红杉木需求减少的情况，可能是因为替代的建筑材料价格的降低导致红杉木的需求曲线向下移动。在这种情况下，每年的消费量减少。每个时期的消费量都减少了，所以当价格到达零消费价格时还有资源没有用完。但是总消费量要等于资源存量，因此必须说服消费者提高每年的消费量，所以1965 年及随后年份的价格将会减少。正如需求向上移动的案例，随着 1965 年的价格下跌，后续年份的价格会根据利率再次上涨。和需求向上移动的情形一样，需求的变换弥补了价格的改变，总的需求量将等于资源储量。

如果 1953 年人们的需求发生移动，那么 1965 年将发生什么情况？生产者意识到这种改变，开始为其做出准备：例如，如果需求增加，他们将开始贮存资源，以便在价格增加时有更多资源可供利用；如果需求减少，他们就开始促销，使得在消费者不想购买时不会剩余太多。尽管最初的价格和需求发生改变，生产者还会预期价格随利率稳步增加。对未来需求变化的预期会导致生产者改变当前行为，因为现在和未来构成了红杉木市场均衡的各部分，一个时期的改变可以很快影响其他各个时期的价格和数量。在现在和未来之间快速反馈导致的结果是，在人们需要资源时有资源以供利用，在需求量为零时资源恰好用尽。

□ 开采成本

大多数不可再生资源是需要开采的，即在出售之前，需要先从地下获得。石油生产者必须将石油从地下抽出来才能进行销售。铜的生产者必须采矿并冶炼铜，然后他们才能出售铜锭。开采成本是生产成本。类似铜锭或准备出售的石油等由不可再生资源制造的产品，它们的价格变化路径如何呢？

下面我们假设有两个公司，观察它们如何对产品价格的变化做出反应。一个公司拥有红杉林并以 R 美元/千板英尺的价格出售。另一个公司以 R 美元/千板英尺的价格购买红杉木，采伐成本是 MC 美元/千板英尺。拥有红杉的企业没有生产成本，而且资源价格随利率而上涨。采伐资源并将其以价格 P 美元/千板英尺在市场销售的企业有两项成本：购买资源的成本；采伐资源并将其在市场销售的成本。购买还在土中生长的资源的成本（非现值）就是租金。因此，采伐者的边际成本就是采伐资源边际成本的总和 MC，加上购买在土中生长的资源的成本 R，总边际成本为 MC＋R。作为一个利润最大化的公司，采伐者将通过经营使价格等于边际成本，因此 P＝MC＋R。换句话说，价格等于边际采伐成本加租金。

租金即为不能开采的资源的价格，随利率而增加，$R_{t+1}=(1+r)R_t$。如果我们用 $R=P-MC$ 代入霍特林价格规则中，我们将得到一个更一般的霍特林规则的公式，$(P_{t+1}-MC_{t+1})=(1+r)(P_t-MC_t)$。将这一方程重新变形得到 $P_{t+1}=(1+r)P_t+[MC_{t+1}-(1+r)MC_t]$。这一方程表明尽管租金会随利率上升，但产品价格 P 通常不会随利率而增加，因为采伐成本不随利率升高。如果边际采伐成本固定不变，即 $MC_t=c$，产品价格就变成 $P_{t+1}=(1+r)P_t-r×c$，而且产品价格 P 的增长慢于利率的增加。

另一种分析方法就是询问在这一价格中采伐的边际成本和租金的比重。如果采伐成本为常数，产品的价格增加要慢于利率的增长。因此在开采成本为常数并且在产品价格中占据较大比重的情况下，产品价格的增加也非常缓慢。此时，租金在产品价格中就占据相对较小的份额。例如，铅的含量很丰富，其价格大部分来自于采矿和冶炼成本，而价格增加较慢。相反地，对于较易开采的红杉而言，大概一半的价格都来自于租金，另一半则是生产者从所有者手中购买红杉后采伐和加工的成本。如果一种物品是充足的，租金就占产品价格很小一部分，而边际成本主导价格。换句话说，数量更充足的物品的价格更接近制造品的价格模式，其价格几乎等于边际成本。

☐ 支撑技术

当我们用尽不可再生资源后，会发生什么？通常，我们会寻找替代物品。在成熟红杉案例中，木材和其他材料都可以替代红杉。在石油案例中，核能、煤炭、天然气和其他可再生资源结合在一起，可以提供能源。不论哪种对可耗竭资源的替代都称为**支撑技术**（backstop technology），这是根据在棒球运动中的捕手而命名的，捕手的作用是接住漏球。

支撑技术如何影响我们的模型呢？假设在 1980 年，此时红杉的价格为 400 美元/千板英尺，而且具有可行的支撑技术，比如可再生的胡桃木镶板的价格为 400 美元/千板英尺。此时，红杉木所有者可能会试图节约一部分红杉以供来年获得更高的价格，但无法实现这一想法，因为消费者将购买胡桃木镶板代替红杉木。因此，价格不会增加到 400 美元/千板英尺以上。

现在，假设在 1961 年，红杉木的价格为 38 美元。新闻报道，只有红杉木价格达到 400 美元/千板英尺时，胡桃木镶板才可以替代红杉木。聪明的红杉木所有者立刻会意识到红杉木的价格不会增长到 400 美元/千板英尺以上。否则，大家将会购买支撑品，没有人购买红杉木。因此，所有者将希望在红杉木的价格达到支撑技术的价格前售出全部不可再生资源。为了实现这一目的，所有者将出售更多的红杉木，使得价格到达支撑技术的成本时，用尽全部资源。

专栏 16.2

估值原则

自然资源存量价值几何呢？假设政府想购买一片红杉林，或者是某公司想购买另一公司拥有的石油矿井。应该怎样估价资源的实际价值呢？

霍特林理论指出资源存量的价值就是现在的价格乘以存量，即 $P_0 X$。为什么？让我们考虑不同时期对资源的开采。如果在年份 t 时，资源的开采量为 Q_t，而价格为 P_t，截止到资源全部耗竭的时期 T 时，各期开采的资源总量的现值为：

现值 $= P_0 Q_0 + \cdots + P_t Q_t/(1+r)^t + \cdots + P_T Q_T/(1+r)^T$

霍特林价格规则指的是价格随着利率而增长，也就是 $P_t = P_0(1+r)^t$。我们用这一价格来代替上面公式中的价格后，得到：

现值 $= P_0 Q_0 + \cdots + P_0 Q_t + \cdots + P_0 Q_T$

因为开采总量 Q 等于储存量 X，我们得到：

现值 $= P_0(Q_0 + \cdots + Q_t + \cdots + Q_T) = P_0 X$

霍特林估值原则指的是资源储存量的价值仅为它的当前价格乘以存量。如果资源有开采成本，那么估值原则就是租金乘以存量得到价值。

米勒（Miller）和厄普顿（Upton）针对 39 个石油生产企业的样本检测了这一

准则，他们利用企业的股票市值和企业储存的石油天然气数量进行计算。他们用储备的石油和天然气的桶数乘以当时的石油和天然气价格，并将存货的全部价值加总。他们发现，存货的总价值 P_0X 很好地预测了企业的股票市值。

当加州北部红杉国家公园获得私人土地时，这一估值原则在决定美国政府的支付价格时起了主要的作用。木材所有者提出，由国家购买的划入公园范围的大量红杉木的价格应该采用自愿进行买卖时的小批量红杉木的每板英尺价格。他们的争论在于无论红杉木数量有多大，如果没有进入国家公园，都会在很多年中每年售出少量。因为每年价格的现值是相同的，所以不必考虑每年出售多少数量。少量出售木材时每板英尺的价格与大批出售红杉木的每板英尺的价格应该相同。最后，木材所有者获得了胜利。

当前增加销售量会引起价格的下跌。随后，租金，即尚未开采的红杉木的价格将会再次根据利率增加，以保证生产者在当前和未来都有资源可供出售。因为红杉木的价格已经降低，红杉木价格现在是从一个更低的点开始按照利率增长。结果使红杉木价格达到 400 美元/千板英尺需要用更长的时间，同时替代支持技术也需要更长的时间才能进入市场，所有的红杉木都会在低于 400 美元/千板英尺的价格出售。

如果有更好的选择，用尽不可再生资源对消费者而言并不重要。如果我们有足够的红杉木产品的替代品，那么使成熟红杉完全耗竭，或者将剩余红杉留在国家公园中，对消费者而言没有影响，因为替代支撑技术缓解了资源的稀缺性。相似地，拥有可再生能源资源的各种选择意味着，不考虑使用化石燃料带来的环境污染损害结果，用尽化石燃料对我们的能源未来并不十分关键。

□ 勘探

对于很多资源而言，我们对现存储量的了解总是不完备的。例如，会不定期地发现新的油田。勘探对资源管理有什么样的影响？

当一名生产者新发现一个不可再生资源的矿藏，资源储存量会突然增加，即使在未来数年内不会使用该储量。这样一来，对消费者而言，可能就有更多的资源供现在和未来使用，资源变得不是那么稀缺。如果资源维持现价，消费者将不再购买更多。为了让消费者购买更多，哪怕新的矿藏短期内不会开采，价格也必须立即下调。发现矿藏扩大了资源储量，减少了稀缺性，并降低了价格。

然而，勘探的成本非常高。为何生产者愿意花费成本去寻找新的矿藏呢？当然是希望得到利润。需要铭记的是，不可再生资源之所以产生利润是因为它的稀缺性。利润不仅有助于在各个时期分配资源，同时也能为勘探者提供激励去寻找新的矿藏。因为勘探者每找到一个新的油矿就能够按照市场价出售石油，所以人们才会寻找油矿。事实上，勘探者为了寻找这些新的矿藏，花费的成本等于预期的新储量可能带来的全部利润。

霍特林规则表明，租金等于价格减去边际开采成本，它随着时间推移不断增加。租金不断增加的一个重要作用是为新开发提供持续的激励。随着租金的增加，人们将愿意花更多的钱来寻找更多的资源。当他们成功找到新资源时，新的发现会降低价格并缓解资源的稀缺，使消费者更满意。由于价格下跌，租金下降，在新发现后的较短时间内减少了人们对勘探的兴趣。当租金再次上升时，生产者将再次探测开发，幸运的话，资源储存量会再次增加。

多年以来，人们多次预言多种资源即将耗竭。例如石油，1950 年前后人们预计，石油的储量只够整个世界再使用约 20 年。这一预言并不准确。持续增加的稀缺性周期性地引起更多的勘探，导致新的发现进而降低了稀缺程度。以上说明，我们一直在较好地使用着很多不可再生资源，尽管此前我们多次预计这些资源已经枯竭。

小结

● 不可再生资源的开采和使用依赖于很多因素，包括经济增长率、消费者需求的变动、开采成本、支撑技术的开发，以及勘探。

● 其他各因素保持不变时，利率提高会加速当前的资源开采，因为节约资源以待未来出售的机会成本更高。相反地，利率降低会导致未来拥有更多的资源。

● 未来消费需求变动的预期将迅速影响当前市场，因为价格反映了未来的变动。未来需求增加的预期将提高现在和未来的价格，导致现在出售的资源数量减少，较多的资源将留给人们在未来需要时使用。相反地，预期未来需求将削减时，尽管当前需求仍旧旺盛，但价格会下降，生产者会出售资源。

● 如果边际开采成本不变，霍特林规则暗示了价格至少会与利率同步增长。当边际开采成本不变并且包含了大部分产品价格时，产品价格增长得非常缓慢。

● 替代品的支撑技术和新矿藏的发现都会降低持有某种不可再生资源存量的重要性。结果，其中任意一项都将导致当前资源产品数量增加，即使新发现资源无法立即投入使用，也会带来价格的相应减少。

● 资源租金不断上升激励人们勘探，以及开发替代品的支撑技术。这一新发现将削减租金，因而降低人们寻找更多可能的激励，直到租金再次增长到足够高使得生产者再次寻找能够增加资源储量的办法。

资源的耗竭 VS 环境的枯竭

关注不可再生资源很重要吗？在我们使用不可再生资源时，是否存在市场失灵，以至于缺乏效率呢？因为依赖不可再生资源会导致资源耗尽时引发的各种问题，我们是否应该避免使用不可再生资源？或者我们是否应该在资源存在时充分利用，并期待在资源耗竭前找到替代选择？

对不可再生资源耗竭的关注促使每个生产者和整个社会寻求更多新的矿藏和技术，用于代替资源并降低稀缺性。这也使消费者相信要对资源加以保护，只有在找到替代选择后才能用尽它们。认识到资源是有限的将会有助于我们更加明智地利用资源。同时，对资源实施有效管理可以满足消费者对资源的需求。除非价格升高或出现可行的替代选择，阻碍了需求，人们才会使资源枯竭。利用资源的同时也给当前带来收益，而对资源耗竭的关注则增加了人们对资源的保护和寻找资源替代品的力度。

换句话说，可以利用的不可再生资源数量是有限的，如何分配和使用资源其实是一个管理问题。当我们享受充足的资源时，我们可以睿智地管理资源。因此，不可再生资源的有限供给并不会导致危机。

上述关于缓解资源稀缺性的观点看起来比较乐观，但还需考虑一个极为重要的问题：市场失灵特别是外部性等产生的问题。开采不可再生资源时常会导致环境和生态损害。采伐成熟红杉林会破坏森林的上层生态系统，这也是生态学家近期才开始研究的。开采煤矿、石油或矿物质会破坏景观和河流。如果资源开采者无需对这些环境成本负责，那么均衡的生产量就是无效率的。正如在汽油生产中，如果边际成本包括开采成本，进而也体现在销售价格中，那么消费量将会降低。与开采者不得不面临这些成本而消费者不得不面临提高的产品价格这一情况相比，忽略这些成本会导致更快的耗竭，以及更多的环境损害。

对于石油和煤炭这两种不可再生的化石燃料资源，当前使用速率带来的环境效应远比资源耗竭问题严重得多。人们能够通过提高能效或使用替代支撑技术来应对资源的耗竭，但却无法承受利用石油和煤炭持续带来的污染威胁。

外部性的经验可以同时应用于不可再生资源与其他物品。这些外部成本造成了社会的实际损失，并且全部损失会反映在与物品相关的资源价格上。如果价格不包括这些成本，资源的价格将低于有效水平，人们将更多和更快地使用资源，而损害也会更高。

专栏 16.3

煤炭、气候变化与癌症

根据最近的估计，全世界的煤炭资源仅供使用 200 年。相对廉价和充裕的煤炭已经帮助数百万的中国人和印度人脱离贫困，进入电气化和工业化时代。然而，气候变化和人类健康都因使用煤炭而付出高昂的代价。

每单位煤炭会比每单位石油释放更多的温室气体。作为发展中国家，中国和印度不在 1997 年《京都议定书》签署的气候变化框架协议中限制碳排放国家之列。近来，中国每年排放的温室气体总量已经超过美国。如果发展中国家还不开始限制排放，几乎不可能控制气候变化。

此外，煤炭燃烧会产生黑色烟尘以及肉眼很难看到的颗粒物质。粉尘污染与肺癌、哮喘以及心脏疾病相关。在中国，各种疾病中，与污染相关的癌症是引起死亡的首要原因。尽管清洁煤技术会减少粉尘污染，但不会降低温室气体产生量。

尽管煤炭是一种不可再生的化石燃料，其资源耗竭可能只是与此资源有关的各种人类问题中最不重要的。

小结

● 如果按照霍特林规则管理资源，完全耗竭某种不可再生资源不再是一个严峻的问题。租金的不断增加鼓励消费者持续保护资源，也促使生产者找寻更多的矿藏和替代品。只有当价格足够高以至于没人愿意购买时，资源才会耗尽。

● 环境损害是经济学中的一项成本，资源开采者通常没有充分考虑这一成本，而忽略这一成本将会导致过度的环境损害以及资源的迅速耗竭。

● 为了有效管理不可再生资源，开采者的成本中应包含全部的外部损害成本，继而体现在消费者价格中。

石油

石油是一种牵动全球神经的不可再生资源。它在多大程度上符合我们的不可再生资源理论呢？当然不会与理论家所描述的不可再生资源理论完全契合。石油资源在理论和现实之间的差别既说明预测一种资源的未来是非常困难的，也反映该理论的解释能力。

我们先来看看各时期的石油价格。在图 16.9 中，虚线表示石油的价格，实线表示经通货膨胀调整后的石油价格（实际价格）。我们看到的价格曲线不是呈现严格的上升趋势。理解这一价格变动路径需要分析影响石油价格变迁的主要因素。

首先，石油市场不是一个完全竞争市场。石油输出国组织（OPEC）已经有一些成功的经验，通过抑制市场上的供给，试图操控石油的价格。这一市场力量与政局动荡地区的石油矿藏联合起来，引起了石油价格的波动。

石油输出国组织的首次成功是在 1969 年卡扎菲夺取利比亚政权后一年，当时石油输出国组织将每桶石油的价格提高了 20 美分。1973 年，阿拉伯和以色列赎罪日战争之后，石油输出国组织尝试对美国及其他以色列的支持国限制石油销售。此外，沙特阿拉伯作为世界最大的石油生产商，也将产量削减了 35％。这些行为共同促成了图 16.9 中 1973 年石油价格上涨。在 1978—1981 年之间，石油输出国组织控制产量，伊朗政府被推翻以及伊拉克和伊朗之间爆发战争，石油价格再次上涨。

20 世纪 70 年代，石油输出国组织制定了很高的价格，这导致非石油输出国增加了石油出口，例如挪威北海的生产量和保有量。最终，价格一路下滑至 1986 年

12.51 美元/桶的名义价格。1989 年，由于伊拉克入侵主要石油生产国科威特，引发了 1990 年的第一次海湾战争，导致石油价格上涨并随后停在 10.87 美元/桶。因此，如果这幅图截止到 1999 年，石油价格呈现持续下降趋势，或者在相当一段时间内比较平稳，而没有形成如理论预测的不断增加的价格路径。

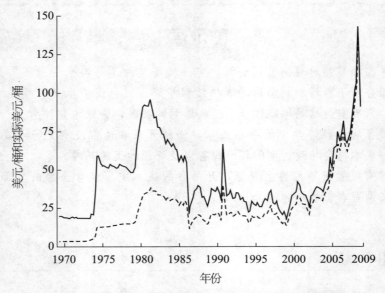

图 16.9 来自于美国能源部能源信息管理局的已探明储量和石油产量

虚线代表石油的名义价格（即未经通货膨胀调整）。实线代表石油的实际价格，即名义价格除以消费价格指数，以 2008 年第三季度为基期。

然而，1999—2008 年，石油价格剧烈上涨，在 2008 年第三季度下降至 50 美元前曾经到达峰值 142 美元/桶。2008 年的石油价格飙升被归结于印度与中国快速的经济发展带来的需求强劲增长。2008 年末价格的回落，部分原因是美国经济增速放缓，影响了世界其他地方的工业活动。因此，在石油价格路径中，市场力量和全球重大事件扮演了主要的角色。

而影响石油价格的另一要素是**投机者**（speculator）的行为，投机者是对物品未来价格下赌注的投资者。在价格位于谷底时，投机者购进石油。投机者并不打算使用这些石油，而是赌石油的价格将持续增长，他们想要在如理论预测的高位出售石油。当价格开始下降时，他们会卖出手中的石油。当价格上升时，他们通过增加需求量而促进价格不断上升，当价格下降时，他们会通过增加供给量使价格降得更低。

所有这些冲击使石油价格不断波动，很难清晰地识别霍特林效应。实际上，詹姆斯·汉密尔顿（James Hamilton）近期对石油价格变动的解释为：既然石油价格会上涨，它也会下降！

因为石油是一种不可再生资源，我们不断地消耗，最终会用尽石油资源存量。事实也证明这一点，地球上石油的储量在不断减少。然而，我们可能还没有发现一些油田，因此无法计算出剩余的石油储量。表 16.1 显示的是探明储量。**探明储量**

（proven reserves）是指当前已经发现并能按照现有价格进行开采的石油储量。

表 16.1　　　　　　　　　　选定国家的已探明石油储量和石油产量

年份/国家	1980	1990	2000	2008
储量				
加拿大	6.8	6.1	5	175
委内瑞拉	17.9	58.5	77	87
沙特阿拉伯	166	258	264	267
世界	645	1 002	1 017	1 332
产量				
世界	23	24	28	31

资料来源：Energy Information Administration, U. S. Department of Energy.

　　表 16.1 显示石油储量不断增加，实际上从 1980 年开始，除石油产量外，探明的石油储量接近翻倍。如果我们按照 1980 年的探明储量来计算，并自那时起开采全部的产量（约为每年 230 亿桶），我们可以推出，到 2010 年没有任何石油剩余。但实际上，石油探明储量高于曾经的水平。

　　探明储量是对地球石油储量的模糊测量。探明储量由各国自行公布，因而可能普遍不准确。即使数据是准确的，也不是所有的探明储量都可以用于生产和消费，因为石油的开采受到成本、技术或法律等因素限制。此外，对企业而言，现在投资并寻找能在未来 20 年使用的油田的经济激励不足。由于企业不去寻找和探明供未来较长时期内开采的新的石油储量，所以已探明的储量只够开采十几年。所以，可能存在一些新的油田有待人们进一步探明。

　　我们可以观察当前油田的产量，以估算当前油田剩余的石油储量。当首次开采一片油田时，石油在压力下喷涌而出。随着不断开采，岩层中的石油和天然气减少，因而压力也会降低。因为一片油田中的压力不断降低，其开采量会不断减少。根据油田目前的产量和已经生产的石油量，可以推断出现有油田的剩余储量，这一方法得出的数值相对较低。这一分析方法假设现存油田的生产力已经到达它的峰值，然后将会下降，因而被称为**石油峰值**（peak oil）法。不过，这一方法依据的是当前生产的油田中的产量，而非总部石油产量。

　　另一种测量石油稀缺性的比较合理的方法是观察新发现石油的开采成本。1950 年，沙特原油开采成本约为每桶一美元（当前的美元），但是 2002 年在开采加拿大油沙中的石油时，开采成本增加到超过 15 美元/桶。新增储量的开采成本高于原有储量的开采成本。尽管我们没有用尽石油资源，但我们至少已经用尽较易开采的石油。

　　除了石油外，还有很多可利用的能源，包括一些支撑技术。在美国，核能由于高成本、长期运行的科学性以及公众对其安全性的抗议等问题，长期以来一直未被重视，但现在又重新被纳入考虑范围。天然气拥有巨大的储量，现在也对其展开了广泛的勘探和开发。风力发电和太阳能发电也变得更为平常。同时，乙醇以及其他更多可再生能源在交通领域的应用也获得了更多的关注。从各经济部门不断提高的能效和不断减少的能源消耗量来看，环境保护也是一种高效的替代技术。所有这些能源都可以部分替代石油。因此，石油耗竭或至少较易开采的石油的耗竭并不是灾难性的。

小 结

● 石油是一种不可再生资源，全世界对石油的依赖度很高。它的价格变动并非完全符合霍特林理论的预测。更细致地观察石油市场后，可以识别出经济理论提到的其他要素导致价格路径的波动。

● 全球的重大事件导致石油供给或需求的变动。当石油输出国组织减少产量时，供给下降，价格上升；当石油输出国组织不调整成员国的生产行为时，供给量增加，价格下跌。经济活动的扩张或收缩能导致石油需求向内或向外移动。

● 尽管世界对石油的偏好持续增加，并且石油是不可再生的，然而石油的储量也增加了。这种明显的相互矛盾的原因有的是由于难以衡量新探明的储量，有的是由于发现新油田，有的是支撑技术的突破。

霍特林理论与国家红杉公园

美国政府拥有征用的权力，也称为**征用权**（eminent domain）：政府为了实现公共目标合法获得私人产权，前提是产权所有者得到了公平的补偿。1968年，政府利用征用权获得原本私有的林地，创立了红杉国家公园。1978年，它扩大了这一公园。通过两次征用，政府将大量现存成熟红杉木从可开采储量转变为受公众保护的资源储量：31亿板英尺的红杉受政府保护，还剩余72亿板英尺红杉留在私人手中。

第二次征用时，森林行业声明，红杉公园地区的伐木经济将被破坏。伐木者需要关注这一问题。当成熟红杉被纳入公园管理后，就不存在砍伐成熟木材的工作了。然而，不可再生资源的存量迟早会被彻底耗竭，所以这仅是关于伐木工作何时消失的问题。

对于木材所有者而言，将红杉纳入公园保护实际上会使他们受益。首先，所有者会得到失去木材的补偿。其次，由于供给有限，私人手中的剩余成熟红杉变得更有价值。政府侵权使得现有红杉存量的价值不断增加，这被称为价值的**提升**（enhancement）。尽管法律允许通过价值提升来减少对获取资源的补偿，然而在红杉国家公园的案例中几乎没有因为价值提升来减少对个人补偿的现象。再次，使用霍特林模型对价值提升进行计算，得到的估测结果是提升的价值为支付的补偿价值的85％。实际上，红杉木所有者（作为一个群体）得到的补偿接近红杉公园红杉实际价值的两倍。

最后，不仅是环保人士，而且包括成熟红杉木的所有者都从受保护的红杉公园的扩大中得到了收益。

总结

以下是本章的重点：

- 在均衡状态下，（1）在进行资源开采的年份，未开采资源的现有价值等于使用者成本；（2）需求曲线决定了某特定时期的开采量；（3）各时期开采总量等于初始储存量。
- 与完全竞争的情况不同，从不可再生资源可获得利润。这些利润为生产者提供了激励，节约资源给未来使用，而不是快速用尽当前资源。
- 如果利率上升，生产者将会更快地开采资源；利率的下跌会降低资源开采速度。
- 预期未来需求发生变动可以立刻影响价格。如果资源所有者预测需求曲线将在未来某一时间向上移动，他们将会因此节约更多的资源。为了保持现有的均衡，当前的价格将会上升。相反，预测未来需求向下移动将会导致价格的迅速下跌，因为生产者试图在人们愿意购买的时候出售更多的物品。
- 替代的支撑技术和发现新矿藏都能够降低资源的稀缺性。因此，即使替代选择在当

前还不能应用，选择的预期也会立即引起价格的下降。更低的价格使消费者可以在当前使用更多的资源，也可以在未来使用替代资源。

- 来源于不可再生资源的利润可以激励勘探新矿藏，发展新技术。这些利润有助于保证在资源存量耗竭之前，人们可以获得替代性的资源。
- 如果不可再生资源不受市场失灵的影响，那么只有当人们不再想要这个物品，或者是由于价格太高，抑或替代选择太廉价时，才会用尽这一资源。环境退化是一种与资源开采相关的常见类型的市场失灵。如果资源的边际生产成本不包括环境成本，资源的开采速度将高于市场失灵不存在的情况。
- 石油和其他不可再生资源的价格变动路径通常并非是平滑的霍特林曲线。需求变动、发现新矿藏、政治事件以及市场操控都会导致价格的剧烈变动。

关键词

支撑技术	石油峰值	零消费价格
价格路径	征用权	探明储量
提升	租金	开采路径
投机者	霍特林规则	储量
不可再生资源	使用者成本	

哈罗德·霍特林首次提出了霍特林规则，参见 Harold Hotelling, "The Economics of Exhaustible Resources," *The Journal of Political Economy* 39 (April 1931)：137-175。

数篇新闻中都提到了水源地事件，譬如 Jane Kay, "North Coast remembers 'great leader' Judi Bari; 1 000 attend rites for activist who fought to save old-growth forests," *San Francisco Examiner*, March 10, 1997, Section A; Glen Martin and Jonathan Curiel, "Last-minute Headwaters deal OK'd; stands of ancient redwoods preserved in landmark sale," *San Francisco Chronicle*, March 2, 1999, A-1; "A hard-won deal to save headwaters," *San Francisco Chronicle*, March 3, 1999, A-18; Tom Abate, "Pacific Lumber leans—company in Headwaters deal files for bankruptcy, citing logging restrictions," *San Francisco Chronicle*, January 20, 2007, C-1; Kelly Zito, "Gap founders win approval to take over Pacific Lumber," *San Francisco Chronicle*, June 7, 2008; Bruce Weber, "John Campbell dies; led Pacific Lumber in '90s," *San Francisco Chronicle*, October 27, 2008, C-3; 以上文章见下列网址 http://www.sfgate.com。

红杉国家公园的获得和价格路径的案例来源于 Peter Berck and William R. Bentley, "Hotelling's Theory, Enhancement, and the Taking of the Redwood National Park," *American Journal of Agricultural Economics* 79 (May 1997)：287-288。

在图 16.9 中，实际价格等于名义价格除以消费价格指数（CPI）。消费价格指数是基于例如食物、燃料和房屋等消费品束的价格增长设定的，通常被美国用来衡量通货膨胀水平。本图中使用消费价格指数的目的是对所有价格进行调整，消除通货膨胀因素的影响，确保每单位美元的购买力与 2008 年第三季度的美元购买力持平。

表 16.1 中已探明储量和石油产量来源于美国能源部的能源信息管理局，参见：http://www.eia.doe.gov/emeu/international/oilreserves.html 和 http://eia.doe.gov/emeu/international/oilproduction.html。

对煤炭、气候变化和癌症的讨论来源于 Philip J. Hilts, "Study Pinpoints Death Risk From Small-Particle Pollution," *New York Times*, March 10, 1995; Joseph Kahn and Jim Yardley, "As China Roars, Pollution Reaches Deadly Extremes," *New York Times*, August 26, 2007; and Elisabeth Rosenthal, "Europe Turns Back to Coal, Raising Climate Fears," *New York Times*, April 23, 2008; 见下列网址 www.nytimes.com。

练习

1. 恭喜你！你刚刚获得了储量 100 万桶的石油井。你现在需要管理这笔资产。之前的所有者已经把井中全部的石油放在储油罐中。你出售这些石油的成本为零。石油现在的出售价格是 15 美元/桶。利率为每个月 1%。你还获得了优良资源开采和销售组织的会员资格，油井所有者的这一组织为会员交换信息，开展社交活动并有一些廉价的饮品。

(a) 在一次聚会中，组织的负责人里格博士（Dr. Rig）宣布，石油价格下个月将翻倍。在价格增长前，你这个月将出售多少石油？

(b) 里格博士接着宣布，再接下去的一个月石油价格依旧翻倍。那么在油价第二次翻倍之前，你下个月将出售多少石油？

(c) 里格博士接着说，在第 4 个月（现在这个月是第 1 个月）石油价格将下跌至 10 美元/桶，并在这一低价位持续数年。那么，在第 4 个月价格下跌之前，你第 3 个月将决定出售多少石油？

几分钟后，有一些你认识并信任的人告诉你，里格博士喝多了，他编造了所有的信息。而你的朋友告诉你，价格应该按照经济学家预测的趋势发展。

(d) 价格的趋势是什么？

(e) 在这一趋势下，该组织作为一个整体，下个月将比本月出售的石油更多还是更少？

(f) 你预期这一价格趋势是如何激励组织成员勘探新油田的呢？

2. 你仍然拥有上题中的石油，其价格为 15 美元/桶，月利率为 1%。组织现在面临的竞争是：合成润滑油工业制造业公司说，它可以用二手的塑料制品和餐厨垃圾制造合成石油，和你的石油质量相同，其价格为 20 美元/桶。一旦此产品问世，将是石油的完美替代产品。

(a) 假设任何人只要想要，就可以通过这一公司的工艺流程得到合成石油，而且没有原材料不足的风险。那么在合成石油投入生产后，石油的价格趋势将会怎样变化？

(b) 你考虑过这一威胁吗？在（a）中所预测的价格趋势下，你被挤出市场之前还剩下多少时间？

(c) 在合成石油投入生产时，你希望手中还拥有多少石油呢？在你得知合成石油前，根据你的销售计划，会加速或减速销售石油吗？

(d) 如果每个人都与你的策略相同，现有的石油价格将怎么变化？

(e) 如果现有的石油价格如（d）中所预测，在合成石油变得具有经济性前，剩下的时间段将如何变化？

3. 你得知你的油井将要面对新的管理措施，降低油井的难闻气味。这些管理措施将增加石油开采的成本（例如，成本将大于零）。

(a) 与没有措施时相比，你的开采速度会更快或更慢吗？为什么？

(b) 与没有措施时相比，你预测一下，你油井的价值将更高还是更低呢？为什么？

4. 你听说你的油矿位于自然景观区域。你开采石油的行为将对地区的景观和生态系统造成破坏。

(a) 如果你只希望赚钱，你的油矿位于这一地区是否会影响你的石油开采？为什么？

(b) 从有效性的角度看，你的矿藏位于这一地区是否应该影响你如何开发石油？如果存在影响，它将怎样影响你的石油开发？如果不受影响，为什么？

5. 结合霍特林规则，我们来观察需求曲线如何界定市场均衡。有两个时期，现在和未来。每一时期的需求曲线是（t = 现在或未来）$Q_t = 10 - P_t$。资源储量为 10 个单位，开采成本为 0，利率为 4%。

(a) 市场均衡需要识别各个时期的价格和数量。为了找到均衡点，我们需要找到哪四个变量的数值？

(b) 为了找到四个未知数，我们需要四个方程。这些方程分别是（i）两条需求曲线；（ii）霍特林价格变动路径；（iii）总量条件，即各个时期的使用量之和等于存量。写出这四个方程。

(c) 通过代入求解这四个方程：首先，利用总量条件将 Q_{now} 需求曲线中的 Q_{now} 消去；其次，利用霍特林价格波动路径方程将 Q_{now} 中的 P_{now} 消去；最后，利用现在修改的 Q_{now} 需求曲线和 Q_{later} 需求曲线求解出 P_{later}。只要你得到 P_{later}，使用前面的关系就可以得到其他所有变量了。

(d) 价格会随着利率增加吗？需求量会在两个时期之间增加或减少吗？生产者会获得利润吗？获得多少利润呢？

(e) 为了检验本章研究内容的其他效应，我们可以用很多方法描述这一简单模型。使用前文同样的过程，考虑：

(i) 利率增加到 10% 时，会发生什么？

(ii) 未来需求增加至 $Q_{later} = 15 - P_{later}$ 时，会发生什么？

(iii) 未来需求减少至 $Q_{later} = 5 - P_{later}$ 时，会发生什么？

(iv) 根据新发现的矿藏，如果未来储量预期增加 5，将会发生什么？（提示：如果你现在知道要增长，生产者是否愿意现在调整它的行为？）

6. 很多人考虑的是石油的生产已经达到峰值，从现在开始，可供利用的石油越来越少。

(a) 如果每个人都对世界石油储备有全面的了解，并且生产确实已经到达峰值，如果需求为常数或需求增加，那么你预期未来石油价格将如何变化？

(b) 对于你在（a）中描述的价格趋势，你预期人们将如何反应？这一反应是否会使得未来石油稀缺性高低成为一个问题？

(c) 实际上，人们对世界石油储备了解并不全面。很有可能有更多我们尚未发现的石油存在；也有可能一些已知的储量由于成本或环境问题而无法开发。这些不确定性将如何影响（b）中讨论的人们的反应呢？

第 17 章

可再生资源管理

可再生资源和人类生活息息相关。人们种植作物和树木，畜养牲畜，并从中获得食物，利用木材搭建遮风挡雨的房屋，使用棉花和皮草作成衣物，利用畜力运送货物等。人类驯化并且创造了很多新的物种，但同时也使很多物种退化甚至灭绝。为什么人类会导致一些物种的灭绝？人类应该如何管理可再生资源，才能同时为当代人和后代人带来收益？以下是本章讨论的重点：

- 可再生资源的动态变化：这些物种的种群数量如何受到人类活动的影响而发生变化；
- 不限制收获水平时可再生资源的开发利用情况；
- 有效率的可再生资源管理原则；
- 不限制收获水平和有效管理收获水平两种情况下的资源灭绝风险；
- 限制可再生资源收获水平的方法。

过度捕捞北海的鲱鱼

无论从直接的食用角度还是间接的其他角度来看，鲱鱼都是世界上食物供应的重要部分。鲱鱼曾经是欧洲穷人所需蛋白质至关重要的来源，它还是斯堪的纳维亚半岛上居民的主要食物。现在，鲱鱼成为那些曾经很贫穷的欧洲移民的北美后裔的美味佳肴。此外，鲱鱼还可以制成动物饲料、宠物食品、鱼饵以及肥料。

苏格兰以北和挪威以西的大西洋部分被称为北海。1963 年，北海的鲱鱼数量非常庞大，储量约为 200 万吨。当时，只有 8 艘挪威的拖网渔船从事鲱鱼捕捞工作。拖网捕捞指的是用渔网从海底将一群鱼兜起来，并且将顶部封死，就像一个网兜一样。这8条渔船在当年获得了大丰收。于是第2年出现了121条打捞鲱鱼的渔船，这些渔船同样获得了大丰收。到1968年，打捞鲱鱼的渔船增加到了352条。但是这次，已经没有足够的鱼让所有渔船满载而归了。到1977年，鲱鱼的储量下降到了16.6万吨，并且仅剩下24条捕捞鲱鱼的渔船。此时，挪威政府和欧洲经济委员会（欧盟的前身）开始干预鲱鱼捕捞。为了保证鲱鱼在未来继续存在，暂时停止了鲱鱼捕捞。

鲱鱼的故事并不是一个偶发事件。发达国家开发了很多渔场。政府部门通常选择干预渔业生产，并对渔场进行管理，不过这些管理通常是不成功的。美国的渔场管理就是一个管理失败的案例。

美国的现代渔业管理始于1976年通过的《马格努森-史蒂芬渔业保育管理法》（Magnuson-Stevens Fishery Conservation Act），2006年通过了该方案的修订案，实现了两个主要目的。第一个目的是宣布200海里水域的经济控制区，现在称为专属经济区。因为美国国土包括夏威夷和阿拉斯加，及太平洋上的一些区域，这些区域是太平洋上极为重要的一部分区域。在专属经济区里，美国政府限制或者完全杜绝外国船只的捕捞行为。世界上并非只有美国设立了专属经济区，其他一些国家也宣布了自己的专属经济区。

《马格努森-史蒂芬渔业保育管理法》的第二个目的是在不受任何独立州政府管理的专属经济区内进行渔业管理。为了实施渔业管理，经过商务部长批准，美国设立了8个渔业管理委员会负责渔业管理。实际上，这些委员会都是由从事渔业工作的人主导的。下面是对当时情形的一段描述：

> 当今世界上预计约30％的渔场都面临着过度捕捞。美国的渔场是世界上管理力度最大的一些渔场，特征是在科技、管理方案、监管和实施上进行了大量投资。尽管这样，还是预计有40％的渔场处于过度捕捞的状态。1976年通过了《马格努森-史蒂芬渔业保育管理法》之后，美国政府列出了14种存在过度捕捞的鱼种。而今，过度捕捞的鱼种上升到了81种。在美国联邦政府实施渔业管理的25年中，没有一个渔场的渔业资源储量恢复的案例。欧盟负责管理的东北部大西洋渔场的情况则更糟。64％的渔场被认定过度捕捞、严重过度捕捞和衰竭。（Josh Eagle and Barton Thompson）

究竟谁应该为美国渔业的衰退负责呢？这一直是人们争辩的一个话题。其中的一个观点认为渔业管理委员会将就业等与政治密切相关的目标置于生态安全之上，忽视了生态专家提出的建议。为了应对渔业过度捕捞，国会最近要求渔业管理委员会重视下属的科学委员会的相关发现。这一新的立法语言是否能够带来监管行为的改变？人们还需要拭目以待。

可再生资源

可再生资源（renewable resources）是那些自然生长，不需要工厂制造的商品。

植物和动物就是可以自我繁殖的可再生资源。譬如鱼、树，以及蓝莓或牧场的牧草等其他不需要人管理的农作物等，都属于可再生资源。当人类不干扰这些动植物时，它们的生长受到生态条件的限制。树木增长到一定体积，新树就开始发芽。草长高后，就会在空地上播撒种子。鱼则会产卵，幼鱼逐渐长大。

关于可再生资源还有一个不是很明显的例子，就是吸纳污染的水和大气的容量。当适量的排泄物进入河流后，河中的细菌可以将之分解，河流会再次变得干净。当二氧化碳进入大气后，植物会通过光合作用吸收大气中的部分二氧化碳。经济学家的可再生概念指的是任何使商品数量增加的自然过程，这一过程可以是空气清洁度的增加，也可以是渔业资源规模的增加。

然而，可再生资源指的是这些资源的潜在生长或者再生能力受到的生物生存限制。尽管可再生资源有增长的潜力，但是也有可能灭绝。长毛象就是一种可再生资源，但现在已经灭绝了。从这些方面来看，可再生资源和工厂的产品是不同的。

□ 增长

资源储量是资源在一个特定时期的数量。可再生资源的**增长**（growth）指的是由于自然原因导致的资源储量在一定时期内的变化。它影响了可再生资源个体数量的增加、出生数量和自然死亡数量。增长取决于资源储量的规模。当资源储量很小时，再生的数量也很小，这就限制了增长的速度。资源储量很大时，再生数量就会受到栖息地和食物的限制。因此，资源的增长量开始增大，随着储量增加后，资源的增长量会减少。

特朗德（Trond Bjornal）和乔恩·康拉德（Jon Conrad）研究了北海的鲱鱼，本节的讨论就是基于他们的研究结果。图 17.1 显示了北海鲱鱼的增长函数。**增长函数**（growth function），简写为 $G(S)$，表示了在不同的储量 S 水平下的鲱鱼增长量。水平轴表示鲱鱼的储量规模，单位是百万吨（mmt）。纵坐标轴表示在一定储量水平下，每年增加的鲱鱼量，单位是千吨（kmt）。从图中可以直观看出，当鲱鱼储量为 0 时，鲱鱼的增长量也为 0。这是因为当鲱鱼不存在时，它也不可能无中生有的再生出鲱鱼来。此外，当鲱鱼储量大于 3.2mmt 时，由于栖息地和食物可得性等外在条件的限制，鲱鱼增长量也是 0。所以，3.2mmt 是北海鲱鱼的最大可能储量。在曲线的最高点，鲱鱼储量为 1.6mmt，此时的鲱鱼增长量最大，每年增加 64kmt。

让我们随着鲱鱼资源的动态变化过程来认识渔业资源的增长。假设鲱鱼现在的储量为 1.6mmt，且没有捕捞或其他不利影响，鲱鱼的增长量为 64kmt。那么，第 2 年的鲱鱼储量为 1.6＋0.064＝1.664mmt。由于这一变化很小，第 2 年的增量和第 1 年的增量近似相等。则第 3 年的储量近似等于 1.664＋0.064＝1.728mmt。在这一储量下，鲱鱼增量会有所下降，变为 63kmt，那么下一年的储量变为 1.728＋0.063＝1.791mmt。继续计算下去，到第 9 年，鲱鱼储量达到 2mmt，增加量变为 57kmt。到第 40 年，鲱鱼储量变为 3mmt，鲱鱼增加量则下降到 10kmt。经过 110 年后，鲱鱼的储量达到了最大值，增加量为 0。这就是说，如果任鲱鱼自生自灭，鲱鱼的储量

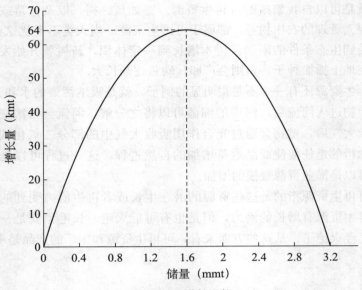

图 17.1 增长函数

鲱鱼的增长量取决于鲱鱼的储量。鲱鱼的增长函数预计为 $G = 0.08 \times S \times \{1 - [S/(3.2 \times 10^6)]\}$。鲱鱼的最大承载量为 3.2mmt，最大持续产量的储量为 1.6mmt，最大持续产量为 64kmt。

会达到最大值，称为**最大承载量**（carrying capacity）。最大承载量是一片区域可以支持的某一可再生资源的最大数量。当储量达到最大承载量时，该资源的增加量为 0。

当鲱鱼储量从 1.664mmt 增加到 1.728mmt 时，鲱鱼的增量则从每年 64kmt 减少到 63kmt。增量的变化量除以储量的变化量为（0.063 − 0.064）/（1.728 − 1.664）= −0.016。**边际增长率**（marginal growth）就是增长曲线的斜率，即由于储量变化引发的增量的变化。如果增长曲线的函数为 $G(S)$，储量的变化等于 x，那么边际增长率就大约等于 $[G(S+x) - G(S)]/x$。在之前这个例子中，x 为 1.664 − 1.728 = −0.064mmt。

表 17.1 显示了在不同储量下鲱鱼的增长量和边际增长率。对比表中的数据可以发现，储量较低时，随着储量的增加，鲱鱼的增量也在增加。鲱鱼的增量在图 17.1 中是通过纵坐标轴来衡量的。鲱鱼的边际增长率，也就是鲱鱼增长曲线函数的斜率大于零。这是由于鲱鱼储量增加导致了鲱鱼增长量的增加。同时，储量较高时，鲱鱼储量的增加导致鲱鱼之间对逐渐稀缺的食物和栖息地的竞争，使得鲱鱼的增长量减少。在这种情况下，鲱鱼增长曲线向下倾斜。此时，鲱鱼的增长量大于零，但是边际增长率小于零。

表 17.1   **增长量和边际增长率**

随着储量的变化，鲱鱼的增长量也发生变化。储量较低时，新繁殖的鲱鱼数量也很少。随着鲱鱼储量的增加，鲱鱼繁殖量也在快速增加，直到食物和栖息地成为繁殖的限制条件。边际增长率是增长曲线的斜率，用于衡量储量变化对增长量变化的影响。

储量（mmt）	增长量（kmt）	边际增长率
0	0	0.077 5

储量（mmt)	增长量（kmt)	边际增长率
0.1	7.75	0.072 5
0.2	15.00	0.067 5
0.3	21.75	0.062 5
0.4	28.00	0.057 5
0.5	33.75	0.052 5
0.6	39.00	0.047 5
0.7	43.75	0.042 5
0.8	48.00	0.037 5
0.9	51.75	0.032 5
1.0	55.00	0.027 5
1.1	57.75	0.022 5
1.2	60.00	0.017 5
1.3	61.75	0.012 5
1.4	63.00	0.007 5
1.5	63.75	0.002 5
1.6	64.00	−0.002 5
1.7	63.75	−0.007 5

☐ 渔获量和持续产量

北海鲱鱼种群数量受到多方面的影响，除了自然因素影响外，还受到人类捕捞的影响。当人类捕捞的强度足够大时，物种就会衰退乃至最终灭绝。下面从动态的角度研究人类的捕捞行为对鲱鱼的储量和增长的影响。

假设人类在 t 时间捕捞的鲱鱼数量为 H_t，用 S_t 表示在特定的 t 年的鲱鱼储量。第 2 年，即 $t+1$ 年的储量等于 t 年储量 S_t 加上增长量 G，减去渔获量 H_t：

$$S_{t+1} = S_t + G(S_t) - H_t$$

如果政府管理或者管制渔业，最重要的决定就是限制渔业的产量，也被称为渔业产出或者渔获量。其中的一个办法就是选择一个合适的渔业产出水平，在这一水平上可以保证储量恒定。如果产出等于增长量，那么储量就可以一直保持不变。用数学语言来说就是，如果 $S_{t+1} = S_t$，那么 $G(S_t) = H_t$。

回到鲱鱼储量等于 1.6mmt 这一点。假设此时政府决定控制鲱鱼的储量规模，允许捕鱼行业每年捕捞 64kmt 的鲱鱼。由于捕鱼业每年捕捞的数量正好是鲱鱼的增长量，所以鲱鱼的储量不会发生变化。在不影响储量的情况下，可以每年都捕捞 64kmt 的鲱鱼并一直持续下去。换句话说，当鲱鱼储量为 1.6mmt 时，64kmt 的鲱鱼渔获量就是每年的**可持续产出**（sustainable yield），也就是**持续产量**（sustained yield），这一产出水平不会改变储量水平。

那么，是否还存在其他可持续产量呢？假设鲱鱼的储量变成 1mmt。从表 17.1 中可以知道，此时的鲱鱼增长量为 55kmt。那么在 1mmt 的储量水平上，55kmt 的鲱

第 17 章

可再生资源管理

鱼产量就是可持续产出量。若鲱鱼储量足够高以至于鲱鱼需要为食物和栖息地竞争，并且边际增长率小于零时，也可能有可持续产出量。回到图17.1，观察向下倾斜的那部分曲线。当储量为3mmt时，可持续产量就是10kmt。曲线上的任意一点都代表了在某一储量水平下，可以永续的渔获量，因为在这一捕捞水平上，鲱鱼储量可以保持不变。如果储量保持不变，鲱鱼增长量也就可以保持不变，于是捕捞可以一直持续下去。

64kmt的渔获量却是唯一的。因为尽管这一渔获量并非唯一的可持续产量，却是捕鱼业可以可持续捕捞的最大产量。这一渔获量被称为**最大可持续产量**（maximum sustained yield，MSY）。能够维持最大可持续产量的储量水平被称为**最大恒续储量**（maximum sustained yield stock）。将最大恒续储量作为一个政治目标在经济上并不可行，因为这一储量水平未计入捕捞成本或捕捞时间。但是，这一储量水平常常成为生态管理的目标。

图17.1不仅仅是鲱鱼的增长曲线图，而且是鲱鱼的可持续产量图。只要将纵坐标轴的标签从"增长量"变成"产量"就可以将增长曲线图变成可持续产量图。这是因为当渔获量等于可持续产量时，增长量和产量相同。

图17.1的鲱鱼增长曲线是动态描述鲱鱼储量的一个很好却并不是唯一的工具。其他一些更加复杂的模型包含了水温、竞争物种，以及鱼群的年龄和体型大小结构等因素。对于大象和老虎等大型动物而言，增长曲线应该包含最小可存活种群这一条件。**最小可存活种群**（minimum viable population）指的是物种可以持续发展下去所需要的最小的种群规模。对于大多数物种来说，最小可存活种群的规模远大于零。如果最小可存活种群数量较大，意味着这一物种容易遭到过度捕捞而灭绝。我们后面会继续讨论灭绝这一话题。

小结

● 和不可再生资源不同的是，可再生资源能够自我更新。可再生资源与工厂的产品不同，因为可再生资源的再生受到了生物生存条件的限制。在这些生物生存条件限制范围之内，人类可以通过选择收获规模的大小来影响资源再生的数量。

● 储量—增量曲线概述了可再生资源数量的动态变化过程。资源的增长量，就是在一年之内资源数量的增加量，取决于资源当时的储量。当资源储量较低时，资源的增长量通常也很小。这是因为可供再生的资源数量非常稀少。当资源储量很高时，资源的增长量也很小。这是因为资源受到了譬如营养物质和栖息地等一系列生存条件的限制。最高的资源增长量可以被看作最大的可持续产量；能够产生最大可持续产量的储量水平被称为最大恒续储量。最大承载量就是生态系统可以支持的资源的最大储量。

● 如果开采量小于增长量，资源的储量将增加。相反地，如果开采量超过了增长量，资源储量规模将缩小。如果资源开采者开采的资源数量正好等于当年资源的增长量，那么资源的储量就会维持不变。正好等于增长量的开采量被称为恒续开采量。无论储量多少，只要增长量大于零，就能够实现开采量和增长量相等。

● 资源的边际增长率是储量—增量曲线的斜率，指的是资源增加量随着资源储量变化而变化。在最大恒续储量的左边，边际增长率大于零，储量增加会使增长速度提高。到了最大恒续储量的右边，边际增长率小于零。此时，储量增加会使增长速度减缓。在最大恒续储量这一点上，边际增长率等于零。

自由进入

不受监管或者监管薄弱的渔场是公有资源的一例。1977 年之前，政府对北海鲱鱼捕捞业采取的是放任自由的态度。所有人都可以出海捕鱼，不需要任何许可证或者受到任何法律限制。任何人不受限制就可以获得的资源被称为**公有资源**（open access）。由于缺乏清晰的产权，使得公有资源出现了市场失灵，并且使公有资源失去了排他性。公有资源的其他案例还包括对大象、犀牛以及其他大型动物的捕杀不受监管，采伐林产品和木材不受限制，在没有围栏的牧场上随意放牧。

下面将比较都是公共资源的渔场和红杉林。红杉林产权归属明确。所有者可以决定采伐时间。他可以选择最佳的采伐时间使自己的收益最大化。产权人清楚地认识到，他可以选择全部采伐，但是机会成本就是丧失了未来的采伐收益。相反，可以自由进入的渔场没有所有者。任何人都可以进入渔场并捕鱼。捕鱼者面对的捕完所有鱼的机会成本是零。如果这个捕鱼者不捕鱼，其他捕鱼者有可能这么做。而一旦鱼被其他捕鱼者捕获，这个捕鱼者就丧失了捕获的机会。自由进入从根本上使资源产权不再安全。

为了更好地理解产权缺失对可再生资源管理的影响，下面引入三个长期管理的案例。这三个案例的时间足够长，可以保证所有相关者充分参与：（1）一个完全竞争的工业商品；（2）一项产权清晰的自然资源；（3）一种公有资源。

一个具有完全竞争性的工业产品的生产者在长期可以获得的利润为零，因为其他企业也能够进入该行业，促使短期供给曲线向右移动和商品价格下降。这一过程将一直进行到利润为零才会停止。由于没有任何限制，新的生产者可以随时进入这个行业。因此，从长期来看，这种商品没有任何稀缺性。如果不存在外部性，对于产权清晰的资源，市场的长期竞争均衡是有效率的，可以使生产者剩余加消费者剩余最大化。

一个产权清晰的自然资源和竞争性市场不一样，因为资源拥有潜在的稀缺性。相对于工业商品行业而言，自然资源被已有的拥有资源产权的公司所占有，不存在新的进入者，价格也不会下降。正因为在长时期内不存在新的进入者，所以拥有自然资源的企业可以获得利润。相对于工业商品行业，自然资源所有公司需要决定在不同的时期如何开采资源。因为企业需要面对开采资源的机会成本，即保留资源待未来开采和销售的可能。这一机会成本属于使用者成本，也是当期每单位的资源售价。以这一售价销售资源可以获得最高的资源现值。由于资源具有稀缺性，所以使用者成本就会大于零。此时销售一单位资源产品的机会成本大于零。和竞争性工业商品一样，自然资源所有企业选择自己生产的商品数量，以实现收益最大化。在没有外部性的情况下，产权明晰的自然资源市场均衡状态也是有效率的。这一市场均衡和完全竞争的工业商品市场一样，可以使生产者剩余和消费者剩余之和最大化。

与产权清晰的自然资源一样，公有资源同样受到资源规模或者再生能力的限制。但两者不同的是，公有资源不限制新生产者的进入。任何愿意进入和开采资源的生产者都可以进入。因此，自由进入会一直持续到利润为零时，即资源价格等于平均开采成本。在长期竞争均衡条件下，工厂生产的产品也遵守这个规律。与竞争模型不同的是资源的再生性。在完全竞争市场模型中，新进入的生产者会带来更多的同类商品。但是对于公有资源而言，进入者越多意味着越来越多和越来越急迫的开发，放弃了未来使用该资源的可能性。因为资源没有产权，对于一个特定的理性开采者而言，她认为其他开采者会将她没有开采的剩余资源全部开采掉。从开采者的角度出发，不将资源留待后续开发的机会成本是零，换句话说，不存在使用者成本。所以，公有资源的开采者会选择尽可能多地开采资源，直到资源的边际开采成本等于资源的价格。因为对于资源的开采个体而言，使用者成本为零，她的开采成本过低，导致了她开采过多的资源。由于这种开采方式无法获得最大的消费者剩余和生产者剩余，所以是一种市场失灵。没有机会成本激励人们为了未来节约资源，导致人类开发资源的速度过快，资源的储量不断衰退，未来的消费者能够得到的资源数量很少。

公共财产（common property）是一种不那么极端的财产所有方式，指的是很多人共同拥有一项资源的产权，并且限制新成员进入。比如，一个村庄的居民共同拥有一块全村庄人都可以使用的牧场，或者一片很小的可以被当地社区管理的渔场。一些社区可以联合起来共同管理，以求实现社区在一定时期内净利益的最大化。在多数情况下，这些社区会采用乡规民约的方式来约束人们对资源的开采，并且有效地管理资源。在一些其他案例中，社区对资源的管理非常欠缺，以至于这些资源和公有资源没什么区别。

由于可以自由开采公有资源，对于一个开采者而言，只要开采资源能够赚钱，她就会尽可能多地开采资源。反过来，如果她认为开采资源会给自己造成金钱上的损失，就会放弃开采资源。为了理解公有资源管理对于可再生资源储量的影响，需要动态分析可再生资源和开采者收益之间的关系。

专栏 17.1

放牧

牧场是一个典型的公有资源。在安装带刺的铁丝网和制定联邦管理规定之前，美国大平原就是一个可以自由放牧的牧场。由于放牧可以获得巨大的收益，而且牧草看上去是无限供给的，所以公共牧场上的家畜数量迅速增加。1870 年，西部 17 个州共饲养了 410 万头肉牛和 480 万只羊。到 1900 年，数量增加到 1 960 万头肉牛和 2 510 万头羊。牧场无法支撑如此多的牲畜，最后导致草地的严重退化。

公共牧场上的肉牛和其他野生动物相处并不融洽。野牛和草原土拨鼠等物种和牛群在食物上处于竞争关系，而狼等食肉动物有时会捕食肉牛。为了保护自己的利益，牧场主们一直试图限制或者消灭这些物种。

为了应对过度放牧导致的草原退化，联邦政府于 1934 年加强了对草原这一公有资源的管理。《泰勒放牧法》（Taylor Grazing Act，以及 1976 出台的《联邦土地政策和管理法案》（Federal Land Policy and Management Act））要求放牧者需要得到放牧许可，并且限制美国政府拥有的牧场上的牲畜数量。尽管公有资源滥用的问题随着许可证的发放得到了解决，但是牧场主和牧场的其他使用者之间的矛盾依然存在。

☐ 捕捞函数

为了研究渔民的收益情况，首先需要了解渔民在一个捕鱼季的渔获量。捕捞**努力**（effort）是衡量某一水域中有多少捕鱼设备以及这些设备的捕鱼时间的一个单位。一单位的捕捞努力就是**船—年**（boat-year），即一条捕鱼船在水中捕鱼一年。打个比方，6.1 船—年就是 6 条船工作整个捕鱼季，还有一条船工作了 1/10 个捕鱼季。那么一个船—年中一条船的渔获量是多少？

在鱼储量大时比鱼储量小时捕鱼更加容易，原因有两个。首先，在鱼储量高的地方设网捕捉到的鱼会比在鱼储量低的地方多。其次，当水中的鱼很多时，渔夫更容易发现鱼群。于是，我们通常假定鱼储量和渔获量之间的关系是线性的。那么鱼储量增加一倍，渔获量也会增加一倍。

捕捞函数（harvest function）从数学上衡量了特定的储量水平和捕捞努力下的渔获量。渔获量，用 H 表示，是捕捞产出。捕捞努力用 E 表示，鱼储量用 S 表示，还有一个常数 k。捕捞函数的公式为：$H = E \times S \times k$。常数 k，通常被称为**捕捞系数**（catchability constant），指的是海中有 1mmt 鱼储量时，一条船一年可以捕捞到的数量。在捕捞函数中，当 E 固定时，所得到的曲线表示的是资源储量和渔获量之间的关系。这条曲线被称为**捕捞曲线**（harvest line）。

图 17.2 显示了北海鲱鱼的储量、捕鱼能力和产出之间的关系。它在图 17.1 鲱鱼的增长曲线基础上增加了三条虚线，用 E 表示。这三条虚线表示三种不同的捕捞努力水平下的产出。捕捞努力用船—年表示。

先看 $E = 6.1$ 的这条虚线。这条线显示了当捕捞努力为 6.1 船—年时，在不同的储量水平下可以捕捞到的鱼量。鱼储量和渔获量之间的线性关系假设是从原点出发的一条虚直线。

$E = 6.1$ 船—年的捕捞曲线和储量—增长曲线相交，交点代表的储量为 2.46mmt，渔获量为 45kmt。如果捕捞初期鲱鱼资源储量大于 2.46mmt，比如北海

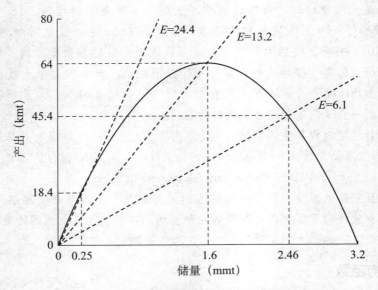

图 17.2　三种捕捞努力水平下的渔获量

本图显示了储量、捕捞努力和产出之间的关系。虚线表示的是三种不同的捕捞努力，即 6.1、13.2 和 24.4 船一年之下，能够捕捞的鱼量。当渔获量和增长量相同时，鱼的储量会保持在一个稳定的状态。这些曲线的函数等式为 $H=k \times E \times S$，其中 $k=0.003$。

鲱鱼储量为北海最大承载量 3.2mmt 时，那么从捕捞曲线可以看出渔获量大于增长量，然后鲱鱼的储量不断下降。反过来，如果初始的鲱鱼储量小于 2.46mmt，比如储量在 1mmt 时，渔获量小于增长量，因此鲱鱼的储量会继续增加。不过，鲱鱼的增长速度会比没有捕捞行为时慢一些。在捕捞曲线和增长曲线相交处，鲱鱼的渔获量和增长量相同，在这个捕捞水平上捕鱼船可以持续捕鱼。

如果更多的渔船加入会引发什么变化呢？在任何储量水平上，船越多，捕捉的鱼越多，所以新的捕捞曲线比原先的捕捞曲线更陡峭。由于渔获量增多，所以新的恒续储量要比原先船数量比较少时的恒续储量小。因此，初始捕捞努力为 6.1 船一年时，鲱鱼储量为 2.46mmt，可持续渔获量为 45.4km t/年；而捕捞努力增加到 24.4 船一年时，鲱鱼储量就下降到 0.25mmt，可持续渔获量变为 18.4km t/年。如果捕捞努力是 13.2 船一年时，那么可持续渔获量就是该水域能够支持的最大可持续渔获量 64kmt，此时储量为 1.6mmt。

尽管储量—增长曲线对于生态系统很重要，但是另外一张图对经济系统更加有用。图 17.3 是**捕捞努力—产出曲线图**（effort-yield curve）。图中显示了捕捞努力（单位：船—年，在横坐标轴上）和产出之间的关系。这条曲线来自图 17.2，当 $E=$ 6.1 船—年时，可持续渔获量为 45.4km t/年，这一点就是图 17.3 中的 A 点。B 点代表了 $E=13.2$ 船—年，且最大可持续产量为 64km t/年。C 点表示的是 $E=24.4$ 船—年的捕捞努力，且可持续渔获量为 18.4km t/年。从图 17.3 可以看出，随着捕捞努力的增加，可持续渔获量起初增加，随后减少。

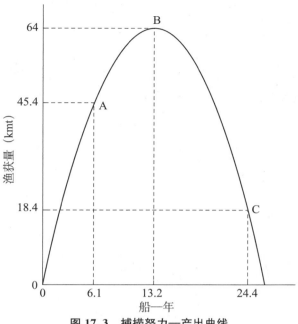

图 17.3 捕捞努力—产出曲线

图中显示了产出水平与捕捞努力之间的关系。低捕捞努力对应着低可持续产量和高储量水平。随着捕捞努力的增加，渔获量起初增加，但随着储量的下降而减少。

☐ 收益

捕捞努力—产出曲线给出了捕捞努力和渔获量之间的关系。当然，相比两者之间的关系，渔民更加关心自己的收益，即价格乘以渔获量得到的收入减去捕鱼的成本。

在对鲱鱼进行定量研究时，每吨鲱鱼的价格大约为 735 克朗（挪威克朗的简称，大约价值 73.5 美元）。如果将图 17.3 的曲线上的每个数字都乘以 735 克朗，这条曲线就可以表示不同捕捞努力下的总收入了。图 17.4 就是将鲱鱼渔获量转化为收入后得到的曲线，其中纵坐标轴表示的是渔获量的价值，横坐标轴依然表示捕捞努力。

为了计算收益，需要做的第二步就是计算总成本。一条捕捞鲱鱼的渔船一年的运营成本为 55.7 万克朗。那么对于不同的捕捞努力，其成本就等于 55.7 万克朗乘以捕捞努力。图 17.4 中的直线就是捕捞努力的成本。图 17.4 中同时画出了不同捕捞努力的成本和收入。收入曲线和成本曲线之间的差距就是不同捕捞努力下的利润。

对于自由进入的可更新资源行业而言，如果资源的增长量等于开采量，且利润等于零，这一资源市场就进入了均衡状态。当鲱鱼资源储量和捕捞努力都不发生变化时，资源的生态系统就进入了一种长期的稳定状态。如果增长量等于捕获量，捕捞的鱼的数量每年都一样。新的渔民不会加入捕捞大军，现有渔民也不会离开捕捞业或者改变他们现有的捕捞努力。满足这两个条件的储量水平被称为**公有资源储量**（open access stock）。那么捕捞努力为多少时可以实现公有资源的均衡呢？

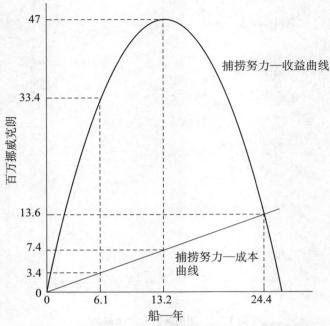

图 17.4　捕捞努力—收益曲线和捕捞努力—成本曲线

用价格乘以渔获量就将捕捞努力—产出曲线转变成了捕捞努力—收益曲线，其纵坐标单位为百万挪威克朗。捕捞努力—成本曲线是代表总成本和捕捞努力之间关系的函数。

假设现有的捕捞努力为 6.1 船—年。这些船每年可以捕捞 45kmt 的鲱鱼，总价值为 45kmt×735 克朗/吨＝3 300 万克朗。总成本为 55.7 万克朗/船×6.1 船—年＝330 万克朗。因此总收益大概等于 2 970 万克朗，差不多平均每艘船每年 500 万克朗，约合 50 万美元。

就像完全竞争的工业一样，在可以自由进入的捕鱼业中，只要有利润，就会有新的加入者。每条船 500 万克朗的利润是主要的吸引点，在利润的诱惑下，一些新的捕鱼船会加入到捕鱼业中。

当捕捞努力增加到 13.2 船—年时，渔民的总收入会增加。随着捕鱼船数量的增加，捕鱼的总成本也在增加。捕鱼能力为 13.2 船—年时，每年总收入等于 64kmt×735 克朗/吨＝4 700 万克朗，每年成本等于 55.7 万克朗/船×13.2 船—年＝720 万克朗，总的净收益大概是 3 980 万克朗。在这一捕捞努力下，依然拥有利润，不过每条船的利润却下降到了 300 万克朗。所以，即使捕捞努力已经增加到了 13.2 船—年，还是有很多人希望进入捕鱼业。

当捕捞努力超过 13.2 船—年后，随着捕捞努力的继续增加，总收入下降，但是总成本却依然在增加。此时，鲱鱼的储量低于最大恒续储量，可持续产量也从最高峰不断下降。当捕获能力为 24.4 船—年时，收入和成本相等，并且利润为零。回到图 17.2 可以知道，在 24.4 船—年的捕捞努力下，鲱鱼储量仅为 0.25mmt，每年的鲱鱼产出量仅为 18.4kmt。由于此时的利润为零，所以捕捞努力为 24.4 船—年时，

环境经济学

实现了北海鲱鱼资源的市场均衡。

在这一市场均衡下，鲱鱼储量不到最大承载量的十分之一。从保护渔业资源或者维持生态系统平衡的角度出发，这一均衡状态并不合适。鲱鱼储量如此低，可能会对其他以鲱鱼为食的鱼群造成相当大的影响。基于某种鱼的增长曲线，我们知道公有资源实现市场均衡时的储量可能极其低，甚至是零，储量为零也意味着利润为零。如果公有资源处于市场均衡状况下，既没有鱼，也没有渔船，自由进入能够导致资源灭绝。

公有资源的市场均衡在经济上同样不合适。对于任何小于市场均衡的捕捞努力，每条渔船得到的收益和总收益都比市场均衡时要大。如果政府可以限制捕捞努力的增长，对于消费者、渔夫和环保者中关注生态系统的任何人而言，福利水平都会增加。

专栏17.2

公有资源的动态变化

鲱鱼储量和捕捞努力之间的相互影响和适应，最终形成了公有资源的市场均衡。那么，这个不断变化的调整过程是什么样的呢？它受到两个等式的影响。第一个等式是鱼的增长等式：

$$S_{t+1}=S_t+G(S_t)-kES_t$$

从这个等式可以看出，第2年的储量 S_{t+1} 等于现有储量 S_t 加上增长量 $G(S_t)$，减去渔获量。其中，渔获量等于捕捞常数（k）乘以捕捞努力（E），再乘以现有储量。

第二个等式表示捕捞努力的变化：

$$E_{t+1}=E_t+m(pkS_t-c)$$

第2年的捕捞努力 E_{t+1} 等于现有捕捞努力 E_t 加上新的加入者。假定每条船的收益越大，新捕捞努力增加也越快。每条船可以捕捞 kS_t 的鲱鱼，鲱鱼的价格为 p，从而每条渔船可以得到 pkS_t 的收入。c 是每条渔船的捕鱼成本，所以每条渔船可以得到的收益为 $pkS-c$。常数 m 表示每条船在不同收益水平下，新捕捞努力的增速。图17.5表示的是鲱鱼储量和捕捞努力之间的相互影响。

图17.5中，储量（横坐标轴）从0.75mmt开始，捕捞努力（纵坐标轴）从A点的15船—年开始。开始储量很大，捕捞鲱鱼可以获得利润。于是曲线就向左上方移动，随着渔船数量增加，鲱鱼储量下降。当储量减少到0.25mmt时，捕鱼变得无利可图，这导致了渔船数量的减少。最终渔船的数量下降得足够多，使得鲱鱼的储量逐渐开始恢复。比如在C点，捕捞努力下降到最小的4船—年，鲱鱼储量变为0.25mmt。由于渔船数量减少，鲱鱼储量开始增加，这时捕鱼再次变得有利可图，这又带来了更多渔船，又开始这个循环。最后形成了一个螺旋状的变化曲线，曲线的中心就是鲱鱼这一公有资源的均衡状态。在这种情况下，公有资源均衡使得这一资源得以延续。但是，并非所有物种都是这么幸运的。

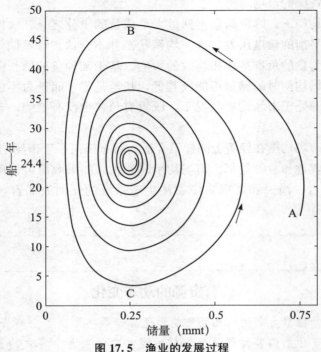

图 17.5 渔业的发展过程

当资源储量处于 A 点时，每艘渔船的收益都很高，于是更多的渔船参与到捕鱼业中，渔船数量增加减少了资源储量，随后渔船的数量减少到 B 点。随着渔业的逐步恢复，渔船的收益再次增加，新的渔船再次进入捕鱼业中，继续这一循环。

小结

● 无论是可再生资源还是非可再生资源，有效实施管理的必须前提都是清晰明确的产权界定。如果资源不具备排他性，那么这类资源就是公有资源。人们会不断参与资源的开发，直到这项资源能够产生的收益等于零。

● 公有资源并不具备让人们节约资源以备将来使用的激励机制。结果是人们开发资源的速度过快，导致资源储量的衰竭。当前的消费者消耗了过多的资源，留给未来消费者使用的资源太少。在完全竞争市场中，零利润表示市场有效率的状态，但是在资源市场中却表示低效率的管理。

● 公共财产表示的是一种产权形式，即很多人共同拥有某项资源，并且限制新的加入者参与享有该资源。有些资源作为公共财产得到了比较好的管理，已经持续了数个世纪；另一些资源作为公共财产，其管理非常接近公有资源。

● 对于公有资源，只要开采收入大于开采成本，就会有人从事资源的开采工作。尽管开采能力越小，开采者越可以在长期内得到更多的收益，但是由于无法限制开采者的数量，最终导致了资源开采的收益等于零。开采能力过高导致资源储量快速减少，并且严重损害生态系统。虽然一些公有资源也可以达到均衡状态，但其他公有资源最终可能会消失。

可再生资源的有效管理

如果将可再生资源作为公有资源来使用是低效率的，那么如何对可再生资源进行有效的管理呢？我们知道，私有资源的所有者可以控制使用资源的人数，从而控制资源的开采数量和持续时间。有时候，资源的管理者是政府监管部门。比如，欧盟和挪威政府共同管理北海鲱鱼的渔场。

可再生资源的有效管理包括明确资源储量，以及在此基础上确定收益最大化的可持续产量。影响可再生资源有效管理的两个主要因素分别是：一是成本，因为成本影响了资源开采收益；二是机会成本，因为将鱼留在海中不捕捞是对未来的一种投资。因为这两个因素的影响非常复杂，下面将分别讨论这两个因素，以及它们如何影响资源的有效储量。

□ 捕捞成本

研究可再生资源管理中成本的作用时，需要考虑资源的开采能力。图 17.6 显示了收益和捕获努力之间的关系。上图是对图 17.4 的重复，而下图则是扣除了成本的收益曲线。捕捞努力小于 24.4 船—年时，收益大于零。捕捞努力在 24.4 船—年和 12.2 船—年之间时，随着捕捞努力的下降，收入和成本之差，也就是收益不断增加。导致这一现象的原因有两个：一是渔船数量的减少节约了渔船的成本；二是捕捞努力的减少促使鲱鱼储量增加，同时使得鲱鱼资源的增长量和可持续产出量均有所增加。当捕捞努力为 12.2 船—年时，收益达到最大化，即图中的收益—捕捞努力曲线的顶点。

通过比较图 17.6 中的上下两图可以看出，收入和利润并不在同一个捕捞水平上达到峰值。收入的峰值是最大可持续产出，此时的捕捞努力为 13.2 船—年。从 13.2 船—年到 12.2 船—年，成本下降的速度超过了收入下降的速度，所以捕捞努力的下降增加了利润。捕捞努力为 12.2 船—年时，利润达到最大化。此时，鲱鱼产量为 63.6kmt/年，鲱鱼储量为 1.725mmt，利润为 4 000 万克朗/年。

高捕捞努力意味着低鲱鱼储量，反之亦然，所以在实现利润最大化的受监管渔场中的渔业资源储量与利润最大化的公有资源相比要大很多。事实上，实现最大收益的资源储量要远高于最大恒续储量。

一般来说，捕捞成本越高，捕捞努力越小，图 17.6 中的虚线表示每条渔船的捕捞成本提高了 5 倍后的影响。成本越高，成本—捕捞努力曲线越陡峭，实现利润最大化的捕捞努力也越小。在案例中，这一捕捞努力仅为 8.1 船—年。反过来，较低

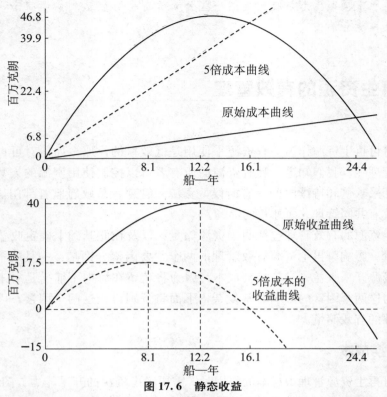

图 17.6 静态收益

从上图的总收入曲线中扣除成本就得到了下图中的收益—捕捞努力曲线。当捕捞努力为 12.2 船—年时，收益达到最大化。对于公有资源，收益在 24.4 船—年时为零，此时的储量也很低。

的捕捞努力使稳定状态下的资源储量增加。

对于存在管理的资源，由于管理者能够阻止新的进入者，所以资源开采的利润最大化时的开采能力要小于，甚至远小于公共资源，而且资源的利润也不必为零。较小的开采能力对应的资源储量更大。一般来说，成本增加可以降低资源开采能力，提高资源储量。

☐ 利率和机会成本

如果竞争性产业的长期利润为零，为什么受监管的捕鱼业中存在利润呢？当一个竞争性产业实现长期均衡时利润为零，此时利润覆盖了所有成本，包括机会成本。只有把鱼看成免费的，不计入鱼的价值或机会成本时，渔场才可以在长期中获得利润。但如果考虑资源价值又会如何呢？

因为可再生资源的管理者可以限制新的进入者，她可以决定为了实现利润现值的最大化，每一时期开发的资源数量。假设她能够准确地预测价格和收益，那么她每年会开发多少资源呢？

假设初始的资源储量为 1.6mmt，即最大恒续储量，并且捕鱼没有任何成本。管理者可以选择每年收获 64kmt 的鲱鱼，也可以选择超过或者不到 64kmt 的捕鱼量。

如果她选择了超过 64kmt 的捕鱼量，那么鲱鱼的储量将下降，低于 1.6mmt。假设管理者决定今年少捕捞 1 吨的鲱鱼，就会减少 1 吨鲱鱼的收入，即 735 克朗。那么她从减少的这 1 吨鲱鱼中得到什么呢？

因为今年鲱鱼渔获量减少了 1 吨，第 2 年的鲱鱼储量将会增加 1 吨。与此同时，由于储量增加，第 2 年的鲱鱼增长量 $G(S_{t+1})$ 与第 1 年的鲱鱼增长量 $G(S_t)$ 不同。储量变化一单位，增长量变化 $[G(S_{t+1})-G(S_t)]$。边际增长率，即增长曲线的斜率，等于增长量的变化量除以储量的变化量，用 MG 表示。现在额外节约 1 吨鲱鱼，可以使第 2 期的储量增加 1+MG 吨。那么节约的 1 吨鲱鱼在第 2 年可以得到的利润是 $(1+MG)×735$ 克朗/吨。因为只有在第 2 年才能得到利润，所以必须考虑贴现，毕竟渔民可以将这吨鱼卖掉，再以利率 r 来收取利息。第 2 年获得的利润现值为 $(1+MG)×735/(1+r)$。对于渔民而言，究竟是将这吨鲱鱼放在第 2 年捕捞合算，还是今年捕捞合算，取决于第 2 年的利润现值和今年销售得到的 735 克朗相比，哪个价值更高。一般来说，按照固定价格进行交易所得的利润不是 π，就是 $\pi×(1+MG)/(1+r)$。比较 π 和 $\pi×(1+MG)/(1+r)$ 的大小实际上就是比较 r 和 MG 的大小。如果 $r>MG$，今年捕捞这吨鲱鱼而不是第 2 年捕捞鲱鱼更加合适。如果 $MG>r$，那么第 2 年捕捞的利润就更高。当 $MG=r$ 时，渔夫无论何时捕捞鲱鱼，利润都一样。

利率表示的是持有资源的机会成本。资源管理者可以选择让鲱鱼资源储量增加，或者将资源用尽，将获得的收益用于投资，或者保持现有储量不变，仅开采资源的增长量。如果资源储量增长的速度比在银行中存钱增长的要快，即边际增长率大于利率 r，那么管理者就可以通过鲱鱼资源的增长，增加渔民的收益。反过来，如果利率大于边际增长率，那么将部分资源储量转化成收益，利用银行取得更高的收益，可以提高渔民的福利水平。当边际增长率和利率相等时，渔夫让鲱鱼资源保持增长或者捕捞鲱鱼，将收入存入银行进行投资，最后得到的收益是相同的。她无法在持有资源和银行投资两者之间利用资金流动来增加自己的收益。

在图 17.1 的增长曲线上，低储量水平斜率 G 很陡峭。随着储量的增加，边际增长率下降。当储量增加到最大恒续储量时，边际增长率为零；储量继续增加时，边际增长率小于零。因为利率几乎总是大于零，不考虑成本的捕鱼业中，令 $MG=r$ 实现利润最大化意味着增长曲线的斜率会一直大于零，这就表示利润最大化时的储量低于最大恒续储量。

为什么利润最大化储量低于最大恒续储量呢？最大恒续储量位于增长曲线的顶端；增加或者减少储量都不会提高增长量。如果渔民减少储量，就可以立刻获得一笔现金，但是却损失了每年都会有的增长量。资源储量减少量较小时，对于每年增长量的影响是很小的。从初始的储量销售中得到的收入超过了未来因为增长量降低而减少的收入。资源储量减少量较大时，对于每年增长量的影响很大，从而对未来的渔获量产生很大影响。此时，资源再生的速度超过了银行投资增长的速度。最后，当资源的增长率等于银行利率时，渔民就会停止改变储量，开展可持续的捕捞行为。

表 17.2 证明了 $MG=r$ 规则与北海鲱鱼收益之间的关系。表中第 1 列是从储量

1.6mmt 开始的各种可能的捕捞水平，管理者可以选择禁止捕捞鲱鱼，或者将鲱鱼全部捕捞，或者捕捞一半的鲱鱼。第 2 列是剩余的鲱鱼储量，等于 1.6mmt 减去已经捕捞的鲱鱼量。第 3 列是现有存量下的鲱鱼增长量。第 4 列是剩余储量与增长量之和，即在来年可以捕捞的鲱鱼储量。第 5 列表示 5% 的利率水平下，利润的现值：735 克朗×(现在捕捉量＋第 2 年捕捉量/1.05)。最后，第 6 列是现行储量下的边际增长率。当储量为 0.6mmt 时，边际增长率等于利率，此时利润恰好达到了最大值。

表 17.2　　　　　　　　　　　　现在该捕捞多少鲱鱼？

初始的鲱鱼储量为 1.6mmt。只要不超过这个范围，渔夫可以捕捞任何数量的鲱鱼。在初始捕捞之后，剩余的储量决定了增长量，两者又共同决定了下一年的捕捞范围以及边际增长率。初始渔获量的价值加上第 2 年渔获量的价值，再使用 5% 的贴现率贴现后，就得到了收益的现值。当初始渔获量为 1.1mmt 时，边际增长率等于利率，此时所得收益最大。

初始渔获量	剩余储量（mmt）	增长量（kmt）	次年渔获量	收益现值	边际增长率
1.6	0	0	0	1 176	0.077 5
1.5	0.1	7.75	0.107 75	1 177.925	0.072 5
1.4	0.2	15	0.215	1 179.5	0.675
1.3	0.3	21.75	0.321 75	1 180.725	0.062 5
1.2	0.4	28	0.428	1 181.6	0.057 5
1.1	0.5	33.75	0.533 75	1 182.125	0.052 5
1	0.6	39	0.639	1 182.3	0.047 5
0.9	0.7	43.75	0.743 75	1 182.125	0.042 5
0.8	0.8	48	0.848	1 181.6	0.037 5
0.7	0.9	51.75	0.951 75	1 180.725	0.032 5
0.6	1	55	1.055	1 179.5	0.027 5
0.5	1.1	57.75	1.157 75	1 177.925	0.022 5
0.4	1.2	60	1.26	1 176	0.017 5
0.3	1.3	61.75	1.361 75	1 173.725	0.012 5
0.2	1.4	63	1.463	1 171.1	0.007 5
0.1	1.5	63.75	1.563 75	1 168.125	0.002 5
0	1.6	64	1.664	1 164.8	−0.002 5

　　当资源管理者希望实现捕鱼业的收益最大化时，利率大于零促使管理者将储量减少到最大恒续储量之下。除了某些资源储量很低会导致边际增长率也很低以外，利率不会促使管理者选择完全耗尽资源储量。

　　到目前为止，我们研究了不考虑捕捞成本的利率影响模型，也研究了不考虑利率的捕捞成本模型。如果将这两种影响综合到一起需要使用更加复杂的数学方法，在这里我们不做讨论。但是将两种影响综合研究所得到的一条重要的结论是这两种影响在不同的方向起作用。利率的影响推动有效率的储量水平降到最大恒续储量之下，而捕捞成本推动有效率的储量增加到最大恒续储量之上。收益最大化水平取决于所有因素的各自不同的价值。

□ 需求变化、管理成本和生态因素

可再生资源在人类社会和生态系统中扮演了相当复杂的角色，复杂程度甚至超过了大多数不可再生资源。成本和利率是影响资源管理有效性的两个主要因素，但是其他很多因素也对管理造成一定的影响。下面对这些影响因素做一个简单的介绍。

首先，人们对资源的欲望随着时间在不断地变化。如果需求发生变化，那么资源的价格也会发生变化。但是，资源的调整需要时间，所以只有资源价格的变化趋势会对资源管理产生影响。比如人们逐渐相信吃鱼对健康有好处，那么鱼的价格就会不断上涨。鱼在未来就会更加值钱，那么资源的管理者就会希望鱼的储量增加。而为了储量增加，就必须减少当前的渔获量。但是，一旦人们对鱼的需求稳定了，鱼的价格在未来就不会增加了。在这种情况下，管理者会根据捕捞成本和利率而不是价格对资源储量进行调整。如果价格的变化没有趋势可言，都是瞬间发生的，比如价格一夜之间翻了一番，那么资源的储量就没有什么时间增长了，于是资源管理者就不会改变资源的储量。

其次，尽管较高的捕捞成本使资源储量增加，但持有或者增加资源储量的管理成本会减少资源的储量。虽然增加北海鲱鱼储量不需要任何成本，但是增加渔场的鲑鱼储量、养牛或者种植林涉及很多成本，如土地、饲料、肥料，或者其他各种形式资源所需的投入。

最后，可再生资源与所处的生态系统相互影响。干旱、温度变化、大火、洪水、污染、竞争物种或者掠食者以及其他生态环境的变化都会改变资源的储量，或者改变资源栖息地的资源最大承载量。资源的管理者必须对这些变化具有敏感性，这样才能实现有效的资源管理。

专栏 17.3

森林：另外一种可再生资源

森林和鲱鱼一样也是可再生资源。采伐森林可以提供很多人们所需的产品，包括建筑材料、纸、燃料。采伐后的森林还可以再生。但是如果过度采伐，就会给木材制造业造成损失，还会破坏生态。森林和渔场类似，可供采伐的数量取决于森林自然生长的过程。但森林管理和渔场管理在经济上有很重要的一点区别：鲱鱼资源在未来的储量取决于现在鲱鱼的数量，而未来森林的木材储量却主要取决于森林的生长时间。换而言之，我们主要是用鱼群数量衡量鱼类资源的存量，我们衡量森林的木材储量使用的是树木的大小，而树木的大小又取决于树龄。

在很多实施管理的森林中，管理者将森林划分成许多林地。每一块林地内的树木的种植时间相同，所以树龄相同，采伐时间也相同。不同林地上树木的种植时间不同，所以，伐木工总是有树可砍，也总有树处于生长期。比如，面积 5 000 英亩的森林被分成 100 块，每块 50 英亩。如果每年允许砍伐一块土地上的树木，那么土地所有者就可以砍伐其中一块土地上的树木，砍完之后复种，并且让这片树木生长 100年。在这 100 年里，她可以砍伐其他树木。100 年后，她可以重新砍伐这片树林，那时候这些树龄已达到 100 岁。这种管理方法被称为轮伐制度，这一制度根据树木的生长期来决定轮伐期的长短。

马丁·浮士德曼（Martin Faustmann）在 1849 年率先提出了同龄林（所有树木的年龄相同）的最优管理制度。林业的首要问题是，何时采伐树木？

表 17.3 中的第 1 栏和第 2 栏显示了花旗松的树龄和产量，树龄间隔期为 5 年。产量 $F(t)$ 指的是当树龄为 t 时，每英亩土地上可供销售的木材数量。第 3 栏显示的是从现在开始 t 年后 1 美元的现值。这一栏数据起到了贴现的作用，$1/(1+r)^t$，$r=2\%$。每一千板英尺树木的售价为 200 美元。第 4 栏显示的是树木销售的现值，等于 $200\times$ 贴现因子 $\times$ 产量。如果树木砍伐后，从土地上得不到什么收益，那么能够使销售现值最大化的砍伐树龄为 85 岁。

但是树木砍伐之后，土地还有其他价值。当树木被砍伐后，这块土地上会立刻种植新的树木，等这些树木成熟后，会再被砍伐，然后再种上新的树木，如此往复循环。土地的价值，即**林地期望价值**（soil expectation value，SEV），是这块土地上种植的所有树木的全部价值的现值。其中，树木的生长期为 L。

$$\text{SEV} = P\Big[\frac{F(t)}{(1+r)^t} + \frac{F(t)}{(1+r)^{2t}} + \cdots + \frac{F(t)}{(1+r)^{nt}} + \cdots\Big] = \frac{PF(t)}{(1+r)^t - 1}$$

表 17.3　　　　　　　　　　　　　**花旗松的树龄和产量**

树龄	产量（千板英尺）	贴现因子	销售现值（美元）	销售总现值（美元）
30	0.30	0.552	33	74
35	1.99	0.500	199	398
40	4.50	0.453	408	745
45	7.93	0.410	651	1 104
50	12.40	0.372	921	1 466
55	17.87	0.337	1 203	1 813
60	23.80	0.305	1 451	2 087
65	29.60	0.276	1 635	2 258
70	35.20	0.250	1 760	2 347
75	40.57	0.226	1 838	2 376
80	45.70	0.205	1 875	2 358
85	50.53	0.186	1 877	2 306
90	55.00	0.168	1 851	2 225

表 17.3 的最后一栏显示了林地期望价值。能够使花旗松收益现值最大化的砍伐树龄为 75 年。如果将后续种植的花旗松也考虑在内，而不是仅仅考虑一次砍伐的收益，使收益现值最大化的砍伐树龄要小于 75 年。因此，相比于仅砍伐一次的计算方法，可能在未来早一点收获木材。贴现率提高可以减少轮伐期，以便更早地获得收

益。图 17.7 显示了作为轮伐期函数的林地期望价值在两种不同利率下的变化情况，一个利率是我们之前使用的 2%，另一个是 7%。利率越高，林地期望价值越低，轮伐期越短。

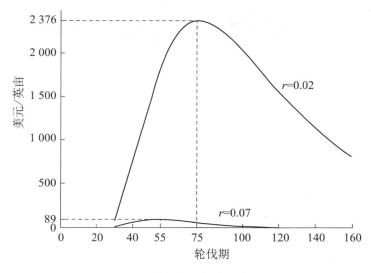

图 17.7　作为轮伐期函数的林地期望价值

利率为 7% 时，收益现值最大的轮伐期为 55 年；利率为 2% 时，最佳轮伐期为 75 年。

小结

● 实施可再生资源的有效管理需要考虑开采成本和利率，以及其他一些因素。

● 开采成本的存在不利于资源的开采。由于开采数量的减少，使得资源的储量增加，所以存在开采成本时，有效率的资源储量要比没有开采成本时的资源储量要大。

● 对于没有成本的渔场来说，实现最优储量的条件是边际增长率与利率相等。

● 其他一些因素，包括消费者需求的变化、资源管理成本，或者生态系统的变化也会影响资源的有效储量。

▍灭绝

　　尽管可再生资源有自我更新的能力，但是它们也可能彻底灭绝。灭绝的可再生资源并不一定能够恢复。有史以来，人类利用一些物种已经导致了物种灭绝。比如候鸽，曾经是北美洲最为常见的一种鸟。为了食用和体育娱乐等目的，人类在 19 世纪大肆捕杀候鸽，最终导致了该物种的灭绝。

生物学特征与物种灭绝的可能性有关。即使在种群数量很低的水平上，有些物种的边际增长率仍然很低。因此，一旦这些物种的数目濒临灭绝，就很难恢复。因为候鸽有群居的特征，所以猎人一次就能轻松捕捉到很多只候鸽。与物种灭绝有关的另外一个生物学特征就是最小可存活种群大于零。物种数量过低时，遗传多样性丧失，导致物种中的所有个体容易感染同一种疾病。同时，种群过小使得繁殖受阻。人类的偏好以及经济因素也对一些物种的灭绝产生了很大的影响。需要特别注意的是，虽然资源的自由进入有可能导致物种的灭绝，然而资源私有化并不足以保证物种存活。在自由进入的渔场模型中，一旦捕捞行为有利可图，而此时的资源储量小于最小可存活种群，那么该资源的灭绝就难以避免。捕捞行为有利可图的条件就是价格×渔获量－捕捞成本>0。渔获量 H 等于捕捞常数乘以捕捞努力和储量，即 $k \times E \times S$，再乘以价格后减去成本所得到的就是收益，即 $P \times k \times E \times S - c \times E$。通过该等式求解收益为零时的储量，得到 $S_{profit=0} = c/(P \times k)$。对于自由进入的鲱鱼渔场而言，$S_{profit=0} = 250mt$。为了演示鲱鱼的灭绝过程，图 17.8 将鲱鱼的增长曲线向下移动，最小可存活种群为 430mt。在这一水平之下，尽管储量大于零，增长量依然小于零。

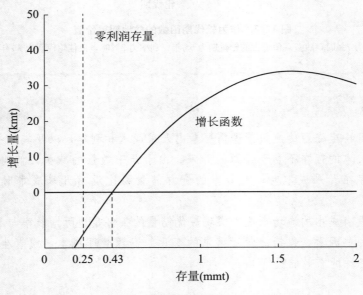

图 17.8 最小可存活种群规模

只要资源储量小于 430mt，增长就为负。当资源储量低于 430mt 时，资源无法恢复。

只要资源储量大于 250mt，捕捞鲱鱼的利润就为正，鲱鱼捕捞努力就会继续增加。最终，鲱鱼捕捞努力足够大，以至于鲱鱼储量减少到最小可存活种群这一规模，此时储量为 430mt。随后，鲱鱼的增长量将小于零，储量会一直减少到零。

私人管理资源时也会出现灭绝的情况。这主要是由于私人缺乏保护资源的激励。人们对很多物种保护的市场激励很弱，甚至不存在。这些物种包括那些无法被人们直接使用的动植物，以及那些在生态系统中的作用尚未被人们充分了解或者不受人们欢迎的物种。比如，当农业收益大于林业收益时，土地所有者会砍伐森林，破坏其中居住的一切生物，将森林改为农田。生物多样性是一种公共物品。栖息地减少导致的物种消失就是公共物品供给中市场失灵的一个例子。如果生物多样性的收益大于从这片土地上可以获得的消费者剩余和生产者剩余，那么将栖息地开垦用于其他用途就是低效率的行为。在其他一些情况下，物种受到诸如水污染等外部性的影响。因为我们对生态系统中任何一种物种的作用并不完全了解，所以我们就无法估计现在和未来保护和维持物种的全部收益。因此，物种灭绝不太可能是有效率的。

小结

- 生物学特征和人类行为共同导致了物种灭绝。自由开采导致了资源的衰退。缺乏资源的进入许可导致人类对资源的过度开采，减少了资源的储量。
- 如外部性和公共物品供给不足的一些市场失灵是导致私有化的资源灭绝的主要原因。

可再生资源管理制度

如果可再生资源完全交由市场管理，可能出现各类产品生产中固有的外部性问题和潜在的公有资源外部性问题，如渔业管理和体型大得多的狩猎物种管理。为了减少市场失灵，各国政府采取标准和市场化手段管理可再生资源。有时，政府越过资源使用者，直接管理和控制资源。

对可再生资源实施有效管理与不管理这些资源（公有资源）相比，结果完全不同。首先，自由进入的资源储量远小于有效管理时的储量，甚至可能因为储量过小而导致资源的消失。其次，资源得到有效管理后，可以产生更大的收益。相比于有效管理的资源，消费者在资源不受管理时，短期内可以用较低的价格购买资源，但是一段时间后，随着资源稀缺性提高，价格增加。因此，资源管理者们，如渔业与野生动物保护局、狩猎警察和森林巡逻队等，一直以来都在寻找保护可再生资源储量的方法。

管理渔业这类可再生资源的常用方法是建立标准，增加资源开采的难度。比如，典型的渔业管理规定增加了捕鱼的难度和成本，限制捕捞水平（被称为允许捕获量）、捕捞方式（如渔网和船的类型）或捕捞时间的长短。譬如在加利福尼亚州的洪堡海湾，允许捕捞螃蟹的时间仅有一天。许多政府都出台了森林采伐的相关法案，严格规定了一片区域中可采伐的树木数量或者禁止采伐河边树木以减少生态破坏。所有这些规定都增加了资源开采的成本，降低了资源开采的水平。

这些标准增加了资源开采成本。如图 17.6 所示，公有资源市场均衡时，利润为零，但成本提高降低了开采能力，增加了资源储量。实际上，成本增加使得资源储量的增量接近于最大可持续产出。因此，每年可以开采的资源量多于成本提高之前的开采量。增加资源可持续开采量可以使消费者每年享受到更多的资源，也为资源开采者和加工者提供更多长期就业机会。但是在短期内，成本增加导致开采能力下降，就业机会减少。

技术进步降低了开采成本，因此降低了政策的有效性。鱼群探测器和马力更大的发动机，明显地降低了捕鱼成本。捕捞成本下降使欧盟和美国的公有渔业资源储量下降。有了直升机的帮助，就可以在以前相对偏远和陡峭的区域开展伐木工作。为了使资源储量回升，管理者需要制定更多的规定，增加开采成本，降低资源开采的收益。对于可再生资源的管理者来说，迫于强大的政治压力，即使资源面临衰退的风险，也不能阻止资源开采者开采资源。结果，许多政策管理之下的渔场仍然出现过度捕捞，最后不得不关闭，大量森林资源被采伐一空。

因为传统的管理方法没有取得成效，政府提出了一些市场化的管理手段。旨在增加资源开采成本的一个替代办法就是对资源开采行为征税。如果税收等于使用成本，那么资源开采者就需要承担开采资源的机会成本。政府扮演了资源所有者的角色，收取资源租金。如果这种方法有效，就可以避免产权缺失或市场失灵。税收将增加开采成本，减少资源开采量，并且提高资源储量。与采取无效率的方法增加成本的标准相比，税可以产生政府收入，用于公共事业，所以税收手段优于标准手段。但是，税收会减少资源开采者的利润。因此，征收资源开采税和征收污染税一样，不具备政治上的吸引力。美国和欧盟的渔业都没有采用这类管理手段。

渔业管理中一个比较新的手段是个人可交易配额制度。这一制度在新西兰得到了广泛应用。**个人可交易配额**（individual transferable quota，ITQ）制度也被称为**个人捕鱼配额**（individual fishing quota，IFQ）制度。方法是授予拥有配额的人捕捞一定数量的某种鱼的权利。该方法和基于市场的排污许可制度一样，捕鱼的权利可以在市场上进行交易。在交易之前，管理者设定总捕鱼量。个人可交易配额制度和税收有很多相同点。两者都是高效的，个人可交易配额制度限制了捕鱼行为，捕鱼者可以出售捕鱼配额，而并非将钱用在购买低效率的设备上。这也正是税收可以提高捕鱼效率的原因。税收和个人可交易配额制度都可以增加捕捞成本，由于捕鱼许可可以交易，捕鱼效率较高的渔民可以从捕鱼效率低的渔民手中购买捕鱼许可，购买捕鱼许可的这部分支出是额外的捕捞成本。但是，和税收不同的是，渔民通常可以免费获得个人可交易配额。因此，渔民既可以用个人可交易配额捕鱼，也可以出售个人可交易配额以获取收益。由于捕鱼量越大，个人可交易配额的数量越多，个人可交易配额就越不值钱，所以渔民不会不切实际地要求提高总的捕鱼配额。个人可交易配额制度让渔民转变成渔业的所有者。

尽管新西兰的渔民欢迎个人可交易配额制度，但这一制度在美国和欧盟面临诸多阻力。原因是高效率的捕鱼行为可能意味着减少渔船的数量，也意味着可能同样减少渔民和渔港的数量。很多小型捕鱼团体对此进行了权衡，尽管渔民可以从这一制度中获益，但渔民所在的城镇会因为渔港使用频次的减少而遭受损失。

偷猎象牙

我们将非法捕杀动物的行为称为偷猎。偷猎诸如非洲大象之类的大型动物的行为造成这些物种的灭绝。用经济学的眼光来看，这是标准的公地悲剧。所有的偷猎者都可以自由猎杀大象，他们进入这一行业的成本仅仅是一把枪和一辆卡车。由于大象体形巨大，很容易被发现，所以大象数量的多少不会对偷猎者的成本产生明显影响。偷猎者的收益来自于出售象牙获得的收入。只要被猎杀的大象与自然死亡的大象数量之和大于新生的大象数量，那么大象的种群数量就会衰退。

我们一直没有非洲大象数量的确切数字。今天，存活的大象数量大约是 50 万头。而在 20 世纪初期，非洲大象的数量大概在 300 万到 500 万头之间。20 世纪 80 年代，大象的数量到达了历史的最低点，仅有 40 万头。

人们已经采取了很多政策阻止大象种群的继续衰退。1989 年，非洲大象纳入了《濒临灭绝野生动植物国际贸易公约》(Endangered Species of Wild Fauna and Flora, CITES) 中。公约将新的象牙贸易定为非法贸易，得到了很多象牙进口国家的法律支持。这使得新象牙的需求曲线向左移动，减少了象牙制品的购买量和被捕杀的大象数量。

很多非洲国家在得到国际社会的帮助后，加强了对偷猎行为的打击力度，增加了猎杀大象的成本，减少了捕杀大象的行为。

非洲为保护大象的栖息地建立了野生动物保护区，付出了相当大的努力。但是，非洲的野生动物保护区的含义并不像美国或欧盟的国家公园那样清晰。很多非洲的野生动物保护区内部或者边缘都有居住人口。让当地居民将保护大象视作自己的利益所在，这点对于保护区和大象种群的健康发展尤为重要。因此，在公园里开展旅游活动可以起到这样的作用。

尽管国际社会和各国政府采取了很多行动，但是大象的安全并未得到百分百的保障。非洲中部地区一直未能减少偷猎行为。非洲南部地区大象种群的恢复并未在其他地区出现。

非洲的人口数量在过去的 25 年内差不多翻了一倍，世界对粮食和燃料作物的需求快速增加，人和大象对于土地的争夺必然会持续下去。

第 17 章

可再生资源管理

小结

● 对可再生资源进行有效管理，既可以增加资源储量，也可以提高资源开采者的收益。与资源的自由开采相比，有效管理可以更好地保护资源储量，从而保护物种并保证资源可以满足未来的消费需求。

● 长期以来，资源管理者使用各种方法，限制资源开采，保护资源的储量。诸如设备限制和季节限制等措施都会增加资源开采的成本，从而减少资源的开采量，但是这会鼓励人们使用低效率的开采方法。如同污染管理政策一样，税收或可交易的个人捕捞许可等市场化措施，相对于设备或季节限制等手段，可以用较低的成本实现减少资源开采的目标。

现在的渔场储量

20世纪70年代，北海鲱鱼作为公有资源，出现了严重衰退。最后，政府不得不将渔场彻底关闭一段时间，希望鲱鱼储量逐步恢复。尽管各种规定已经逐步落实，但是渔场在20世纪90年代再次到了濒临崩溃的境地。挪威和欧盟最近对渔场的联合管理达成了一致，详细界定了捕鱼配额的划分办法。鲱鱼储量再一次得到了恢复，几乎接近20世纪60年代初的水平。与此同时，北海鳕鱼的储量在1963—2001年之间下跌了76%。

世界上很多地方的渔业资源储量面临持续衰退的危险。渔业资源衰退给人类和生态系统造成的潜在损失是巨大的。有效管理这一主张给可持续利用渔业资源和其他可再生资源提供了途径，但是实施过程却存在很多政治上的困难。

总结

以下是本章的重点：

- 可再生资源与不可再生资源相比，不同点在于可再生资源拥有繁殖和再生的能力。与工业产品相比，不同点在于可再生资源的生物学特性限制了这些资源的再生能力。虽然人们在短期内提高某物种增长量的能力有限，但人们有能力开采资源、减少资源存量。如果开采量恰恰等于增长量，储量保持不变，人们可以实现该资源的可持续开采。
- 公有资源对所有人都开放，任何人都可以开采。由于缺乏限制，导致人们持续开采资源，直到没有人可以从资源开采中获利为止。公有资源面临的开采能力很高，资源的最终储量小于最大恒续储量。
- 有效的资源管理需要限制人们的资源开采行为。资源管理者可以减少资源开采量和资源

开采能力，这既可以增加资源的储量，也可以提高资源的收益。为了实施有效管理，可以从以下几个方面入手：一是开采成本（成本越高，资源储量越高）；二是利率（利率越高，资源储量越低）；三是改变需求（未来需求越大，储量越大）；四是管理成本（管理成本增加会减少资源储量）。

- 消费者可以从有效的资源管理中长期获益，因为未来的资源可得性和当前一样。实施资源的有效管理后，对于生产者、资源储量和生态系统而言同样有利。无论在现在还是未来，生产者都可以获得更高的收益，而且会减缓资源储量的衰退。然而，有效的管理实施起来却存在很多困难。因为限制资源开采后，一些资源的开采者和相关产业如果得不到补偿，就会因为开采受限遭受损失。

- 如果可再生资源的开采速度超过资源的再生速度，资源的储量小于最小可存活种群数量，资源就会灭绝。对于公有资源，资源的开采成本低廉就会导致资源灭绝，此类事件在历史上屡见不鲜。对于私有资源，开采成本低廉、资源储量稀少、低边际增长率、保护生物多样性的激励不足都可能导致物种灭绝。

- 长期以来，资源管理者为了减少资源的过度开采，通过限制开采设备和开采时间增加资源开采的成本。这些限制措施使人们大量投资于一些对生产无益的技术。为了避免这些额外投资，税收或者可交易的开采许可等是这些限制措施的替代手段。

关键词

船—年	最大承载量	捕捞系数
公有财产	努力	捕捞努力—产出曲线
增长	增长函数	捕捞函数
捕捞曲线	个人捕鱼配额（IFQ）	个人可交易配额（ITQ）
边际增长率	最大可持续产量（MSY）	最大恒续储量
最小可存活种群	公有资源	公有资源储量
可再生资源	林地期望价值（SEV）	可持续产出
持续产量		

说明

书中提到的监管之下的渔场过渡捕捞的案例来自 Josh Eagle and Barton H. Thompson, Jr., "Answering Lord Perry's Question: Dissecting Regulatory Overfishing," *Ocean & Coastal Management* 46 (2003): 649-679。

北海鲱鱼的案例来自于 Trond Bjornal and Jon M. Conrad, "The Dynamics of an Open Access Fishery," *The Canadian Journal of Economics* 20 (1) (February 1987): 74-85。本章引用这一模型时作了一些简化。关于鲱鱼和鳕鱼储量的最新信息来自英国国家统计办公室，http://www. statistics. gov. uk/cci/nugget. asp? id＝367。

关于有效率的森林管理的讨论来自 Martin Faustmann, "On the Calculation of the Value Which Forest Lands and Immature Forests Possess for Forestry," republished in *Journal of Forestry Economics* 1 (1995): 7—44。

关于大象的偷猎来自于世界野生动物联盟 2007—2011 年关于非洲大象的物种行动计划，http://assets. panda. org/downloads/wwf _ sap _ african _ elephants _ final _ june _ 2007v1 _ 1. pdf。

在西部草场上放牧的信息来自 John H. Cushman, Jr., "Administration Gives Up on Raising Grazing Fees," *New York Times*, December 22, 1994。

练习

1. 假设你从哈丁那里继承了一个牧场，现在你正在学习如何管理牧场上的绵羊。经过长期的观察后，你发现牧场上的绵羊数量和绵羊的体重之间存在如下的关系（单位：磅）：

绵羊数量	0	5	10	15	20	25	30	35	40	45	50	55	60
绵羊存栏量	0	250	650	1 150	1 700	2 275	2 850	3 400	3 900	4 300	4 550	4 600	4 650
绵羊次年存栏量	0	500	1 050	1 650	2 250	2 850	3 425	3 950	4 400	4 700	4 800	4 650	4 650

牧场上现在拥有 40 只绵羊，共计 3 900 磅。绵羊招之即来，因此捕捉绵羊不存在成本。设利率为 10%，绵羊的销售价格为 1 美元/磅。

(a) 计算不同存栏量下的增长量（绵羊增长量是今年的绵羊存栏量和次年绵羊存栏量之差）。画出存栏量—增长量曲线（两个坐标轴都衡量的重量，而不是头数）。标出最小存活种群数量、最大持续产出和最大承载量。

(b) 计算增长量的变化量，即不同存栏量水平下的增长量之差。比如，存栏量 A＝0 时的增长量为零，存栏量 B＝250 时，增长量为250。那么存栏量从 0 变化到 250 时的变化量为增长量 B－增长量 A＝250－0＝250。（当绵羊数量等于 60 时，绵羊的存栏量变化量为 0。）

(c) 边际增长率是某存栏量下，增长量的变化量除以存栏量的变化量。计算这批绵羊的边际增长率。（绵羊数量为 0 时，不存在边际增长率。）

下面将计算利润最大化的绵羊存栏量。对于问题（d）～（g），请计算：(i) 为了使存栏量实现这一水平，你愿意销售多少磅的绵羊，销售额是多少？(ii) 该存栏量水平下，持续年产量和年利润是多少？(iii) 年利润的现值是多少？(iv) 你对绵羊实施管理的总价值是多少？［即（i）和（iii）的总和。］

(d) 如果你保持现有规模不变，这群绵羊的价值是多少？

(e) 如果售出所有的绵羊，你的收益是多少？

(f) 你考虑将绵羊的存栏量保持在 25 只，2 275磅这一水平上。这一水平有没有什么含义呢？

(g) 经济学教授告诉你另外一个确定羊群规模的一个法则，以实现收益最大化。请问这一法则是什么？此时的存栏量是多少？（如果最佳答案并不是表中的数据，就选择最接近的一个，不要根据现有数据外推。）

(h) 收益现值最大化时的存栏量是多少？你的教授对吗？

(i) 如果你要出售这个牧场，最低售价是多少？如果你出售了牧场，你可以从销售中获得超额利润吗？为什么？

(j) 假设你现在还拥有 40 只羊，出现一个传闻，声称利率要下跌到 5%。如果是这样，(i) 收益最大化的存栏量水平是多少？（如果答案不在表中，选择表中最近的点，不要根据现有数据外推。）(ii) 在这一存栏量水平上，年收益为多少？(iii) 年利润的现值是多少？(iv) 如果你现在的存栏量水平和收益最大化的存栏量水平不一样，请计算为了实现收益最大化的存栏量水平，你可以获得多少收益或支付多少成本？(v) 收益的总现值？（调整存栏量的收益或支出与收入流之和。）

(k) 你考虑出售牧场或者将牧场抵押以获取贷款。作为生意人，你希望利率高一些还是低一些？为什么？

(l) 谣言破灭了，利率维持在 10%，但是绵羊很难管，拒绝听从指挥。你为了捉到绵羊不得不雇用一个牧羊人。这一变化对于你（h）中的答案有什么影响？（不需要具体计算，只需要说出存栏量变大还是变小就可以。）

2. 你来到一个发展中国家的一个小村庄。该村的人依靠附近的森林生活，他们使用森林生产的木材生火做饭。森林被认定为国家公园，禁止砍伐其中的树木，但是森林公园的巡逻队员很少，其中大部分队员的家庭还依靠森林中的林木产品维持生计。

(a) 如果村中的人联合在一起进行森林管理，你认为森林的结果会是什么样的？为什么？

(b) 砍伐林木会造成村庄的水质变化。如果村民密切合作，你认为他们会很好地解决水质问题吗？为什么？

(c) 事实上，你可以观察到森林在快速的退化。为什么会出现这一问题？

(d) 如果森林快速退化，你认为水质问题还能够得到很好的处理吗？为什么？

(e) 你对该地区实地调查后发现，还有其他一些社区的居民依靠林产品生存。你希望帮助这些人增加森林储量，实现可持续的森林砍伐。需要做什么才能实现这一目标？设计一个方案，思考你可能碰到的阻碍，并且调整你的方案以解决这些问题。

3. 影响有效的可再生资源管理的因素同样会影响不可再生资源的管理。这些因素包括：资源需求、初始储量、开采成本、贴现率等。和不可再生资源不同的是，可再生资源的增长率同样发挥了很大的作用。对比一下这些因素对两类资源的影响。

(a) 贴现率升高是否影响可再生资源和非可再生资源的当期开采工作？利率升高会产生同样还是相反的影响？

(b) 初始储量增加对可再生资源和非可再生资源会产生什么样的影响？两者影响是否相同？

(c) 开采成本增加对可再生资源和非可再生资源的当期开采工作有什么影响？两者影响是否相同？

(d) 假设未来可再生资源的需求量会增加。那么资源管理者希望届时拥有更多还是更少的资源供给量？他们如何安排才能够使未来资源储量适当？这一安排对当前的可再生资源的开采工作有什么影响？需求量增加对于非可再生资源的影响是否和可再生资源相同？

(e) 与非可再生资源不同，可再生资源可以进行持续开采。是否永远适宜进行持续开采？举例说明有时候不可持续的开采也是有效率的。

(f) 地下水等不可再生资源也有可能成为公有资源。作为公有资源的不可再生资源是否也会面临作为公有资源的可再生资源同样的问题？为什么？

第 18 章 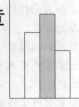环境保护与经济增长

18 世纪和 19 世纪的工业革命迅速提高了生产力，大幅增加了人们的收入。技术创新在大幅提高产出的同时降低了成本。随着生产规模的扩大，布匹和衣服等产品的价格不断降低，人们开始购买一些原本自己可以生产的商品。相互依赖的经济模式逐步取代了自给自足的经济模式，社会的结构也随之发生了变化，人们的生活水平得到了极大的改善。然而，工业发展的同时产生了空气污染、水体污染、有毒物质的不安全处理等问题，其中的很多问题至今还没有得到解决。经济增长在产生大量物质财富、提高教育水平和健康程度的同时，也给环境造成了巨大的破坏。经济增长和环境保护之间有必然的联系吗？环境保护是否会对一国的经济增长造成破坏？反对环境管理的声音时有出现，他们认为环境保护增加了成本。事实上，环境保护的收益是真实存在的，而且切实提高了人类的福利。以下是本章讨论的重点：

- 经济增长、人类福利和环境保护之间的关系；
- 如何用国民收入账户衡量经济增长，如何"绿化"计算经济增长的过程；
- 环境管理是否不利于产业发展；
- 环境库兹涅茨曲线，以及随着收入增加，人们的环境质量需求；
- 气候变化、市场失灵和收入。

■ 气候变化、市场失灵和经济增长

气候变化也许是历史上人类面临的最大环境问题。导致气候变化的原因主要是

环
境
经
济
学

化石燃料的燃烧。政府间气候变化专门委员会（Intergovernmental Panel on Climate Change，IPCC）是一个由科学家组成的政府间组织，负责向各国政府提供气候变化研究中得到的共识。IPCC 的工作小组认为气候在变暖，人为排放是气候变暖的主要原因，如果不改变人类行为，气候变化会超出人类和生态系统的适应范围。IPCC 和美国前副总统艾伯特·戈尔（Albert Gore）因为其在气候变化领域所做的工作共同获得了 2007 年的诺贝尔和平奖。

　　IPCC 认为，气候变暖会影响食物生产、水环境、生态系统、海岸和人类健康，从而影响人类的生活，其中气候变暖对于健康、生态系统和海岸都产生了不利影响。气温升高造成疾病的快速传播导致了健康问题。很多物种在适应逐渐变暖的气候时面临很多困难，生态系统可能因此受到破坏。随着气候变暖，南北极的冰川和冰盖的溶化导致海平面上升，这使得海岸线不断向内陆移动。对于气候变化的其他方面，既有受益者也有受损者。水资源在地球上的分配会偏重于热带和高纬度地区，中纬度地区得到的水资源逐步减少。由于气温的少量变化，中纬度地区的农产品产量将有所增加，而低纬度地区的农产品产量将减少。随着气候变化，美国等中纬度国家受到的影响可能是积极的，这一点吸引很多人作进一步研究。然而，一些最新的研究结果表明，一旦分析中纳入灌溉成本，即使是中纬度国家也不会因为气候变暖而受益。即使人们就气候变暖会给社会带来很大的不利影响达成一致，却还是会就这些影响究竟有多大展开激烈的争论。此外，应该为气候变化承担主要责任的一些国家可能不承担气候变化的主要成本。

　　应对气候变化的第一个重要的行动计划就是 1997 年签署的《京都议定书》。该议定书为 37 个发达国家和欧盟设定了具有约束力的行动目标：到 2012 年底，这些国家的排放水平要在 1990 年的排放量水平上平均减少 5％，不过这些国家的减排目标有很大差别。发展中国家，包括中国和印度在内，不需要进行减排，可以不受制约地继续发展经济。它们认为自己并不需要为大气中的温室气体负责，不过中国已经成为世界上最大的温室气体排放国。

　　作为《京都议定书》的签署国之一，欧盟并不确定是否能够在 2012 年达到自己的目标。欧盟的 15 个成员国已经完成了 2.7％的温室气体减排，还需要再减少 5.3％才能实现 2012 年的目标。美国没有批准《京都议定书》，但是奥巴马政府承诺参与未来的气候协议。没有签署减排协议的国家，特别是中国、印度和美国，温室气体的排放一直在增加。

　　发展中国家和一些发达国家，考虑到温室气体减排对其国家的影响，一直拒绝温室气体的减排要求。环境管理对经济发展究竟有多大影响呢？是否可以衡量这些影响？

国民收入账户和人类福利

　　考察经济福利水平的第一步是研究其衡量方法。最常用的方法是**国民收入和生**

产账户 （National Income and Product Accounts，NIPA）法，通常简称为**国民账户**（national accounts），记录了一国的生产和消费情况。国民账户是一种**经济指标**（economic indicator），衡量了经济福利。表 18.1 显示了美国 2008 年的部分国民账户。

表 18.1　　　　　　　　　　　**2008 年美国的国民收入和产品账户**
本表显示了国民生产总值与其他国民收入账户之间的关系。　　　　　　　　（单位：十亿美元）

国内生产总值	14 420.5
加：来自国外的收入	805.8
减：支付国外的收入	688.4
等于：国民生产总值	14 538.0
减：固定资本消耗	1 899.7
等于：国民生产净值	12 638.3
减：统计误差	160.5
减：企业利润、资本消耗调整、税收、社会保险缴款和其他调整	4 258.1
加：个人资产收入和个人所得经常转移收入	3 921.2
等于：个人收入	12 156.8
减：个人所得税	1 473.5
等于：个人可支配收入	10 683.3
减：个人储蓄	115.7
等于：个人支出	10 567.6

用消费和产品来衡量一国福利水平的办法在某些人看来是一种很奇怪的做法。在总统约翰·F·肯尼迪政府中担任司法部长的罗伯特·肯尼迪（他和约翰·F·肯尼迪是兄弟），于 1968 年竞选总统时提出：

> 我们认为社会的先进和社会价值仅仅是物质价值的堆积，这种非常错误的认识已经存在太多年。国民生产总值……包括处理空气污染的费用、播放烟草广告的费用和在高速公路上行驶的救护车的费用，包括家里安装高级防盗门的费用和建造代表国家暴力的监狱的费用，包括红杉林的退化和无序扩张中消失的自然奇观，包括制造核弹头的费用和出动装甲车阻止街头暴乱的费用，包括惠特曼来复枪、斯克比刀具，以及那些为了多出售一些仿真玩具给儿童而宣扬暴力的电视剧的制作费用。
>
> 但是国民生产总值没有考虑孩子们的身体健康，也不能保障他们的教育质量，甚至不能保证他们游戏的快乐。它不能使我们诗词溢美，不能使我们婚姻美满，不能使我们拥有公开辩论的睿智，以及确保我们的官员具有公正廉洁的作风。它既没有衡量出我们的幽默与勇气，也没有衡量出我们的智慧和见识，更没有衡量出我们对国家的热爱和拥护。总之，它衡量一切，除了那些对我们生活有意义的东西。

下面我们来看传统的国民账户，并研究如何纳入环境和其他那些可以"绿化"国民账户的内容，即**绿色国民账户**（green accounting）。

☐ 衡量生产、消费和福利

一国最受关注的经济指标就是 GDP。**国内生产总值**（gross domestic product，GDP）是在一个国家或地区，通过劳动和财产创造出来的全部最终产品和劳务的价值。因此，这是"国内"的产出。GDP 等于私人消费、政府支出、投资和净出口的价值之和。两者之所以等价，是因为 GDP 是一种产出，既然是产出，最终的归宿就是消费。

每一个消费者都从消费的商品中获得效用。一个国家可以视作民众的集合，国家可以从消费的所有商品中获得福利。从这个角度来看，GDP 就是大致衡量一个国家经济福利的方法。GDP 中包含工厂设备等一些与消费者效用间接相关的因素。此外，为了研究一国的经济可持续性，也可以用 GDP 衡量一国的资本投资是增加还是减少。因此，国民账户中包含了其他一些组成部分。

与 GDP 密切相关的是 GNP。**国民生产总值**（gross national product，GNP）是一国的国民（包括永久居民和公民）生产的商品和劳务的市场总值。GDP 和 GNP 直接的差别是 GDP 衡量的仅是一边界范围内的产出，而 GNP 还衡量了国民在海外的资产和产出。因此，表 18.1 中，在 GDP 的基础上加上美国公民在国外的收入，减去国外公民在美国的收入就得到了 GNP。对于大多数国家而言，GDP 和 GNP 没有太大差别，大多数情况下，两者可以互换。比如，2008 年美国的 GDP 和 GNP 仅相差 0.8%。

GDP 和 GNP 衡量的都是最终产出，不包含中间产品和服务。**中间产品和服务**（intermediate goods and services）是用于生产的产品和服务。比如，您看的这本书是最终商品，但是用于印制这本书的纸张就是中间产品。如果将纸张的销售额纳入 GNP，那么纸张就会被计算两次：一次是企业购买这部分纸张，将其作为印刷用纸，另外一次则是消费者以书的形式购买这些纸张。**最终产品和服务**（final goods and services）指的是那些不会被再次使用的产品和服务。

经济增长率（economic growth）指的是 GNP 或者 GDP 变化的百分比。美国、欧盟成员国、加拿大、澳大利亚，以及其他相对比较富裕的国家，都被称为发达国家。这些国家长期以来一直保持合理平稳的经济增长率。包括中国、印度和巴西在内的一些发展中国家的经济增长率在近年来大于发达国家，不过这些国家的人均 GDP 依然很低。如果这些国家能够维持较高的经济增长率，未来可能跨入发达国家的行列。诸如海地和乍得等最贫穷国家，难以维持经济的增长。

国民账户核算的下一步是将 GNP 从总产出调整为净产出。因为 GNP 中没有扣除固定资产消耗，所以 GNP 衡量的是总产出。工厂中的机器设备不停磨损折旧，直至报废。机器设备实际价值的不断损失被称为**折旧**（depreciation）。从 GNP 中减去固定资产消耗就得到**国民净产出**（net national product，NNP）。如果再投资的资本可以恰好保证资本储量不变，NNP 就是总产出中剩余的用于消费的资金。在表 18.1 中，GNP 下方的两行表示从 GNP 到 NNP 需要扣除的资本消耗量。

得到净产出后，让我们考虑消费者支出。表 18.1 的下方就是个人可支配收入。**所谓个人可支配收入**（personal disposable income）指的是个人收入中可以供消费或者储蓄的货币量。将 NNP 转变成个人可支配收入需要经过一个调整过程。比如，需要从 NNP 中扣除企业收益，不过需要将企业收益中分配给个人的部分重新计入个人可支配收入中，真正扣除的是企业保留的那部分企业收益。从个人可支配收入中扣除储蓄部分就得到了个人支出。**个人支出**（personal outlay）是人们的实际消费。**个人消费支出**（personal consumption expenditure，PCE）也是指人们收入中实际用于消费的部分，与个人支出的唯一不同点在于两者的统计方法不同。个人支出的计算方法就是前面介绍的方法，而个人消费支出在表中并没有出现，它是基于调查消费者的实际消费行为得到的。两个方法得到的最终结果非常相似。

这些不同的国民收入账户的共同点是衡量的都是一个国家及其公民的收入，是一国收入的总和。它们与国民内部收入的分配无关。在一些国家中，收入的大部分集中于少数人手中，区别在于 GDP 关注一国生产的所有商品，而个人支出关注人们的消费。

□ GDP 和 NNP 的衡量范围

尽管 GDP 仅能够衡量最终产品，但很多研究发现 GDP 和其他福利指标之间存在相关性。Diener 发现 GDP 越高，收入越平等，人们的寿命也越长。在 101 个国家中，有富裕的国家，也有贫穷的国家，衡量社会福利水平的 32 个指标中的 26 个指标与 GDP 存在正相关性。Boarini 和同事研究了经合组织中 30 个中高收入水平的国家后发现，这些国家的 GDP 越高，收入越平等，人们的寿命越长。所以，GDP 越高的国家就越有可能在健康水平和其他福利指标上获得高分。

尽管 GDP 和其他所有福利标准之间存在相关性，但是将其作为福利的衡量标准还存在瑕疵。以烟草的生产为例，烟草作为消费者购买的最终产品，可以增加 GDP；很多吸烟者需要的医疗健康服务也是最终产品，也可以增加 GDP。既然烟草和烟草带来的癌症和心脏病都能够增加 GDP，那么烟草对于一个国家而言就是好东西吗？GDP 衡量的是最终产出，正如肯尼迪所说，GDP 并不能直接代表福利水平。

GDP 仅仅衡量了市场上的最终产品和服务，无法衡量那些非市场的环境物品、义务劳动提供的服务，或者自然资本储量的损耗。下面，我们将一一加以分析。

清洁空气和水、野生动物的保护和环境服务等都是最终物品，由于它们无法在市场上买卖，这些物品的生产就不能够增加 GDP。然而，为了提高环境服务，企业需要购买一些中间产品，这会产生成本。火电厂为了提高空气质量，需要购买减少空气污染的中间产品，即净化设备。购买空气净化设备带来成本增加，所以需要提高电价，电是最终产品。GDP 中电的销售收入增加。在完全竞争的长期市场模型中，假设企业间没有差别，安装空气净化设备会导致平均电价上升。如果价格增加的影响超过了需求量下降的影响，电的销量将增加，GDP 增加。如果需求量下降的影响超过价格增加的影响，电的销量将下降，GDP 随之减少。最后一种情况，假设老电厂不受《清洁空气法案》的限制，在新电厂安装空气净化器之后很久才安装空气净化器。电力的长期供给曲线和长期需求曲线取决于新电厂，供给和需求的交点不会因为这家老电厂安装了空气净化器而发生变化。电价和发电量保持不变，GDP不会发生任何变化。因此，环境质量要求的改变可能导致 GDP 增加、减少或者不变。

GDP 中也不包括那些非市场的，或者免费的劳动价值，不包括志愿者服务或者家务劳动等。那些在医院、学校或者无家可归者的避难所提供志愿服务的人，或者那些照顾自己家庭和孩子的人，都产生了巨大的效益，但是这些都没有体现在 GDP 中。总之，GDP 可以衡量市场最终产品，既无法衡量非市场劳动，也无法衡量环境服务。

NNP 同样也不完整。NNP 和 GNP 之间的差距就是资本消耗。资本消耗指的是机器设备和厂房的磨损，是厂房和机器设备继续从事生产活动的能力。但是，资本消耗中并没有包含自然资本的损耗。土壤、森林和矿藏等都是自然资本储量。和资本消耗影响机器设备和厂房的未来可得性一样，消耗自然资源同样会减少这些资源的未来可得性。但是国民收入账户中并没有在 GDP 中扣除自然资源储量的衰退。当农业生产导致土壤衰退，石油生产降低了未来的石油储备时，农业和石油产品都是 GDP 的一部分，但是 NNP 并未计入土壤或者石油资源的衰减。类似地，使用能源产品会排放温室气体，降低大气的散热能力，而 NNP 中也没有计入大气散热能力的降低。这些都导致了使用自然资源与使用机器和厂房相比，NNP 更高。当发展中国家面临发展的压力时，开采自然资源就成为一个廉价却是错误的提高国民账户的办法。

专栏 18.1

女性劳动力和经济增长

为了研究劳动力的机会成本，让我们回到 1959 年那个没有 DVD、手机或者微波炉的世界，当时全世界计算机的运算能力之和还不如现在的一台笔记本电脑。那时候也很少有方便食品，大多数食物都是在家里烹饪的。

1959 年，美国 37% 的妇女在外面工作。到了 2004 年，这一比例上升到了 66%，极大地改变了劳动力市场的供给。同时，劳动力结构的变化也增加了 GDP。虽然 GDP 的增长是真实的，却并未告诉我们全部事实。事实上，GDP 的增长是以牺牲其他活动时间为代价换来的。这些活动包括照顾孩子、家务劳动、志愿者工作、园艺劳动，甚至休憩。人们放弃了不能够增加 GDP 的活动，在工作上花更多的时间。因此，GDP 的增长只讲了故事的一半，有关额外的市场化活动的价值。但它没有讲另一半故事，就是人们放弃的那些非市场化活动的价值。

我们还可以换一个角度理解 GDP 为什么没有统计非市场劳动。因为在 GDP 中，所有非市场劳动的机会成本为零。但很少有家庭主妇或者志愿者认为，他们花费在那些没有报酬的工作上的时间价值是零。

□ "绿色"国民收入账户

经济学家在很久以前就发现了国民收入账户存在的这些问题。为了解决这些问题，很多研究者对此展开研究，试图修正国民收入账户中遗漏的内容。**绿色 GDP**（greening GDP）就是对国民收入账户进行调整，纳入环境和其他影响社会福利的因素。如果核算这些因素不困难，那么 GDP 从一开始就会是绿色的。即便是衡量一小部分非市场物品的价值都是很大的挑战，更何况是经济体中所有的非市场物品。尽管如此，经济学家和其他社会学家还是尝试了很多方法改进社会福利的核算。

"国际发展重新定义组织"是美国一个致力于衡量所有美国国民账户中遗漏因素的非政府组织。该组织提出了"真实发展指数"（Genuine Progress Indicator，GPI），对国民账户做了 20 余项调整。从 1989 年开始，美国人工作时间延长。2004年，发展重新定义组织估算了这些时间的年机会成本价值为 4 亿美元。估算土壤或森林等自然资源的年退化价值为 1.7 万亿美元，平流层的臭氧保护层的年退化价值为 4 790 亿美元，排放的二氧化碳年价值 1.182 万亿美元，常见的空气污染年价值400 亿美元，水污染年价值 1 200 亿美元。所有这些调整的总值为 3.5 万亿美元，这说明 2004 年的 12 万亿美元 GDP 和 7.6 万亿美元的个人消费支出是明显夸大。调整GDP 后，该组织认为，从 1950 年到 2004 年的经济增长率并不是 GDP 显示的3.8％，甚至从 1978 年开始，经济就一直停滞不前。

世界银行发布了很多国家经过调整的净储蓄统计数据。净储蓄大约等于一国的投资减去资本消耗，换句话说，净储蓄等于花费在新设备和新厂房的钱减去更换旧设备和旧厂房的钱，指的是有形资本的增量。如果一个经济体的净储蓄过少，那么该国的 GDP 和国民收入就会下降。经过调整的净储蓄数据中增加了三个要素，分别是：自然资源的衰退、污染损害和人力资本投资。其中人力资本投资也被称为受教育人群。如果只有前面两个要素，国民收入核算就不包含教育，而教育恰恰是一种重要的投资形式。

图 18.1 显示了四个国家的净储蓄以及组成内容。在调整前，印度和瑞典的净储蓄都很高。瑞典的污染很低，教育占 GNP 的 7.3％，调整后的净储蓄下降了不到 20％。调整前，印度拥有更高的净储蓄，但是较高的污染水平和较低的教育水平让印度调整后的净储蓄下降了 20％以上。埃塞俄比亚和巴西的净储蓄小于刚才两个国家，调整教育支出和污染要素后，两国的净储蓄降低，而埃塞俄比亚的净储蓄低于零。这些调整也许意味着，与国民账户中体现的资产标准不同，人们还可以有不同的投资模式。

其他一些基于国民账户开发的指数也在尝试衡量福利水平。联合国发展计划署提出的人类发展指数（Human Development Index，HDI）将人类寿命、受教育程度和国民收入都纳入指标体系中。图 18.2 显示了瑞典、巴西、印度和埃塞俄比亚等国的人类发展指数。尽管从 1975 年到 2005 年，各国的人类发展指数都在增加，但是各国的福利水平还存在很大区别。特别是，与仅能衡量财富积累情况的 GDP 相比，人类发展指数更能够衡量不发达国家人民的总体福利水平。人类发展指数的分类指数衡量了很多与收入并不存在必然关系的内容。

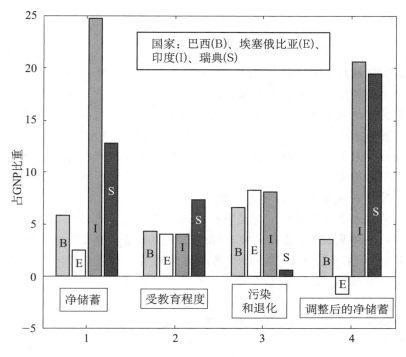

图 18.1　调整后的净储蓄及其组成部分

　　每组柱形图都是调整后的国家净储蓄的组成部分。分别是 2006 年的净储蓄、受教育程度、污染和退化、调整后的净储蓄。在每组柱形图中，每一条代表一个国家：巴西、埃塞俄比亚、印度和瑞典。

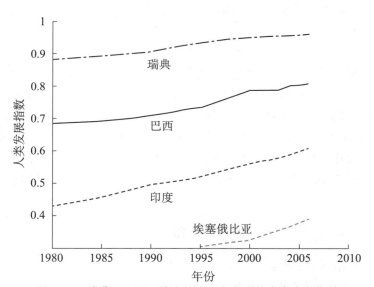

图 18.2　瑞典、巴西、埃塞俄比亚和印度的人类发展指数

　　人类发展指数综合考虑了一国的国民寿命、受教育程度和国民收入等因素。这些数字既反映了发展中国家的人类发展指数在不断增长，也反映了发达国家和发展中国家之间的巨大差距。

真实发展指数

GPI 是如何计算出来的呢？虽然消费量并不是一个很好的衡量指标，但是消费量比物质财富能更好地反映消费者福利，所以 GPI 首先考虑了个人消费支出。国际发展重新定义组织随后进行了一系列调整。例如，GPI 中包括家务劳动的价值，方法是调查家务劳动的时间，再乘以从事类似劳动的市场工资水平。

家庭为减少污染采取了防护性措施，比如购买空气和水净化器。这部分支出的数据来自美国的经济分析局。由于这部分支出实质上是补偿环境质量的降低，因此这部分支出算作成本而不是 GDP 的增加。

其中，估算水质污染的成本需要一些推断。根据几次水质污染调查的结果，水质污染的损失分别是 120 亿美元（按 1972 年的美元计算）和 397 亿美元（按 2000 年的美元计算）。研究者假设 1972—1992 年间水质污染的增长速率与污水处理上的人均支出变化比率相同。1992 年后，由于没有污水治理上的支出数据，研究人员假定每年损害增长 3%。

空气污染成本也是从 1972 年环境质量损害调查开始的。但是，测算空气污染造成的损害是基于 1972 年污染水平的相对变化程度。因为 1972 年后，硫氧化物和粉尘大量减少，估计空气污染的损害已经降到 1972 年损害水平的一半以下。

GPI 中类似的调整共涉及 26 个门类。从上面这两个例子可以看出，所有的调整都是利用一些旧的数据和强假设条件进行的估算。相比之下，GDP 的优势在于拥有标准的数据搜集办法。提高绿色 GDP 的数据可得性，可能有助于政策圈接受这种核算方法。

所有这些衡量社会福利的方法至少都可以说明用 GDP 衡量一国福利水平是不正确的。GDP 的一部分来自于自然界，却没有反映自然的退化，GDP 的有些组成部分忽略了污染的影响，还有一部分来自于放弃了非市场活动而增加的工作机会。人们认为只要 GDP 增加，自己的财富就会随之增加，但事实并非如此。长期以来，世界一致使用 GDP 衡量方法。作为一种衡量方法，GDP 拥有巨大的优势。与之相比，GDP 的替代方法在方法本身、包含的内容和结果方面都与 GDP 有很大不同。

小结

● 国内生产总值衡量的是产出，并非福利。它衡量了一国生产的全部最终产品和服务的价值。GDP 等于私人消费、政府支出、投资和净出口之和。经济增长率是 GDP 的变化率。国民生产总值等于 GDP 加上本国公民在国外生产的产品和服务的价值，并减去国内居住的非本国公民生产的产品和服务的价值。

- 国民净产值等于国民生产总值减去资本消耗。如果投资恰好使资本储量不变，那么国民净产值就等于国民生产总值中用于消费的部分。

- 个人支出和个人消费支出都衡量了消费者经过税收、储蓄和其他调整之后的实际花费。

- GDP无法衡量包括环境物品在内的非市场物品，也同样没有根据机会成本衡量非市场劳动。NNP中没有将自然资源的衰退包含在内。

- 因为国民收入账户中并没有包含与人们福利密切相关的一些因素，所以这些统计账户过高地估计了人们的福利水平和经济的发展速度。绿色账户考虑了时间的机会成本、非市场物品的价值和自然资源储量的衰退，其中包括污染储量的变化。其他一些从国民账户演变而来的衡量国民福利的方法则直接衡量人类福利。

环境管理阻碍了经济增长吗？

环境管理究竟对经济产生什么样的影响呢？受管制行业是反对环境管理的常见代表。受管制企业担心企业成本上升，如果参与国际竞争，国内生产成本的增加会使国外那些不受管制的竞争者获得竞争优势。而且GDP取决于国内企业的产出，企业竞争力的下降会降低该国的GDP。

第9章中的长期和短期的产业模型可以帮助大家判断这一观点是否正确。当一国、州或者省考虑采用环境监管措施时，工业界担心这会导致企业被分为两类，一类企业拥有较低的平均生产成本曲线，一类企业拥有较高的平均生产成本曲线。管制使受管制企业的生产成本曲线较高。相反，不受管制的企业的生产成本曲线比较低。当展开环境管制后，如果产业进入了长期均衡状态，那么新的高成本企业的收益小于零，会被行业淘汰。

首先需要回答一个问题，污染治理是否会给生产成本带来较大的变化，明显影响行业的竞争性或者GDP？美国政府污染治理成本和支出（PACE）机构在2005年4月展开的调查发现，污染治理成本为59亿美元，大约是2004年11.7万亿美元GDP的1/2 000。对于经济学家而言，这个数据似乎太小了，不会对国家的产出构成明显的影响。

但是，Michael Greenstone经过研究发现，美国一些采用了严格的空气质量要求的城镇相比于那些采用宽松的空气质量要求的城镇，1972—1987年间损失了750亿美元的产值和59万个就业机会。研究中区分了是否城镇达标，达标城镇指那些已经达到了空气质量目标的城镇，不达标城镇指那些没有达到空气质量目标，受到《清洁空气法案》严格管制的城镇。他对比研究了工业、城镇、时间，分析了1972年的政策变化，总结了其他导致产值下降的原因，估算了产值下降与国家达标状态的相关性程度。报告承认《清洁空气法案》给公众健康带来了收益，但显示环境管制对相关地区产生了不均衡的影响。

污染天堂假说（pollution haven hypothesis）认为企业将从环境管制严格，相关成本高的地区转移到管制宽松的地区。例如，洛杉矶地区的家具企业转移到了墨西哥，严格管制家具喷漆的政策是企业转移的部分原因。如果能够在监管相对宽松的地区生产商品，然而将商品卖回到环境管制严格的地区，那么环境管制就会使所在地企业处于不利的竞争地位。但是，如果环境政策可以管理其管辖范围内销售的产品，而不仅仅是管辖范围内生产的产品，那么就可以避免明显的污染天堂效应。例如，美国境内销售的所有汽车都必须符合燃油经济性标准，因此汽车的产地就没有竞争优势。

很难测算污染天堂效应的影响。一个新工厂选择在一个发展中国家生产，到底是因为污染天堂效应，还是因为这家工厂看中了该国的经济发展速度？1995年，Jaffee 等人对国际范围内的投资环境进行了文献研究，并未发现证据证明污染密集型的企业有组织地逃离环境管制严格的地区。企业工厂的转移行为除了环境管制因素之外，还受到其他很多因素的影响，包括接近原材料产地，劳动力和其他成本，最终产品销售的运输费用等等。因此，很难将环境管制的影响从其他因素中分离出来。

☐ 将管制变成优势：波特假说

环境管制能否使企业具备实际的竞争优势呢？如果环境管制鼓励科技创新，科技创新可以让新产品比老产品更优秀，污染更少，那么受管制的企业就可能取得并拥有新的改进型产品的专利，从而相比那些不受管制的企业更具备竞争优势。平流层的臭氧层（不要和地面的臭氧污染混淆）是大气层的一部分，可以保护人类免受太阳紫外线的伤害。20世纪70年代，科学家发现用于冰箱或者其他工业上的一种含氯氟烃（CFC）的工业化合物能够破坏臭氧层。为了保护臭氧层，人类达成了《蒙特利尔议定书》（Montreal Protocol），要求发达国家在1996年停止使用氯氟烃。协议中允许中国在2010年之前继续使用氯氟烃。1996年之后，中国就成了世界上最大的氯氟烃生产国，将含氯氟烃的冰箱卖到了发达国家。因为含氯氟烃的冰箱生产成本更低，于是发达国家的冰箱生产商处于不利的竞争地位。但中国随后就开始逐步禁止氯氟烃的生产，远早于协议规定的最后期限。

中国在冰箱生产的竞争中是否取得了优势呢？迈克尔·E·波特（Michael E. Porter)提出包括中国的冰箱生产企业在内的那些可以生产氯氟烃的企业实际上现在处于不利的竞争地位。发达国家的生产商已经拥有了近20年甚至更久的生产不含氯氟烃冰箱的经验，他们已经知道如何降低冰箱的生产成本。所以，那些先应用新技术的企业比那些后应用新技术的企业拥有更大的竞争优势。加利福尼亚州根据"波特假说"，采用了比其他州和欧盟更加严格的汽车温室气体排放标准。如果其他地方应用类似的排放标准，加州市场的汽车供应商就可以利用其长期以来的生产经验来获得成本优势，从而比其他企业在更广阔的同样受管制的市场上获得竞争优势。

实际上，有关波特假说的证据，既有支持性的，也有反对性的。关于环境管制的大多数研究发现，在受管制后，企业的生产成本上升了。不过，一篇关于日本汽车生产企业的研究发现，企业通过技术创新来应对尾气排放的监管，提升了劳动效率，使整个生产活动受益。

□ 环境管制对 GDP 和就业的影响

环境管制改变了生产成本，进而将这一影响扩大到国家的经济。不仅受管制的商品，而且其替代品和互补品的价格和产量、商品进出口的数量、受管制产业和相关产业的就业等都受到影响。在这些影响中，有些对 GDP 有积极作用，有些对 GDP 有消极影响。那么环境管制如何影响产量，进而影响 GDP 呢？

为了搞清楚这一问题，我们从汽车的环境管制入手。1999 年，美国环保署要求汽车降低氮氧化物的排放量，这导致汽车的生产成本增加了 100 美元，轻型卡车的生产成本增加了 200 美元。消费者可能因为价格的提高而减少汽车的购买量。那么汽车行业的产值如何变化呢？这取决于人们究竟少买了多少辆汽车。当时汽车的需求弹性为－1，这就是说所有类型的汽车，而不仅是一类汽车的价格提高了 10％后，汽车的销售量将下降 10％。如果汽车销量下降 10％，而汽车价格上升了 10％，那么汽车行业的产值将会保持不变。汽车的产值基本没有发生变化，唯一的变化就是汽车的销售量减少了。因此，环境管制并没有对 GDP 产生太大的影响。

更一般地说，生产者成本增加造成的影响取决于价格增加的影响是否超过了产量下降的影响，也取决于产业面临的竞争程度。如果管制提高了产业的进入门槛，比如新生产者面临更加严厉的管制措施，那么原有的生产者就可以从管制中获益。

当受管制的商品价格升高促使消费者购买这种商品的替代品时，就产生了另外一种影响。管制行为使得一种产品的销售减少，本应该用于购买这类商品的钱被用于购买其他商品，因此总的产值不会减少。比如，汽车价格提高后，消费者可能会将本该用于购买汽车的钱用在自行车、公共交通、休闲鞋、支付网球课程，也可能将钱留着购买其他东西。所有这些替代品都会增加 GDP。根据所购买的替代品的价格和数量的不同，总产值可能会与管制以前相同、增加或者减少。

环境管制对于就业的影响也是不确定的。受管制的行业可能会因为产出降低而裁员。但是，有些管制形式可能会让企业增加雇员。与增加能源供应需要依靠机械设备不同，家庭安装隔热装置，减少家庭的能源需求需要更多的劳动力。提高能源价格，减少环境影响，促使人们从需求能源转向需求隔热材料，对就业的影响可能是积极的，也可能是消极的。

管制可能增加 GDP 和就业岗位，也可能减少。但是，这些指标本身都不能说明社会净福利是否增加。所有这些衡量方法都没有包括外部影响，导致 GDP 减少的要求也有可能产生正的净收益。

绿色就业

自 2009 年起，美国正在经历一场**衰退**（recession），经济处于负增长。在这一时期，大量人员失业，企业破产，美国和世界各地出现了各种混乱的局面。总统巴拉克·奥巴马提出投资能源效率和寻找替代能源，刺激经济活动，创造就业机会。他希望通过与减少温室气体排放有关的产品和服务的产值来解决三个问题：失业、建立美国的绿色科技、气候变化。

小结

● 与不受管制的企业相比，受到管制的企业处于不利的竞争地位。污染天堂假说认为企业会从环境管制严格的地区转移到管制相对比较宽松的地区。而管理者可以通过约束管辖区域内的产品销售和生产来减少这种转移污染的行为。

● 波特假说认为受管制的企业会改进技术，从而比不受管制的企业更具优势。既有证据支持这一假说，也有证据反对这一假说。

● 管制可能会使 GDP 不变、增加或者降低。管制会提高生产成本，从而提高商品价格。即使商品的销售量下降了，每单位商品的价格却会提高。当管制导致销售额下降时，本该用于购买受监管的商品的钱会被用于购买其他商品。如果所购买的替代商品的价格和数量足够大，GDP 就不一定会降低。

● 管制有可能提高或者降低就业率，这取决于受管制产业面对管制的劳动力需求变化。

环境库兹涅茨曲线和环境质量需求

GDP 受到环境质量变化影响的程度有多大呢？一方面，减少污染会增加生产成本，这使得受管制的企业处于不利的竞争地位，这有时会降低企业的产出。从这点来看，认为严格的环保措施是以牺牲 GDP 为代价的似乎是合理的。如果真是如此，环境质量和 GDP 会沿着相反的方向运动。另一方面，如果环境质量需求是随着人们收入增加而增加的普通商品，那么随着一国的收入增加，其国内居民就会需求更高的环境质量。按照这一逻辑，环境质量和 GDP 会同时增加。综合上面两种观点，GDP 和环境质量之间的关系既可能是正相关的，也可能是负相关的。那么究竟实际数据支持哪一种观点呢？

解决这一问题的办法就是寻找一个能够反映 GDP 和收入公平性之间关系的理

论。西蒙·库兹涅茨（Simon Kuznets）认为，随着一国人均 GDP 的增加，国内收入的分配会变得不公平，有些人得到更多的收入，而其他人得不到同样的高收入。但是，随着经济的进一步增长，穷人的收入也会增加，不公平性会降低。因此，在纵轴为收入公平性，横轴为人均 GDP 的图上可以看到一条倒 U 形曲线，即不公平性开始随着人均 GDP 的增加而增加，然后随着人均 GDP 的增加而减少。

很多经济学家尝试将库兹涅茨的发现应用到环境质量中去。于是出现了**环境库兹涅茨曲线**（environmental Kuznets curve，EKC），描绘了人均 GDP 与一些污染物数量之间的关系。图 18.3 就是一条简单的环境库兹涅茨曲线，反映了一些国家的硫氧化物排放量和人均 GNP（注意，不是 GDP）之间的关系，纵轴是硫氧化物的排放量，横轴是人均 GNP。数据描绘出来的曲线是倒 U 形曲线，和最初的库兹涅茨曲线很相似。随着人均 GNP 的增加，硫氧化物的排放量一直增加，直到人均 GDP 达到 3 000美元为止，然后硫氧化物的排放量随着 GNP 的增加逐渐下降。对其他污染进行的一些研究也得到了类似的结果。

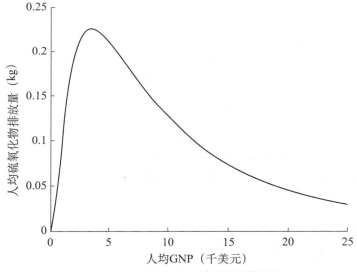

图 18.3　硫氧化物的环境库兹涅茨曲线

本图显示了若干国家硫氧化物排放量与人均 GNP 之间的关系，曲线的形状呈倒 U 形。在人均 GNP 达到 3 000 美元之前，随着人均 GNP 的增加，硫氧化物的排放量也在增加；此后则随着人均 GNP 的增加，硫氧化物的排放量减少。

环境库兹涅茨曲线可以视为对一国经济增长所能产生的几种效应的总结。首先，随着经济增长，经济活力增加，就产生了规模效应，污染物随着经济增长而增加。其次，经济结构也可能发生变化，比如从工业转型为服务业，产生了结构效应，污染物既可能增加也可能减少。最后，一个富有的国家有能力采用环境友好型的技术，就产生了技术效应。

并非所有污染物都适用这种倒 U 形曲线。温室气体是一种全球性的污染物。处于不同收入水平的诸多国家需要通力合作才能实现温室气体的有效治理。美国希望根据中国减排的温室气体量来确定自己的减排量，而中国能够治理的温室气体量又取决于中国的收入水平。因此，国际合作打破了国家收入和污染治理量之间可能存在的联系。图18.4标出了美国二氧化碳排放量及其对应的美国人均GDP。和硫氧化物不同的是，直到2010年，温室气体的排放量一直在增加。很多研究者利用回归模型推测了未来的温室气体排放量，认为温室气体的排放在未来会存在一个拐点。但是到目前为止，关于收入增加是否会和温室气体减排同步进行还处于争议之中。

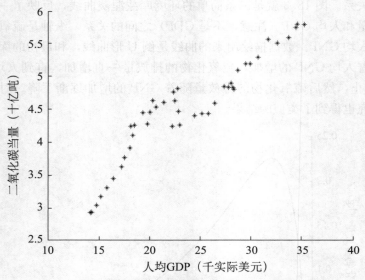

图18.4　温室气体排放量和美国实际GDP

温室气体的计量单位是二氧化碳当量，美国的温室气体排放并没有和硫氧化物的排放一样呈现倒U形曲线。随着GDP的不断增长，美国排放的二氧化碳当量也在不断增加。该图反映的是1960—2003年的温室气体排放量和人均GDP。图中温室气体在人均GDP为23 000美元时略有下降，那段时期为1980年左右，当时收入增长停滞，油价很高。

环境库兹涅茨曲线总结了环境质量和人均GDP在过去的关系。所得的倒U形曲线表示，一旦人均GDP达到一个临界值，环境质量就会从不断退化转变为不断改善。在进行环境库兹涅茨曲线的文献综述时，Kriström和Lundgren发现研究者对于环境库兹涅茨曲线有一个普遍的观点，就是世界各国可以找到自己解决环境问题的办法，而改善环境的当务之急就是提高人均收入水平。

不过，环境库兹涅茨曲线并不保证所有国家的收入增加后，环境就一定会改善。首先，以用二氧化碳当量为计量单位的温室气体为例，环境库兹涅茨曲线并不是对所有的环境问题都同样适用的。随着收入的增加，有些环境问题会持续恶化，而有些环境问题会得到持续的改善。其次，一国的环境质量除了受收入水平的影响外，还受到其他很多因素的制约，譬如政治结构和社会习惯等。如果国家有降低污染的政治压力，那么该国的政府就会关注环境问题。民主国家倾向于比独裁国家拥有较低的污染水平。所以独裁的发展中国家可能无法通过经济增长来解决环境问题。最后，现在的发达国家已经建成庞大的无污染的服务部门，譬如信息科技部门。这就产生了复杂的影响，并非所有的部门都按照同样的速度在增长。发展中国家的经济结构也许和发达国家并不相同，特别是那些通过矿石开采出口到发达国家而获取经济增长的国家。不过，值得注意的是，经济增长和环境质量的改善已经同步出现。这说明改善环境并不总是意味着收入的减少。

小结

● 环境库兹涅茨曲线是环境质量走势图，反映了譬如硫氧化物排放量和人均 GDP 之间的关系。对于大多数污染物来说，环境库兹涅茨曲线呈倒 U 形。人均 GDP 水平较低时，污染随着人均 GDP 增长而增加，人均 GDP 较高时，污染则随着人均 GDP 的增长而减少。导致这种现象的一个可能的原因是，当国家比较贫穷时，经济增长尽管会导致污染，但相比环境质量而言更加重要；而富裕的国家希望投资环境以提高环境质量。

● 温室气体一直和 GDP 同步增长，没有任何迹象表明温室气体有扭转的趋势。随着气候变化成为世界关注的主要对象，这一现象可能会得到改善，但温室气体的排放也有可能不遵循环境库兹涅茨曲线的规律。

● 通过环境库兹涅茨曲线可以看出一国的环境质量会随着人均 GDP 的增长而得以改善，但是这一点并没有得到确认和保证。

贸易、发展和气候变化

环境保护与经济增长

如果说 GDP 衡量了（虽然不完善）一国的福利水平，并且环境监管不利于 GDP 的增长，就很容易理解为什么发展中国家不像发达国家那么重视环境。很多发展中国家已经明确指出现存的人为产生的温室气体主要来自于世界上那些富裕的国家。因此它们认为温室气体减排的主要任务应该落在发达国家肩上，有些发展中国家一直没有同意强制约束本国温室气体排放。

事实上，那些没有加入《京都议定书》的国家给当今这个国际贸易频繁的世界造成很多特殊的困难。没有参与《京都议定书》的国家不用减少使用那些温室气体排放强度高的能源，因而这些国家的能源成本比较低。譬如中国和印度等发展中国家，与美国生产同样的产品，成为温室气体的主要排放者。欧盟和美国等发达国家放弃一些就业机会和 GDP，选择由发展中国家来生产和运输这些产品，尽管这种方法可能会产生同样甚至更多的污染。**泄漏**（leakage）指的是那些在受环境监管地区本该削减的污染，转移到了其他区域，这正和污染天堂所预测的一样。

IPAT

20 世纪 60 年代后期，环境问题在世界各国和国际上的影响越来越大。于是，环境学家试图研究环境问题的本质。随着研究的开展，人们发现人口最有可能是导致环境问题的根本原因。人口不断增加，每个人的消费数量不变，新增人口带来了环境的增量影响。保罗·埃里希（Paul Ehrlich）的著作《人口炸弹》（*The Population Bomb*）被世人广泛知晓，书中预测了世界会因为人口膨胀而出现饥荒和生态破坏。他和约翰·霍尔德（John Holdren）共同提出了一个研究经济发展和环境影响关系的等式：环境影响（I）＝人口×消费/人口×环境影响/消费。其中消费/人口被称为"富裕程度"（affluence），环境影响/消费被称为"技术"（technology），因此这一等式就被称为 IPAT。

IPAT 等式将环境影响分解成三个因素，分别是：人口、富裕程度和技术。其中人口和人均消费量（可以利用个人消费支出或者国民收入账户获取）可以准确测算。如果环境影响（比如污染物排放量）已知，人口和富裕程度也已知，那么根据等式就知道 $T＝I/(P×A)$。

人口和富裕程度与环境库兹涅茨曲线中的规模效应很相似。无论人口还是富裕程度增加都会直接导致更大的环境影响。环境库兹涅茨曲线的技术效应和技术变量相关，技术既可以扩大环境影响，也可以缩减环境影响。如果人们加强污染治理技术的研发，每消费一美元所产生的环境影响就会减少，或者人们的环境损害性消费方式也可以导致每单位消费量造成的环境影响提高。IPAT 公式的简化版中没有直接纳入结构效应。

在解释环境问题上，IPAT 公式有多大的实用性呢？IPAT 是一个恒等式，因为科技因素是通过其他因素计算出来的，这个等式会永远成立。从政策的视角来看，埃里希和霍尔德强调人口是环境问题的一个驱动因素。其他人则更关注科技因素，他们认为如果能够发现对环境无害的消费方式，人们就可以在不造成新的环境破坏的基础上维持现有人口和现有的生存条件。不过这一公式中缺少了对在这些因素影响下的人类行为的考察。由于社会科学家们的贡献，包括但不仅限于经济学家，我们得以更好地理解人们生育（P）和奋斗（A）的原因，得以寻找环境友好的发展方式（T），向着目标前行。

由于谈判者们最终未能让发展中国家承担《京都议定书》的减排责任，降低了议定书的成功机会。此外，由于存在漏洞，也使那些位于受管制地区的企业处于不利的竞争地位。事实上，由于发展中国家受到的减排激励和发达国家不一样，而且美国担心本国会因为批准《京都议定书》处于不利的竞争地位，美国最终没有批准《京都议定书》。《京都议定书》即将到期，后《京都议定书》面临的挑战是如何限制欠发达国家的温室气体排放，使其如同发达国家一样受到约束。在哥本哈根会议上，尽管中国、巴西、印度等几个发展中大国已经同意了原则声明，但会议最后没有达成任何有约束性的协议。

《京都议定书》的起草者当时也努力将发展中国家纳入其中，但这些国家并不需要像发达国家那样承担减排责任。**清洁发展机制**（clean development mechanism，CDM）让发展中国家参与到《京都议定书》中来。在这一机制下，本该承担减排义务的发达国家可以选择付钱给发展中国家，让发展中国家代替自己履行减排任务。而发展中国家有很多潜在的项目，可以用较低的成本实现温室气体的减排。在允许发达国家购买减排量后，清洁发展机制为发展中国家创建了一个温室气体减排市场，不但促进了发展，还用较低的成本实现了环境的改善。

清洁发展机制项目通常涉及到发达国家和发展中国家的企业。比如，英国的公司通过北京建筑材料集团公司（BBMG）的项目，向中国工厂提供资金，中国工厂则负责减少 74 350 吨的碳排放量。英国公司则拥有了可以在本国使用的 74 350 吨碳排放量的许可证。清洁发展机制项目在中国的两个水泥厂中回收废气和余热，并生产 72 170 兆瓦小时的电。这些电可以替代两个水泥厂从主要依靠燃煤发电的华北电网购买的部分电力。因为温室气体的效应是全球性的，从中国或英国减少 74 350 吨的温室气体对全球气候的影响都是一样的。

清洁发展机制允许发达国家用较低的成本减少同样数量的碳排放，从而提高了效率。因为清洁发展机制，世界在削减温室气体上多了一些选择。此外，中国不使用燃煤的发电项目产生的收益不仅仅是减排温室气体。北京建筑材料集团公司的这个项目还将减少中国居民因为呼吸被污染的空气而遭受严重的健康损害，而且中国也不会因此而损失两个水泥厂产生的经济效益。

为了确保清洁发展机制项目能够减少温室气体的净排放量，项目方必须证明该减排项目如果得不到清洁发展机制的资助就无法开展，这一要求被称为**额外性**（additionality）。额外性这一概念在阐述和实践中都有很多困难。比如，你如何知道在没有清洁发展机制项目的情况下，这一温室气体的排放行为是否会发生呢？这时，BBMG 项目就需要考虑私人投资者是否愿意资助这一余热回收系统。在分析中需要判断项目的净现值，将内部收益率和 12% 这一中国水泥行业使用的必要收益率进行比较。分析的结果是，两个水泥厂的余热回收系统的内部收益率一个是 7.04%，另外一个是 7.44%，这两个项目都无法吸引私人投资者。因此，利用清洁发展机制建设余热系统通过了额外性检验。

清洁发展机制同样是发展项目，必然能够提高所在国的福利水平，这被称为衍生利益。最后，清洁发展机制项目中的温室气体必须是可衡量的。只有可以证实温室气体的减排量，清洁发展机制项目才会支付费用。

最近，联合国专家制定了一个方案，将森林项目纳入清洁发展机制系统的碳排放信用市场中。这一方案被称为减少伐林和森林退化引起的碳排放项目。因为森林可以贮藏和封存碳，因此增加森林容积就意味着减少了大气中的碳。此外，无论是在采伐区域重新种树，还是保护森林原貌，避免砍伐森林都能产生很多额外的收益：森林中的动植物得到了保护；山坡上的树木可以防止水土流失；森林中的土著居民可以继续他们的生活方式。碳排放项目在碳封存上具有很大的潜力。但是森林火灾和偷伐行为都会减少森林的储碳量。此外，因为人们不知道没有这一项目时，森林是否会被砍伐，所以实际上，项目不具备额外性。总之，尽管森林的储碳潜力巨大，但是具体实施和额外性的问题依然存在。

清洁发展机制和碳排放项目本质上都给发达国家提供了温室气体减排的办法，就是通过向发展中国家支付费用，由发展中国家代替自己减少温室气体的排放量。这一方法可以降低气候变化的危害，同时让发展中国家受益。但是为了使项目取得成功，需要采取一些办法来保证温室气体的切实减排。在 2009 年的哥本哈根会议上，发展中国家的减排监管问题是引起广泛争论的一个主要问题。

小结

● 《京都议定书》对参与的发达国家的温室气体减排设定了约束性要求。由于发展中国家不承担强制性的减排任务，这就使泄漏成为可能。一些污染企业从《京都议定书》的成员国向未参与《京都议定书》的国家转移。

● 发展中国家通过清洁发展机制参与到温室气体减排工作中。发达国家向发展中国家支付费用，让发展中国家代替发达国家来承担减排责任。清洁发展机制让发展中国家拥有了减排激励，并且降低了发达国家履行减排义务的成本，提高了效率。需要关注的问题是：如果没有清洁发展机制，发展中国家是否就不会减排温室气体，这部分减排量是否是清洁发展机制额外产生的。

向发展中国家支付费用来保护森林

亚马逊雨林的 60％ 都位于巴西境内，面积相当于半个欧洲。远在气候变化吸引世界目光之前，人们就为了保护亚马逊雨林中的动植物多样性和具有当地特色的土著文化，做出了不懈的努力。其中之一就是由世界银行、世界野生动物基金会、巴西政府和其他一些组织共同提出的亚马逊区域的保护区（ARPA）计划。该计划的长期目标是实现 6 000 万公顷（1.48 亿英亩）雨林的保护，其中一些区域被完全保护，有些区域可以进行开发，实现可持续利用。

减少雨林砍伐的激励措施是实施债务换自然交易。很多发展中国家借钱之后可能无法偿还贷款。由于贷款没有及时偿还，所以实际价值要小于面值。例如，一个发展中国家允诺偿还 500 万美元的贷款，实际用 100 万美元就可以购买到该债权。

在债务换自然交易中，发达国家和环保组织通常购买发展中国家打折的债券，以换取这些国家保护重要的生态区域。在花费 100 万美元建立生态保护区后，可以免除发展中国家 500 万美元的债务。2006 年，美国、危地马拉和两个环境组织达成了 2 000 万美元的债务换自然协议。作为交换，危地马拉需要保护其热带雨林。发达国家可以从这些交换中获益，因为森林得到了保护，发达国家可以享受到森林带来的各种各样的好处。发展中国家得到了财政救助，能够促进国家的发展。债务换自然措施可以增进所有参与者的福利，这体现了科斯交易的理念。

■ 总结

以下是本章的重点：

- GDP 和 GNP 衡量了最终产品和服务的价值。尽管 GDP 增加时很多福利也随之增加，但 GDP 不是衡量福利水平的指标。

- GDP 中不包括环境物品、非市场劳动和自然资本等非市场物品。由于这些物品被排除在 GDP 和其他国民账户之外，说明 GDP 等国民账户并没有准确地反映一国的福利水平。

- 经过计算发现，GDP 和 NNP 中忽略的价值非常大，几乎等于 GDP 的增长量。这就说明，GDP 的增长是以非市场劳动、环境物品和资源储量为代价的。针对被忽视的非市场物品调整 GDP 后，就得到绿色国民账户。为了衡量国家的福利水平，人们提出了很多 GDP 的替代核算方法。

- 环境管制增加了受管制企业的成本。受管制企业与不受管制的企业相比，处于不利的竞争地位。环境管制提高了商品的生产成本，从而提高了商品价格，减少了销售量。但是由于 GDP 衡量的是产值，所以当人们用较高的价格购买较少的产品后，GDP 并不一定会出现变化。

- 波特假说认为最先受到环境管制的企业会从中学习到经验，相对于后来的企业具有优势。相关证据中有些证明这一假说成立，有些证明这一假说不成立。

- 为了研究环境质量和经济增长之间的关系，经济学家利用环境库兹涅茨曲线比较了不同人均 GDP 下的各类污染量。在比较了从最不发达到最发达的很多国家后发现，对于某些污染物而言，排污量最初随着经济的增长而增加，然后随着经济增长而减少。排污量在初期增加的原因是不受监管的经济活动的增加产生了大量的污染物。而后期，当国家拥有足够大的人均 GDP 后，就选择减少污染物。环境库兹涅茨曲线并不能保证经济增长可以解决污染问题。但是，它表示环境质量和经济增长可以同步发展。

- 发展中国家一直抵制环境管制，包括不参加《京都议定书》，减排温室气体。其中的部分原因就是发展中国家担心环境管制会降低经济增长速度。如果一些污染企业从发达国家转移到了发展中国家，很多污染排放发生了转移，没有得到治理。

- 清洁发展机制允许发达国家资助发展中国家的温室气体治理项目。该机制给发展中国家提供了减排和持续发展经济的机会，但面临着挑战，即如何保证温室气体的减排确实发生。

关键词

额外性	清洁发展机制（CDM）	折旧
经济增长率	经济指标	环境库兹涅茨曲线（EKC）
最终产品和服务	国内生产总值（GDP）	国民生产总值（GNP）
绿色国民账户	绿色 GDP	中间产品和服务
泄漏	国民账户	国民收入和生产账户（NIPA）
国民净产出（NNP）	个人消费支出（PCE）	个人可支配收入
个人支出	污染天堂假说	衰退

说明

1968 年 3 月 18 日，罗伯特·肯尼迪在堪萨斯州首府劳伦斯的堪萨斯大学发表了关于 GNP 的讲话，原文参见：http://www.jfklibrary.org/Historical＋Resources/Archives/Reference＋Desk/Quotations＋of＋Robert＋F.＋Kennedy.htm。

生活质量与 GNP 或 GDP 之间关系的资料来自 Romina Boarini, Asa Johansson, and Marco Mira d'Ercole, "Alternative Measures of Well-being," *OECD Observer* 11（May 2006），http://www.oecd.org/dataoecd/26/61/36967254.pdf，以及 Ed Diener and Carol Diener, "The Wealth of Nations Revisited: Income and Quality of Life," *Social Indicators Research* 36（November 1995）：275-286。

美国 GDP 和 GNP 是对 2008 年 3 月年增长率的初步估计，来自位于华盛顿的美国政府印刷局 2009 年 2 月发布的《总统经济报告》中的表 B26、表 B27 和表 B30。关于国民收入和生产账户的定义，参见 http://www.bea.gov/national/pdf/nipaguid.pdf。

污染治理成本的数据来自于 *Pollution Abate-ment Costs and Expenditures Survey*，United States Bureau of the Census（April 2005）。

关于妇女参与工作的信息来自位于华盛顿的美国政府印刷局于 2005 年 2 月发布的年度《总统经济报告》，参见 http://www.gpoaccess.gov/eop/2005/2005_erp.pdf。GDP 数据在第 204 页，劳动力统计在第 257 页，数据都来自于美国劳工部的劳工统计局。

真实发展指数来自 John Talberth, Clifford Cobb, and Noah Slattery, "The Genuine Progress Indicator 2006: A Tool for Sustainable Development." San Francisco: Redefining Progress, 2007，http://www.rprogress.org/publications/2007/GPI％202006.pdf。

人类发展指标体系是由联合国开发计划署制定的。本章所引用数据来自 http://hdrstats.undp.org/indicators，2008 年 2 月 7 日发布。

关于波特假说的争论包括 Michael E. Porter, *The Competitive Advantage of Nations*（London: MacMillan, 1990）；Runar Brännlund, Lauri Hetemäki, Bengt Kriström, and Erik Romstad, *Command and Control with a Gentle Hand:*

环境经济学

The Nordic Experience, Nordic Environmental Research Program, Sveriges Lantbruksuniversitet, Report ♯115 (Umea, Sweden, 1996); 以及 Akira Hibiki, Toshi H. Arimura, and Naoto Takeba，"An empirical study of the effects of the exhaust gas regulation on R&D and the productivity of the Japanese auto industry," Paper presented at INRA, Paris, May 7, 2007.

关于美国达标和没达标城市的相关信息来自 Michael Greenstone，"The Impacts of Environmental Regulations on Industrial Activity：Evidence from the 1970 and 1977 Clean Air Act Amendments and the Census of Manufactures," *Journal of Political Economy* 110 (2002)：1175-1213，1219.

图 18.3 中的环境库兹涅茨曲线是根据 Theodore Panayotou，1993，"Empirical Tests and Policy Analysis of Environmental Degradation at Different Stages of Economic Development," Working Paper, Technology and Environment Program, International Labour Office, Geneva。该作者和其他工作者在后期的工作中发现很难确定 GNP 在什么水平下时污染程度最大。

图 18.4 的美国 GDP 和碳排放之间的关系是根据位于华盛顿的世界银行发表的"世界发展指标"画出来的。在政府间气候变化专门委员会 2007 年发表的第四次评估报告中可以看到 IPCC 的相关结论，参见 www. ipcc. ch。

关于规模效应、结构效应和技术效应的讨论来自 Arik Levinson, "Environmental Kuznets Curve," entry in *New Palgrave Dictionary of Economics*, 2nd ed. , 2008, accessed at http：//www9. georgetown. edu/faculty/aml6/pdfs&zips/PalgraveEKC.

pdf，June 23，2009。

IPAT 公式目前在研究和讨论之中。与之具有相同背景的最近一篇相关的文章是 Courtland L. Smith, "Assessing the Limits to Growth," *Bioscience* 45 （7）（July/August 1995）：478-483。

关于北京建筑材料集团公司的信息来自气候变化网的联合国框架协议专题，参见 http：//cdm. unfccc. int/Projects/DB/SGS-UKL1193135464. 43/view 和 http://cdm. unfccc. int/UserManagement/FileStorage/A7EIFDFI0K5NT52KKU06RVMA-XPAORN。

关于森林砍伐的两篇报告分别来自 Stephan Schwartzman, Daniel Nepstad, and Paulo Moutinho, "Getting REDD Right：Reducing Emissions from Deforestation and Forest Degradation （REDD） in the United Nations Framework Convention on Climate Change （UNFCCC）," http：//www. whrc. org/resources/publish-ed _ literature/pdf/SchwartzmanetalREDD. WHRC. 07. pdf, and Federal Ministry for Economic Cooperation and Development, "Reducing Emissions from Deforestation in Developing Countries：The Way Forward," Eschborn, Germany, April 2007, http：//www. gtz. de/de/dokumente/en-climate-reducing-emissions. pdf。

亚马逊区域保护区计划的信息来自世界银行（http：//go. worldbank. org/UIIX9GFRX0）以及世界野生动物基金（www. wwf. org），两家网站都在 2008 年 11 月 19 日发布了相关信息。

债务换自然措施的相关信息参见 Mark Lacey, "U. S. to Cut Guatemala's Debt for Not Cutting Trees," *New York Times*, October 2, 2006。

练习

1. 计算贴现系数 $1/(1+r)^t$，其中 r 分别等于 1%，5% 和 10%，t 为 30 年和 50 年。基于你

的计算，你认为在决定当下是否采取行动控制全球变暖时，贴现系数是否重要？为什么？

2. 如果全球变暖导致海平面上升 2 米，你认为土地的价格会出现什么变化？这一结果是否会影响你对减缓气候变化收益的计算。

3. 美国基于 GDP 做出了什么决定？你认为 GDP 的变化是否会对选择的结果造成影响？为什么？GDP 的预测对于企业和政府分别有什么用处？

4. 对于沙特阿拉伯和委内瑞拉等严重依赖石油的国家而言，"绿化"国民收入的核算过程会产生什么影响？这些国家会采取什么措施来解决资源耗竭问题？

5. （a）一国的环境质量和国内生产总值（GDP）之间为何存在负相关关系？为何 GDP 和环境质量之间又会有正相关关系？

（b）你是否认为一国所有污染物的环境库兹涅茨曲线的形状都一样？如果不一样的话，那么环境库兹涅茨曲线是否指明了一国摆脱污染的必由之路？

（c）如果 GNP 的增加与环境质量改善相关，这一关系是否意味着改善环境保护没有成本，事实上会给 GNP 带来正效应？如果是这样，为什么环境管制总受到抵制？如果不是这样，如何解释这一关系？

第 19 章

可持续性

1983 年，联合国发表了一份报告，提醒世人关注环境退化的问题，关注环境退化对当代和后代的人类福利造成的影响。1987 年，世界环境与发展委员会主席布伦特兰（Gro Brundtland，时任挪威首相）将**可持续发展**（sustainable development）定义为"满足当代人需要的同时，又不对后代人满足他们需要的能力构成危害"。人类既需要经济发展，又需要环境保护，因此可持续发展和环境经济学应该让两者均衡发展。以下是本章讨论的重点：

- 可持续性、福利和公平之间的关系；
- 在持续的消费和生产中，替代商品的作用；
- 将可持续性作为社会目标；
- 衡量可持续性的方法。

美国林务局及其综合林业管理

基于可持续的理念进行森林管理的传统可追溯到 1849 年的浮士德曼，领先于现代人关注可持续性很多年。针对美国境内 1.9 亿英亩的国有森林系统，对应的管理法律是 1960 年出台的《综合持久生产法》（Multiple Use-Sustained Yield Act）。该法将可持续产出定义为"实现并且永久保持国有森林中各种可再生资源的高产出，同时不破坏土地的生产力"。美国林务局负责管理这些林地。与国家公园一样，国有森林也能提供休闲服务，还为了保护生态而专门保留了荒地。但是和国家公园不同的是，国有森林中不用于生态保护的非荒地还要用于提供各类资源，譬如用于伐木、放牧牲畜以及开矿。自第二次世界大战结束以来，人们建设房屋需要大量木材，这给林务局带来了巨大的增产压力。

当每年的伐木量正好等于森林每年的生长量时，森林就实现了可持续产出，森林的蓄木量将会保持不变。国有森林中最大的木材产区位于俄勒冈州西部和华盛顿州。20 世纪 60 年代，这片森林的伐木行为并不是可持续的。由于森林中的大部分都是成熟的原始森林，这意味着这些树木的生长已经接近了极限，生长过程极其缓慢。林务局计划减少原始森林的储量，增加一些年轻的速生林来实现这片森林的可持续采伐。调整林木结构后，森林最终实现了可持续采伐。但是在那个年代，采伐量仍然超过生长量，如图 19.1 所示。

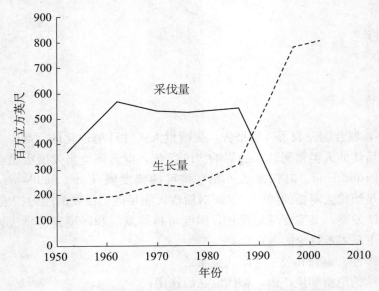

图 19.1　位于太平洋西北偏西的国有森林的采伐与变动

第二次世界大战后，国有森林的林木采伐量急剧增加，推动了战后美国房屋建造业的兴盛。由于能够提供大量有用的原始森林木材，位于华盛顿州和俄勒冈州的原始森林就成为了木材的主要产地。而大量采伐原始森林，导致原始森林储量的下降，这种采伐方式是不可持续的。近年来，随着该区域采伐行为受到的环境约束越来越大，现在的森林生长量已经超过了采伐量。美国其他国有森林的情况也是如此。

采伐原始森林带来的第二个可持续性问题是，明显改变了森林的生态特征。如果不够谨慎，伐木可能会导致土壤退化，进一步影响到水生系统。用新的速生林代替原始森林，改变了原有的生态系统，可能对包括野生动物在内的各种生物造成影响。20 世纪 90 年代，在研究原始森林的损失时，以原始森林作为栖息地的北美斑点猫头鹰成为人们关注的焦点。随着原始森林不断地被砍伐，猫头鹰的数量也在不断地下降。美国渔业和野生动物局公布该物种成为濒危物种，受到《濒危物种法案》的保护。这一公告导致这一区域的国有森林木材采伐业陷入停顿，围绕猫头鹰的生存与木材采伐和伐木工作这一问题，引发了激烈的争论。

1994 年，在时任总统克林顿的斡旋下，木材采伐业和环保者相互妥协，允许继续国有森林的采伐，但要大幅减少采伐量，重新重视生态系统管理，为重新安置伐木工的培训工作和当地经济发展提供资金支持。正如图 19.1 所示，从那以后，该区域的伐木量明显小于森林生长量，森林中的蓄木量因此不断增长。在实施该计划后，森工行业的就业机会减少了。但是由于西北区域的高科技行业正在迅速发展，提供了很多就业机会，那片区域的总体失业率并未上升，反而下降了。《纽约时代周刊》对此作了报道"……〔在〕国内最大的林业工人再就业培训中心，几乎 9/10 的人……都找到了新工作"。不过，在实施该森林计划后的数年中，北美斑点猫头鹰的数量仍然在下降。如果可持续性是我们的目标，那么我们希望持续的是什么呢？某一物种吗？生态系统？木材产量？森林伐木业的就业机会？在这个不断变化的世界里，可持续性究竟意味着什么？

可持续性、福利和公平

　　可持续这一概念迅速写入了包括大学、企业、城市和国家等众多机构的发展目标中。不过，为了让可持续性更有意义，有必要用具有实际意义的、可以衡量的术语和标准来定义可持续性。确切地说，可持续性应该包括哪些内容？从一个经济学家的视角来看，经济系统的作用就是向人类提供福利。因此，可持续性的一个可能的标准应该是人类福利的可持续获得。事实上，布伦特兰报告中可持续性的定义就关注了人类的福利。根据这一观点，如果人类的福利永远不会下降，那么这个社会就实现了可持续性。

　　人类的福利和很多物品密切相关。以国有森林为例，木材的砍伐、伐木业的就业机会、北美斑点猫头鹰的种群数量、休憩机会和原始森林的生态系统，都构成了人类的福利。在这些物品中，有些物品存在替代品。比如我们既可以从原始森林中获取木材，也可以从人工林或多用途林中获取木材。事实上，木材作为房屋建筑材料时有很多替代品，包括石材、砖块或者钢材。林业工人可以从伐木为主转型为旅游为主，甚至可以从事完全不相关的其他产业。这就是说，只要有替代品，即使国有森林不再提供任何物品，福利都是可以持续的。

　　但是，并不是所有人都同意衡量可持续性的方法。如果北美斑点猫头鹰或者原始森林系统完全消失，那么人类的福利还是可持续的吗？一些人对于上述两种物品不抱有任何特殊的感情，只要能够得到更多替代品，即使北美斑点猫头鹰和原始森林遭受了损失，也没有对其福利的可持续性造成任何影响。但是，对于另外一些人来说，生态系统或者某一物种是独一无二的，没有任何物品可以替代它们。如果没有任何物品可以弥补猫头鹰或者森林生态系统遭受的损失，那么为了维持这些人福利的可持续性，就需要确保它们处于可持续的水平上。这些迥异的观点导致了政治上关于濒危物种和生态系统管理的争执。此外，森林还提供了很多生态服务，譬如水的净化、储存二氧化碳等，这些都属于公共物品。因此，保护森林还涉及提供公共物品时通常都会面临的一些问题。

如果将维持人类福利的可持续性作为一个期待的社会目标，那么人类寻找所需物品的替代品的能力就对人类实现福利可持续性的难易程度影响很大。当代人如果没有将原始森林留给后代人，而是将其他森林和建筑材料留给后代人，那么后代人也可以利用这些材料建造房屋。但是，如果当代人从原始森林中得到的是原始森林提供的生态服务和生物多样性服务，而且这些服务无法通过其他森林来替代，那么为了维持当代人和后代人的福利水平，就需要保护这些独一无二的资源。

人们对于效用的理解完全不同，那么社会如何衡量人类的总体福利水平，并且如何判断社会福利是否是可持续的？在这一问题上，经济学家的观点出现了分歧。效率可以提高个人福利水平，通过消费者剩余、等价变化法或者补偿变化法进行衡量。这一衡量办法的目的是实现社会总福利的最大化，忽略了具体是谁受益或谁受损。其他衡量方法关注社会上福利受损的那些人，认为那些最不幸的人的社会状态是衡量社会福利的最好办法。效率和分配问题之间的矛盾几乎出现在所有的政治争执中，譬如财政收入应该如何分配？有些项目尽管赔钱，但受益人在政治上颇受欢迎，这种项目是否应该继续下去？

有些人并没有将可持续性定义为维持和增进人类福利。生态学家关注生态系统的保护；人类学家重视文化和语言的保护；还有些人基于伦理学，认为每一物种具备的价值不应该通过人类福利这一尺度去衡量。因为经济学关注人类及其行为，故而关注持续和改善人类的福利，这是经济学观点的合乎逻辑的自然延伸，但是这也仅仅是一家观点而已。

正如罗伯特·索洛（Robert Solow）所说，对分配公平的关注跨越了时间，这正是可持续性的核心。可持续性试图确保未来人的福利不会小于现代人。但是制定可持续性行为的评判标准时，很多政策制定者认为评判标准之一就是在当代人中实现更大的公平。这一观点的理由是，如果代际公平都很重要，那么代内的公平也一样。毕竟，如果我们关注未来人类的福利，难道我们就不该关注现代人的福利吗？当社会财富的分配出现了极端的不公平，这个社会就不会获得政治稳定和道德正义。如果实现当代人和后代人的公平是可持续性的重要方面，那么在衡量社会福利水平时，就应该特别关注那些能够让福利水平最低者的境况得到改善的因素。

专栏 19.1

气候变化对穷国的影响最大

气候变化是对可持续性的一个挑战：我们是否可以维持消费品的产出（c），同时维持一个宜居的气候，而宜居的气候正是绿色物品（g）的一部分。关于气候变化经济学的斯特恩报告提出，全球的福利水平可能会因为气候变化遭受广泛的损失。

如果气温最高升高 5℃～6℃，GDP 的损失可能会达到 5%～20%。如果将环境物品纳入统计范围，损失的程度可能会更大。影响受损水平的另一个因素是分析最贫穷国家受到气候变化的影响。"世界上那些较穷的地区承受的气候变化的影响与其能力不成比例，"报告中称，"如果我们给这种不平等的负担分配适当的权重，与不考虑不平等的负担相比，气温上升 5℃～6℃后，全球成本增加的幅度超过 1/4。"换句话说，将公平纳入考虑范围后，气候变化的影响程度出现了显著的变化。

小结

● 布伦特兰委员会的环境和发展报告中将可持续发展定义为"确保（发展）满足当代人需求的同时，又不对后代人满足他们需要的能力构成危害"。这一定义与经济学观点类似，都重视人类的福利。其他对于可持续性的定义包括维持生态系统，甚至维持每一物种，或者根据其他一些物品来定义可持续性。

● 人类从很多不同的物品中获得效用，而这些物品是通过不同的方法生产出来的。当人们需要的物品有很多替代品，或有很多替代的生产方法时，就更容易维持和改善人类的福利水平。如果人们不愿意特有物种或生态系统等某些独一无二或者稀缺物品被替代，那么保护这些特殊资源就变得更加重要了。

● 可持续性关注长期的分配公平性。这表示当代人分配的公平性也应该成为关注对象。

可持续消费和生产中替代品的作用

我们到底希望什么东西是可持续的？为了回答这个问题，我们使用两个类似的概念：效用和生产。

☐ 可持续的效用

因为消费者从商品中获得效用，因此市场物品的消费是研究这一问题的合理的出发点。个人消费支出（PCE）是个人可支配收入减去储蓄量。人均消费支出指的是某一特定国家的人们用于购买市场物品的平均费用。因此，可用于衡量一国消费量。

正如 GDP 不能完整地衡量人类福利一样，个人消费支出也无法全面衡量效用。个人消费支出仅仅衡量了市场物品的消费量。如果要完整地衡量效用，就需要加上用于休憩的时间和没有报酬的活动，以及环境物品的价值。

为了简化整个研究，我们将注意力集中到某个具有代表性的社会成员身上，观察她是否能够可持续地获得效用。她购买的所有物品，包括利用国有森林的木材制作的产品等，都被归入一个消费品集合中，用 c 表示；所有与其效用有关的环境物品，包括斑点猫头鹰和原始森林栖息地等，都被归入另外一个物品集合中，用 g 表示（g 代表绿色）。她消费的物品束是由一定数量的 c 和 g 构成的，于是可以将这两类物品简化成仅有两种物品。

这个个体消费者的代表在 t 时刻的效用是 $U_t(c_t, g_t)$，也就是说，她的效用是 c 和 g 在 t 时刻的函数。在下一个时刻 $t+1$ 的效用如果大于 t 时刻的效用，$U_{t+1}(c_{t+1}, g_{t+1}) > U_t(c_t, g_t)$，就意味着效用没有随着时间降低。

用无差异曲线描绘这些关系。图 19.2 显示了三条无差异曲线和四个消费束，A，B，C，D。消费者在 t 时间的消费束为 A_t。另外三个消费束 B_{t+1}，C_{t+1} 和 D_{t+1} 是 $t+1$ 时刻可能的消费束。如果消费者在 $t+1$ 时刻的效用为 B_{t+1} 或 C_{t+1}，消费者的效用就是可持续的。消费束 B_{t+1} 位于更高的无差异曲线上，意味着效用增加。C_{t+1} 位于相同的无差异曲线上，因此消费者效用保持不变。但是，如果 $t+1$ 时刻的效用为 D_{t+1}，位于较低的无差异曲线上，这一消费束就无法维持效用不变。

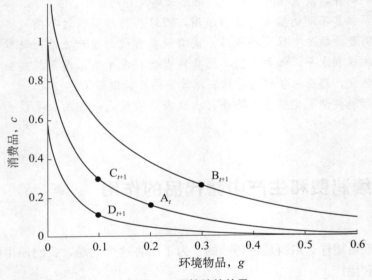

图 19.2　可持续的效用

图中有三条无差异曲线和四个消费束。t 时刻的消费束为 A。如果 $t+1$ 时刻的消费束为 B 或者 C 时，效用就是可持续的；如果是 D，效用就是不可持续的。

如果消费品和环境物品在一段时期内保持不变或者不断增加，比如从消费束 A_t 移动到 B_{t+1}，是最简单的效用可持续路径。当消费束 A_t 移动到 C_{t+1} 时，效用同样是可持续的，但是效用组合中环境物品减少了，消费品增加了。因此，人们从环境中得到的收益可持续并不是效用可持续的必要条件。在**强可持续性**（strong sustainability）标准下，环境物品的效用和数量都不能减少。相反，在**弱可持续性**（weak sustainability）标准下，仅需要保证效用是可持续的，环境物品的数量可以减少。消费束从 A 移动到 B，或者保持在 A 水平不变，都是强可持续性的案例。而消费束从 A 移动到 C，则是弱可持续性的案例。经济发展既为发展中国家的人民带来不断严重的空气污染危害，也同时带来不断改善的营养条件的益处。如果人们的效用增加，那么就是弱可持续的。强可持续性与弱可持续性之间的差别在于，有些人认为环境物品的减少意味着不可持续。对于这些人而言，消费品可持续而环境物品不可持续不如消费品和环境物品同时可持续。保证每一个环境物品都可持续，对于经济而言，是一个很高的要求。我们在分析中将环境物品简化成一种物品 g，但是现实中需要考虑的环境物品非常多：大气服务功能、每一种动植物的存在价值、大草原和森林的服务功能、野生蜜蜂等提供的生态服务功能等等。环境物品的名单是令人瞠目结舌的。

在图 19.2 中，消费束从点 A 移动到点 C 后，因为两个消费束处于同一条无差异曲线上，效用维持不变。但是如果无差异曲线的形状不是这样，消费束从点 A 移动到点 C，效用就有可能出现变化。而无差异曲线的形状取决于消费束中的一种商品是否可以替代另外一种商品。通常情况下，无差异曲线看上去像一轮新月。新月形表示每个坐标轴上的物品在一定程度上都可以互相替代。在这种情况下，即使某一种物品的数量减少了，只要另一种物品的数量增加得足够多，效用甚至可以增加。例如，如果增加电子产品消费量带来的效用增长量大于荒地减少导致的效用削减量，那么即使环境物品数量减少，总效用也会增加。图 19.2 中的无差异曲线就是典型的新月状。

但是在现实的很多情况下，一种物品不能轻而易举地或者完全替代另外一种物品。比如更好的营养条件不能完全替代呼吸的空气，大多数人既希望拥有电子产品，也希望能够在户外休闲。在一些极端的情况下，物品之间不存在任何可替代性。在图 19.3 中，无差异曲线为 L 形，而不是新月形，此时没有任何替代的可能。在这种情况下，只有两种物品同时增加才能够在下一个时期内维持效用不变。

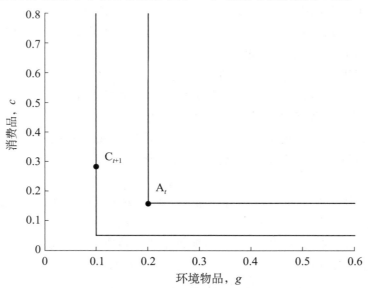

图 19.3　无替代的效用可持续

和点 A 相比，点 C 拥有更多的消费品，但环境物品较少。在这种情况下，消费品数量再多也无法替代环境物品。当无法维持现有的环境质量水平时，未来的效用是不可持续的。

消费束 A 和 C 再次出现在了图 19.3 中，但是这次无差异曲线变成了 L 形。和 A 点相比，C 点的消费品增加，环境物品减少。C 点所在的无差异曲线比 A 点所在的无差异曲线位置低，这反映了 $t+1$ 时刻的效用小于 t 时刻。在这个极端案例中，环境物品和消费品之间不存在任何替代关系。即使消费者可以得到更多的消费品，也无法弥补环境物品的损失。环境物品的任何损失都减少了消费者的效用。在现实中，有人在原始森林一住几个月，就是为了阻止伐木工砍伐。这些"森林保姆"本可以将时间用于享受本可以享受的生活，但是对于他们来说，没有任何消费品可以替代这一特殊的环境物品。

效用的可持续性取决于人们在消费品和环境物品之间进行替代的意愿。如果能够用消费品的生产来弥补环境物品可得性的不足，那么可持续性就不难维持。然而，对于那些需要特定的环境物品的人而言，这一结果并不符合他们对可持续性的定义。

□ 可持续的生产

在一段时期内实现生产的可持续需要有能力保持或者提高产量，即 $c_{t+1} \geq c_t$，$g_{t+1} \geq g_t$，其中 t 表示时间。按照强可持续性标准，c 和 g 都必须可持续才算实现生产的可持续。而可持续的效用并不需要保证 c 和 g 同时实现可持续。c 和 g 之间可以相互替代，一种物品增加而另外一种物品减少，同样可以保证效用的可持续。但是生产的可持续不允许 c 和 g 的任何一种物品的数量减少。因此，维持生产的可持续比维持福利水平的可持续更加困难。

在研究如何实现生产可持续之前，首先要明白各种物品是如何生产的。消费品生产必需的几个要素分别是劳动力、资本和其他投入。在其他投入中，有些投入为不可再生资源，譬如石油等，有些是可再生资源，譬如木材。但是，使用可再生资源会减少栖息地和清洁空气等环境物品的数量。无论是使用不可再生资源还是可再生资源，生产都会减少自然资源的储量，从而影响环境物品。因此，生产的消费品越多，维持环境物品的生产可持续就变得越困难，除非找出一种办法，能够生产更多的环境物品来弥补被消耗的环境物品。为了验证这一想法是否可行，我们需要弄清楚劳动力、资本和其他投入是如何生产消费品和环境物品的。

劳动力在消费品的生产过程中非常重要，近三分之二的 GDP 价值是劳动力。利用劳动力来生产一些环境物品是可行的。比如，劳动力可以用于森林复种和减少土壤退化。但是，很难通过使用劳动力增加野生物种或本地生态系统其他环境物品的数量。相比于增加环境物品，人类劳动力更适用于增加消费品。

资本是生产最终产品所必需的。GDP 剩下的三分之一就来自于资本。资本既可以是自然的，譬如矿藏或森林的储量等，也可以是人造的，譬如建筑物和工厂。来自于自然的资本被称为自然资本。联合国对自然资本的定义是"用于提供自然资源原材料和为经济生产过程提供环境服务的自然资产"。和劳动力一样，资本同样可以增加一些环境物品的数量。比如，过滤器就是一种大型的资本设备，可以用于过滤废气中的污染物，从而实现清洁空气的目的。但是，对于野生物种和天然生态系统等环境物品，人造资本对提高这些环境物品的数量几乎无能为力。

因为资本是生产消费品的必需要素，而且有助于增加某些环境物品的数量，所以接下来，我们需要花一些时间去研究一下资本问题。资本来自于投资，即将当期产出中的一部分保留下来，在未来获得更多产品。钢铁等资本储量是无法增加的，因为这类资源是不可再生资源。而可再生资源和人造资本等都可以随着投资不断增长。产出可以直接用于消费，因而投资就需要放弃一些当期消费。比如在国有森林或者多米尼加共和国重新植树需要花费一些资金，而这些资金本可以用于为林业工人提供卫生保健服务。减少一些当期消费，将节约下来的钱投资于未来，就可以在未来获得更多的消费品、环境物品、生产的原材料或者资本。资本的可持续对于可持续发展有很大作用。如果资本在长期不断衰弱，会导致资本可以提供的消费品数量的减少。将资本获得的收益作为新的生产性资本用于投资，可以保护我们未来的生产能力，从而确保未来的可持续性。正因为此，维持和加强资本在实现未来可持续消费的过程中起到了至关重要的作用。同时，因为资本投资是以牺牲当期消费为代价的，所以人们，尤其是那些穷人，并非总是愿意或者有能力保护资本储量的。

最后一种要素由各类其他投入品组成。这些投入品中的一部分是由其自身生产的，在扩展劳动力和资本的获取渠道后，可以很容易增加这些物品的数量。石油等可变投入品会减少不可再生资本储量。因为石油的数量是有限的，生产过程中需要石油而非石油替代品的最终产品的数量也是有限的。但是，尽管很难利用石油以外的物品生产汽油，却可以使用其他交通燃料代替汽油。比如，汽车可以使用乙醇，而乙醇来自于可再生资源。当石油数量减少且价格增加时，汽油的使用是不可持续的，但是汽车可以继续使用其他燃料。如果依赖可耗竭资源进行生产，就很难保证生产的可持续性。如果可耗竭资源有廉价的替代品，就会更容易维持可持续产出。

关于生产的可持续性，最后还需要考虑一个因素：科技进步。科技进步可以使同样的投入获得更大的产出，或者利用其他不太稀缺的投入品获得同样的产出。例如，改进锯木方法后，可以从一根原木中获得更多的木制品，也可能少砍些树就能够维持现有的木制品产量。生物质能源的研究使我们可以用更少的土地面积生产同样数量的乙醇。科技进步可以用更少的投入获得更多更好的产品，是提高产出的重要源泉，是可持续性的要素之一。同样，科技进步可以减少能源的使用量，维持大气中二氧化碳的浓度，这些都非常重要。新型的汽车和灯、新型的隔热窗户，以及更多的创新都能够减少能源的消耗。但是，一些环境资源并没有从科技进步中获得很多益处。如何维持比如亚马逊雨林等自然生态系统的完整，不对自然生态系统构成干扰，这依然是一个问题，并没有随着技术进步得到解决。技术进步的确是可持续性的一个重要方面，但是一些自然系统没有直接从科技进步中获益。

生产的可持续需要考虑三个增长因素：（1）维持或者加强劳动力和资本的投入；（2）寻找替代品，解决自然资源投入品供给有限的问题；以及（3）科技进步。有些环境物品和消费品一样，受到这些增长因素的影响。比如清洁空气就取决于污染治理设备，而污染治理设备需要劳动力和资本的投入，同样也受益于科技进步。然而，并非所有环境物品都可以从这些增长因素中受益。劳动力和资本对于提供栖息地影响不大，而栖息地需要的土地也没有替代品。科技进步也无法应用于荒地。因此，最难以维持的就是那些最不受这三个增长因素影响的物品的可持续性。

投资和可持续性

这里使用一个数学模型，以便更好地从形式上理解投资对可持续性的作用。假设有两种资本存量：一种是自然资本存量，比如土地、石油或者森林等，用 N 表示；另一种是人造资本存量，譬如机器和工厂等，用 K 表示。这些资本存量，加上劳动力 L，都用于生产消费品，用 c 表示。比如土地、种子、机器，再加上劳动就生产出了农产品。生产函数是表示不同数量的投入品与对应产出水平之间关系的数学函数。案例中，消费品的一般生产函数为 $c = F(N, K, L)$。通常情况下，增加或者保持其他两个因素不变时，一个因素的增加都会使产出增加。比如，改进机器，让收割庄稼变得容易，或者在庄稼最为成熟的时期增加更多的劳动力收割庄稼，都能够使粮食产品增加。如果产出保持不变，那么增加一种投入，同时减少另外一种投入就构成第 8 章提到的等产量曲线。

一旦消费品生产出来了，人们就可以消费，用 $c_{consumed}$ 来表示被消费的消费品，也可以将消费品作为资本用于投资，投资用 I 表示。农民保留一部分收获用于下一年的播种，这种生产方式已经持续了上千年。他们也可以将出售庄稼获得的部分收入储存起来，用于购买更多的机器。用公式来表示，$c_{consumed} = F(N, K, L) - I$，该公式表明，社会需要减少当期消费才能进行投资。

投资中一部分用于更换已损坏或者耗竭的人造资本存量，一部分用于增加人造资本存量。假定每年的资本存量按照固定比率 δ 耗竭。第 t 年的人造资本存量用 K_t 表示，下一年的人造资本存量就用 K_{t+1} 表示。于是投资和资本消费共同作用下的第 2 年的资本存量 $K_{t+1} = K_t + I_t - \delta K_t$。这一等式表示，减少消费带来的更多社会投资可以带来更多的资本存量。根据生产函数，未来拥有更多的资本存量就可以生产更多的物品。因此，减少今天的消费就可以增加未来的消费。注意到净存量＝投资减折旧＝$I_t - \delta K_t$，净存量在增加产出中起到了决定性的作用：投资必须大于折旧才能使资本存量增加。

自然资本和人造资本不同，它在生产中的重要性低于 K 或者 L。人们可以提炼或使用资源，但是很难增加资源存量。以石油储量或者荒地面积这类最简单的可耗竭资源为例，没有办法通过投资来增加资源储量，$N_{t+1} = N_t - c_{consumed}$。在渔场模型中，自然净增长量 $F_N(N)$，完全取决于资源的现有存量，$N_{t+1}=N_t+F_N(N)-c_{consumed}$。节约渔业资源存量一方面可以节约资源存量，一方面提高了增长量，从而使未来的渔业资源存量更高。土壤的生产力在某种程度上是一个例外，人们可以通过化肥来替代自然资本。如果化肥可以完全替代土壤的生产力这一自然资本，那么 $N_{t+1}=N_t+I_t-\delta N_t$。但事实上，化肥不是一个完美的替代品，它经常会造成水资源的恶化。

对于各种资本来说，维持其存量对于生产的可持续性很重要。对于人造资本而言，虽然投资会减少当期消费，却是维持资本存量所必需的。如果没有投资，自然资本或者劳动力就必须用来替代人造资本这一投入品，否则产量就会下降。而自然资本面对的问题就要复杂得多。首先，并不能保证人类一定能够增加自然资本存量，有些情况下，人类只能减少资本存量。因此，依赖自然资本进行生产之前需要充分考虑第16、17章中讨论的资源消耗问题，否则生产能力必然降低。其次，正如第18章所讨论的，国民收入账户并没有考虑自然资本的消耗，而这一缺陷恰好掩盖了自然资源耗竭问题。最后，生产的可持续需要维持自然资本存量，或者寻找到能够在生产过程中替代自然资本的办法。

小结

● 效用可持续意味着效用不会随着时间的推移而降低。在构成福利水平的物品里，我们是否认可它们具有相互替代作用，影响着效用可持续性的实现。相对于在一段时期内同时维持和提高消费品和环境水平而言，如果人们愿意让环境物品和消费品相互替代，就更加容易实现效用的可持续。强可持续性指的是维持或者增加环境物品数量，不允许消费品替代环境物品。而弱可持续则允许消费品替代环境物品。

● 可持续的生产要求产量不随着时间的推移而减少。如果人们愿意用相对丰富的物品代替相对稀缺的物品，那么生产的可持续性就不构成效用可持续性的必要条件。

● 生产的可持续性依赖于资本和劳动力的维持或者增加，对日益稀缺资源的替代能力，以及找到使用更少或者更廉价的投入品获得同样产出的技术进步。如果这些因素对于环境物品生产的影响不如对消费品生产的影响大，那么消费品的可持续生产比环境物品的可持续生产更容易。

可持续性与代际公平

人们为什么选择一条不可持续的发展路径？该问题的潜台词就是人们是否总是愿意为了未来生活得更好而推迟当前的享受。我们在什么情况下会希望现在比将来更好呢？

以森林管理为例，如果人类不干扰森林的自然生长，那么森林就能够达到最大承载量状态，即新生长的林木蓄积量等于死亡的林木蓄积量。在这种情况下，不存在最大可持续产量，因为森林的储量已经不再增加了。如果人们砍伐了一些树木，那么最初的砍伐行为就是不可持续的。一次采伐活动就可以将森林储量降低到较低的水平，比如最大恒续储量。但是，一旦储量减少了，净增长就从最开始的零增长变成了正增长，就有可能实现可持续产量。在本例中，在最开始时，获取木材的任何方式都是不可持续的。那么是否应该制定可持续性标准制止采伐呢？

不可再生资源则提出了更严峻的挑战。无论怎样使用不可再生资源都是不可持续的，不可能永远地维持同样的使用水平。即使钢铁或铝等原料可以循环使用，我们最多可以保证供给不变，而更有可能的是，随着时间推移存量不断减少。既然我们最终会耗尽这些不可再生资源，那么我们是不是应该不再使用任何不可再生资源呢？

这些问题的一个可能回答是：我们也许比较希望现在享受福利，不管未来的福利水平是否能保持与现有水平一样高。不同的人拥有不同的个人时间偏好，很多人希望减少未来的福利以换取现在福利水平的提高，尤其是所谓的未来显得很遥远，或者超出了人们的预期寿命时，更是如此。其他人也许会问，当很多人现在面临饥饿、疾病、压迫以及其他危机时，我们为什么还要保护未来人们的福利呢？也许，我们应该解决当今的问题，而不是对未来的资源进行投资。

而另外一个更带给人们希望的答案是：我们可以现在享受一些从资源获得的财富，然后聪明地将剩余的一部分用于投资，从而在未来获得更多的财富。正如约翰·哈特维克（John Hartwick）指出的，如果我们使用了不可再生资源或者不可持续的使用可再生资源，并且对生产性资本进行投资，那么我们就能将这些不可持续的产出转变成为可持续的产出。根据哈特维克原则，如果将从不可再生资源获得的全部租金当作新资本用于投资，那么生产就可以维持不变。所谓不可再生资源的租金是资源价格减去资源的生产成本后的部分。比如，加拿大的石油沙中的石油租金等于石油价格（60 美元/桶）减去生产成本（15 美元/桶）。根据哈特维克原则，45美元/桶的差额应该被用于投资。

哈特维克简化了商品的生产过程，只有资本和不可再生资源这两项投入品会随着时间的改变而改变。根据哈特维克的不可再生资源理论，资源的租金按照利率不断增长。人们希望能够现在就使用资源，又存在现在节约部分资源，在未来获得高额资源租金的动机，而资源租金的不断增加实现了两者之间的平衡。随着租金的提高，开采的资源价格也在提高，从而推动了商品价格的上升。因为价格增加减少了商品和资源的需求量，因此每一生产周期的资源开采量和商品都会下降。哈特维克发现，如果所有的资源租金都被用于投资寻找不可再生资源的替代品，那么增加的资本会推动生产的增加，恰好可以抵消资源使用量减少导致的生产减少。因此哈特维克原则将所有的资源租金进行投资，用于替代资本，实现了弱可持续性。

如果我们将从石油中获得的部分收益用于寻找利用可再生资源生产燃料和塑料的办法，或者寻找用于提供交通服务的完全不同的材料，我们就能够在现在和未来享受福利。即使石油是不可持续的，但投资于寻找替代品可以维持或者提高人类的福利水平。投资未来难以避免以牺牲当前的消费为代价。人类福利水平的持续改进取决于我们从不可持续的活动转向其他可以带来效用的活动中获益的能力。

专栏 19.3

多米尼加共和国的可持续发展

1979年启动的"塞拉（Sierra）计划"的目的是在多米尼加共和国的锡瓦奥谷地附近区域减少农村地区的贫困和土壤退化，促进可持续发展。计划最初主要由多米尼加政府资助实施，也得到了美国凯洛格基金会的支持。"塞拉计划"提出改变当时砍伐原始森林和用土地获得直接收入等行为。砍伐森林后种植庄稼等土地利用方式被称为"刀耕火种法"，侵蚀了大量的土地。流失的土壤最后沉积在发电大坝的水库中，缩短了大坝的使用寿命。可供替代的土地利用方式，比如种植咖啡和经济林等，都可以减少土壤的流失量，但是这些方法都不如"刀耕火种法"种植粮食的收益高。

阿兰（Alain De Janvry）、伊丽莎白（Elisabeth Sadoulet）和布拉斯·桑托斯（Blas Santos）提出了衡量"塞拉计划"的三个标准。首先，计划应该提高土地使用者的福利（他们将这一标准称为"可接受性"）；其次，净收益大于零（可行性），要纳入土壤流失对大坝造成的外部性；未来农民得到的收益和发电收益比现在大（可持续性）。如果项目具有可接受性，那么就不太会受到现在的土地使用者的抵制。如果项目具备可行性，那么就有可能将钱从受益者向受损者转移，实现分配目标。可持续性则意味着该区域的福利水平会随着时间不断增长。

传统的刀耕火种法种植粮食在可接受性和可行性上得分很高，但是在可持续性上得分很低。"塞拉计划"推荐了很多可持续的活动，比如更好的管理粮田和咖啡种植等。这些活动对于农民的利益都是可行的和可持续的。但是，对于大坝不具有可行性和可持续性，尽管这些活动的损害小于原始方法。在"塞拉计划"推荐的诸多项目中，种树项目具有可行性和可持续性，但是对于当地的农民而言成本颇高。然而，如果农民可以得到贷款支持植树的话，那么农民就可以不受成本的限制，而且还可以用未来的收益偿还贷款。

"塞拉计划"为当地的农民提供不同作物影响和土地管理实践方面的教育培训。此外，"塞拉计划"提供财务管理的技巧培训，扩大医疗健康服务的范围，提供职业培训。正如"塞拉计划"的执行主任费尔明·罗德里奎兹（Fermin Rodriguez）所说的，"为了让所有生态系统都能够真正实现可持续，就必须关注生态系统中的每一个个体。如果某个男人、妇女或者家庭没有完全参与到生态保护当中，那么生态系统的保护就是不可持续的。"

"塞拉计划"实施之后，当地农民不仅在陡峭的山坡上修建梯田，减少了水土流失，而且重新种植了树木。1981—1991 年间，锡瓦奥谷地蓄水区的森林覆盖面积从 22％增长到了 36％。经过更加仔细和长期的规划，土地的生产力和社区收入都提高了。

很多旨在提高穷人福利水平的活动最后却给环境和未来带来了相反的结果。而设计的其他一些保护环境和后代利益的活动却又使当代人陷于贫困当中。项目具有可行性意味着项目收益超过损失。而创造性地使用贷款、税收、补贴等措施，就可能使具有可行性的项目像"塞拉计划"那样，同时具备可接受性和可持续性。

小结

● 投资未来涉及到减少当前的消费。确保社会福利或者其他方面的可持续性，需要权衡未来和现在社会的福利需求。

● 在弱可持续下，即使某些资源的使用是不可持续的，人类的福利依然可以持续。如果我们将这些资源产生的收益用于投资，以期在未来获得收益，那么即使是可耗竭资源都能够为社会的可持续发展贡献一份力量。

衡量可持续性

应该如何衡量社会的可持续性程度呢？有以下几个衡量原则可供参考：首先，以效用为导向的衡量方法比以产品或资本为导向的衡量方法能够更好地衡量可持续性。至少，布伦特兰委员会支持这个观点。其次，衡量方法中必须包含环境价值和其他非市场价值，而不仅仅考虑市场物品价值。而且，一种衡量方法是不足够的。如果某些物品对可持续发展有贡献，但没有替代品，那么就有必要关注这些特殊物品的状况。

讨论中隐含了一个问题，就是个体、总量或平均值之间的比较。每一个国家都实现可持续发展是否重要？或者是否可以允许某些国家不可持续的发展，而由其他国家弥补这些国家的损失？公平的重要性有多大？如果我们在平均水平上实现了可持续发展，但是一部分人或者物品和其他相比境况要糟得多，那么我们这种发展方式是否是令人满意的？

平均值会误导我们。如果世界上最富有的人走进一个房间，那么这个房间中人们的平均财富会迅速上升，尽管没有任何人的实际福利水平得到改善。如果可持续性要求衡量公平性，那么关注福利水平最低人群或物品的方法，或者衡量不公平性的方法，可以帮助我们更好地认识人类行为的可持续性。但是，如果可持续性不要求每个人或者每件事都必须具备可持续性，那么总量或平均值的衡量办法就已经足够了。

另外一个困难之处在于人们的偏好不同，有时候甚至是矛盾的。比如，有些人认为砍伐原始森林会造成不可逆转的破坏，而其他人却更愿意利用原始森林生产独一无二的木制品。在亚马逊雨林的一些偏远地区，一些土著居民担心经济发展会破坏自己的生活方式；其他一些土著居民感受到了现代化的便利，并且希望将之引入自己的社区。对于某种有争议的资源，如果所有人都不愿意接受该资源的替代品，那么就无法从经济角度解决这个问题。道德和政治因素反而会影响最后的产出。

第18章中回顾了一些衡量可持续性的经济和社会方法。下面，我们讨论一些生态衡量方法。

如果一些物种、生态系统或者其他影响整个地球福利水平的物品没有很好的替代品时，那么按照强可持续性的要求，就需要保护这些物品。而这些物种和生态系统从生命一开始就处于不断的发展和进化当中，这给目标的实现造成了困难。物种有可能因为自然选择而灭绝。有些物种已经丧失了大部分自然栖息地，也许仅仅在公园中或者通过人工繁殖才能够继续存活。生物入侵有可能极大地改变生态系统，引入五大湖的亚洲鲤鱼更具备竞争力，威胁了土生鱼种，有可能会对生态系统造成重大的影响。可持续发展的世界是否需要所有物种都得以延续，或者某些物种的损失恰是反映了地球生物的进化？

很多生态因素与我们的福利有关。某些人认为，消费品可以补偿资源的损失，这些人在保护这些资源方面并不坚持。但是有些人认为生态物品的损失是无法弥补的。

图19.4显示了巴西、瑞典和印度的森林覆盖面积的变化情况。尽管印度拥有相对比较低的森林覆盖率，但近年来一直在增长。瑞典拥有非常丰富的森林资源，而且森林覆盖面积同样在增长。相反，巴西的森林覆盖面积呈现出下降的态势。

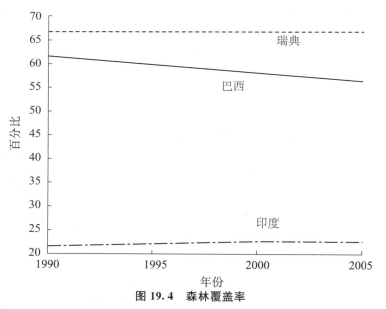

图 19.4　森林覆盖率

这张图显示了巴西、印度和瑞典的森林覆盖率。和很多国家一样，瑞典和印度都在缓慢地提高着森林覆盖率，但是巴西的森林覆盖率一直在下降。

图19.5显示了世界上受威胁的哺乳动物、鱼和其他植物的物种数量变化。最近几年，受威胁的植物和鱼的物种数量明显上升。

二氧化碳排放是气候变化的主要因素。不同的国家受到人口数量和发展水平的影响，二氧化碳的排放量有很大差别。图19.6显示了美国、中国、埃塞俄比亚、巴

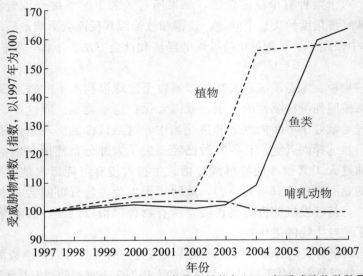

图 19.5　世界上受威胁的哺乳动物、鱼类和植物与 1997 年受威胁物种数量对比

1997 年，有 1 096 种哺乳动物、734 种鱼类和 5 328 种植物被认为受到了威胁。图中的这些曲线显示了从 1997 年开始受威胁的物种的增加比率。现在受到威胁的哺乳动物物种数量和 1997 年大致相同，但是受威胁的鱼类和植物物种数量则增加了约 60%。

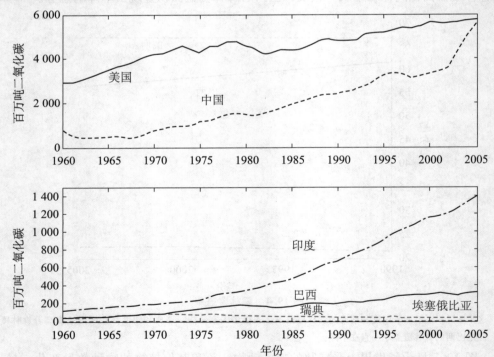

图 19.6　美国、中国、巴西、埃塞俄比亚、印度和瑞典的二氧化碳排放量

图中显示了二氧化碳的排放量。瑞典通过增加用于生产生物质燃料的林业副产品，甚至垃圾的使用量，减少了二氧化碳的排放量。印度二氧化碳的排放量随着经济的发展不断增加。美国和中国的二氧化碳排放量最多。

西、瑞典和印度的二氧化碳排放情况。瑞典作为一个发达国家，二氧化碳排放水平已经稳定，而印度是一个发展中国家，二氧化碳排放量增速非常快。埃塞俄比亚和印度相比，发展水平更低，非常贫穷以至于不会产生高的二氧化碳排放量。发达国家大量排放的二氧化碳是大气中二氧化碳的主要来源。经合组织的 30 个成员国中大部分是发达国家，它们在 2005 年排放的二氧化碳占总量的 48％，仅美国一国就排放了世界排放总量的 21％。但是，来自发展中国家的二氧化碳排放量快速增长。2005 年，中国的二氧化碳排放量占世界的 19％，几乎和美国一样多。到了 2008 年，中国则超过了美国，成为世界上二氧化碳排放量最大的国家。图 19.7 显示了这些国家人均二氧化碳排放量的分布情况。

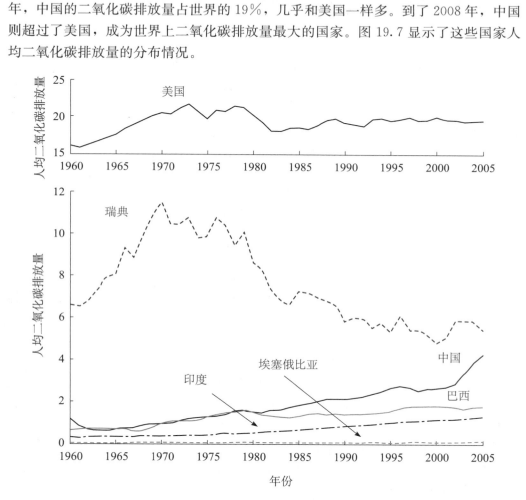

图 19.7　人均二氧化碳排放量

　　尽管图 19.6 中的排放总量很好地反映了大气服务能力的可持续性，但是从人均排放水平来看，美国保持稳定，瑞典则降低了人均排放水平，但是两个国家的人均排放水平都远高于发展中国家。发展中国家根据这一差距，提出了希望发达国家进一步进行二氧化碳减排，而不应该限制发展中国家。

小结

● 没有一种衡量可持续性的方法得到了广泛的认同。任何一类指标都衡量了总量或平均值，没有反映出每一个体的状态。很多方法分析了这一问题的不同方面。

● 因为有些对于可持续性很重要的物品缺乏替代品，所以衡量这些特殊物品的发展趋势很重要。一些方法显示这些物品在某些地方随着时间不断改善；另外一些衡量方法则显示问题越来越多。

消费还是维持气候可持续

在下一个30年中，为了减少温室气体排放，需要花多少钱，什么时候花这笔钱？为了避免气候变化并且能在未来享受更多的消费，需要减少现在的消费，而究竟当前消费应该减多少？这些都是经济学问题。有效率的解决办法是找到能够实现最大净现值的政策。净现值等于未来收益的现值减去现在的成本。

因为当前需要承担减少温室气体排放的成本，而避免气候变化得到的收益却在未来实现，因此贴现率对分析的结果影响很大。如果成本收益分析使用的贴现率高，那么未来并不重要，只有未来气候稳定才能产生巨大的收益，或者现在用于温室气体减排的成本非常小，才能证明温室气体减排是有意义的。如果分析中使用低贴现率，那么未来气候变化的影响就很重要，就更应该现在花钱去获得未来的这笔收益。但是，经济学家没有在采用贴现率方面达成一致。

威廉·诺德豪斯（William Nordhaus）认为，当前采用最便宜和免费的方法，并在长期内稳定的增加投入是最佳的政策。他使用了长期利率、损害和成本规模的标准假定，将气候变化当作一个标准的成本收益问题来处理。既然温室气体减排需要成本，那么就应该很快得到减缓气候变暖的收益。当前少量减缓一些未来的气候变化问题，可以减少当代人的负担。

相反地，英国政府经济事务部门负责人尼古拉斯·斯特恩爵士发表的关于气候变化的斯特恩报告中指出，有必要立即采取有力措施来应对气候变化。斯特恩报告指出，气候变化每年所造成的损失预计占全球GDP的5%左右，如果从更加广义的角度考虑这些风险和影响，气候变化所造成的破坏可能高达20%。相反，减缓这些影响需要花费的成本大约占每年GDP的1%。这些数字以及低贴现率都意味着现在应该投资采取强力措施。

斯特恩报告中采用了1%这一非常低的贴现率，与诺德豪斯等其他学者所做的研究不同。气候变化要经过很多年才会造成GDP损失，而防止气候变化发生所需成本却是当前需要解决的，低贴现率意味着未来很重要。使用较低的贴现率提高了损害的现值，从而得出了立刻采取高水平的减排措施是应对气候变化的有效率的解决方法的结论。而诺德豪斯等学者采用的较高贴现率减少了气候变化造成损害的现值，从而减小了当前有效率的减排水平。事实上，斯特恩报告的主要影响是引发了大量文章参与讨论，有的文章反对斯特恩报告中假定的低贴现率，有的文章则从其他角度支持了斯特恩报告的立即采取行动的结论。

马丁·韦茨曼（Martin Weitzman）提出了一个观点，认为气候变化造成的损害会远超原先预计的损害。政府间气候变化专门委员会给出了气温变化的可能范围，最有可能的是上升两三度，但也有可能升高 6℃ 甚至更高。而一旦升高 6℃ 甚至更高的气温，会产生一些灾难性的变化，造成 20% 的 GDP 损失。韦茨曼认为避免气候变化实质上是一个保险问题。人们通常愿意每年支付一笔费用来避免一些严重问题带来的巨大成本压力。人们支付健康险是因为担心自己会得一些严重的疾病；一旦发生事故，汽车险可以提供赔付。房屋险则为那些遭受盗窃或火灾损失的人提供补偿。在上述所有的案例中，保险费的现值都超过了预计的损害价值。但人们情愿支付一小部分确定的费用来避免支付大量费用的可能。按照韦茨曼的分析，快速采取的行动就是应对气候变化的最坏结果的一种保险。因为最坏的结果会给社会造成巨大的损害，而正是这些最坏的结果对分析产生了决定性的影响。

托马斯·斯特恩（Thomas Sterner）提出了更加简单的理由来支持立即采取减排行动。他认为，随着气温升高，谷物等变得更难以生长。由于这些物品的数量减少，价格会升高。因此，气候变化造成的损害隐含在因气候变化而升高的新物价当中。在他看来，因为气候变化不需要对很多商品的缺乏承担责任，使得人们预测气候变化的损害过低。在他的成本收益分析中，起决定作用的不是贴现率，而是确定的损害范围。在任何既定的贴现率下，更大程度的伤害都证明了现在有必要采取更大的行动，避免这些损害的发生。

即使温室气体减排不会对 GDP 造成很大影响，温室气体减排政策还面临着相当大的阻力。发达国家承担的气候变化风险相对较小，而一旦实施温室气体减排政策，这些发达国家的生活方式就需要发生很多变化。而大多数人并不希望开更小的车，减少自己的驾驶次数，减少自己的电力消耗或进行昂贵的节能投资。毕竟，这些改变带来的大多数收益会被后代人和那些受气候变化影响最严重地区的人享有。减少气候变化损害所面对的个人和政治上的障碍很大，以至于颁布任何气候政策都会让人感到有点吃惊。

□ 相信创新力？

> 我认为人类的未来掌握在自己手里。如果人类没有灭绝，就会寻找宇宙的新答案、新技术、新规则，这些会在 21 世纪创造一个完全不同的更好世界。
> ——巴里·戈德华特，《绝不道歉》（*With No Apologies*），1979

1964 年，来自亚利桑那州的参议员巴里·戈德华特（Barry Goldwater）获得共和党提名，参与了总统选举。他是一个坚定的保守主义者，信奉自由市场论。他这番言辞的要旨是他绝对相信科技进步会在这个世纪成为驱动人类进步的引擎。他相信，如果人类能避免核战争，那么人类福利的可持续性就只取决于人类所发现和发明的东西。在参议员戈德华特的一生中，小儿麻痹症等可怕的疾病得到了根除，人类登上了月球，杂交玉米极大地增加了粮食产量，即将到来的原子时代也让人充满了期待。创新力使人类的福利水平得到了极大的提升。但是，这是否就意味着可持续性只是那些对创新力没有信心的人考虑的问题呢？

创新力的愿景是人类不必为此付出代价。我们可以像以前一样继续消费，因为我们在消耗完某种物品后，就会发现这类产品的替代品。这一希望建立在诸多的替代可能性上，比如用可再生能源和核能取代煤炭，用清洁汽车代替高排放汽车，植树种林可以取代原始森林等。但与此同时，生态学家和环境科学家警示人类，考虑不周的人类发展会导致基因和生物多样性，以及生态系统服务功能的损失。引用奥尔多·利奥波德（Aldo Leopold）的话，"理想补救要兴起，零件齐全是前提。"尽管创新力极大地提高了人们的生活质量，并且对解决世界最重要的一些问题至关重要，但是我们能力有限，必然无法全面地理解新科技。世界在目前这一状态下是否可以持续或者世界会如何发展取决于人类的选择，而这正是经济学的基本问题。

总结

以下是本章的重点：

- 多数人认为，可持续性是一种能够保证后代人和当代人享受同等福利的发展模式，强调了代际间的公平，即保护后代人的福利是当代人应当承担的重要任务。但这一定义对于当代人内部的公平性的表述不够清晰。如果当代人需要关注后代人利益的话，从逻辑上讲，也同样应该关注当代人的利益。然而，当代人通过投资将更多的资源留给后代人使用，就减少了可以用来解决现在的诸如贫困和医疗保健等问题的资源数量。

- 可以用一些物品去替代其他物品，可以极大地提高维持和改善福利的能力。如果化石燃料等耗竭资源拥有替代品，或者技术发展使得我们能够用丰富的资源替代那些已经耗竭的资源，那么即使某些资源被耗竭，我们都可以提高我们的福利水平。但是，如果诸如生物多样性等可以给我们带来效用的物品没有充足的替代品，那么按照强可持续性，我

们为了保证福利可持续，就必须维持那些独特的自然环境。

- 持续的消费并不需要持续的生产，只要那些不再生产的物品拥有替代品就可以。

- 为了给后代留下更多资源而投资，需要减少当代人的消费。但是有些人情愿现在使用资源而不是将资源留给下一代。另一方面，投资可以在未来获得更大的收益。如果我们审慎地进行投资，那么为了确保未来的福利水平而减少的当前消费量并不会很多。

- 关于可持续性还没有一种衡量方法得到普遍认同。使用总量或平均值指标无法反映个体信息，比如那些最贫穷者的福利水平。为了保证社会福利可持续，那些缺乏充足替代品的物品必须实现可持续使用。现有衡量人类行为是否可持续的各种指标得出很复杂的结论，有些指标反映社会的进步，而有些指标反映了问题越来越多。

关键词

强可持续性   弱可持续性   可持续发展

说明

本章中关于可持续性的讨论来自于 Robert Solow, "An Almost Practical Step Toward Sustainability," *Resources Policy* 19 (3) (September 1993): 162-172, and "Sustainability—An Economist's Perspective," *National Geographic Research and Exploration* 8(1) (1992): 3—6.

The New York Times of October 11, 1994, "Oregon, Foiling Forecasters, Thrives as it Protects Owls," pp. A1 and A16. 讨论了克林顿森林计划后的就业情况。

图 19.1 "位于太平洋西北偏西的国有森林的砍伐与变动" 摘自 http://www.fs.fed.us/pnw/publications/gtr699/pnw-gtr699c.pdf。

"塞拉计划" 的案例来自 Alain de Janvry, Elisabeth Sadoulet, and Blas Santos, "Project Evaluation for Sustainable Rural Development: Plan Sierra in the Dominican Republic," *Journal of Environmental Economics and Management* 28(2) (March 1995): 135-154, and the W. K. Kellogg Foundation, "People Preserve their Ecosystem with Plan Sierra," http://www.wkkf.org/default.aspx? tabid = 55δCID = 145δProjCID = 323δProjID = 11δNID = 28δLanguageID = 0, accessed July 2, 2009。

"Intergenerational Equity and the Investing of Rents from Exhaustible Resources," *American Economic Review* 67(5)(December 1977): 972-974 分析了资本投资对于可持续未来的作用。

关于可持续性指标的讨论来自 Peter Bartelmus and Graham Douglas, "Indicators of Sustainable Development," in Cutler J. Cleveland (ed.), *Encyclopedia of Earth* (Washington, D.C., Environmental Information Coalition, National Council for Science and the Environment, 2007). Published in the *Encyclopedia of Earth* April 25, 2007; retrieved February 6, 2008, http://www.eoearth.org/article/Indicators _ of _ sustainable _ development。

本章用于反映公平性的对于收入损失的计算引用于《关于气候变化经济学的斯特恩报告》(行动纲要版), http://www.hm-treasury.gov.uk/independent _ reviews/stern _ reviews _ economics _ climate _ change/stern _ review _ report.cfm, 其中, 全球消费量减少 5%～20% 的估算就来自于行动纲要版。

受威胁物种的数据来自联合国环境规划署的全球环境展望数据库, 参见 http://geodata.grid.unep.ch/index/php, 于 2008 年 2 月 8 日发表。

二氧化碳排放的数据来自于美国能源部的能源信息管理局的《温室气体的排放报告》, 参见 http://www.eia.doe.gov/oiaf/1605/ggrpt/, 于 2009 年 1 月 31 日发布。中国超过美国, 成为世界上最大的二氧化碳排放国的报道来自于 Andrew C. Revkin, "China Pulls Ahead in the Great Carbon Race," *New York Times*, June 14 (2008) http: //dotearth. blogs. ny-times. com/2008/06/14/china-pulls-ahead-in-the-great-carbon-race。

联合国对自然资本的定义来自 *Glossary of En-vironment Statistics*, *Studies in Methods*, Series F, No. 67, United Nations, New York, 1997。

本书所引用的奥尔多·利奥波德的名言来自于《沙乡年鉴》（*Sand County Almanac*）。

练习

1. 一段时期内的效率就是实现收益净现值最大化。可持续性和效率之间有什么关系？一个有效率的社会是否是可持续的？如果是，效率如何推动社会实现可持续？如果不是，一个有效率的社会是否能够实现可持续？一个可持续的社会是否是有效率的？为什么？

2. 经济学家约翰·梅纳德·凯恩斯提出，为了应对20世纪30年代的大萧条，世界上的国家在经济坚挺时向国民收税并储存起来，在经济疲软时使用。当经济疲软时，凯恩斯鼓励政府消费（甚至借债消费）刺激经济活动。"反周期"的政府支出政策在经济高涨时期抑制经济发展，希望借此减少经济衰退时期的痛苦。

(a) 描述一下在经济低迷时期，为了增加当时的社会福利水平，政府会采用何种支出方式。再描述一下在经济低迷时期，为了增加未来的社会福利水平，政府会采取何种支出方式。

(b) 凯恩斯最先提出"就长期而言，我们都会死去。"他的意思是，如果在短期内情况变得非常糟糕，人们不一定能够活下去。基于这一表述，你认为在经济低迷时期的政府支出这一问题上，凯恩斯会关注将钱用于提高当代人的福利水平还是后代人的福利水平？

(c) 在什么时候凯恩斯会鼓励花钱提高后代人而不是当代人的福利水平，是经济坚挺时期还是经济低迷时期？

(d) 如果时期选择错误，凯恩斯的反周期支出会出现什么问题？也就是说，假设政府应对经济困难时反应迟缓，采取扩张性财政政策时，经济已经开始复苏。在这种情况下，政府支出会与私人支出竞争劳动力和原材料，经济体中的价格水平会发生什么变化？这个价格影响对经济体会产生有益影响还是有害影响？

(e) 政府通常不愿意提高税收，即使经济发展形势很好时也是如此。如果政府集聚的资金不足会导致什么问题？

(f) 如果凯恩斯的反周期支出政策按照设想的那样运转，那么和没有该政策时相比，人类福利水平会更加可持续还是降低可持续性。如果相反，该政策经常受到经济低迷的不利影响，那么此时和没有该政策时相比，人类福利水平的可持续性会增加还是减少？

3. 考虑以下几种发展路径：

(i) 人类大量使用不可再生资源，直至这些资源被耗竭，随后转向可再生资源。从不可再生资源中得到的收益非常大，以至于当代人可以并且的确实现了非常高的生活水平。因为资源所得收入都被用于改善当代人的福利水平，后代人的福利水平会下降。

(ii) 人类大量使用不可再生资源，直至这些资源被耗竭，随后转向可再生资源。但和情境(i)中不一样的是，使用这些资源得到的大部分收益被投资于寻找更好地使用可再生资源的方法，比如提高技术水平。当代人的生活水平不会像(i)中那么高，但是后代人的生活水平会超过情境（i）中后代人的生活水平。

(iii) 人类迅速停止使用不可再生资源，开始使用可再生资源。尽管当代人的福利水平会下降，并且是三种情境中最低的，但是人类的福利水平会逐渐提高。

(a) 这三种情境中的哪一个会被认为是可持续的？为什么？在回答这个问题时，需要弄清楚你所认为的可持续性是什么？

(b) 三种情境中哪个更加具有效率？为什么？

(c) 在你看来，哪一种发展路径更加符合人类现在的发展现状？

(d) 你认为人类应该选择哪条发展路径？为什么？

(e) 如果你对（c）和（d）的答案不一样，那么它们为什么会不一样？市场、政策系统或者个人选择是如何引导人类走上错误的发展路径的？如果（c）和（d）的答案一样，那么市场、政策系统或个人的选择是否已经到了最佳运行状态，是否还有改善的空间？

(f) 在 19 世纪和 20 世纪初，美国的木材砍伐采取"打一枪换一个地方"的方式。伐木工把一片区域中最值钱的树砍走，不考虑造成的环境损害，然后转移到另外一片树木价值高的区域。前面所列的三种发展政策中，哪一个与"打一枪换一个地方"的林业生产方式最接近？

(g) 环境学家希望美国国有森林的伐木政策实现"长期平稳的伐木量"。在这种政策下，伐木量只能随着时间推移而增长，不可以一开始大量伐木，使未来的伐木量很少。前面的三种发展政策，哪一种更加近似于长期平稳的伐木量政策？

经济科学译丛

序号	书名	作者	Author	单价	出版年份	ISBN
1	环境经济学	彼得·伯克等	Peter Berck	55.00	2013	978 - 7 - 300 - 16538 - 7
2	微观经济学原理(第五版)	巴德、帕金	Bade, Parkin	65.00	2013	978 - 7 - 300 - 16930 - 9
3	宏观经济学原理(第五版)	巴德、帕金	Bade, Parkin	65.00	2013	978 - 7 - 300 - 16929 - 3
4	高级宏观经济学导论:增长与经济周期(第二版)	彼得·伯奇·索伦森等	Peter Birch Sørensen	95.00	2012	978 - 7 - 300 - 15871 - 6
5	宏观经济学:政策与实践	弗雷德里克·S·米什金	Frederic S. Mishkin	69.00	2012	978 - 7 - 300 - 16443 - 4
6	宏观经济学(第二版)	保罗·克鲁格曼	Paul Krugman	45.00	2012	978 - 7 - 300 - 15029 - 1
7	微观经济学(第二版)	保罗·克鲁格曼	Paul Krugman	69.80	2012	978 - 7 - 300 - 14835 - 9
8	微观经济学(第十一版)	埃德温·曼斯费尔德	Edwin Mansfield	88.00	2012	978 - 7 - 300 - 15050 - 5
9	《计量经济学基础》(第五版)学生习题解答手册	达摩达尔·N·古扎拉蒂等	Damodar N. Gujarati	23.00	2012	978 - 7 - 300 - 15091 - 8
10	《宏观经济学》学生指导和练习册	罗杰·T·考夫曼	Roger T. Kaufman	52.00	2012	978 - 7 - 300 - 15307 - 0
11	现代劳动经济学:理论与公共政策(第十版)	罗纳德·G·伊兰伯格等	Ronald G. Ehrenberg	69.00	2011	978 - 7 - 300 - 14482 - 5
12	宏观经济学(第七版)	N·格里高利·曼昆	N. Gregory Mankiw	65.00	2011	978 - 7 - 300 - 14018 - 6
13	环境与自然资源经济学(第八版)	汤姆·蒂坦伯格等	Tom Tietenberg	69.00	2011	978 - 7 - 300 - 14810 - 0
14	宏观经济学:理论与政策(第九版)	理查德·T·弗罗恩	Richard T. Froyen	55.00	2011	978 - 7 - 300 - 14108 - 4
15	宏观经济学(第十版)	鲁迪格·多恩布什等	Rudiger Dornbusch	60.00	2010	978 - 7 - 300 - 11528 - 3
16	宏观经济学(第三版)	斯蒂芬·D·威廉森	Stephen D. Williamson	65.00	2010	978 - 7 - 300 - 11133 - 9
17	微观经济学(第七版)	罗伯特·S·平狄克等	Robert S. Pindyck	75.00	2009	978 - 7 - 300 - 11073 - 8
18	平狄克《微观经济学》(第七版)学习指导	乔纳森·汉密尔顿	Jonathan Hamilton	28.00	2010	978 - 7 - 300 - 11928 - 1
19	经济学原理(第四版)	威廉·博伊斯等	William Boyes	59.00	2011	978 - 7 - 300 - 13518 - 2
20	计量经济学基础(第五版)(上下册)	达摩达尔·N·古扎拉蒂	Damodar N. Gujarati	99.00	2011	978 - 7 - 300 - 13693 - 6
21	计量经济分析(第六版)(上下册)	威廉·H·格林	William H. Greene	128.00	2011	978 - 7 - 300 - 12779 - 8
22	计量经济学导论(第四版)	杰弗里·M·伍德里奇	Jeffrey M. Wooldridge	95.00	2010	978 - 7 - 300 - 12319 - 6
23	货币金融学(第九版)	弗雷德里克·S·米什金等	Frederic S. Mishkin	79.00	2010	978 - 7 - 300 - 12926 - 6
24	米什金《货币金融学》(第九版)学习指导	爱德华·甘伯、戴维·哈克斯	Edward Gamber	29.00	2011	978 - 7 - 300 - 13542 - 7
25	金融学(第二版)	兹维·博迪等	Zvi Bodie	59.00	2010	978 - 7 - 300 - 11134 - 6
26	财政学(第八版)	哈维·S·罗森等	Harvey S. Rosen	63.00	2009	978 - 7 - 300 - 11092 - 9
27	国际经济学:理论与政策(第八版)(上册 国际贸易部分)	保罗·R·克鲁格曼等	Paul R. Krugman	36.00	2011	978 - 7 - 300 - 13102 - 3
28	国际经济学:理论与政策(第八版)(下册 国际金融部分)	保罗·R·克鲁格曼等	Paul R. Krugman	49.00	2011	978 - 7 - 300 - 13101 - 6
29	克鲁格曼《国际经济学:理论与政策》(第八版)(学习指导)	琳达·戈德堡等	Linda Goldberg	22.00	2011	978 - 7 - 300 - 13692 - 9
30	国际经济学(第三版)	W·查尔斯·索耶等	W. Charles Sawyer	58.00	2010	978 - 7 - 300 - 12150 - 5
31	国际贸易	罗伯特·C·芬斯特拉等	Robert C. Feenstra	49.00	2011	978 - 7 - 300 - 13704 - 9
32	芬斯特拉《国际贸易》学习指导与习题集	斯蒂芬·罗斯·耶普尔	Stephen Ross Yeaple	26.00	2011	978 - 7 - 300 - 13879 - 4
33	经济增长(第二版)	戴维·N·韦尔	David N. Weil	63.00	2011	978 - 7 - 300 - 12778 - 1
34	博弈论	朱·弗登博格等	Drew Fudenberg	68.00	2010	978 - 7 - 300 - 11785 - 0
35	投资学精要(第七版)(上下册)	兹维·博迪等	Zvi Bodie	99.00	2010	978 - 7 - 300 - 12417 - 9
36	社会问题经济学(第十八版)	安塞尔·M·夏普等	Ansel M. Sharp	45.00	2009	978 - 7 - 300 - 10995 - 4
37	投资科学	戴维·G·卢恩伯格	David G. Luenberger	58.00	2011	978 - 7 - 300 - 14747 - 5

序号	书名	作者	Author	单价	出版年份	ISBN
1	经济地理学:区域和国家一体化	皮埃尔·菲利普·库姆斯等	Pierre - Philippe Combes	42.00	2011	978 - 7 - 300 - 13702 - 5
2	社会与经济网络	马修·O·杰克逊	Matthew O. Jackson	58.00	2011	978 - 7 - 300 - 13707 - 0
3	克鲁格曼经济学原理	保罗·克鲁格曼等	Paul Krugman	58.00	2011	978 - 7 - 300 - 12905 - 1
4	环境经济学	查尔斯·D·科尔斯塔德	Charles D. Kolstad	53.00	2011	978 - 7 - 300 - 13173 - 3
5	金融风险管理师考试手册(第五版)	菲利普·乔瑞	Philippe Jorion	148.00	2011	978 - 7 - 300 - 13172 - 6
6	空间经济学——城市、区域与国际贸易	保罗·克鲁格曼等	Paul Krugman	42.00	2011	978 - 7 - 300 - 13037 - 8
7	国际贸易理论:对偶和一般均衡方法	阿维纳什·迪克西特等	Avinash Dixit	45.00	2011	978 - 7 - 300 - 13098 - 9
8	契约经济学:理论和应用	埃里克·布鲁索等	Eric Brousseau	68.00	2011	978 - 7 - 300 - 13223 - 5
9	经济学简史——处理沉闷科学的巧妙方法	E·雷·坎特伯里	E. Ray Canterbery	55.00	2011	978 - 7 - 300 - 13127 - 6
10	国际经济学(第十版)	罗伯特·J·凯伯	Robert J. Carbaugh	68.00	2011	978 - 7 - 300 - 13128 - 3
11	宏观经济学原理(第四版)	罗宾·巴德等	Robin Bade	62.00	2010	978 - 7 - 300 - 12970 - 9
12	微观经济学原理(第四版)	迈克尔·帕金等	Michael Parkin	66.00	2010	978 - 7 - 300 - 12969 - 3
13	微观经济学	保罗·克鲁格曼等	Paul Krugman	68.00	2009	978 - 7 - 300 - 10557 - 4
14	克鲁格曼、韦尔斯《微观经济学》学习指导	罗斯玛丽·坎宁安等	Rosemary Cunningham	39.00	2010	978 - 7 - 300 - 12965 - 5
15	宏观经济学	保罗·克鲁格曼等	Paul Krugman	68.00	2009	978 - 7 - 300 - 10393 - 8
16	克鲁格曼、韦尔斯《宏观经济学》课后习题解答	罗宾·韦尔斯等	Robin Wells	25.00	2010	978 - 7 - 300 - 12871 - 9
17	克鲁格曼、韦尔斯《宏观经济学》学习指导	伊丽莎白·索耶·凯利等	Elizabeth Sawyer Kelly	35.00	2010	978 - 7 - 300 - 12466 - 7
18	反垄断与管制经济学(第四版)	W·基普·维斯库斯等	W. Kip Viscusi	89.00	2010	978 - 7 - 300 - 12615 - 9
19	拍卖理论	维佳·克里斯纳等	Vijay Krishna	42.00	2010	978 - 7 - 300 - 12664 - 7
20	计量经济学指南(第五版)	皮特·肯尼迪	Peter Kennedy	65.00	2010	978 - 7 - 300 - 12333 - 2
21	MBA微观经济学	理查德·B·麦肯齐等	Richard B. McKenzie	68.00	2010	978 - 7 - 300 - 12098 - 0
22	管理者宏观经济学	迈克尔·K·伊万斯等	Michael K. Evans	68.00	2010	978 - 7 - 300 - 12262 - 5
23	英国历史经济学:1870—1926——经济史学科的兴起与新重商主义	杰拉德·M·库特等	Gerard M. Koot	42.00	2010	978 - 7 - 300 - 11926 - 7
24	利息与价格——货币政策理论基础	迈克尔·伍德福德	Michael Woodford	68.00	2010	978 - 7 - 300 - 11661 - 7
25	理解资本主义:竞争、统制与变革(第三版)	塞缪尔·鲍尔斯等	Samuel Bowles	66.00	2010	978 - 7 - 300 - 11596 - 2
26	递归宏观经济理论(第二版)	萨金特等	Thomas J. Sargent	79.00	2010	978 - 7 - 300 - 11595 - 5
27	数理经济学(第二版)	高山晟	Akira Takayama	69.00	2009	978 - 7 - 300 - 10860 - 5
28	时间序列分析——单变量和多变量方法(第二版)	魏武雄	William W. S. Wei	65.00	2009	978 - 7 - 300 - 10313 - 6

经济科学译库

序号	书名	作者	Author	单价	出版年份	ISBN
29	经济理论的回顾(第五版)	马克·布劳格	Mark Blang	78.00	2009	978 - 7 - 300 - 10173 - 6
30	策略博弈(第二版)	阿维纳什·迪克西特等	Avinash Dixit	65.00	2009	978 - 7 - 300 - 10135 - 4
31	税收筹划原理——经营和投资规划的税收原则(第十一版)	萨莉·M·琼斯等	Sally M. Jones	49.90	2008	978 - 7 - 300 - 09333 - 8
32	剑桥美国经济史(第一卷):殖民地时期	斯坦利·L·恩格尔曼等	Stanley L. Engerman	48.00	2008	978 - 7 - 300 - 08254 - 7
33	剑桥美国经济史(第二卷):漫长的19世纪	斯坦利·L·恩格尔曼等	Stanley L. Engerman	88.00	2008	978 - 7 - 300 - 09394 - 9
34	剑桥美国经济史(第三卷):20世纪	斯坦利·L·恩格尔曼等	Stanley L. Engerman	98.00	2008	978 - 7 - 300 - 09395 - 6
35	管理者经济学	保罗·G·法尔汉	Paul G. Farnham	68.00	2007	978 - 7 - 300 - 08768 - 9
36	组织的经济学与管理学:协调、激励与策略	乔治·亨德里克斯	George Hendrikse	58.00	2007	978 - 7 - 300 - 08113 - 7
37	横截面与面板数据的经济计量分析	J. M. 伍德里奇	Jeffrey M. Wooldridge	68.00	2007	978 - 7 - 300 - 08090 - 1
38	微观经济学:行为、制度和演化	萨缪·鲍尔斯	Saumuel Bowles	58.00	2007	7 - 300 - 07170 - 8
39	统计学:在经济和管理中的应用(第六版)	凯勒	Keller	88.00	2007	7 - 300 - 07742 - 0

金融学译丛

序号	书名	作者	Author	单价	出版年份	ISBN
1	个人理财——理财技能培养方法(第三版)	杰克·R·卡普尔等	Jack R. Kapoor	66.00	2013	978 - 7 - 300 - 16687 - 2
2	金融理论与公司政策(第四版)	托马斯·科普兰等	Thomas Copeland	69.00	2012	978 - 7 - 300 - 15822 - 8
3	应用公司财务(第三版)	阿斯沃思·达摩达兰	Aswath Damodaran	88.00	2012	978 - 7 - 300 - 16034 - 4
4	资本市场:机构与工具(第四版)	弗兰克·J·法博齐	Frank J. Fabozzi	85.00	2011	978 - 7 - 300 - 13828 - 2
5	衍生品市场(第二版)	罗伯特·L·麦克唐纳	Robert L. McDonald	98.00	2011	978 - 7 - 300 - 13130 - 6
6	债券市场:分析与策略(第七版)	弗兰克·J·法博齐	Frank J. Fabozzi	89.00	2011	978 - 7 - 300 - 13081 - 1
7	跨国金融原理(第三版)	迈克尔·H·莫菲特等	Michael H. Moffett	78.00	2011	978 - 7 - 300 - 12781 - 1
8	风险管理与保险原理(第十版)	乔治·E·瑞达	George E. Rejda	95.00	2010	978 - 7 - 300 - 12739 - 2
9	兼并、收购和公司重组(第四版)	帕特里克·A·高根	Patrick A. Gaughan	69.00	2010	978 - 7 - 300 - 12465 - 0
10	个人理财(第四版)	阿瑟·J·基翁	Athur J. Keown	79.00	2010	978 - 7 - 300 - 11787 - 4
11	统计与金融	戴维·鲁珀特	David Ruppert	48.00	2010	978 - 7 - 300 - 11547 - 4
12	国际投资(第六版)	布鲁诺·索尔尼克等	Bruno Solnik	62.00	2010	978 - 7 - 300 - 11289 - 3
13	财务报表分析(第三版)	马丁·弗里德森	Martin Fridson	35.00	2010	978 - 7 - 300 - 11290 - 9
14	财务管理原理(第11版)	劳伦斯·J·吉特曼	Lawrence J. Gitman	89.00	2009	978 - 7 - 300 - 08789 - 4
15	银行风险管理(第二版)	乔尔·贝西斯	Joel Bessis	86.00	2009	978 - 7 - 300 - 11135 - 3
16	金融机构、金融工具和金融市场(第四版)	克里斯托弗·瓦伊尼	Christopher Viney	89.00	2008	978 - 7 - 300 - 09348 - 2
17	投资学导论(第七版)	赫伯特·B·梅奥	Herbert B. Mayo	118.00	2008	978 - 7 - 300 - 09116 - 7
18	国际金融(第二版)	爱默德·A·穆萨	Imad A. Moosa	70.00	2008	978 - 7 - 300 - 09009 - 2
19	现代投资管理——一种均衡方法	鲍勃·李特曼	Bob Litterman	68.00	2007	978 - 7 - 300 - 08339 - 1

图书在版编目（CIP）数据

环境经济学/伯克，赫尔方著；吴江，贾蕾译．—北京：中国人民大学出版社，2013.2
（经济科学译丛）
ISBN 978-7-300-16538-7

Ⅰ.①环…　Ⅱ.①伯…②赫…③吴…④贾…　Ⅲ.①环境经济学　Ⅳ.①X196

中国版本图书馆 CIP 数据核字（2012）第 281577 号

"十一五"国家重点图书出版规划项目
经济科学译丛
环境经济学
彼得·伯克
格洛丽亚·赫尔方　著
吴 江 贾 蕾 译
王晓霞　校
Huanjing Jingjixue

出版发行	中国人民大学出版社			
社　　址	北京中关村大街 31 号		邮政编码	100080
电　　话	010 - 62511242（总编室）		010 - 62511770（质管部）	
	010 - 82501766（邮购部）		010 - 62514148（门市部）	
	010 - 62515195（发行公司）		010 - 62515275（盗版举报）	
网　　址	http://www.crup.com.cn			
	http://www.ttrnet.com（人大教研网）			
经　　销	新华书店			
印　　刷	涿州市星河印刷有限公司			
规　　格	185 mm×260 mm　16 开本		版　次	2013 年 3 月第 1 版
印　　张	28.25 插页 2		印　次	2018 年 4 月第 2 次印刷
字　　数	590 000		定　价	55.00 元

尊敬的老师:

为了确保您及时有效地申请培生整体教学资源,请您务必完整填写如下表格,加盖学院的公章后以电子扫描件等形式发给我们,我们将会在 2-3 个工作日内为您处理。

请填写所需教辅的信息:

采用教材			□中文版 □英文版 □双语版
作　者		出版社	
版　次		**ISBN**	
课程时间	始于　年　月　日	学生人数	
	止于　年　月　日	学生年级	□专科　　□本科 1/2 年级 □研究生　□本科 3/4 年级

请填写您的个人信息:

学　校			
院系/专业			
姓　名		职　称	□助教 □讲师 □副教授 □教授
通信地址/邮编			
手　机		电　话	
传　真			
official email(必填) **(eg:XXX@ruc.edu.cn)**		**email** **(eg:XXX@163.com)**	
是否愿意接受我们定期的新书讯息通知:　　□是　□否			

系 / 院主任:＿＿＿＿＿＿＿(签字)

(系 / 院办公室章)

＿＿年＿＿月＿＿日

资源介绍:

--教材、常规教辅(PPT、教师手册、题库等)资源:请访问 www.pearsonhighered.com/educator; 　(免费)

--MyLabs/Mastering 系列在线平台:适合老师和学生共同使用;访问需要 Access Code; 　(付费)

地址:中国北京市东城区北三环东路 36 号环球贸易中心 D 座 1208 室 100013

Please send this form to: copub.hed@pearson.com
Website: www.pearson.com